Alfred Feßler

Der Staudengarten

Alfred Feßler

Der Staudengarten

Vierte, durchgesehene Auflage
110 Farbfotos
54 Zeichnungen und Pläne

VERLAG
EUGEN
ULMER

Foto auf Seite 2: Eigenwilliges Arrangement: Zwischen den kanariengelben Blüten von Potentilla recta 'Warrenii' und den orangegelben Blütenköpfen von Inula orientalis die enzianblaue Delphinium-Belladonna-Hybride 'Völkerfrieden'.

Die Deutsche Bibliothek – CIP-Einheitsaufnahme

Feßler, Alfred:
Der Staudengarten / Alfred Feßler. [Zeichn. von Marlene Gemke]. – 4., durchges. Aufl. – Stuttgart : Ulmer, 1995
ISBN 3-8001-6578-3

© 1973, 1995 Eugen Ulmer GmbH & Co.
Wollgrasweg 41, 70599 Stuttgart (Hohenheim)
Printed in Germany
Lektorat: Dr. Steffen Volk
Herstellung: Otmar Schwerdt
Umschlaggestaltung: Alfred Krugmann
Titelfoto: Eberhard Morell, Dreieich
Zeichnungen von Marlene Gemke, München
Satz: Lihs, Satz und Repro, Ludwigsburg
Druck: Druckerei Appl, Wemding
Bindung: Großbuchbinderei Monheim, Monheim

Vorwort

Die Geschichte des Staudengartens ist eng verknüpft mit der Entstehung des Bauerngartens, der sowohl die Gemüse-, Gewürz- und Heilpflanzen als auch den bunten Blumenschmuck lieferte. Und schon früher: Die Arznei- und Wurzgärten der Klöster bildeten den Grundstock für die eigentlichen Blumengärten. In der »Physika« der Hildegard von Bingen werden zum erstenmal Schwertlilien und Veilchen als zierende Gewächse besprochen. Viele Stauden stammen aus Ländern, die noch zu Beginn des vorigen Jahrhunderts botanisches Neuland waren. Ihre Anpassung an die Bedingungen der Gartenkultur, vor allem aber die ständige Auslese und Züchtung führten zu einer solchen Fülle an Formen und Farben, daß die Wahl heute schwerfällt. Wie man die unzähligen Arten und Sorten verwenden kann, gleich ob natur- oder kunstgerecht, zeigen uns immer wieder die Beispielspflanzungen der Landes- und Bundesgartenschauen.

Eine schöne Staudenpflanzung ist die Freude und der Stolz jedes Gartenbesitzers. Wie auch immer der zur Verfügung stehende Gartenraum beschaffen sein mag, mit Stauden in passender Wahl und Zusammenstellung läßt sich – neben Gehölzen – jeder Wunsch erfüllen. Aber um das Richtige für seinen Garten zu finden und zu tun, muß man die Stauden mit ihren Eigenschaften und Lebensansprüchen erst einmal kennen.

Das vorliegende Buch soll dem Staudenfreund den Überblick und die Auswahl erleichtern, zugleich auch eine Anleitung bei den Fragen der Pflanzung, Pflege und Verwendung sein. Der Begriff »Staude« ist hier nicht ohne Ausnahmen zu verstehen. Neben den baumartigen Bambus-Arten wurden auch manche Halbsträucher, ein- und zweijährige Blütenpflanzen mitbehandelt. In vielen Fällen können sie eine Alternative zur üppigen Staudenbepflanzung darstellen. Leider sieht man in den Gärten oft nur die Allerwelts-Beetstauden und einfache Bodendecker. Mit anderen Worten, die Vielfalt der gartenwürdigen Gebirgs-, Sumpf- und Wasserpflanzen, der Gräser und Farne, der Knollen- und Zwiebelpflanzen ist immer noch unzureichend bekannt; desgleichen ihre Verwendungsmöglichkeiten. Deshalb wurde angestrebt, die üblicherweise in den Staudengärtnereien erhältlichen Sortimente möglichst repräsentativ zu erfassen. Das Buch soll helfen, den Reichtum der Gartenstauden noch besser zu erkennen und zu erschließen.

Freising-Weihenstephan   Alfred Feßler

Inhaltsverzeichnis

Allgemeiner Teil

*Seite 7: Die Phlox-Paniculata-Hybride
'Skylight' und die Goldgarbe
Achillea filipendulina 'Parker' setzen
hier Signale.*

*Unterirdische Sproßachsenteile
des Maiglöckchens, des Aronstabes und
der Schwertlilie. Als Rhizom-
Geophyten überdauern sie Trocken-
und Kälteperioden mit ihren
Erdsprossen. Die Erneuerungsknospen
sitzen geschützt unter der
Erdoberfläche.*

Einleitung

Stauden sind ausdauernde Pflanzen mit meist stark entwickelten unterirdischen Speicherorganen. Die oberirdischen Laub- und Blütensprosse sterben in der Regel am Ende der Vegetationsperiode ab. Der neue Austrieb im Frühjahr geht aus den dicht über oder unter der Erdoberfläche liegenden Erneuerungsknospen hervor. Im Boden sitzen Rüben und Rhizome, Knollen und Zwiebeln, die der vegetativen Vermehrung dienen. Eine häufige Form der Überwinterungsorgane ist der Wurzelstock, an dessen Übergangsstelle von den Wurzeln zum Sproß die Überwinterungsknospen oder die überwinternden Blattrosetten sitzen.

Im Querschnitt der zwiebelbildenden Tulpen, Narzissen und Hyazinthen, der Lilien, Kaiserkronen und Schneeglöckchen erkennt man einen unterirdischen Sproß, der in seiner abgeflachten Scheibenform als Zwiebelkuchen oder Zwiebelteller bekannt ist. Die Speicherung der Reservestoffe findet in den fleischig angeschwollenen Niederblättern statt, den Zwiebelschuppen oder Zwiebelschalen. In den Achseln der innersten Zwiebelschalen vollzieht sich die Anlage von Brutzwiebeln, die seitlich der Mutterzwiebel erscheinen.

Bei den knollenbildenden Alpenveilchen, Krokussen und Herbstzeitlosen hat sich ein unterirdischer verdickter Pflanzenteil zu einem Nährstoffbehälter umgebildet. Ähnlich wie die Zwiebelpflanzen versammeln die knollenbildenden Stauden ihre Nachkommenschaft um sich, wobei die Krokusse bereits im Sommer einer neuen Knolle ihre Kraft übertragen. Sie sitzen über der vorjährigen Knolle, und zur Regulierung der Tiefenlage werden die neu gebildeten Knollen mit Hilfe kräftiger Zugwurzeln an die Stelle der abgestorbenen Mutterknolle heruntergezogen.

Zu den Überwinterungsorganen gehören auch »Reservebehälter«, die sich aus einer Verdickung der Wurzeln entwickeln. Akelei, Eisenhut und Malven bilden dabei eine Rübe und *Liatris spicata* einen knollenartigen Wurzelstock. Die Schwertlilien, Maiglöckchen und der Salomonssiegel breiten sich durch Sprossung mit Hilfe von Rhizomen aus. Die wintergrünen Pfingstnelken, *Sedum*-Arten, Moosphlox-Sorten, Blaukissen, Haselwurz, Hungerblümchen, Kugelblumen, Christrosen und Waldsteinien ziehen im Herbst nicht ein und behalten ihre Blätter.

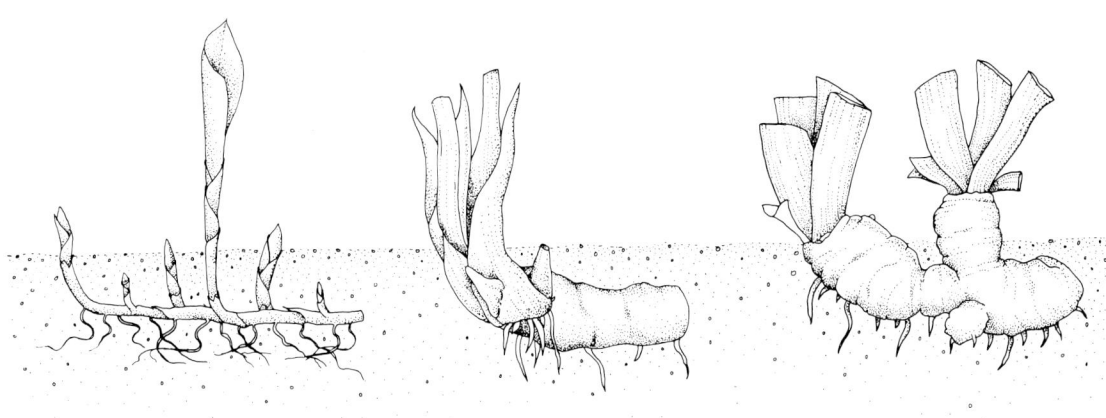

Unsere Staudengärtner haben im Laufe der Jahrzehnte hervorragende Neuheiten gezüchtet, die nicht mehr so viele Krankheiten in den Garten tragen und nicht bei jedem Regen und Sturm auseinanderfallen oder knicken. Jedes Jahr werden von den Staudengärtnern bunte Kataloge verschickt. Unsere Züchter haben für die Gartentauglichkeit der Stauden einen sicheren Blick. Zum Bestand kommen Neuheiten hinzu, das Vorhandene wird ergänzt und ausgeweitet. Es liegt an uns, auszuwählen und die eine oder andere neue Sorte in den Garten zu holen.

Alle Sorten, die von der »Arbeitsgemeinschaft für Sichtung und Selektion von Blütenstauden« erprobt und als besonders anbauwürdig empfohlen wurden, sind auf Eigenschaften wie Reichblütigkeit und Blühdauer, Standfestigkeit, Gesundheit, Frosthärte, Laubqualität, Nachblütezustand, Wuchs- oder Ausbreitungskraft geprüft. Mit der Verwendung dieser Sorten ist ein nur mäßiger Pflegeaufwand, eine höhere Stabilität und Standfestigkeit und eine geringere Krankheitsanfälligkeit verbunden. Man tut also gut daran, beim Einkauf auf diese bewährten Sortenqualitäten zu achten.

Staudenverwendung

Beetstaudenpflanzungen sollen die Schmuckstücke der Gärten sein. Sie gliedern den Raum und bilden fließende Übergänge von den trockenen Standorten bis zu den dauernassen Böden. Wünschenswert ist oft eine Vernetzung von Staudenbeeten. Jede so geschaffene Art von »Ordnung« unterliegt gewissen Gesetzmäßigkeiten. Von großer Bedeutung ist die Zusammenstellung der Farben, der Vergesellschaftung von Stauden mit unterschiedlichem Wuchscharakter und der Verbindung von Früh-, Sommer- und Spätblühern. Bei ökologischer Zielsetzung wird man auf der Staudenrabatte Arten aus vergleichbaren Lebensbereichen zusammenbringen und so für eine in jeder Hinsicht harmonische Gemeinschaft sorgen.

Auf der sommerlichen Staudenrabatte spielt die Leuchtkraft der Farben eine große Rolle. Mit den verschiedenen Gelb- und Rot-, Blau- und Brauntönen können herrliche Gartenbilder geschaffen werden. Eine »klassische« Staudenrabatte soll so farbig und lebendig wie ein großer Marktplatz erscheinen. Die unterschiedlichen Höhen, Formen und Farben der »Schirme« ergeben wundervolle Akzente.

Mit einem durchdachten Plan, einer Pflanzskizze oder einer Liste in der Hand rüstet man sich für den Einkauf der Stauden. Jede gut geplante Staudengemeinschaft ist wirkungsvoller als eine willkürliche Benachbarung. Es sollten immer eine oder zwei Farben dominieren und zu den anderen Tönen Kontraste bilden.

Im Vorgarten gibt es viele Möglichkeiten, Stauden am Zaun, auf schmale Rabatten und breite Beete zu pflanzen. Im Wohngarten lassen sich Terrassenbeete und Dachgärten, Rabatten, Bach- und Teichufer gestalten.

Bei der Anlage von Staudenbeeten auf Rasenflächen wird die Grasnarbe zunächst abgehoben und die Sohle gründlich gefräst oder umgegraben. Anschließend werden die Staudenbeete 15 cm mit einer humosen Erde aufgefüllt. Die Böden lassen sich auch mit Lehm oder einem mehr oder weniger hohen Sandanteil verbessern. Weiterhin kann vor dem Pflanzen eine Vorratsdüngung mit einem organischen Mehrnährstoffdünger in Höhe von 300 g/m^2 ausgebracht und mit dem Krail oder einem Rechen eingearbeitet werden.

Bei einem Umpflanzen ist immer eine mögliche Bodenmüdigkeit zu bedenken. Manche Stauden sollten nicht an denselben Platz kommen, an dem zuvor eine Pflanze der gleichen Art stand. Entweder nimmt man einen Standortwechsel vor oder man erneuert die Erde gründlich: Bei den meisten Stauden genügt in der Regel eine Humusanreicherung und ein Aufdüngen der Erde. Zur Humus- und Nährstoffbevorratung kann gut verrotteter Kompost oder Stalldung in Spatentiefe untergebracht werden.

Blütezeiten und Blütenfarben

Im Jahreslauf sind die zeitlichen Blütenhöhepunkte zu berücksichtigen. Das warme Rot, Orange und Gelb beleben die Staudenrabatten. Bei Übereinstimmung der Blütezeiten verstärken sich benachbarte Komplementärfarben in ihrer Wirkung. Einzelne Stauden wie die *Achillea*-Arten und ihre Sorten, die Astern, Chrysanthemen und

Coreopsis, die *Erigeron-* und *Monarda*-Hybriden, Rudbeckien und *Phlox*-Paniculata-Hybriden verschmelzen zu einer Sinfonie von Farben. Vom Türkischen Mohn *(Papaver orientale)* mit seinem großen rosa oder roten Flor sind dagegen noch von weitem die Einzelblüten sichtbar. In den großen tiefblauen Farbflächen der *Salvia nemorosa*-Sorten leuchtet der Türkische Mohn wie ein Feuerwerk auf. Eine beruhigende Wirkung geht von den *Salvia nemorosa*-Sorten 'Blauhügel', 'Blaukönıgin', 'Mainacht', 'Ostfriesland', 'Rügen', 'Viola Klose' und 'Wesuwe', von *Veronica longifolia* 'Blaubündel', 'Blauer Sommer' und 'Blauriesin' aus. Ihre Blüten fließen ineinander über, lassen in der Ferne ihre Konturen verschwinden und treten neben so wirkungsvollen Farbträgern wie den Rosen in den Hintergrund.

Der Frühlingseinzug kann auf den Staudenbeeten besonders intensiv erlebt werden. Eindrucksvolle Blühwirkungen mit den weißblühenden Frühlings- oder Wiesenmargeriten *(Chrysanthemum leucanthemum)* und den rot- und rosablühenden Bunten Margeriten *(Chrysanthemum coccineum)* erweitern den Raum. Als Margeritenbegleiter lassen sich die Prachtscharte *(Liatris spicata)* und die Kaukasus-Skabiosen *(Scabiosa caucasica)* verwenden. Auf diese Weise ist eine harmonische Vernetzung mit den blauen Farbtönen der Prachtscharte und der Skabiosen möglich. Die weißblühenden *Liatris spicata* 'Floristan Weiß' und *Scabiosa caucasica* 'Miss E. Willmott' treten dabei perspektivisch in den Hintergrund und vergrößern kleine Gartenräume.

Im Sommer ist das Gelb eine dominierende Farbe. Die früh und sehr früh blühenden *Solidago*-Hybrid-Sorten 'Cloth of Gold', 'Golden Gate', 'Golden Shower', 'Goldwedel', 'Ledsham', 'Strahlenkrone' und die *Coreopsis verticillata*-Sorten mit ihren goldgelben Blütensternen in der blau-violett-

Selbst abweisende Zäune werden
mit den polsterbildenden Phlox-
Subulata-Hybriden und dem Felsen-
steinkraut (Alyssum saxatile)
lebendig.

Ein Traumpaar im Mai und Juni: Rittersporn und Türkischer Mohn. Eine romantische Verbindung von eleganter Schönheit und Blüten wie aus Samt und Seide. Ein kleines, aber gelungenes Beispiel für die Kombination von blauen Delphinium-Hybriden und dem rot gefärbten Papaver orientale.

roten Umgebung der früh- und mittelfrühblühenden *Phlox*-Paniculata-Hybriden 'Aida', 'Düsterlohe', 'Kirchenfürst', 'Sternhimmel', 'Violetta Gloriosa' und 'Wilhelm Kesselring' sind von eindrucksvoller Blühwirkung.

Im Hochsommer tritt das Gelb der *Achillea filipendulina*-Sorte 'Parker', der *Achillea*-Hybriden 'Altgold', 'Coronation Gold', 'Moonshine' und 'Neugold', von *Helenium bigelovii* 'The Bishop' ('Superbum') und der *Helenium*-Hybriden 'Gol-

Großzügig angelegte Staudengärten präsentieren Pflanzen für den Gehölzrand und die sonnigen Bereiche. Kontrastreiche Wuchsformen bringen Rhythmus und Spannung in die Rabatten. Liebenswerte Details fangen den Blick ein, und das weich gezeichnete Gartensandrohr gibt dem großen Staudenbeet optischen Halt.

dene Jugend', 'Kanaria' und 'Pumilum Magnificum' in den Vordergrund. Zusammen mit dem violetten Sommerflor von *Aster amellus* 'Blütendecke', 'Breslau', 'Kobold', 'Senora', 'Sternkugel' und 'Veilchenkönigin' lassen sich überzeugende Pflanzungen durchführen. Die hellen und dunklen Blautöne der *Delphinium*-Belladonna-Hybriden 'Capri', 'Kleine Nachtmusik', 'Piccolo' und 'Völkerfrieden', der samenvermehrbaren Sorten 'Bellamosum', 'Cliveden Beauty', 'Connecticut Yankee' und die zahlreichen *Delphinium*-Elatum-Hybriden setzen sich eindrucksvoll in Szene. Im hellen Mittagslicht beginnt das Gelb der *Helianthus decapetalus*-Sorten, von *Hemerocallis*-Hybriden und der gelben und goldgelben *Heliopsis helianthoides* var. *scabra* 'Goldgefieder', 'Goldgrünherz', 'Hohlspiegel', 'Jupiter', 'Karat', 'Sommersonne', 'Sonnenschild' und 'Spitzentänzerin' optisch zu dominieren. Mit ihren roten Tönen verkürzen die *Monarda*-Hybrid-Sorten 'Adam', 'Cambridge Scarlet', 'Donnerwolke', 'Präriebrand' und die *Phlox*-Paniculata-Hybriden 'Frau A. von Mauthner', 'Orange', 'Spätrot' und 'Starfire' den Abstand zum Betrachter und korrespondieren mit dem Braun der *Helenium*-Hybriden 'Goldlackzwerg', 'Kupferstrudel', 'Moerheim Beauty', 'Waltraut' und 'Zimbelstern'. Die weißen Sorten passen als Kontraste zu allen anderen Farben. *Aster*-Dumosus-Hybriden 'Schneekissen', *Delphinium*-Belladonna-Hybriden 'Moerheimii', 'Casa Blanca', *Delphinium*-Elatum-Hybriden 'Schneespeer', *Delphinium*-Pacific-Hybriden 'Galahad', 'Percival', 'Weißer Herkules', *Erigeron*-Hybriden 'Sommerneuschnee', *Monarda*-Hybriden 'Schneewittchen', *Phlox*-Paniculata-Hybriden 'Monte Cristallo', 'Nymphenburg', 'Pax', 'Schneeferner', 'Schneerausch', *Liatris spicata* 'Floristan Weiß' und *Scabiosa caucasica* 'Miss E. Willmott' lassen die Blüten vieler Sorten in den Vordergrund treten. Am Beetrand stehen die hoch- und spätsommerblühenden *Rudbeckia fulgida* var. *sullivantii* 'Goldsturm', *Rudbeckia fulgida* var. *deamii, Rudbeckia nitida* 'Juligold' und 'Herbstsonne'. Sie bilden den gelben Garten und bestimmen in Vergesellschaftung mit den Rutenhirse-Sorten *(Panicum virgatum)* 'Strictum', 'Hänse Herms', 'Rehbraun' und 'Kupferhirse' das Bild zwischen Juli und September.

Vom Licht verzaubert: ein reizvolles Tête-a-tête von Taglilien, Campanula lactiflora, Platycodon und Campanula incurva.

Gegen Ende des Gartenjahres treten wieder die Blau- und Rottöne der Herbstblüher in den Vordergrund. Rauh- und Glattblattastern mit hellem Rosa wie *Aster novae-angliae* 'Rosa Sieger', *Aster novi-belgii* 'Fellowship' und 'Rosenhügel' oder *Chrysanthemum arcticum* 'Roseum' harmonieren mit den meisten anderen Farben. Die vielblütigen Sträuße von *Chrysanthemum serotinum* lockern im September–Oktober die Herbststaudenpflanzung auf. Zu ihren Füßen lassen sich die Kissenastern (*Aster*-Dumosus-Hybriden) verwenden. Dank ihres Wandertriebes bilden sie einen dichten Bodenteppich.

Remontierstauden

Die Blütezeit vieler Stauden ist auf wenige Wochen begrenzt. Um mehrere Blütenhöhepunkte zu erhalten, lassen sich remontierfähige Sorten verwenden. Wenn beim Rittersporn, den Sommermargeriten und vielen *Erigeron*-Sorten, den Lupinen und dem Sommersalbei eine Nachblüte gewünscht wird, nimmt man die Pflanzen nach dem ersten Flor bis über die Erde zurück. Bei den *Solidago*-Hybriden, *Heliopsis helianthoides* var. *scabra*, *Scabiosa caucasica*, *Helianthus decapetalus* oder den *Achillea*-Hybriden werden die abgeblühten Einzelblumen herausgeschnitten. Ein Samenansatz wird dadurch verhindert, und etliche Sorten beginnen zu remontieren.

Eine gekonnte Abstimmung von Blütenfarben und -formen ist für den idealen Aufbau einer Staudenrabatte unerläßlich. Benachbarte Arten und Sorten sollten sich gegenseitig ergänzen. Besonders gut harmonieren warme Farben wie Gelb, Orange und Rot. Mit Grün, Violett und Blau wird ihre Wirkung verstärkt. Ungünstige Benachbarungen lassen sich mit einem helleren Ton neutralisieren. Achilleen mit tellerförmigen Scheindolden und die waagrechten Blütenstände von Rudbeckien, dem Sommerphlox und Astern vergrößern optisch die Entfernung und vermitteln den Eindruck von Weite.

Die Stauden sollten aber nicht nur nach ihren Farben und Formen gewählt werden. Wie schon erwähnt, ist es wichtig, die Blütenhöhepunkte im Jahresverlauf richtig zu verteilen. Im Vordergrund der Beete dominieren Stauden, die im Spätsommer und Herbst ihren Hochstand erreicht haben. Die Mitte der Rabatten ist den Frühsommer- und Sommerblühern vorbehalten. Sie werden in der Regel von den spät austreibenden Rudbeckien und Herbstastern noch nicht verdeckt. Im Hintergrund finden die dominierenden Frühjahrsblüher einen angemessenen Platz. Niedere bis mittelhohe Stauden haben in ihrer untergeordneten Stellung die Aufgabe, den Fuß der Hochstauden zu bedecken und in der vorgeschrittenen Jahreszeit im unteren Drittel der Stengel die abgestorbenen Blätter den Blicken zu entziehen.

Sommerblumen, Rosen, Rhododendron in Gemeinschaft mit Stauden

Stauden und Sommerblumen

Ein Hauch von Frühling läßt sich durch lockeres Einstreuen von Tulpen- und Narzissen-Gruppen auf die Staudenrabatte bringen. Die Blumenzwiebeln ziehen im Sommer ein, und die kahlen Stellen werden nach und nach von den benachbarten Stauden verdeckt.

Nach der Tulpen- und Narzissenblüte läßt sich auf die Blumenzwiebelbeete auch die einjährige Schleifenblume (*Iberis umbellata*) säen. Zwischen den absterbenden Blättern entwickelt sie schöne Blütenteppiche. Nach einem kräftigen Rückschnitt und einer leichten Düngung treiben die Pflanzen erneut durch und blühen bis zum Spätsommer.

Der Duftsteinrich (*Lobularia maritima*) wächst in Polstern. Man kann ihn für Einfassungen verwenden und mit seinen weißen und tiefvioletten, lila und rosa Sorten großflächige Blütenteppiche weben. Man bringt sie Mitte April an Ort und Stelle zur Aussaat, und Anfang Juni verströmen ihre Blüten einen aromatischen Honigduft. Wer diesen würzigen Wohlgeruch lange erhalten will, schneidet die Lobularien kurz vor dem Abblühen

mit einer Schere auf die Hälfte zurück. Nach ausreichenden Wasser- und Nährstoffgaben treiben
sie wieder durch und blühen bis zum Herbst.

Die sommerblühende *Rudbeckia hirta* wird in
der Regel ein- bis zweijährig gezogen. Bei entsprechender Pflege ist sie in der Lage, einige Zeit
wie Stauden auszudauern. Bei zusätzlicher Laubabdeckung vermag das Wurzelwerk die Härte des
Winters zu überstehen. Ihr Leben ist jedoch nur
auf wenige Jahre begrenzt.

Auch die 40 bis 50 cm hohe Bartnelke *(Dianthus barbatus)* übernimmt auf den Staudenbeeten
die Funktion eines Lückenfüllers. Ihre wohlrie-
chenden Blüten sind zu großen Dolden vereinigt,
die alle Schattierungen von Weiß bis zum dunkelsten Purpur zeigen, die zweifarbig, geflammt, ge-
äugt und gerandet sind.

Hinsichtlich ihrer Dauerhaftigkeit ist auch bei
den zweijährigen Kokardenblumen *(Gaillardia-*
Hybriden), den Stockmalven *(Alcea rosea)*, beim
Roten Fingerhut *(Digitalis purpurea)* und dem
Goldlack *(Cheiranthus cheiri)* eine Lebensverlän-
gerung um mehrere Jahre möglich. Man braucht
vor der Samenbildung nur die Fruchtansätze herauszuschneiden. Dabei ist oft schwer zu sagen,
was sind Zweijahresblumen und was Stauden.

Wenn das Gelb im Überfluß ist, läßt sich das
Blau der einjährigen *Salvia farinacea* wirkungsvoll
zur Geltung bringen. Eine interessante Erscheinung auf der Staudenrabatte ist die Spinnen-
pflanze *(Cleome spinosa)*. Sie zählt zu den schönsten Sommerblumenvertretern. Wie eine Schnee-
wolke ordnen sich die weißgeränderten Blätter
von *Euphorbia marginata* über den Pflanzen. Als
Lückenfüller kann der »Schnee-auf-dem-Berge« in
jedem bunten Staudenbeet stehen. Die blütenlose
Zeit auf den Irisbeeten wird mit *Lavatera tri-
mestris, Schizanthus pinnatus* und *Malope trifida*
überbrückt, während *Cosmos bipinnatus* auf den
Lupinenbeeten den Flor bis zum Oktober verlängert.

Als Lückenfüller können ferner in bunter
Staudenpflanzung stehen: *Amaranthus* (Fuchs-
schwanz), *Antirrhinum* (Löwenmaul), *Calliste-
phus* (Sommeraster), *Matthiola* (Levkoje), *Mira-*
bilis (Wunderblume), *Nicotiana* (Ziertabak), *Penstemon* (Bartfaden), *Salpiglossis* (Trompeten-
zunge), *Tagetes* (Sammetblume), *Tithonia* (Titho-
nie), *Verbena* (Verbene) und *Zinnia* (Zinnie).

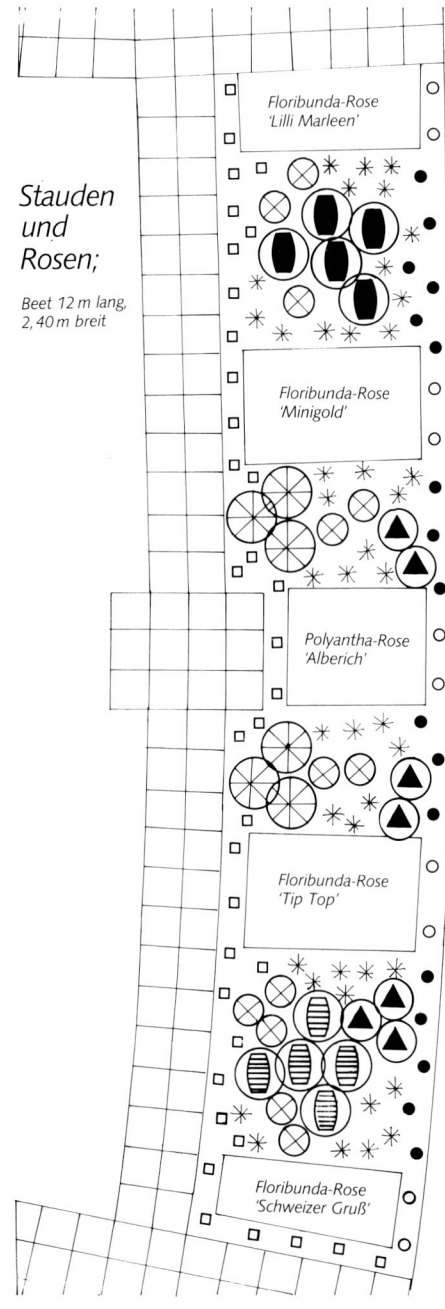

**Stauden
und
Rosen;**

Beet 12 m lang,
2,40 m breit

Floribunda-Rose
'Lilli Marleen'

Floribunda-Rose
'Minigold'

Polyantha-Rose
'Alberich'

Floribunda-Rose
'Tip Top'

Floribunda-Rose
'Schweizer Gruß'

Stauden und Rosen

In einer Gemeinschaft von Einjahresblumen, Rasengräsern und Gehölzen können wir in Verbindung mit Stauden auch Parkrosen, Strauch- und Kletterrosen, Polyanthahybrid- und Floribundarosen verwenden.

Im Hintergrund einer Staudenrabatte lassen sich an eine Hauswand und am Zaun schöne Kletterrosen pflanzen.

Grundsätzlich ist von einer gleichwertigen Mischung von Rosen und Stauden abzusehen. Die Rosen gilt es, auf den Beeten räumlich von den Stauden zu trennen. Auf großen Rabatten können in Verbindung mit Beetstauden auf einer Fläche von 1 bis 2 Quadratmetern Rosen in die Staudenbeete gepflanzt werden. Die vorherrschenden Rottöne von Polyanthahybrid- und Floribundarosen stehen in auffallendem Kontrast zu dem Weiß, Gelb und Blau der Stauden und verkürzen optisch den Abstand zum Betrachter. Damit sie nicht zu sehr in den Vordergrund treten, finden sie mehr in der zweiten oder dritten Reihe der Beete Verwendung.

Die Park- und Strauchrosen bilden zusammen mit den solitären *Eremurus*-Arten, *Helianthus salicifolius*, dem Federmohn (*Macleaya cordata*), *Telekia speciosa* (syn. *Buphthalmum speciosum*), dem Alant (*Inula magnifica*) und den *Ligularia*-Arten als Abschluß einer Staudenrabatte eine eindrucksvolle Kulisse.

Stauden und Rhododendron

Die *Rhododendron* teilen ihren Standort mit vielen Stauden. Die dazu passende Begleitflora benötigt einen lockeren, humosen Boden mit saurer Reaktion, Schutz vor der vollen Sonne und eine hohe Luftfeuchtigkeit.

Im Wanderschatten von Bäumen und Sträuchern lassen sich zusammen mit *Rhododendron* und Astilben das Purpurglöckchen (*Heuchera*-Hybriden) verwenden. In der bunten Gesellschaft von Moorbeetpflanzen fühlen sich die Schattenblume (*Maianthemum bifolium*) und die Schaumblüte (*Tiarella*) ausgesprochen wohl. Nach der Blüte entwickelt *Tiarella cordifolia* dünne Ausläufer, die schnell die Flächen decken. Die Sorte 'Moorgrün' breitet sich in feuchten und humusreichen Böden sehr schnell aus; 'Moorhexe' ist eine fertile Sorte, die sich durch Samen vermehrt.

Eine kleine Gruppe von Scheinmohn-Arten (*Meconopsis*) versteht es ausgezeichnet, sich den *Rhododendron* anzupassen. Ihre blauen Blüten sind groß genug, um in jedem Garten zu dominieren. Mit ihrem 80 bis 100 cm hohen Wuchs überragt *M. grandis* alle benachbarten Schattenstauden einschließlich vieler *Rhododendron*-Arten. Sie bietet von Juni bis August mit ihren himmelblauen, 8 bis 12 cm breiten Schalenblüten einen prachtvollen Anblick. In einem Feld von gelben *Primula prolifera* und *P. florindae,* den orangefarbenen, kirschroten und pfirsichrosa *P. bullesiana* erlebt sie ein überwältigendes »Farbenfest«. Auch die 90 bis 120 cm hohe *Meconopsis betonicifolia* erfüllt im Juni–Juli mit ihren großen himmelblauen Blüten ihre Aufgabe in so vornehmer Weise, daß man ganze *Rhododendron*-Partien mit ihr durchpflanzen kann. Die *Meconopsis* fühlen sich bei ihrer *Papaver*-Verwandschaft Japanischem Mohn (*Hylomecon japonicum*), Schöllkrautmohn (*Stylophorum diphyllum*) und Herzblumen (*Dicentra canadensis, D. eximia* und *D. formosa*) sehr wohl.

Wenn man weiß, daß die *Rhododendron* den Halbschatten, einen feuchten Standort und den Humus lieben, hat man keine Mühe, zwischen ihnen Farne, die Goldband (*Lilium auratum*)-, die

6 *Heliopsis*-Hybriden 'Karat'	5 *Helenium*-Hybriden 'Baudirektor Linné'	37 *Polygonum affine* 'Superbum'	
7 *Rudbeckia fulgida* var. *sullivantii* 'Goldsturm'	5 *Helenium*-Hybriden 'Waltraut'	10 *Gypsophila*-Hybriden 'Rosenschleier'	
12 *Veronica longifolia* 'Blauriesin'	44 *Salvia nemorosa* 'Ostfriesland'	17 *Stachys byzantina* 'Silver Carpet'	

Pracht *(L. speciosum)*- und Hybrid-Lilien, die Götterblumen *(Dodecatheon meadia)*, *Mertensia virginica*, *Asarum*-Arten und *Uvularia grandiflora* erfolgreich anzupflanzen.

Großflächige Beetstaudenpflanzung

Mit einer Reihe von Beetstauden lassen sich großflächige Bepflanzungen durchführen. Es bereitet den dafür prädestinierten Arten und ihren Sorten keine Mühe, mit den Wurzeln und Rhizomen, Trieben und Ranken, Blättern und Ausläufern unerwünschte Eindringlinge zu unterdrücken.

Als gute Bodenbedecker empfehlen sich das Kissenaster-Sortiment und einige *Erigeron*-Hybriden. Um einen fortlaufenden Blütenflor zu erreichen, kann man es selbst mit *Rudbeckia fulgida* var. *sullivantii* 'Goldsturm' und dem Netzblattstern *(Coreopsis verticillata)* versuchen. Man verwendet sie bevorzugt an Böschungen, die zu steil für eine Rasenmähmaschine sind.

Wer sich mit der Absicht trägt, die Kissenastern, *Erigeron*-Hybriden, Rudbeckien und *Coreopsis* großflächig aufzupflanzen, erhält mit der Zeit einen so dichten Teppich, daß selbst starke Regengüsse die Erde von steilen Böschungen nicht abschwemmen. Zwischen dem dicht verwobenen Wurzelwerk haben nur wenige Wildkräuter die Chance hochzukommen.

Wo die Tendenz zum Wuchern fehlt, stehen die Blätter so dicht gedrängt, daß jeder Sämling erstickt. Die Beetstauden müssen nur sonnig stehen. Wenn das Wachstum und der Knospenansatz kräftig gefördert wird, entsteht unter den Blüten ein solches Gedränge, daß man von den Blättern nichts mehr zu sehen bekommt. Wer die Zeit findet, die abgeblühten *Erigeron* bis zum Erdboden zurückzuschneiden und in Trockenzeiten kräftig wässert, kann bei vielen Sorten im September mit einem zweiten Flor rechnen.

In Verbindung mit einem Bartiris-Sortiment lassen sich großflächige Anpflanzungen mit *Aster*-Dumosus- und *Bergenia*-Hybriden, *Alchemilla mollis*, *Coreopsis verticillata* und *Rudbeckia ful-*

gida var. *sullivantii* 'Goldsturm' durchführen. Dabei werden nicht mehr als 7, 8 oder 9 Kissenastern *(Aster*-Dumosus-Hybriden) auf einen Quadratmeter gesetzt. Nach einem Jahr haben sie sich gesellig in großen Gruppen zusammengefunden. Manche Kissenastern bleiben ihr Leben lang Zwerge, andere reichen uns bis zu den Knien. In dieses Feld von Kissenastern einzelne Iris-Horste gepflanzt, ergeben großartige Farbwirkungen. Aufgrund ihres langsamen, aber steten Breitenwachstums greifen die *Aster*-Dumosus-Hybriden mit ihren Kriechtrieben nach allen Seiten und legen einen Kranz um die Schwertlilien. Bei ausreichender Nährstoffversorgung besteht die Aussicht, reich bestockte Iris-Horste zu erhalten, die es den Wildkräutern schwermachen, zwischen ihren Rhizomen zu nisten. Ihr Ausdehnungsdrang ist so stark, daß sie von den Staudennachbarn kaum bedrängt werden. Später, wenn die Schwertlilien-Gruppen zu dicht sind, kommt man nicht umhin, die Rhizome mit dem Spaten herauszustechen, mit Hilfe eines scharfen Messers zu teilen und wieder neu aufzupflanzen.

Im Juni, wenn der Iris-Flor vorüber ist, bedecken die hellgelben Blütenschleier des Großblättrigen Frauenmantels *(Alchemilla mollis)* die Fläche. Zuweilen entsteht unter diesem Flor ein solches Gedränge, daß man von dem *Alchemilla*-Laub nichts mehr zu sehen bekommt.

Nicht nur der Frauenmantel, auch die *Rudbeckia*-Blätter benötigen viel Kraft und eine ständige Wassernachhilfe, um eine so dichte Laubdecke zu bilden, daß jede Krautflora erstickt. Für derartige Massenverwendungen genügen von *Alchemilla mollis* 5 und von der *Rudbeckia*-Sorte 'Goldsturm' 9 Pflanzen für einen Quadratmeter.

Einen Überschuß an Gelb bringen diese Rudbeckien im August–September in den Garten, et-

Pfeifengras und bunte Sommerblumen – so könnte ein Staudengarten aussehen, wie wir ihn meinen. Das Rot der Vexiernelke (Lychnis coronaria) und das Gelb des Netzblattsterns (Coreopsis verticillata) bestimmen dieses sommerlich-heitere Staudenbeet.

was früher *Coreopsis verticillata*. Für großflächige Anpflanzungen rechnet man mit 7 bis 9 Pflanzen auf einen Quadratmeter. Mit ihrem dichtverwobenen Wurzelwerk werden sie für jeden unerwünschten Konkurrenten sehr lästig. Auch die Bergenien ersticken jeden Eindringling. Ihr Wurzeldruck ist so groß, daß sie schwächere Nachbarn in gebührendem Abstand halten. Ihr Anspruch auf Lebensraum ist groß, es genügen 7 Pflanzen pro Quadratmeter. Man kann sie zur Unterpflanzung von Gehölzen und an jeder sonnenarmen Stelle verwenden. Bei genügender Bodenfeuchtigkeit vertragen sie sogar die volle Sonne an einem Südhang. Das große, wintergrüne Laub beginnt sich im Herbst rotbraun zu verfärben.

Bodenbedeckungsstauden

Wo der Boden für den Rasen zu trocken oder die Lagen zu heiß sind, finden viele Bodenbedecker ihren idealen Standort. Etwas Silber, Olivgrün und Braun läßt sich großflächig mit den wenig verträglichen Stachelnüßchen *(Acaena buchananii, A. magellanica* und *A. microphylla)* in den Garten bringen. Die winzigen Blüten und Früchte beleben die Pflanzenpolster. Wer jegliche Enttäuschung vermeiden will, sollte nur pflegeleichte Anpflanzungen mit den stark wuchernden Stauden wie dem Orangefarbenen Habichtskraut *(Hieracium aurantiacum)* und dem Purpurblauen Steinsamen *(Buglossoides purpurocaerulea,* syn. *Lithospermum purpurocaeruleum)* durchführen.

Wesentlich verträglicher sind die Edelgamander *(Teucrium × lucidrys)*-Form 'Nanum', die Thymian *(Thymus × citriodorus)*-Sorte 'Golden Dwarf' und der Quendel *(Thymus serpyllum)*, die polsterförmigen Ehrenpreis-Arten *(Veronica cinerea* und *V. surculosa)* sowie die mittelhohen *Veronica austriaca* ssp. *teucrium* und *V. spicata* nebst ihrer Unterart *incana,* der Polsterstrauch *(Muehlenbeckia axillaris)*, das Rote Habichtskraut *(Hieracium × rubrum)*, das Rosettenpolster *(Azorella trifurcata)*, das Stachelnüßchen *(Acaena caesiiglauca)* und die Gänsekresse *(Arabis caucasica)*.

In einem warmen und trockenen Boden sind gleichfalls sehr verträglich das Katzenpfötchen *(Antennaria dioica* und ihre Varietät *borealis,* syn. *A. tomentosa),* der Blutstorchschnabel *(Geranium sanguineum),* der Scharfe Mauerpfeffer *(Sedum acre)* und die verwandten *Sedum floriferum* 'Weihenstephaner Gold', *Sedum kamtschaticum* und seine Varietäten *ellacombianum* und *middendorffianum* sowie *Sedum krajinae.*

Der Milde Mauerpfeffer *(Sedum sexangulare,* syn. *S. mite,* syn. *S. boloniense)* wird häufig mit dem Scharfen Mauerpfeffer verwechselt. Wir finden *Sedum acre* an trockenen und mageren Stellen, an Mauern, in Felsfugen und an warmen Abhängen. Nur dort, wo er auf Humus und Nährstoffe trifft, versucht er erst gar nicht Fuß zu fassen.

Die dachziegelartigen, schuppig beblätterten Triebe von *Sedum acre* haben einen scharfen Geschmack. Beim Zerkauen des Milden Mauerpfeffers bemerkt man, daß die walzenförmigen, rund und dicht sechszeilig angeordneten Blätter ohne Bitterstoffe sind. *S. acre* beginnt bereits Mitte Juni zu blühen, während wir bei *S. sexangulare* bis Juli warten müssen.

Sedum sexangulare bildet als flaches Kissensedum dichte Matten von 8 bis 12 cm Höhe. Es scheint, zumindest im Verhältnis zu seinen Nachbarn, unduldsam zu sein. Dabei ist es nicht wuchernd. Diesem immergrünen Kissensedum wurde bisher nachgesagt, es tauge nur für Trockenmauern und Steingärten, kies- und geröllreiche Flächen, vollbesonnte Hänge und Terrassen mit sandreichem Boden. Seine enorme Lebenskraft erlaubt es ihm, unter den schwierigsten Bedingungen auch auf humosen und sehr schweren Böden zu wachsen. Kleinteilige Restflächen und steile Böschungen, an denen wegen Sonnenbrand eine Raseneinsaat ausfällt oder Sense und Sichelmäher nicht mehr eingesetzt werden können, lassen sich mit diesem pflegeleichten Bodenbedecker begrünen. Sein starkes Wurzelwerk und das sukkulente Grün schützen bei wolkenbruchartigen Regenfällen die Erde. Der Milde Mauerpfeffer läßt sich auch in den Wurzelfilz von Nachbarn setzen, wobei ihm eine leichte Beschattung durch Stauden und Gehölze nichts ausmacht. *S. sexangulare* fühlt sich in einem kalkhaltigen Sandboden ebenso wohl wie in einer sauren Humuserde. Ein nährstoffreicher und kräftiger Boden erlaubt ihm das Weiterstreichen. Dabei sollten wir den Milden Mauerpfeffer gesellig pflanzen. Wenn im Frühjahr zwischen dem Daumen-, Zeige- und Mittelfinger kleine Büschel mit oder ohne Wurzeln aufgenommen und im Abstand von 10 bis 15 cm in die Erde gedrückt werden, bereitet es keine Mühe, eine vollständige Bodenbedeckung zu erreichen. Bis zum Herbst ist die Fläche so dicht begrünt, daß keine Wildkräuter mehr durchkommen. Dieses Grün in Grün läßt sich durch die Junkerlilie *(Asphodeline lutea)* und den Affodill *(Asphodelus albus)* auflockern. Ihre fast meterhohen Blütenschäfte befinden sich bereits im Mai in vollem Flor. Im Juli–August stehen dann die goldgelben Dolden des Milden Mauerpfeffers so dicht gedrängt, daß alles Grün unter einem geschlossenen Blütenteppich verschwindet. Die Blüten hinterlassen wenig attraktive Samenstände. Man braucht sich aber nicht der Mühe zu unterziehen, die vertrockneten Dolden herauszuschneiden. Durch die Herbstniederschläge reinigen sich die Pflanzen selbst, dabei sät sich *S. sexangulare* aus und schließt jede Lücke. Lediglich von der Junkerlilie sind die Blütenstände herauszuschneiden und nach dem Einziehen vom Affodill Blätter und Stengel zu entfernen.

Die Blattextur ist ein ästhetisches Gütezeichen. Mit ihrem Laubwerk schmücken zahlreiche Schattenstauden den Garten. Schattenbereiche können zum Beispiel mit den buntlaubigen *Hosta*-Sorten recht abwechslungsreich gestaltet werden. Die Funkien sind nicht nur außergewöhnlich schöne Blattschmuckstauden – die meisten Arten erscheinen zwischen Juni und August mit weißen, hellila bis violetten Blüten – ihre enorme Lebenskraft erlaubt es den stärker bereiften Arten, auch noch unter schwierigsten Bedingungen im Wurzeldruck von Gehölzen auszuhalten.

Die Rodgersien sind mit ihrem imposanten Laubwerk und den dekorativen Blütenständen ebenfalls wirkungsvolle Schattenstauden. Sie besitzen einen schuppigen Erdstamm und große handförmige oder zusammengesetzte Blätter. Ihre vielblumigen Rispen bestehen aus kleinen Einzelblüten. Wenn die Rodgersien feucht genug stehen, ertragen sie die volle Sonne. Eine optimale Entwicklung zeigen sie in einem tiefgründigen, humosen und nährstoffreichen Boden.

Die *Bergenia* sind äußerst genügsame Stauden, die sich zur Unterpflanzung von Gehölzen und als Rasenersatzpflanzen verwenden lassen. An feuchten Plätzen gedeihen sie selbst noch an Stellen, wo die Sonne scheint. In exponierten Südlagen muß man sie bei Trockenheit zusätzlich wässern. Bei ausreichender Ernährung und Licht blühen sie jedes Jahr im Garten. Das große, wintergrüne Laub der *Bergenia*-Hybriden beginnt sich im Herbst rotbraun zu verfärben. Ihre enorme Lebenskraft erlaubt es ihnen, mit den schwierigsten Bedingungen fertig zu werden. Zwischen den flach kriechenden Wurzelstöcken und unter dem grünen Laub ersticken sie jedes unerwünschte Wildkraut.

Viele Stauden schaffen durch ihren Wuchs eine ideale Bodendecke. Im Halbschatten und in einem mäßig feuchten Boden breiten sich etliche *Geranium*-Arten als verträgliche Flächendecker aus. Duldsam gegenüber Nachbarn zeigen sich das Engelsüß *(Polypodium vulgare)*, *Tellima grandiflora* und die Gänsekresse *(Arabis procurrens)*. In einem kaum durchwurzelten, feuchten und nährstoffreichen Boden lassen sich die wenig wuchernden Nelkenwurz-Sorten *(Geum*-Hybriden) verwenden.

Über dem dicht verflochtenen Wurzelfilz alter Bäume kommt bei entsprechender Humusauflage zur Ansiedlung: der Ysander *(Pachysandra terminalis)*, die Golderdbeeren *(Waldsteinia ternata* und *W. geoides)*, die Schattenblume *(Maianthemum bifolium)*, der Waldmeister *(Galium odoratum)*, das Porzellanblümchen *(Saxifraga umbrosa)* und die Verwandte *Saxifraga veitchiana*, die Taubnessel *(Lamium maculatum)*, der Buchenfarn *(Thelypteris phegopteris)*, die kaum wuchernden Schildfarne *(Polystichum*-Arten) und die Schattenblume *(Smilacina racemosa)*.

Als Mullbodenkriecher bildet die Haselwurz *(Asarum europaeum)* einen immergrünen Tep-

pich. In einem frühjahrsfeuchten und humusreichen Boden kann das Gedenkemein *(Omphalodes
verna)* mit seinen 40 cm langen Ausläufern konkurrenzschwachen Nachbarn gefährlich werden.
Unter lichtkronigen Gehölzen breitet sich der
Schneckenknöterich *(Polygonum affine)* rasenartig aus. Ein nährstoffreicher und feuchter Boden
erleichtert ihnen das Weiterstreichen. Über dem
dunkelgrünen Laub erscheinen von Mai bis Oktober weiße Blütenähren, die sich bis zum Verblühen über rosa bis dunkelrot verfärben.

Aus einem kriechenden Wurzelstock bildet das
Lungenkraut einen bunten Blatt- und Blütenteppich. Bei *Pulmonaria angustifolia* erscheinen die
anfangs karminroten, später kobalt- bis azurfarbe-
nen Blüten im April–Mai. Sehr reich- und langblühend von März bis April ist der mattrote Flor von
Pulmonaria rubra, und bei *Pulmonaria saccharata*
entfalten sich die violetten Blüten im April–Mai.
Zur flächigen Begrünung halbschattiger Gehölzpartien breiten sich unser heimisches Immergrün
(Vinca minor) und das Große Immergrün *(Vinca
major)* im lockeren Laub-Humus-Boden aus.

Stauden im Schatten

Unter dem Schattenwurf größerer Gehölze bildet
die Krautflora eine ideale Bodendecke. Im dicht
verflochtenen Wurzelfilz alter Bäume sind die Le-
benschancen vieler Beetstauden gering. Um in die
pflanzenfeindlichen Schattenpartien eine Krautflora einzubringen, genügt vielfach ein 10 cm hoher Auflagenhumus. Lauberde oder Rindenhumus, die eingebracht werden, bewahrt man vor
einer zu starken Verdichtung durch das Unter-
mischen von zerkleinerten Obstbaum-, Fichten-,
Tannen- oder Kiefernzweigen. Das Holz wird unter das halbverrottete Laub oder die Rinde im Verhältnis 1 : 6 gemischt.

Vor dem Ausbreiten des Pflanzstoffes gibt man
auf einen Kubikmeter nährstofffreies Substrat 3 kg
eines Langzeitdüngers oder 10 kg eines organischen Mehrnährstoffdüngers. Zur Behebung des
Spurenelementmangels werden Mikronährstoff-

dünger wie Fetrilon Combi (75 bis 100 g/m^3) oder
Radigen (100 g/m^3) in das Substrat eingemischt
oder mit 1 bis 2 l Gabi Micro T/m^3 übergossen
und eingearbeitet. Der nährstoffarme Auflagenhumus aus Laub oder Rinde kann auch mit 50 g
Hornspänen, 40 g Knochenmehl und 5 bis 10 g
eines Kalidüngers pro Quadratmeter aufgedüngt
werden.

Wenn die Bäume nicht genügend Humus liefern, läßt sich das Laub von Wegen und Rasenflächen zusammenrechen und zur Humusanreicherung einstreuen. Den Schattenstauden wird das
Weiterwachsen mit einer jährlichen Frühjahrsdün-
gung in Höhe von 50 bis 100 g/m^2 eines Nährsal-
zes mit Langzeitwirkung erleichtert.

Wo unsere Stauden mit ihren Wurzeln in Konkurrenz zu stark zehrenden Gehölzen treten, ist
ein Humusieren notwendig. Alle laubschluckenden Beetstauden ertragen die Einstreu mit einem
aufgedüngten Rohhumussubstrat. Wenn bei den
Astilben, Bergenien und vielen Farnen die Wurzelhälse mit einem Rohhumussubstrat eingedeckt
werden, ist ein Auswintern kaum noch zu befürchten, und die Pflanzen beginnen nicht zu »wak-
keln«. Für einen Quadratmeter rechnet man 20 l
aufgedüngten Rindenhumus oder 20 l Lauberde,
in die 50 bis 100 g Langzeitdünger eingemischt
wurde. Bei einem jährlichen Humusieren können die Schattenstauden unverpflanzt im Garten
stehen.

Blütenfarben und -formen

Die schleierförmigen Blütenstände der Astilben,
vom Geißbart *(Aruncus dioicus)* und den Silberkerzen *(Cimicifuga)* verschmelzen mit zunehmender Entfernung zu mehr oder weniger großen
Farbfeldern. Hinzu kommt, daß ihr aufragender
Wuchs den Gartenraum optisch verkleinert. Im
Schatten der Gehölze verblassen die kräftigen Rottöne der Astilben. Am Abend, wenn die Sonne
sehr tief steht und das Licht auf die Pflanzen fällt,
beginnen die Farben wieder zu leuchten. Die weißblühenden Sorten sind als letzte Farbträger in der
Dämmerung erkennbar. Als Leitstauden lassen

Von den verschiedenen Farbsorten des Buschwindröschens gehört die großblumig-blaue Anemone nemorosa 'Rosea' zu den bekanntesten.

sich die weißblühenden *Cimicifuga*-Arten und *Aruncus dioicus* vielseitig verwenden. Schattenstauden mit hellem Rosa leuchten mit ihren warmen Farben in absonnigen Gartenpartien auf: *Astilbe*-Japonica-Hybride 'Europa', *Astilbe*-Simplicifolia-Hybride 'Bronce Elegans' und die *Astilbe*-Arendsii-Hybriden 'Bressingham Beauty' und 'Grete Püngel', *Anemone hupehensis* 'September Charm', *Anemone × hybrida* 'Königin Charlotte' und *Anemone tomentosa* 'Robustissima', die *Heuchera*-Hybriden 'Jubilee' und 'Lady Romney'.

Die Windröschen nehmen im Schattengarten ihrer Farben wegen eine ganz besondere Stellung ein. Vor der Laubentfaltung der Gehölze öffnet *Anemone apennina* von April bis Mai ihre himmelblauen Blüten. *Anemone blanda* blüht am frühesten von allen Anemonen im März–April. Ihre strahlenförmigen blauen Blumen sind von ungewöhnlicher Leuchtkraft. Das Blau mit dem Weiß der Sorten 'Fairy', 'Birdesmaid' und 'White Splendor' sowie des sehr variablen Buschwindröschens *(Anemone nemorosa)* und ihrer großblumigen weißen Sorten ergeben einen kräftigen Hell-Dunkel-Effekt. Zur Intensivierung der Blautöne läßt sich das nah verwandte Gelbe Windröschen *(Anemone ranunculoides)* mit der Komplementärfarbe Gelb sparsam einsetzen.

Im Jahresverlauf sind die zeitlichen Blühhöhepunkte zu berücksichtigen. Von Mai bis August entfalten sich die rosa Blüten von *Geranium endressii* und ihrer stark wuchernden lachsrosa Sorte 'Wargrave Pink'.

Ästhetische Höhepunkte sind auch die leuchtend violettblauen Blüten mit purpurroten Augen von *Geranium himalayense* und der rotviolette Flor von *Geranium sylvaticum*.

Stauden im Schatten

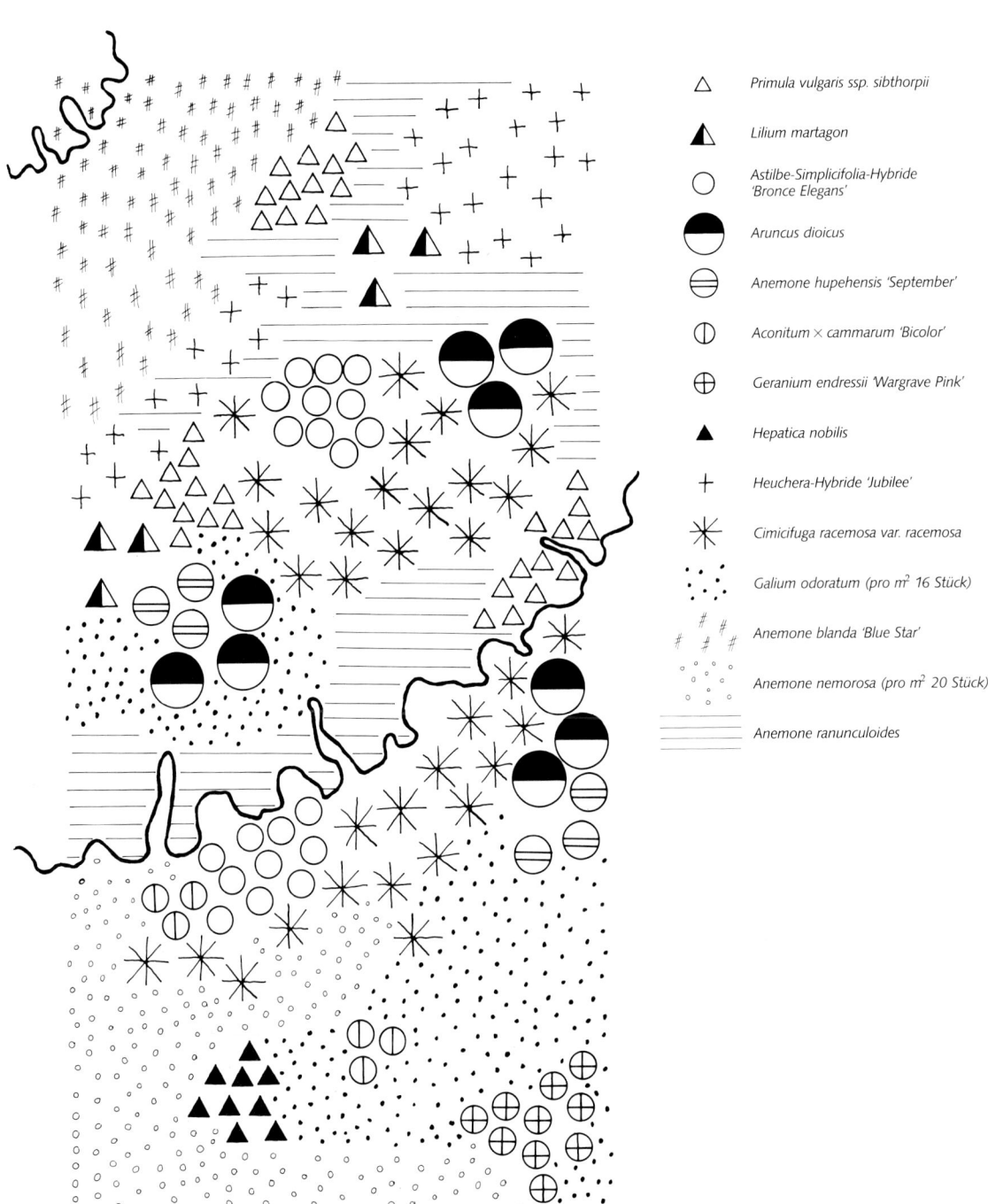

△   Primula vulgaris ssp. sibthorpii

◣   Lilium martagon

◯   Astilbe-Simplicifolia-Hybride 'Bronce Elegans'

◖◗   Aruncus dioicus

⊖   Anemone hupehensis 'September'

⊙   Aconitum × cammarum 'Bicolor'

⊕   Geranium endressii 'Wargrave Pink'

▲   Hepatica nobilis

＋   Heuchera-Hybride 'Jubilee'

✳   Cimicifuga racemosa var. racemosa

⋯   Galium odoratum (pro m² 16 Stück)

Anemone blanda 'Blue Star'

∘   Anemone nemorosa (pro m² 20 Stück)

≡   Anemone ranunculoides

Stauden für halbschattige und schattige Lagen

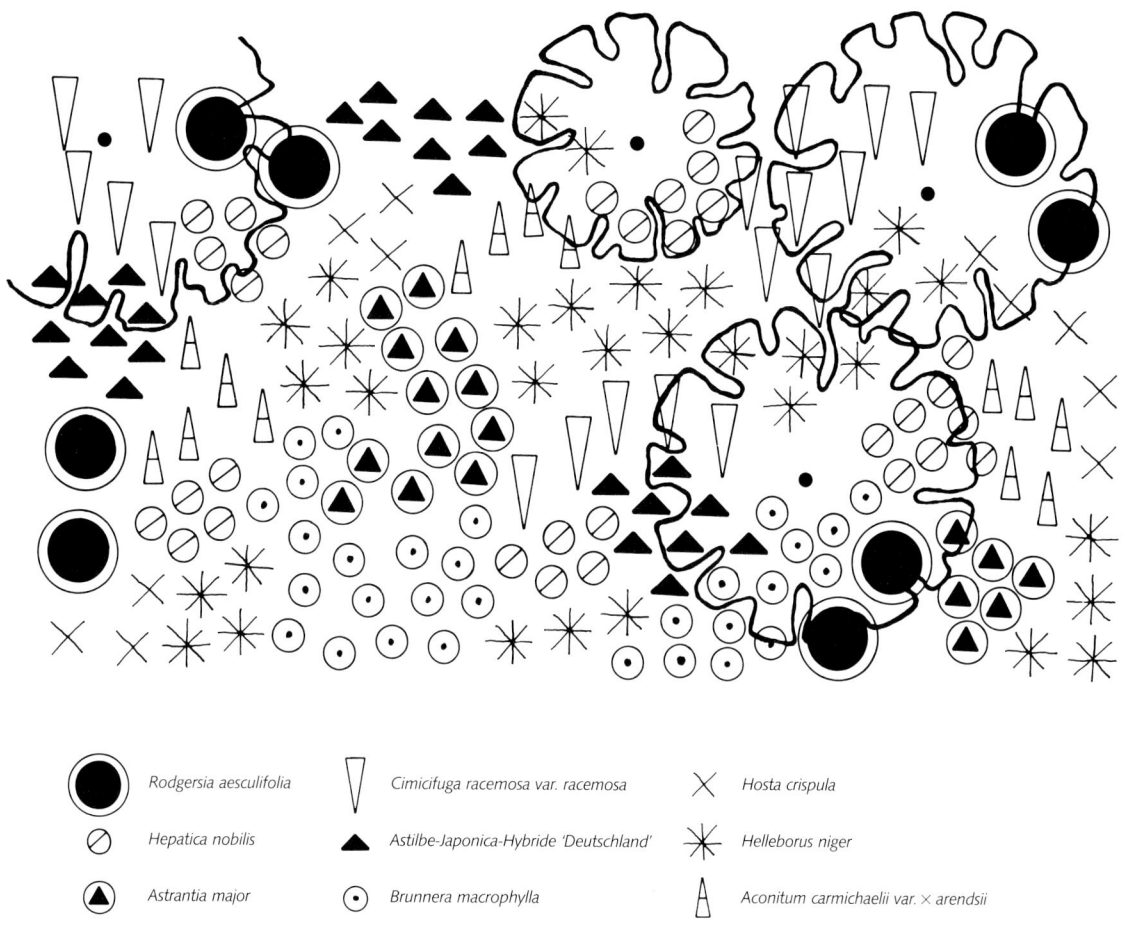

⬤ Rodgersia aesculifolia	▽ Cimicifuga racemosa var. racemosa	✕ Hosta crispula
⊘ Hepatica nobilis	▲ Astilbe-Japonica-Hybride 'Deutschland'	✳ Helleborus niger
▲ Astrantia major	⊙ Brunnera macrophylla	⋀ Aconitum carmichaelii var. ✕ arendsii

Leitstauden im Schatten

In unseren Garten- und Parkanlagen dominieren die lebenskräftigen Silberkerzen, Astilben, Japanische Anemonen, Salomonssiegel, Geißbart und Eisenhut-Arten mit ihren Sorten. Die dunkelvioletten Blüten des heimischen *Aconitum napellus* erscheinen im Juli–August. Etwas später, im September–Oktober, entfalten sich die rispig verzweigten Blütenstände von *Aconitum carmichaelii* var. ✕ *arendsii*. Von den zahlreichen Gartenhybriden unterschiedlicher Formen bringt der »Bayern-Eisenhut« *Aconitum* ✕ *cammarum* 'Bicolor' an lockeren Schäften blauweiße Blüten hervor.

Die Eisenhut-Arten mit helmartigen blauen Blüten passen gut zu den Silberkerzen. Von der August- oder Kandelaber-Silberkerze *(Cimicifuga dahurica)* werden die rispig verzweigten männlichen Pflanzen bevorzugt. Dieser schöne Spätsommerblüher hat schneeweiße, duftende Blütenstände. Am frühesten und wertvollsten ist die Juli-Silberkerze *(Cimicifuga racemosa* var. *racemosa)*. 40 cm lange Blütentrauben hat die September-Silberkerze *(Cimicifuga ramosa)*.

Der bis 2 m hohe Waldgeißbart *(Aruncus dioicus)* bringt im Juni–Juli 50 cm lange Rispen zur Entfaltung. Seine mächtigen Staudenhorste lassen sich mit den Astilben vergesellschaften.

Frühjahrsblüher im Schatten

In der Nachbarschaft von Gehölzen überdauern viele Geophyten die sommerliche Dürre und die winterliche Kälte mit Hilfe von Knollen, Zwiebeln und Rhizomen. Wo die Geophyten stehen, darf die Erde im Frühjahr nicht austrocknen. Die Zwiebeln der Schneeglöckchen *(Galanthus nivalis)* und des Märzenbechers *(Leucojum vernum),* von *Scilla bifolia,* des Türkenbundes *(Lilium martagon)* und des Bärlauchs *(Allium ursinum)* sowie die Rhizome vom Aronstab *(Arum maculatum)* und des Salomonssiegels *(Polygonatum)* müssen in zwei bis drei Monaten so viel Nährstoffe speichern, daß sie im nächsten Frühjahr wieder die Kraft zum Blühen haben. Die Knollen, Zwiebeln und Rhizome werden mit Beginn der Ruhezeit in die Humusauflage eingebracht.

In den Laubwäldern erscheint das Leberblümchen *(Hepatica nobilis)* im März–April zwischen dem vorjährigen Laub mit seinem himmelblauen Blütenflor. Wo es einmal in einem Laubhumusboden mit hohem Lehmanteil angesiedelt wird, läßt es sich mit Christrosen *(Helleborus)* vergesellschaften. Man kann das Leberblümchen auch auf halbschattigen Rabatten in Verbindung mit Kissenprimeln verwenden. Unter eingewachsenen Gehölzen blühen schon im Februar–März die Karnevalsprimeln *(Primula vulgaris* ssp. *sibthorpii).* Gewöhnlich breiten sich die roten, purpurnen oder rosa Farbvarianten durch Selbstaussaat aus. Aus der sehr formenreichen *Primula veris* (syn. *P. officinalis)* sind rote und kupferfarbene Sorten hervorgegangen. Ihre köstlich duftenden Blüten entfalten sich im April. Die Sonne kann diesen Staudenprimeln sehr gefährlich werden. Bei fehlender Wassernachhilfe finden sie einen Platz im Schutz von Bäumen und Sträuchern.

Die atlasweißen Blüten der Christrosen *(Helleborus niger)* erscheinen bei der Sorte 'Praecox' im Oktober, manchmal im November und bei der Sorte 'Altifolius' im Dezember. *Helleborus niger* ssp. *macranthus* wartet den ganzen Winter in den Knospen und beginnt im Frühling zu blühen. Die Christrosen stehen von Natur aus in enger Beziehung zu den Gehölzen. Sie lieben den lichten und warmen Schatten. In einem kalkhaltigen, lehmdurchsetzten Humusboden ist ein reicher Blütenflor zu erwarten.

Stauden im Schatten lichtkroniger Gehölze

Auf der Nordseite von Mauern, im lichten Schatten von Bäumen und Sträuchern lassen sich blumenreiche Gartenbilder gestalten. Zur dominierenden Schattenpflanzen-Auswahl zählen bei einer etwa 20 cm hohen Humusauflage die prachtvollen *Astilbe*-Arendsii- und *Lilium*-Hansonii-Hybriden, die Türkenbundlilie *(L. martagon)* und die Prachtlilie *(L. speciosum).* Als Begleitstauden sollte man den Herbstanemonen *(Anemone*-Japonica-Hybriden) einen bevorzugten Platz einräumen. In diese Gesellschaft fügen sich auch sehr gut die Silberkerzen *(Cimicifuga)* und der Eisenhut *(Aconitum)* ein. Auf der Nordseite von Mauern lassen sie sich mit der langspornigen Akelei *(Aquilegia)* zusammenpflanzen.

In alten Bauerngärten trifft man in Schattenlagen das Tränende Herz *(Dicentra spectabilis)* mit der Christrose *(Helleborus niger)* und der Nachtviole *(Hesperis matronalis)* an.

Stauden, die wir zur Unterpflanzung verwenden, schaffen durch ihren Wuchs eine ideale Bodendecke und unterdrücken Wildkräuter. Äußerst unduldsam gegenüber Nachbarn und in einem mäßig feuchten Boden sind die stark wuchernden Goldfelberich *(Lysimachia punctata),* die Lampionblume *(Physalis alkekengi* var. *franchetii),* das Maiglöckchen *(Convallaria majalis)* und der Rosenwaldmeister *(Phuopsis stylosa,* syn. *Crucianella stylosa).*

In einem kaum durchwurzelten, feuchten und nährstoffreichen Boden sollten wir die wenig wuchernden Nelkenwurz-Sorten *(Geum*-Hybriden) verwenden, während die Kanadische Anemone *(Anemone canadensis)* und die violettrosa *Astilbe chinensis* var. *pumila* und ihre hellrosa Sorten 'Finale' und 'Serenade' sich an entsprechenden Standorten ausläufertreibend als unduldsame Bodenbedecker empfehlen.

Stauden für den Gehölzrand

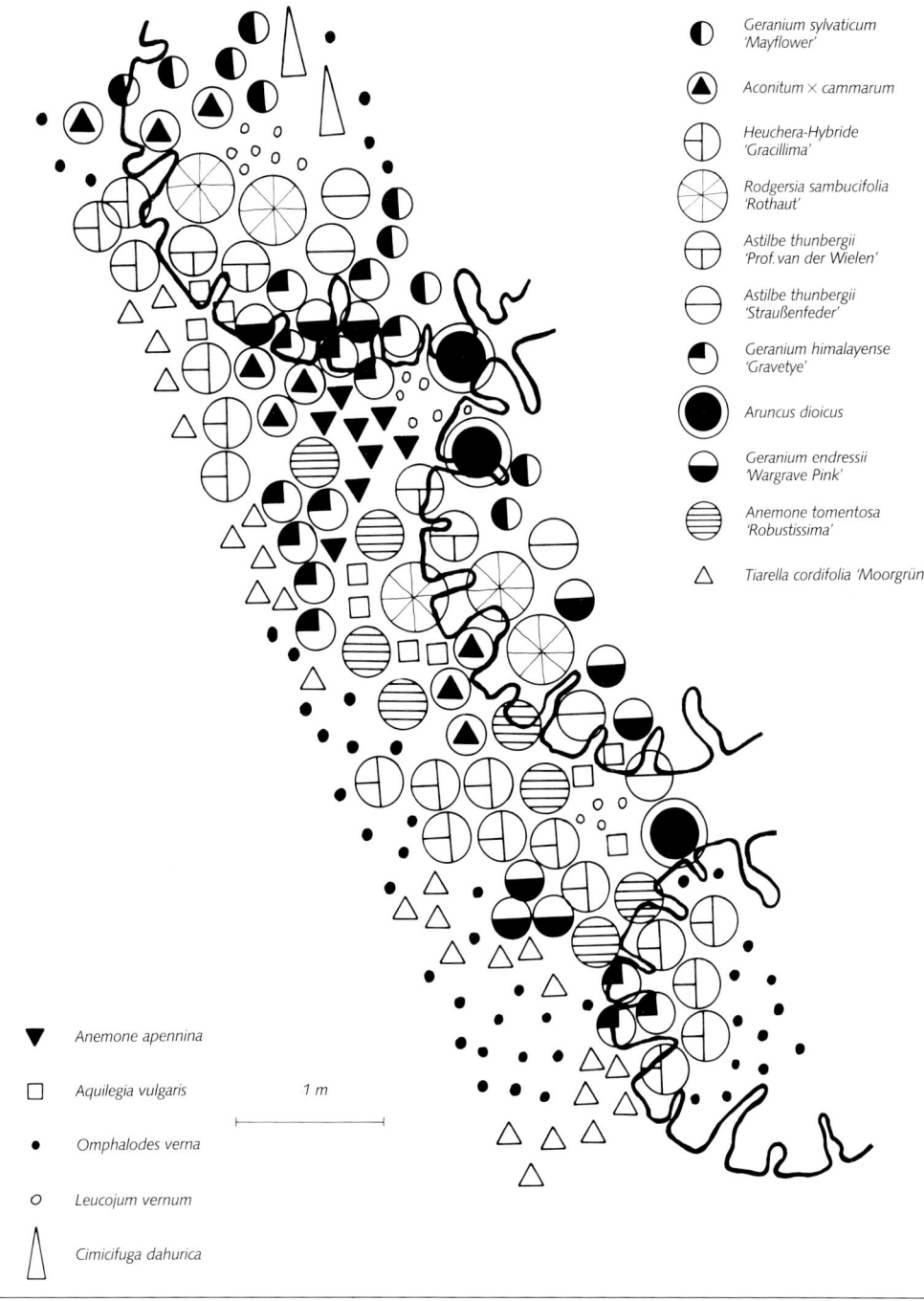

○ Geranium sylvaticum 'Mayflower'

▲ Aconitum × cammarum

Heuchera-Hybride 'Gracillima'

Rodgersia sambucifolia 'Rothaut'

Astilbe thunbergii 'Prof. van der Wielen'

Astilbe thunbergii 'Straußenfeder'

Geranium himalayense 'Gravetye'

● Aruncus dioicus

Geranium endressii 'Wargrave Pink'

Anemone tomentosa 'Robustissima'

△ Tiarella cordifolia 'Moorgrün'

▼ Anemone apennina

□ Aquilegia vulgaris

• Omphalodes verna

○ Leucojum vernum

Cimicifuga dahurica

1 m

Stauden im Schatten eingewurzelter Gehölze

In Verbindung mit Sträuchern, die als Blüten-
gehölze, Lärm- und Sichtschutz gepflanzt wurden,
lassen sich auch Stauden verwenden. Im dicht verflochtenen Wurzelfilz alter Bäume ist es kaum
möglich, eine dauerhafte Pflanzendecke zu schaffen. Bei Wassermangel, zunehmender Wurzelkonkurrenz und Beschattung gibt ein Teil der Krautflora den Konkurrenzkampf auf.

Wildstauden mit einem starken Ausbreitungsdrang, wie die Goldnessel (*Lamiastrum galeobdolon*), *Reynoutria japonica* var. *compacta* 'Roseum', *Ligularia tangutica* (syn. *Senecio tanguti-
cus*) und *Symphytum grandiflorum*, füllen jede
Lücke. Bei entsprechender Humusauflage eignen
sich zur Bodenbedeckung auch das Immergrün
(*Vinca minor*), der Ysander (*Pachysandra terminalis*), das Gedenkemein (*Omphalodes verna*), die
Schaumblüte (*Tiarella cordifolia*) und die Golderdbeere (*Waldsteinia ternata*), die Haselwurz
(*Asarum europaeum*), die Schattenblume (*Maianthemum bifolium*), der Waldmeister (*Galium
odoratum*, syn. *Asperula odorata*) und die Elfenblumen (*Epimedium perralderanum* und *E. pinnatum*). Als verträgliche Flächendecker unter Bäumen bieten sich × *Heucherella tiarelloides*, das
Porzellanblümchen (*Saxifraga umbrosa*) und die
verwandte *Saxifraga veitchiana*, die Golderdbeere
(*Waldsteinia geoides*), die Gefleckte Taubnessel
(*Lamium maculatum*) und der Felberich (*Lysimachia nemorum*) an.

Für bodenfeuchte Schattenlagen empfehlen sich
stark wuchernde Pflanzen wie der Straußfarn
(*Matteuccia struthiopteris*), der Perlfarn (*Onoclea
sensibilis*) und der Waldsauerklee (*Oxalis acetosella*). Verträglichere Flächendecker sind der
Buchenfarn (*Thelypteris phegopteris*), die kaum
wuchernden Schildfarne (*Polystichum*-Arten), das
Lungenkraut (*Pulmonaria officinalis*) und die Sorten des Gefleckten Lungenkrauts (*Pulmonaria
saccharata*) 'Mrs. Moon' und 'Pink Dawn', die
Schattenblume (*Smilacina racemosa*) und die
Schaumblüte (*Tiarella wherryi*) sowie die horstig
wachsenden *Rodgersia*-Arten.

Die enorme Lebenskraft zahlreicher Bodenbedeckungsstauden erlaubt es ihnen, mit den schwierigsten Bedingungen fertig zu werden. Zwischen
den flachkriechenden Wurzelstöcken und unter
dem grünen Laub ersticken sie jede konkurrenzschwache Krautflora. Diese Stauden müssen auch
in der Lage sein, das Fallaub aufzunehmen. Gute
Laubschlucker sind die Waldfarne, die *Epimedium*- und *Rodgersia*-Arten, die *Bergenia*- und
Hosta-Hybriden.

Die Elfenblumen (*Epimedium*) zehren zwischen
dem versponnenen Wurzelwerk der Bäume vom
herbstlichen Laubfall. Als Flächendecker sind *Epimedium pinnatum* 'Elegans', *E. pubigerum* und
E. × warleyense wenig verträglich mit ihrer
Begleitflora. Sicher im Gehölzschatten gedeihen
auch *E. diphyllum*, *E. grandiflorum* und seine Sorten, *E. × versicolor* 'Sulphureum' und 'Cupreum',
E. × youngianum 'Niveum', 'Roseum' und 'Lilacinum'. *E. perralderanum* 'Frohnleiten' verdrängt
jeden Nachbarn und erstickt krautige Pflanzen unter einem Schirm von wintergrünen Blättern.
Auch mit den ausbreitungswilligen *E. × perralchicum* und *E. perralderanum* läßt sich im lichten
Schatten ein Dauergrün schaffen. Der Boden wird
von den Ausläufern so stark durchdrungen, daß es
früh zu einem Bestandsschluß kommt.

Beetstauden dauerfeuchter Böden

Viele Beetstauden lieben dauerfeuchte Böden. Die
wüchsigen *Eupatorium maculatum* 'Atropurpureum', Sorten der Rauhblattastern (*Aster novae-
angliae*) und Glattblattastern (*Aster novi-belgii*),
von *Rudbeckia laciniata* und *Rudbeckia nitida*
sowie der *Solidago*-Hybriden passen sich gut
den feuchten Standorten an. Das Goldleistengras
(*Spartina pectinata* 'Aureomarginata') breitet sich
in regennassen Böden ausläufertreibend aus und
bildet große »Schilfbeete«. Als Beetstauden sind
die Taglilien (*Hemerocallis*-Hybriden) hervorragend geeignet. Sie gedeihen in jedem feuchten
Gartenboden. Durch geschickte Sortenwahl erhält
man von Mai bis September einen fortlaufenden

Blütenflor. Gemeinsam mit *Hemerocallis* lassen sich auch die Sibirische Wieseniris *(Iris sibirica)* und ihre weißen, hell- und dunkelblauen Sorten verwenden.

Zusammen mit *Iris sibirica* kann der Blutweiderich *(Lythrum salicaria)* in dauerfeuchtem Boden stehen. Er wird 80 bis 150 cm hoch und blüht von Juni bis August mit kleinen, purpurroten Blüten an schlanken Scheinähren. Für unsere Gärten werden auch *Lythrum*-Sorten von unterschiedlicher Höhe (70 bis 150 cm) und in verschiedenen Rottönen angeboten. Die Ligularien passen in die Nähe der großlaubigen Rodgersien. Sie gedeihen in feuchtem Boden, nährstoffreicher Erde, Sonne oder Halbschatten. Das breit-herzförmige Laub der Ligularien erinnert an Huflattich, die Blüten stehen in 1½ m hohen schirmförmigen Dolden; bei anderen Arten sind die Blätter tief handförmig eingebuchtet, mit spitz ausgezogenen Blütenkerzen.

Die heimische Trollblume *(Trollius europaeus)* begegnet uns an Ufern vieler Bachläufe und auf feuchten Wiesen. Auch im Garten wird sie mit ihren zahlreichen Sorten in der vollen Sonne bei gleichmäßig hoher Bodenfeuchtigkeit zu willigen Blumenträgern. Auf feuchten und nahrhaften Böden ist sie dann im Mai und im Juni von ihren hell- bis dunkelgelben Blütenkugeln förmlich überladen.

Ein Steinbrechgewächs, das am Wasser gedeiht, ist unter dem Namen Schildblatt *(Darmera peltata,* syn. *Peltiphyllum peltatum)* verbreitet. Vor dem Auslegen der Rhizome wird die Pflanzstelle mit Komposterde verbessert. Im Herbst des ersten Jahres deckt man die starken Wurzelstöcke mit Laub ab. Noch ehe die schildförmigen Blätter er-

scheinen, bringen die Pflanzen bis zu ¾ m hohe Blütenstände von rosaroter Farbe hervor. Im Sommer schmückt die Pflanze ein kräftiges Blattwerk, dessen Stiele eine Höhe von 120 cm erreichen.

Stauden für sommertrockene Beete

Die wärme- und sonnenliebenden Stauden bevorzugen kalkreiche Böden und geringe Niederschläge. Den Charakter einer Beetstaude zeigt *Aster tongolensis.* Diese ausläufertreibende Art benötigt einen gut erwärmbaren, durchlässigen Boden. Sie wird 30 bis 40 cm hoch, blüht von Mai bis Juni mit 3 cm langen, leuchtend lilablauen Zungenblüten. Die orangegelbe Scheibe hat 2 cm Durchmesser. 'Berggarten', 40 cm, lilablau; 'Berggartenzwerg', 20 cm, leuchtend blau; 'Leuchtenburg', 50 cm, leuchtend violett; 'Wartburgstern', 40 cm, blauviolett.

Auf dem sommertrockenen Beet und auf lehmig-sandigem Boden ist das Goldhaar *(Aster linosyris)* eine sehr bestimmende Staude von etwa 40 cm Höhe. Ihre goldgelben Köpfchen ohne Zungenblüten bilden von August bis September eine Doldentraube.

Zahlreiche Arten mit Beetstauden-Charakter zeichnen sich durch eine relativ starke Ausläuferbildung aus. Aufgrund der durchlässigen und sandigen Böden kann das Trockenbeet nur für extensive Bepflanzungen genutzt werden. Stark wuchernd sind der Strandhafer *(Elymus-*Arten), der Stachelschwingel *(Festuca punctoria)* und das Habichtskraut *(Hieracium aurantiacum).* Als verträglicher Flächendecker läßt sich die artenreiche

Nicht oder kaum wuchernd, jedoch gesellig zu pflanzen

Art	Höhe (cm)	Blütenfarbe	Blütezeit
Gladiolus italicus, Gladiole	40–70	karminrosa	Mai
Sedum reflexum, Fettblatt	15–30	goldgelb	Juli
Sedum forsterianum ssp. *elegans,* Fettblatt	20	gelb	Juni–August
Sesleria autumnalis, Herbstkopfgras	30–40	silberweiß	September
Tulipa praestans, Tulpe	30–40	hell scharlachrot	April

In Verbindung mit Steinen

Art	Höhe (cm)	Blütenfarbe	Blütezeit
Belamcanda chinensis, Leopardenblume	60	orange	Juli–August
Euphorbia myrsinites, Walzen-Wolfsmilch	20	grünlichgelb	Juni–Juli
Festuca valesiaca, Walliser Schwingel	15–20	blaugrau	Mai–Juni
Gladiolus communis, Gladiole	60–90	rosarot	Mai–Juni
Gladiolus communis ssp. *byzantinus*, Gladiole	60–80	purpurrot	Juni
Iris forrestii, Iris	50	gelb	Mai–Juni
Marrubium supinum, Mauseohr	15–20	rosalila	Juni–Juli
Oenothera missouriensis, Missouri-Nachtkerze	10–20	hellgelb	Mai–September
Oenothera speciosa, Nachtkerze	30–50	weißrosa	Juni–September
Potentilla recta, Fingerkraut	50	gelb	Juni–August
Raoulia australis, Silberkissen	kriechend	gelb	Juli–August
Salvia jurisicii, Salbei	25–30	hellviolett	Juni–September
Scutellaria baicalensis, Helmkraut	20–30	blau	Juli–September
Sedum ewersii, Fettblatt	10	rosa	Juli–August
Sedum oreganum, Fettblatt	5–7	gelb	Juli–August
Sedum spurium, Fettblatt	10–15	rosa	Juli–August

Pflanzung eines sommertrockenen Beetes der Hornklee *(Lotus corniculatus)* einbringen. Diese 5 bis 10 cm hohe Kleinstaude blüht von Mai bis September gelb.

Gemeinschaftsfähige Zwiebelgewächse sind auch viele Laucharten *(Allium)*.

Alle Pflanzen des trockenen Beetes sind ausgesprochene Lichtpflanzen. Oft sieht man solche Flächen völlig bedeckt von Kalkscherben und -steinen, die im Frühjahr ein wärmeres Kleinklima schaffen.

Nässeempfindliche Arten sind zumeist sehr kurzlebig. Zu berücksichtigen sind auch die Winterfröste. Eine gute Dränage und eventuell ein Winterschutz sollten bei empfindlichen Arten in Betracht gezogen werden.

Gekonnte Spielerei mit zweijährigen Pflanzen: ein Sommergarten mit Salvia viridis 'Pink Sundae', der Vexiernelke (Lychnis coronaria) und dem Muskatellersalbei (Salvia sclarea).

Dränage und Winterschutz ratsam

Anacyclus depressus, Ringblume
Arnebia pulchra, Prophetenblume
Astragalus angustifolius, Tragant
Bouteloua gracilis, Haarschotengras
Hystrix patula, Flaschenbürstengras
Ixiolirion tataricum, Blaulilie
Paradisea liliastrum, Paradieslilie
Penstemon newberryi, Bartfaden
Penstemon pinifolius, Bartfaden
Zauschneria californica, Kolibritrompete

Mit relativ wenig Pflegeaufwand können natürliche Lebensbereiche auf den Garten übertragen werden. Ein frühzeitiger Rückschnitt der Stauden ist hier oft fragwürdig. Keine Probleme ergeben sich bei einer späten Mahd. Nach der Samenbildung kann die Ernte im Spätherbst erfolgen. Die Aussaaten an Ort und Stelle bringen meist schlechte Keimergebnisse. Auf dem sommertrockenen Beet wird deshalb das Ausbringen von Pflanzen mit Topfballen vorgezogen.

Grau- und silberlaubige Stauden

Das Trockenbeet in sonniger Lage ist der Lieblingsplatz der wärmeliebenden Pflanzen, darunter nicht wenige Arten mit grauem oder silbrigem Laub. Der nährstoffarme, basenreiche, trockene und tiefgründige Boden kann gut durchwurzelt werden.

Auf den sommertrockenen Beeten kommen diese Stauden weitgehend ohne zusätzliche Bewässerung aus. Ihre Blätter sind aufgrund ihrer anatomischen Struktur und äußeren Form auf sparsame Verdunstung eingerichtet. Die Xerophyten verfügen über tiefreichende Wurzeln mit einer hohen Saugkraft. Ein anderer Typ von trockenheitsverträglichen Pflanzen sind die Sukkulenten. Sie verfügen über ein hohes Wasserspeichervermögen in ihren saftig-fleischigen Wurzeln, Blättern und Stämmen.

Im wärmebegünstigten Klima von leicht geneigten Südhängen gedeihen Kräuter, Gräser und Gehölze. Wechselfrische bis wechselfeuchte Lehmböden mit gehemmter Durchlüftung lassen sich durch Einarbeiten von grobem Sand oder Schlacke für die Zwecke eines Trockenbeets nutzbar machen. In einer mehrjährigen Sukzession

entsteht so eine gut funktionierende Pflanzengesellschaft.

Von den grau- und silberlaubigen Stauden ist das Perlpfötchen *(Anaphalis triplinervis)* gesellig zu pflanzen. Es erreicht eine Höhe von 20 bis 40 cm, ist wenig wuchernd und wächst horstig. Die Blätter sind von graugrüner Farbe und unterseits weißwollig. Seine Blütezeit erstreckt sich von Juli bis August. 'Sommerschnee' blüht früher als die Art mit weißen, dichtdoldigen Blumen in 20 cm Höhe. 'Silberregen' ist sehr spät blühend und wird 30 cm hoch.

Auf steinig-sandigen Böden erreicht das würzig duftende, silbergrau-filzige Heiligenkraut *(Santolina chamaecyparissus)* 10 bis 50 cm Höhe.

Mit den starkwüchsigen Königskerzen, zumeist im Einzelstand, entsteht ein abgestuftes Bild. Von den zahlreichen Kulturformen zeichnet sich die *Verbascum*-Hybride 'Densiflorum' durch eine große Lebensdauer aus. Sie wird bis 1,8 m hoch, mit aufrechten, vielrispigen Blütenständen. Die gelben Einzelblüten mit lila Staubgefäßen erscheinen von Juli bis August. Eine sehr bestimmende Königskerze sommertrockener Beete ist die bis 2 m hohe *Verbascum olympicum* mit kandelaberartigen Traubenrispen und bis 3 cm breiten Einzel-

Grau- und silberlaubige, nicht wuchernde Stauden

Art	Höhe (cm)	Blütenfarbe	Blütezeit
Achillea clypeolata, Garbe	45–60	goldgelb	Juni–August
Anthemis marschalliana, Hundskamille	15–30	gelb	Mai–Juli
Artemisia glacialis, Gletscherraute	10–15	goldgelb	Juni–August
Carlina acanthifolia, Golddistel	10–15	strohgelb	Juli–August
Catananche caerulea, Rasselblume	50–80	lilablau	Juni–September
Centaurea bella, Flockenblume	20	rosa	Juni–Juli
Centaurea pulcherrima, Schönste Flockenblume	30–40	reinrosa	Juni–Juli
Centaurea simplicicaulis, Flockenblume	20	rosalila	Juni–Juli
Chrysopsis villosa var. *rutteri,* Goldauge	15–20	gelb	Juli–August
Eriophyllum lanatum, Wollblatt	15–30	gelb	Juni–August
Helichrysum orientale, Strohblume	20–30	hellgelb	Juli
Hieracium bombycinum, Habichtskraut	15–20	gelb	Mai–Juni
Hieracium villosum, Habichtskraut	15–25	gelb	Juni–Juli
Nepeta × *faassenii,* Katzenminze	25–30	lavendelblau	Mai–September

Verträgliche Flächendecker für artenreiche Pflanzungen

Art	Höhe (cm)	Blütenfarbe	Blütezeit
Achillea chrysocoma, Garbe	5–8	goldgelb	Juni
Achillea tomentosa, Garbe	10	gelb	Juni–Juli
Cerastium arvense, Ackerhornkraut	5–7	weiß	Mai–Juni
Thymus pseudolanuginosus, Thymian	3–5	rosa	Juni–Juli

blüten. Im zweiten oder dritten Jahr erscheinen ihre »Kandelaber«, und nach der Blüte sterben die Pflanzen ab. Eine kurzlebige Art ist auch *V. longifolium.* Sie wird bis 1,2 m hoch, ist mit weißlichem oder gelblichem Wollfilz überzogen und bringt von Juni bis August bis 2,5 cm breite, goldgelbe Blüten zur Entfaltung. Eine nässeempfindliche, kurzlebige Art ist die zweijährige *V. bomby-*

ciferum. Die 1,8 m hohe Pflanze ist dicht, weißfilzig und flockig behaart. Der wenig verzweigte »Kandelaber« ist dicht mit schwefelgelben Blüten in 3- bis 7blütigen Knäueln besetzt. Die 40 bis 60 cm hohe *V. phoeniceum* wird gern in Verbindung mit Steingartenstauden verwendet. Ihre dunkel purpurvioletten Blüten erscheinen an wenig ästigen Trauben im Mai–Juni.

Stauden für sommertrockene Beete

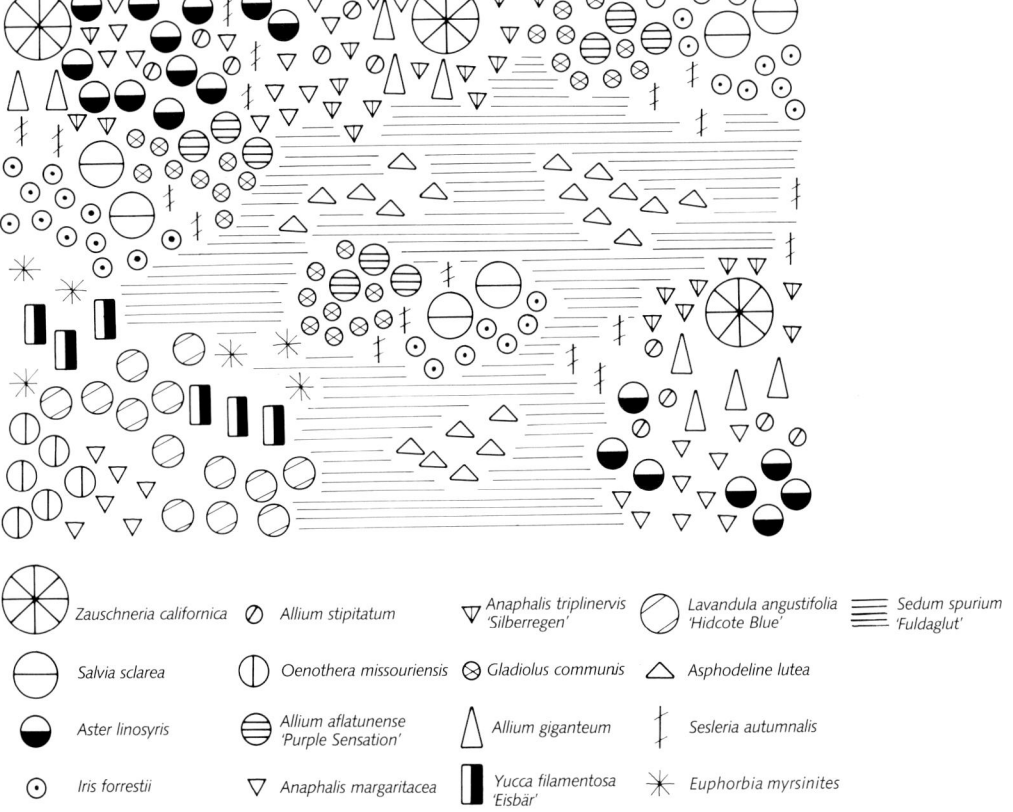

Zauschneria californica	Allium stipitatum	Anaphalis triplinervis 'Silberregen'	Lavandula angustifolia 'Hidcote Blue'	Sedum spurium 'Fuldaglut'	
Salvia sclarea	Oenothera missouriensis	Gladiolus communis	Asphodeline lutea		
Aster linosyris	Allium aflatunense 'Purple Sensation'	Allium giganteum	Sesleria autumnalis		
Iris forrestii	Anaphalis margaritacea	Yucca filamentosa 'Eisbär'	Euphorbia myrsinites		

**Heil- und Gewürzpflanzen für
sommertrockene Beete**

Aus den alten Kloster- und Burggärten sind auch
Pflanzen in unsere Gärten gekommen. Auf trockenen Beeten haben sich z. B. Ysop, Raute und Dost
angesiedelt. Als Halb- und Zwergstrauch ist die
Eberraute *(Artemisia abrotanum)* eine wichtige
Leitpflanze. Seit dem Altertum findet sie als Ge-
würz- und Heilgewächs Verwendung.

Die Gattung *Artemisia* aus den Trockengebieten
der nördlichen gemäßigten Zone umfaßt etwa 400
Arten meist aromatisch duftender, ein- oder mehr-
jähriger Kräuter oder kleiner Sträucher für trok-
kene Wildgartenpartien mit Steppencharakter.
Von den über 30 cm hohen und mittelhohen Arten
ist *A. ludoviciana* und *A. ludoviciana* var. *albula*
mit beiderseits weißfilzigen Blättern wegen ihres
starken Wuchses zur Besiedelung großer, sandiger
Flächen zu verwenden. Ihre Vermehrung erfolgt
durch Teilung, Stecklinge und aus Samen. *A. pon-
tica,* der Römische Wermut, wächst in Trockengebieten auf sandigen und warmen Böden. Die 40
bis 80 cm hohe Pflanze wuchert stark und breitet
sich in kurzer Zeit mit ihrem kriechenden Wurzelstock aus. Von den niedrigen Arten unter 30 cm
wächst *A. schmidtiana* bodenbedeckend und bildet silberweiße Teppiche. Kultiviert wird nur die
Sorte 'Nana', die etwas niedriger ist.

In den Gewürz- und Kräutergarten gehört auch
der Gartenthymian *(Thymus vulgaris).* Der 10 bis
30 cm hohe, aromatisch riechende Halbstrauch
blüht von Mai bis Oktober hellila bis rosa, bisweilen fast weiß. Der Naturbastard *Thymus × citriodorus,* der nicht oder kaum wuchert, ist gesellig zu
pflanzen. Bei Frösten zeigt sich, daß der Thymian
nur an günstigen Standorten oder mit einem Winterschutz durchhält.

Als aromatisch duftender, grau behaarter Halbstrauch findet der Echte Lavendel *(Lavandula
angustifolia)* an sommertrockenen Plätzen, an
Böschungen, auf Mauerkronen, Dachgärten und in
Trögen vielseitige Verwendung. Seine Blüten sind
blau und violett, sie stehen in 10 bis 20 cm langen
Scheinähren.

Sorte	Blütenfarbe	Wuchs
'Alba'	weiß	
'Dwarf Blue'	dunkelblau	niedrig
'Grappenhall'	lavendelblau	stark wachsend
'Hidcote Blue'	tief violettblau	niedrig
'Hidcote Giant'	violett	stark wachsend
'Munstead'	lavendelblau	breit wachsend
'Rosea'	rosa	

Auch der Gartensalbei *(Salvia officinalis)* ist
eine alte Heil- und Gartenpflanze. Wertvoll ist dieser 30 bis 60 cm hohe, immergrüne Halbstrauch
durch seine aromatisch duftenden Blätter. In Kultur sind eine Reihe von Sorten entstanden:
'Aurea', goldgelbe Blätter.
'Purpurascens', stumpfrote Blätter.
'Variegata', gelbgrün-gescheckte Blätter.
'Tricolor', dreifarbige Blätter in graugrün/rahm-
weiß-violettpurpurrosa.
'Berggarten', breitblättrig, buschig.

Bei Kahlfrösten erhalten die etwas empfindlichen buntlaubigen Sorten einen Winterschutz, es
sei denn, sie werden in klimabegünstigten Wein-
baugebieten angepflanzt. *S. officinalis* zählt zu den
trockenheitsverträglichen Halbsträuchern, die auf
den Sandfluren am besten gedeihen.

Der Wiesensalbei *(Salvia pratensis)* ist eine hei-
mische Art mit dunkelgrünen Rosettenblättern.
Die violettblauen Blüten stehen in verzweigten
Scheinähren und erscheinen von Juni bis August.
S. pratensis bevorzugt kalkhaltige Trockenstand-
orte. Empfehlenswerte Sorten sind 'Alba', weiße
Blüten, 'Rosea', rosa Blüten.

Salvia pratensis var. *haematodes* ist ein reich
verzweigter Wiesensalbei, der im Juni–Juli lavendelblau blüht. Die Varietät wird 80 cm hoch und
trägt herzförmig-eirunde Blätter an rötlichbraunen
Stengeln, die im Kontrast zu den Blüten stehen.
Sehr schön ist die Sorte 'Mittsommer'. Die *S. pratensis* var. *haematodes* ist sehr trockenheitsverträglich, jedoch nur zweijährig. Trotz der Kurzlebigkeit kann sie in das sommertrockene Beet eingebracht werden. Die Pflanze samt gut aus.

Wo andere Pflanzen Schwierigkeiten bekommen, ist das Trockenbeet der richtige Platz für Artemisia ludoviciana var. albula und Salvia pratensis var. haematodes 'Indigo'. Die weißfilzigen Beifuß-Blätter geben neben den blauen Salbei-Blüten harmonische Kontraste.

Der Muskateller-Salbei *(Salvia sclarea)* ist eine alte Arznei- und Gewürzpflanze, die in Südfrankreich zum Aromatisieren des Muskateller-Weins verwendet wird. Im ersten Jahr wird eine Rosette aus großen runden Blättern gebildet, und im zweiten Jahr erscheint im Juli–August eine schöne Rispe mit rosaroten Tragblättern mit hellila Blüten. Nach der Blüte stirbt der Muskateller-Salbei ab und sät sich an sonnigen und trockenen Plätzen selbst aus.

Salvia lavandulifolia ist *S. officinalis* sehr ähnlich, jedoch gedrungener im Wuchs. Sie erreicht eine Höhe von 20 bis 30 cm. Bei einem ähnlichen Standort wie von *S. officinalis* eignet sie sich gut als Bodenbedecker für sonnig-warme Plätze.

Der Silberblatt-Salbei *(Salvia argentea)* ist meist nur zwei- bis dreijährig. Wenn der Blütenstand vor der Samenreife entfernt wird, dauert die Pflanze aus. Die eirunden, ganzrandigen, silbrig behaarten Blätter bilden eine grundständige Rosette, aus der sich im Juni–Juli ein 50 bis 80 cm hoher Blütenstand mit weißen Blüten und gelber Mitte entwickelt. Der Standort entspricht dem von *S. sclarea* und *S. pratensis* var. *haematodes*. Dieser Salbei verbreitet sich durch Selbstaussaat als wirkungsvoller Lavendel-Begleiter.

Stauden für die Steppenheide

Auf kalkreichen Standorten in warm-trockener
Binnenlandschaft haben sich artenreiche Vegeta-
tionsformen mit zahlreichen Steppenpflanzen entwickelt. Anstelle monotoner Rasenflächen kann
das Wohnumfeld individuell gestaltet werden.
Eine pflegeleichte Extensivbegrünung erfreut sich
wachsender Beliebtheit. Von einer Pflanzengesellschaft wird erwartet, daß die Blühfolge dauerhaft
ist. Man erlebt im Wandel der Jahreszeiten einen
fortlaufenden Flor. Diese Blütenfülle erreicht in
den Sommerwochen mit den Silberimmortellen,
den Katzenpfötchen und der Färberkamille, den
Wetterdisteln und dem Natterkopf ihren absoluten
Höhepunkt. Die blühende Steppenheide gewährleistet die Rückgewinnung biologisch aktiver Flächen. Um Ernährungsmöglichkeiten für die Insek-
tenwelt zu schaffen, werden neben heimischen Arten auch »exotische« Gehölze und Kräuter in die
Planung einbezogen.

Durchlässige Böden, die aus einer Mischung
von Landerde und Schüttbaustoffen bestehen,
nehmen einerseits das Überschußwasser der Niederschläge auf und führen es ab, andererseits speichern sie es in pflanzenverfügbarer Form. Dabei
spielt der pH-Wert des Bodens eine untergeordnete Rolle. Zur Erhöhung des Luftanteils im Boden und zur Verringerung der Schwammigkeit des
Substrates wird durch Zusatz von porösen Gerüst-
baustoffen die Trittbelastung erhöht. Es können
50 Vol.% und mehr an stabilisierenden Kompo-
nenten zugemischt werden. Das Material muß wit-
terungsbeständig und strukturstabil sein. In bezug
auf die Porengröße, die für die Wasserspeicherung
entscheidend ist, verwendet man großkörnige
Baustoffe mit einem hohen Grobporenanteil. Am
häufigsten werden Blähtone und Blähschiefer in
der Korngrößenordnung von 4 bis 8 und 4 bis
16 mm eingesetzt. Beide haben ein hohes Gesamt-
porenvolumen und eine dicht gesinterte Kornober-
fläche; dies bedeutet, daß die Innenporen nur wenig Wasser aufnehmen. Gebrochener Blähton und
Blähschiefer bieten den Vorteil, daß die Poren geöffnet werden können. Das Wasserspeichervermö-

gen liegt dann bei 50%. Ebenfalls geeignet sind
die offenporigen Bims und Lava in einer Korn-
größe von 0 bis 16 mm.

In einer Steppenheide ist zusammen mit den
Schüttsubstraten eine Modellierung des Geländes
möglich. Dabei bieten sich die leicht geneigten
Südhänge an. Eine Verkrustung oder Verschlämmung läßt sich in einem ständig offenen Boden
durch eine Splittauflage verhindern. Durch die
sich schnell erwärmende Kalksteinschicht wird im
Frühjahr das Kleinklima verbessert.

Maßgeblich für die Extensivbegrünung ist die
Wahl von Pflanzen mit einer hohen Trocken-
heitsresistenz. Beste Eigenschaften bringen die
Gewächse der Steppenheide, der Magerrasen,
der Halbtrockenrasen und Trockenrasen mit. Die
Vegetation ist immer im Zusammenhang mit dem
Klima und dem Boden zu sehen. Ein ausreichender Schutz gegen übermäßige Temperaturen und
Sonnenschein ist nur durch eine Haarfilzbildung,
kutikulare Wachsauflage oder durch eine ver-
korkte Außenschicht der Epidermis gewährleistet.

Schon auf einer dünnen Substratschicht ist die
Ansiedlung aktiver Xerophyten mit Wasserspei-
chergeweben, z. B. der sukkulenten *Sedum*- und
Sempervivum-Arten möglich. Nadelförmige Blätter oder eine schützende Blattfärbung sind weitere
xeromorphe Eigenschaften, die den Pflanzen auf
Extremstandorten zugute kommen. *Filipendula
vulgaris* übersteht dank ihres Wurzelspeicherver-
mögens Trockenperioden, und zahlreiche Zwie-
bel- und Knollengewächse leben während der heißen Jahreszeit eingezogen mit ihren unterirdischen
Speicherorganen. Die Verbindung von Tief- und
Flachwurzlern bewahrt vor Abschwemmungen.
Auf Flächen mit einer begrenzt durchwurzelbaren
Schicht sind nur flach wurzelnde Pflanzenarten
gefragt. Arten der Felsspaltengesellschaften dringen mit ihren Wurzeln tief in die Felsfugen ein. Als
standortabhängige Arten eignen sie sich nur für
tiefgründige Vegetationsflächen. An die Steppenheide werden höchste Anforderungen gestellt. Sie
muß sowohl hohen Niederschlägen standhalten als
auch Trockenheit ertragen. Eine Dränageschicht
gewährleistet eine staunässefreie Entwässerung

Stauden für die Steppenheide

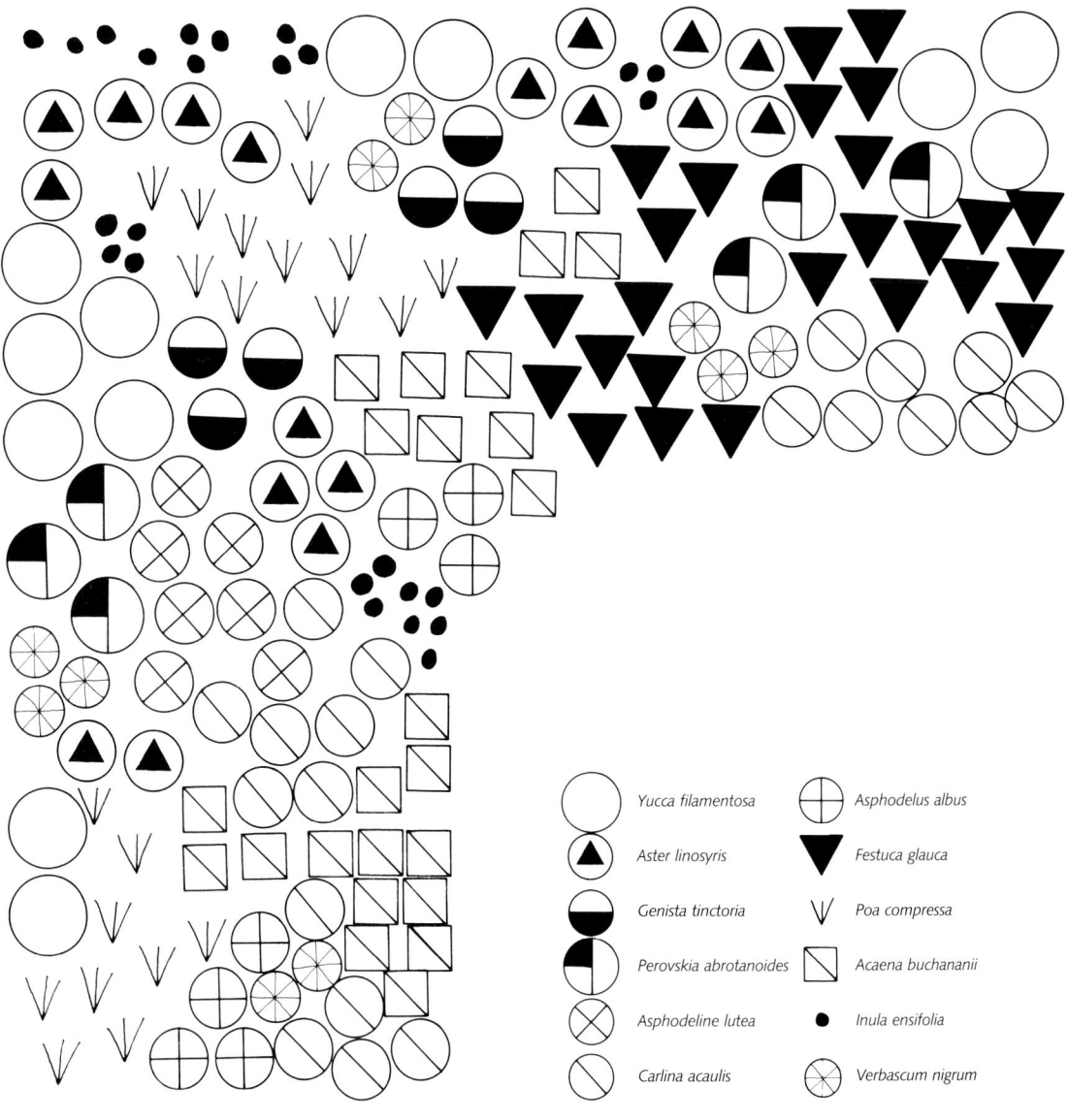

Yucca filamentosa

Aster linosyris

Genista tinctoria

Perovskia abrotanoides

Asphodeline lutea

Carlina acaulis

Asphodelus albus

Festuca glauca

Poa compressa

Acaena buchananii

Inula ensifolia

Verbascum nigrum

und hält gleichzeitig genügend Wasser für die Pflanzen bereit.

Die Staudengärtner beschäftigten sich heute verstärkt mit der Anzucht von »Steppenheidepflanzen«. Sie werden in Töpfen und Flachballen-Elementen vorkultiviert, und nach 5 bis 10 Mona-

ten kommen sie zum Verkauf. Herkömmliche Ware aus dem 8- bis 10-cm-Topf eignet sich für Substrattiefen ab 10 cm. Bei einer Schichthöhe von 6 bis 8 cm verwendet man Flachballen-Stauden mit einer Topfhöhe von 4 cm, Jungpflanzen mit Preßballen oder aus Multitopfplatten. Als

Dreiklang aus Königskerzen, Wollziest und Diascia. Die Königskerzen mit ihrer stattlichen Größe und den leuchtend gelben Blüten sind ein magischer Blickfang. Sie lieben Wärme und einen trockenen Boden.

Zeitpunkt des Auspflanzens ist der Frühherbst geeignet. Die Gewächse können dann noch einwurzeln und profitieren von den Winterniederschlägen.

Als Vorbild gilt die lückig-offene und produktionsschwache Steppenheide der Natur. Es ist nicht erforderlich, die Flächen lückenlos zu bepflanzen. Die floristische Entwicklung geht als Sukzession langsam vor sich. Durch Ausläuferbildung und Selbstaussaat beginnt sich die Fläche allmählich zu schließen.

Das »fertige Bild« einer Steppenheide kann mit relativ wenig Mühe erreicht werden. Die Pflanzen sollen regenerationsfähig sein und mit minimalem Aufwand ohne Zusatzbewässerung auskommen.

Ein frühzeitiger Rückschnitt der Stauden ist oft problematisch. Wenn bis zur Samenreife gewartet wird, erhalten sich viele Pflanzen durch Selbstaussaat. Punktuell läßt man im Winter einige Überhälter stehen. Abgestorbene Pflanzenteile bleiben dem Substrat erhalten und dienen als Humusnahrung.

Art	Höhe (cm)	Blütenfarbe	Blütezeit	Sonstiges
Acaena buchananii, Stachelnüßchen	5–10	gelb	7	wintergrün, Fruchtschmuck
Achillea tomentosa, Teppichschafgarbe	15–25	hellgelb	6–7	auch für den Steingarten
Acinos alpinus, Alpensteinquendel	5–25	rotviolett	6–8	in kalkhaltigen und -freien Böden
Adonis vernalis, Adonisröschen	20–25	gelb	4–5	Selbstaussaat
Allium caeruleum, Blaulauch	15–25	hellblau	6–8	nicht sehr ausdauernd
Allium flavum, Gelber Lauch	20–40	gelb	6–8	auf trockenen Hügeln
Allium moly, Goldlauch	20–25	goldgelb	6	schöne Art
Allium sphaerocephalon, Kugellauch	40–80	purpur	7–8	vielblütig
Alyssum montanum, Bergsteinkraut	20–25	gelb	5	leicht duftend
Alyssum saxatile, Steinkraut	15–20	gelb	5	Halbstrauch
Anaphalis margaritacea, Silberimmortelle	40–60	weiß	6–8	üppig wachsende Art
Anaphalis triplinervis, Perlpfötchen	20–40	weiß	7–8	Schnittblume
Antennaria dioica, Katzenpfötchen	5–20	rotpurpur	7–10	ausläuferbildend
Anthemis tinctoria, Färberkamille	40–60	goldgelb	7–8	gelber Farbstoff
Anthericum ramosum, Ästige Graslilie	40–80	weiß	6–8	trockene Standorte
Arenaria montana, Sandkraut	8–10	weiß	5–6	polsterartig
Armeria maritima, Grasnelke	10–25	karminrosa	5–6	grasartig
Artemisia pontica, Römischer Wermut	40–60	gelblich	8–9	für größere Flächen
Artemisia stelleriana, Beifuß	30–60	gelblich	6–7	empfindlich gegen Winternässe
Asphodeline lutea, Junkerlilie	50–100	gelb	4–5	kurze Ausläufer treibend
Asphodelus albus, Affodill	50–100	weiß	4–5	sehr formenreiche Art
Aster linosyris, Goldhaaraster	30–40	gelb	8–9	Herbstfärbung
Brachypodium pinnatum, Fiederzwenke	60–100	hellgrün	6–8	weites Wurzelwerk
Briza media, Zittergras	30–40	grün	6–7	Trockensträuße
Bromus erectus, Aufrechte Trespe	50–150	grün	5–7	Staude, schattig
Bromus tectorum, Dachtrespe	50–150	grün	5–6	ein- bis zweijährig, schattig
Buphthalmum salicifolium, Ochsenauge	30–50	dottergelb	6–9	Schnittblume
Campanula carpatica, Karpatenglockenblume	15–20	blau	6–8	teils Hybriden
Campanula rhomboidalis, Glockenblume	50–60	violettblau	6–7	für Naturgärten
Campanula rotundifolia, Rundbl. Glockenblume	10–20	blau	6–8	Rhizomgespinste
Campanula sarmatica, Glockenblume	30–50	hellblau	6–7	nicht wuchernd
Carex digitata, Fingersegge	10–15	hellgrün	4–5	immergrün, schattig
Carex flacca, Blaugrüne Segge	10–15	blaugrün	5–6	ausläuferbildend
Carex humilis, Erdsegge	8–15	graugrün	3–4	horstig wachsend
Carex montana, Bergsegge	10–15	mittelgrün	3–4	Herbstfärbung
Carex ornithopoda, Vogelfußsegge	15–20	hellgrün	5–6	dicht- und kleinhorstig
Carlina acaulis, Wetterdistel	15–25	weißlich	6–8	meist kalkhaltige Böden
Carlina vulgaris, Golddistel	20–25	gelblich	8–9	einjährig
Centaurea scabiosa, Skabiosenflockenblume	40–60	rosarot	7–9	schönste heimische Flockenblume
Cerastium alpinum, Hornkraut	8–10	weiß	5–6	dürreresistent
Cerastium tomentosum, Hornkraut	15–20	weiß	5–6	nicht wuchernd
Chiastophyllum oppositifolium, Walddickblatt	10–15	gelb	6–7	schattig
Chrysanthemum haradjanii, Margerite	20–30	gelb	7–8	staunässeempfindlich
Chrysanthemum leucanthemum, Wiesenmargerite	40–60	weiß	5–6	Schnittblume
Delosperma cooperi, Mittagsblume	10	purpurkarmin	7–8	nässeempfindlich
Delosperma othona, Mittagsblume	5–8	gelb	7–8	nässeempfindlich
Dianthus arenarius, Sandnelke	15–20	weiß	7–9	willig wachsend
Dianthus carthusianorum, Karthäusernelke	20–30	rosarot	7–8	sehr wüchsig
Dianthus gratianopolitanus, Pfingstnelke	7–20	rosa	5–6	dichtrasig
Dianthus sylvestris ssp. *sylvestris*, Steinnelke	5–15	rosa	5–6	Selbstaussaat
Draba aizoides, Hungerblümchen	8–10	gelb	3–5	Rosetten
Dryas octopetala, Silberwurz	10	weiß	6–7	Triebe niederliegend
Echium vulgare, Natternkopf	40–60	blau	7–9	zweijährig
Eriophyllum lanatum, Wollblatt	15–30	gelb	6–8	anspruchslos
Euphorbia cyparissias, Zypressenwolfsmilch	20–40	gelb	5–7	ausläuferbildend
Euphorbia myrsinites, Warzenwolfsmilch	15	gelb	5	wintergrün
Festuca cinerea, Blauschwingel	20–25	blau	6	wintergrün
Festuca ovina, Schafschwingel	20–25	grün	6	wintergrün

Art	Höhe (cm)	Blütenfarbe	Blüte-zeit	Sonstiges
Festuca punctoria, Stachelschwingel	10–15	grün	6–7	lockerhorstig
Festuca rupicaprina, Schwingel	20	hellgrün	6	rotbraune Färbung
Festuca scoparia, Bärenfellschwingel	10	hellgrün	6	immergrün
Festuca valesiaca, Walliser Schwingel	15–20	blaugrau	6	wintergrün
Festuca vivipara, Lebendgebärender Schw.	10–20	grünblau	5–6	Rispen mit »Kindeln«
Filipendula vulgaris, Knollen-Rüsterstaude	30–60	weiß	5–7	Wurzeln teils knollig
Fragaria viridis, Knackbeere	10–15	weiß	5	früher Kulturpflanze
Genista lydia, Steinginster	30–50	gelb	5–6	Zwergstrauch
Genista pilosa, Sandginster	20–30	gelb	5–7	Zwergstrauch
Genista sagittalis, Flügelginster	20–30	dottergelb	6–8	Zwergstrauch
Genista tinctoria, Färberginster	80–100	gelb	7–8	Zwergstrauch
Gentiana cruciata, Kreuzenzian	20–40	dunkelblau	7–9	sehr genügsam
Geranium dalmaticum, Storchschnabel	10–15	zartrosa	6–7	Herbstfärbung
Geranium sanguineum, Blutroter Storchschn.	10–15	rot	6–9	Herbstfärbung
Globularia cordifolia, Kugelblume	5–10	blau	5–6	wertvoller Bodenbedecker
Globularia punctata, Kugelblume	20–30	violettblau	5–6	rosettenbildend
Globularia repens, Kugelblume	2	blau	8–10	sehr winterhart
Gypsophila repens, Polsterschleierkraut	5–15	weiß	7	leicht wachsend
Helianthemum nummularium, Sonnenröschen	5–15	gelb	6–7	wintergrün
Helictotrichon sempervirens, Blaustrahlhafer	40–50	bläulich	7–8	immergrün
Hieracium pilosella, Kleines Habichtskraut	10–15	gelb	5–9	rasenartig wachsend
Hieracium × rubrum, Rotes Habichtskraut	15–20	orangerot	6	steriler Bastard
Inula ensifolia, Zwergalant	20–30	gelb	7–8	mit kurzen Ausläufern
Inula hirta, Zwergalant	25–50	goldgelb	6–9	Wurzelstock kriechend
Iris aphylla, Zwergschwertlilie	30–40	tiefviolett	5	reichblühend
Iris chamaeiris, Zwergschwertlilie	15–25	violett-weiß	4–5	vollkommen winterhart
Iris pumila, Zwergschwertlilie	7–15	gelb, blau	5–6	oft Bastarde
Iris tectorum, Dachiris	40–50	lila	6	besser trocken als feucht
Iris variegata, Zwergschwertlilie	40	gelb mit gelblichweiß	5–6	farbenfrohe Wildiris
Jovibarba allionii, Fransen-Hauswurz	5–8	bleichgrün	7	bildet feste Matten
Jovibarba arenaria, Fransen-Hauswurz	5–8	gelblich	8	fauler Blüher
Jovibarba hirta, Fransen-Hauswurz	5–8	blaßgelb	8	zahlreiche Seitensprosse
Jovibarba sobolifera, Fransen-Hauswurz	5–8	grünlichgelb	7	leicht abfallende Brutrosetten
Koeleria glauca, Schillergras	20–25	grünsilbern	6–7	wintergrün
Lavandula angustifolia, Lavendel	30–40	blau	6–7	immergrüner Halbstrauch
Linum flavum, Goldflachs	30–40	klargelb	6–8	bildet sterile Rosetten
Linum narbonense, Lein	50	dunkelblau	5–8	Blüten besonders haltbar
Linum perenne, Staudenlein	40–50	blau	7	Triebe niederliegend
Linum tenuifolium, Lein	30–40	rosa	6–7	Selbstaussaat
Lolium perenne, Englisches Raygras	30–60	grün	5–9	trittfest
Lotus corniculatus, Hornklee	5–10	gelb	5–9	ohne Ausläufer
Melicia ciliata, Perlgras	30–40	hellgrün	5–6	horstbildend
Nardus stricta, Borstgras	10–40	graugrün	5–7	kalkfliehend
Opuntia fragilis, Feigenkaktus	5	gelb	7	Triebe leicht abbrechend
Opuntia humifusa, Feigenkaktus	5	schwefelgelb	7	kriechend
Perovskia abrotanoides, Blauraute	100	lila	8–10	Halbstrauch
Petrorhagia saxifraga, Felsennelke	20–30	weiß-rosa	6–9	lockerrasig
Pimpinella saxifraga, Steinbrechpimpinelle	30–60	weiß-rot	7–9	Heilpflanze
Poa bulbosa, Knolliges Rispengras	10–15	hellgrün	5–7	Brutknospenverbreitung
Poa compressa, Flaches Rispengras	20–50	graugrün	6–7	Wurzelkriechpionier
Potentilla alba, Weißes Fingerkraut	25	weiß	4–6	niederliegende Triebe
Potentilla argentea, Silberfingerkraut	30–50	gelb	7–8	kalkarme Standorte
Potentilla caulescens, Fingerstrauch	20–30	weiß	7–8	kalkreiche Standorte
Potentilla cinerea, Fingerkraut	10	gelb	5–8	Blätter silbriggrau
Potentilla crantzii, Fingerkraut	5–15	goldgelb	6–9	kalkreiche Standorte
Potentilla fruticosa, Fingerstrauch	40–60	weiß-orange	5–9	Zwergstrauch
Potentilla verna, Frühlingsfingerkraut	5–10	gelb	4–5	kalkarme und kalkreiche Böden

Art	Höhe (cm)	Blütenfarbe	Blüte- zeit	Sonstiges
Primula auricula, Alpenaurikel	8–10	gelb	4–6	kalkreiche Standorte
Primula hirsuta, Primel	15–20	lilarosa	4–5	kalkarme Standorte
Prunella grandiflora, Braunelle	20–30	violett	6–8	mattenbildend
Prunella vulgaris, Gewöhnliche Braunelle	20–30	purpurviolett	6–9	für warme Plätze
Prunus tenella, Zwergmandel	80–150	rosa	4–5	Zwergstrauch
Pulsatilla vulgaris, Küchenschelle	20–30	violett	4–5	kalkhaltige Standorte
Ranunculus bulbosus, Knolliger Hahnenfuß	30–50	goldgelb	5–6	trockenheitsempfindlich
Rhamnus pumilus, Kreuzdorn	15–20	gelblich	5–6	Zwergstrauch
Salix hastata 'Wehrhahnii', Engadinweide	100	gelb	4–5	Zwergstrauch
Salix purpurea 'Nana', Purpurweide	80–100	unbedeutend		Zwergstrauch
Salix repens, Kriechweide	30–100	goldgelb	5–6	Zwergstrauch
Salix reticulata, Netzweide	5	gelb	5–6	Zwergstrauch
Salix retusa, Stumpfblättrige Weide	10–20	gelb	6–7	Zwergstrauch
Salix rosmarinifolia, Rosmarinweide	80–100	gelb	4–5	Zwergstrauch
Salix serpyllifolia, Weide	20	gelb	5–6	Zwergstrauch
Salvia pratensis, Wiesensalbei	50–60	violettblau	6–8	kalkhaltige Standorte
Sanguisorba minor, Kleiner Wiesenknopf	20–60	grünlich	5–7	kalkreiche Standorte
Santolina chamaecyparissus, Heiligenkraut	20–40	weißgelb	7–8	immergrüner Halbstrauch
Saponaria ocymoides, Polsterseifenkraut	15–20	rosarot	6–7	Selbstaussaat
Saxifraga cotyledon, Krustensteinbrech	5–60	weiß	6–7	auf Urgestein
Saxifraga cuneifolia, Blattrosettensteinbrech	10–20	weiß	6–7	auf Urgestein
Saxifraga paniculata, Krustensteinbrech	5–30	weißrosa	6	leicht wachsend
Scutellaria orientalis, Helmkraut	30	gelb	7–9	kalkreiche Standorte
Sedum acre, Scharfer Mauerpfeffer	5–10	gelb	6–7	rasenbildend
Sedum acre 'Aureum', Scharfer Mauerpfeffer	5–10	gelb	6–7	gelbe Triebspitzen
Sedum album, Weiße Fetthenne	5–10	weiß	6–7	immergrün
Sedum album 'Coral Carpet', Weiße Fetthenne	3–5	weiß	6–7	rötliche Herbstfärbung
Sedum album 'Laconicum', Weiße Fetthenne	8–10	weiß	6–7	grobgliedrig
Sedum album 'Micranthum', Weiße Fetthenne	3–5	weiß	6–7	feingliedrig
Sedum album 'Murale', Weiße Fetthenne	5–8	weißrosa	6–7	braunrote Färbung
Sedum dasyphyllum, Fetthenne	5	weißrosa	6–7	dichtrasig
Sedum sexangulare, Milder Mauerpfeffer	3–5	gelb	6	immergrün
Sedum sexangulare 'Weiße Tatra', Milder Mauerpfeffer	3–5	hellgelb	6	polsterbildend
Sempervivum arachnoideum, Spinnwebdachwurz	2–3	rosa	6–7	Blätter übersponnen
Sempervivum caucasicum, Kaukasusdachwurz	3–5	rosa	6–7	kurze Stolonen
Sempervivum dolomiticum, Dachwurz	5–8	rosa	6–7	Stolonen mit Tochterrosetten
Sempervivum grandiflorum, Dachwurz	10	grünlichgelb	6–7	große Rosetten
Sempervivum kosaninii, Dachwurz	6–8	purpur	6–7	wächst leicht
Sempervivum marmoreum, Dachwurz	5–8	rosa	6–7	viele Sorten in Kultur
Sempervivum montanum, Bergdachwurz	3–4	trübrot	6–7	rasenbildend
Sempervivum tectorum, Dachwurz	5–8	purpur	6–8	leicht wachsend
Sesleria heufleriana, Silberschopfgras	25–30	blaugrün	3–4	immergrün
Sesleria nitida, Silberschopfgras	25–30	blaugrün	4	immergrün
Sesleria albicans, Kalk-Blaugras	15–25	grausilbern	5–6	Humusbilder
Silene maritima, Leimkraut	15–20	weiß	6–8	Stengel niederliegend
Stachys byzantina, Wollziest	20–30	rosa	6–7	genügsam
Teucrium × *lucidrys*, Edelgamander	15–25	rosa	8	wintergrüner Halbstrauch
Teucrium montanum, Berggamander	10	weiß-gelb	6–8	Halbstrauch
Thymus praecox, Thymian	5–10	rosa	6	immergrün
Thymus serpyllum, Thymian	5–8	rosa	6–7	immergrün
Verbascum phoeniceum, Phönizische Königskerze	50–60	violett	6	Blätter grundständig
Verbascum thapsus, Wollige Königskerze	60–90	gelb	8	einjährig
Verbascum nigrum, Dunkle Königskerze	60–90	gelb	8	gut ausdauernde Art
Veronica spicata ssp. *incana*, Ehrenpreis	30–50	blau	7–8	graufilzig behaart
Veronica surculosa, Ehrenpreis	5–7	weißlich	5–6	weißlichgrau behaart
Yucca filamentosa, Palmlilie	120–150	grünlichweiß	7–9	immergrün

Natürliche Waldformationen im Garten

Die Wurzeln der Bäume sind mattenartig verflochten, so daß ohne eine Humusauflage darüber die Bodenflora wenig Überlebenschancen hat. Welche Schwierigkeiten auftreten, zeigt sich, wenn die Bäume nicht genügend Fallaub liefern oder das abgefallene Laub womöglich weggeschafft wird. Laub ist zur Humusanreicherung unter Bäumen und Sträuchern unbedingt wichtig. Von dieser organischen Decke in Verbindung mit dem Boden werden an die Gehölz- und Krautvegetation Nährstoffe abgegeben. Deshalb sollte man im Spätherbst stets dafür sorgen, daß die Flächen um und unter den Gehölzen mit genügend Laubstreu versehen sind.

Die alkalischen Puffersubstanzen im Humus sind um so höher, je mehr das eingestreute Laub von Mineralstoffen durchsetzt ist. Im Gegensatz zu dem Rohhumus in den Buchen- und Mischwäldern mit einer sauren Reaktion zwischen pH 4 bis 5,5 lassen sich in diesem Fall mildere pH-Werte zwischen 5,5 und 6,5 erzielen.

In immissionsbelasteten Gebieten kann die Bodenqualität nachhaltig und nachteilig verändert werden. Die Folgen des »sauren Regens« sind bekannt. Wo in industriereichen Gebieten eine Bodenübersäuerung zu befürchten ist, läßt sich dem durch eine Kalkung entgegenwirken. Es genügt, jährlich rund 500 g kohlensauren Kalk (Kalkmergel) über eine Fläche von 100 m² (1 Ar) zu verteilen.

Nur wer den Wunsch hat, waldähnliche Pflanzungen im Garten anzulegen, wird sich die Natur zum Vorbild nehmen und sich mit den natürlichen Verhältnissen vertraut machen. Im Buchenwald zum Beispiel haben wir eine sehr reichhaltige Flora der Krautschicht. Buschwindröschen, Waldmeister, Türkenbund, Salomonssiegel oder Lungenkraut lassen mit ihren Blüten die sonst finster und kahl wirkenden Schattenbereiche heller und freundlicher erscheinen. Für ein Stück Wald im Garten empfehlen sich von Anfang an kleinere Gehölze; sie wachsen leichter an und entwickeln ihr artspezifisches Aussehen. Bei älteren Gehölzen kommt es vor, daß die Mittel- oder Haupttriebe zurücktrocknen oder daß man stark zurückschneiden muß. Dadurch büßen die Pflanzen viel von ihrem natürlichen Erscheinungsbild ein. In engem Zusammenhang mit den Größen der Arten steht auch deren Zahl bei der Anpflanzung. Oft ist es vorteilhafter, anstelle einer großen Einzelpflanze mehrere Exemplare derselben Art in lockeren Gruppen zusammenzupflanzen. Je nach Wachstum und Entwicklung der betreffenden Gehölzart hat man die Möglichkeit, die schönsten Exemplare im Laufe der Zeit freizustellen, das heißt, überzählige Pflanzen zu entfernen oder »auf den Stock« zu setzen. Eine von Anfang an dichtere Bepflanzung bringt den Vorteil, daß durch Beschattung, Laub- und Nadelfall für die später einzubringende Krautschicht optimale Bedingungen geschaffen werden. Nicht erwünschte Pflanzen, wie standortfremde Gräser, verschwinden von selbst, und es bildet sich eine Humusschicht.

Eine gute Entwicklungs- und Überlebenschance für die Krautschicht ist erst bei einer entsprechenden Humusauflage gegeben. Man sollte sich nach dem Setzen der Gehölze also Zeit lassen. Eine flächige Bepflanzung des Bodens ist die beste Lösung. Was dabei zunächst noch »gärtnerisch« wirkt, wandelt sich bald zu einem natürlichen Bild. Die Waldformationen aus Buchen, Fichten und einer bodenbedeckenden Flora aus Waldmeister, Buschwindröschen, Haselwurz oder Efeu wachsen zu einer Einheit zusammen, und im lichten Baumschatten stellt sich nach wenigen Jahren eine gute Pflanzenharmonie ein.

Mit einigen dominierenden Heistern in der Größe 100 bis 200 cm und Forstpflanzen von 50 bis 100 cm erhält man einen gestuften Pflanzen-

Diese schöne alte Steinbrücke und das virtuose Spiel der kontrastreichen Blattformen von Funkien und der Hirschzunge, umgeben von Fingerhut und Gauklerblumen, schaffen eine dezent-verführerische Gartenszenerie. Angesichts so liebenswerter Details geraten selbst nüchterne Menschen ins Träumen.

bestand. Dort, wo Buchen und Fichten jeglichen Alters nebeneinander wachsen, sollte nicht mehr herausgenommen werden, als nachwachsen kann. Wenn sich nach wenigen Jahren der »Wald« über der Bodenvegetation geschlossen hat, ist ein gezieltes Roden kein störender Eingriff mehr.

Unterwuchsfreie Stellen unter Laub- und Nadelgehölzen zeugen von der Kampfkraft der Wurzeln. Mit Hilfe einer 10 bis 20 cm hohen Substratdecke aus Rindenkompost, Lauberde oder Kompost können wir aber jede passende Flora in diese Flächen einbringen. Der Auflagenhumus aus saurer Laub- oder Nadelstreu wird auch ohne Mitwirkung von Regenwürmern durch andere Kleintiere und Mikroorganismen des Bodens zerkleinert. Das Rotteprodukt ist meist leicht sauer und besitzt eine wasserhaltende Kraft. Den verhältnismäßig geringen Nährstoffbedarf von Wildstauden und -gehölzen kann man mit 50 g Hornspänen, 40 g Knochenmehl und 1 l Holzasche (als Kali- und Spurenelementdünger) pro Quadratmeter decken.

Bei verschiedenen Schattenpflanzen spielt die Wurzelkonkurrenz der Gehölze keine so große Rolle. Der Waldsauerklee kommt mit einer sehr dünnen Humusdecke aus. Die Moderpakete werden von dem feinen Wurzelwerk der Krautflora durchsponnen, das nicht tiefer in den Mineralboden eindringt. Hinderlich für das Aufkommen einer Bodenvegetation sind staudenabweisende Gehölze, die bis zum Boden »Schleppen« bilden. Oder: Abgefallene Platanen- und Roßkastanienblätter überdecken den Boden bis in das Frühjahr hinein mit einem so dichtem Filz, daß viele Zwiebelgewächse und Bodendecker Mühe haben, hochzukommen.

Häufig fällt es schwer, die bodennahe Flora auf kalkarmen und -reichen Böden gegeneinander abzugrenzen. Der Auflagenhumus wird von dem darunterliegenden Mineralboden kaum beeinflußt. Alle Übergänge sind möglich.

Nicht von ungefähr finden wir in Nachbarschaft der Gehölze viele Geophyten oder Kryptophyten, welche die sommerliche Dürre und die winterliche Kälte mit Hilfe von Knollen oder Zwiebeln überdauern. Nicht so gut angepaßt an die Gehölznach-

barschaft sind die Hemikryptophyten. Zu dieser Lebensform gehören die Stauden mit grundständigen Blattrosetten und Pflanzen, deren oberirdische Sprosse im Winter absterben und als sogenannte Erdschürfpflanzen mit ihren Überdauerungstrieben und Knospen unmittelbar an der Bodenoberfläche bleiben.

Wo Rhizom-, Zwiebel- oder Knollengewächse stehen, darf die Erde im Frühjahr nicht austrocknen. Die Zwiebeln der Schneeglöckchen (*Galanthus nivalis*) und des Märzenbechers (*Leucojum vernum*), der *Scilla bifolia*, des Türkenbundes (*Lilium martagon*) und des Bärlauchs (*Allium ursinum*) sowie die Rhizome von Aronstab (*Arum maculatum*), des Salomonssiegels (*Polygonatum*) müssen in zwei bis drei Monaten soviel Nährstoffe speichern, daß sie im nächsten Frühjahr wieder blühen. Die Zwiebeln und Rhizome werden mit Beginn der Ruhezeit in die Mulmschicht eingebracht. Die alte Regel, dreimal so tief zu pflanzen wie die Zwiebel hoch ist, ist auch hier gültig.

Vorkultiviert in Gemüsesteigen oder flachen Töpfen, lassen sich die Geophyten und Hemikryptophyten mit den Lattenkistchen oder mit dem Wurzelballen während des ganzen Jahres an den endgültigen Platz auspflanzen. Sie entwickeln sich auf unbewachsenen Böden am besten, während sie in der Krautschicht zurückgedrängt werden. Ein flächiges Einbringen der Pflanzen ist die beste Lösung. Es besteht sonst die Gefahr, daß die unverträglichen Arten die kaum wuchernden Stauden überwachsen. Durch seitliche Verdrängung bilden die Goldnessel (*Lamiastrum galeobdolon*), das Maiglöckchen (*Convallaria majalis*) und das Engelsüß (*Polypodium vulgare*) anfangs kleine und dann immer größer werdende Horste. Mit Hilfe von Brutzwiebeln vermögen sich die Schneeglöckchen, der Märzenbecher und der Bärlauch in dichten Trupps zu halten und langsam konzentrisch auszubreiten. Der Samen zahlreicher Waldpflanzen besitzt fett- und eiweißreiche Gewebeanhängsel, die Ameisen anlocken. Durch Ameisen verbreitet werden Schneeglöckchen, Märzenbecher, Veilchen, Leberblümchen, Haselwurz, Buschwindröschen und das Gelbe Windröschen, das Gefleckte Lungenkraut, *Scilla bifolia* und die Goldnessel. Sie können sich jedoch nur dort ausbreiten, wo ihre Keimlinge nicht in einer dichten Pflanzengesellschaft untergehen oder einem ungestümen Frühjahrsputz zum Opfer fallen.

Die Blütezeit vieler Geophyten liegt in der laublosen Zeit der Bäume. Die Beleuchtungsstärke ist für viele Zwiebelgewächse ein begrenzender Faktor. Sie ziehen sich in ihrer Ruhezeit völlig in den Boden zurück und ruhen. Dagegen breiten sich nach dem Schließen des Laubdaches die lichtgenügsamen Waldsauerklee, Waldmeister, Mai-

glöckchen, Haselwurz, Buschwindröschen und Gelbe Windröschen teppichartig aus. Auf den »Lichtkomfort« müssen nach der Belaubung auch die Berg- und Waldseggen, der Aronstab, das Gefleckte Lungenkraut, die Große Schlüsselblume, die Einbeere, die Weiße Hainsimse und die Behaarte Hainsimse, die Farne, das Waldlabkraut, das Leberblümchen, die Christrose und das Christophskraut verzichten. Die Haselwurz, die Goldnessel, der Efeu und etliche Seggen, Simsen und Farne überdauern den Winter mit grünen Blättern.

Die wichtigsten heimischen Stauden und Halbsträucher, die sich unter Gehölzgruppen, in Verbindung mit Einzelbäumen und im Schatten von Mauern ansiedeln lassen.

Art	Pflanzen-bedarf pro m^2	Stückzahl pro Gruppe	Standort	Konkurrenzkraft
Aconitum napellus, Blauer Eisenhut	7	3–10	wechselnde Besonnung, Wanderschatten	verträglich
Actaea spicata, Christophskraut	3	1–3	wechselnde Besonnung, Wanderschatten	verträglich
Adonis vernalis, Frühlings-Adonis-röschen	5	1–3	Gehölzrand sonnig	verträglich
Allium ursinum, Bärlauch	9	3–10	erträgt Schatten, reichlich Bodenfeuchtigkeit	verträglich
Anemone nemorosa, Buschwind-röschen	20	20–40	erträgt Schatten	kaum wuchernd
Anemone ranunculoides, Gelbes Windröschen	20	20–40	wechselnde Besonnung, Wanderschatten	kaum wuchernd
Antennaria dioica, Katzenpfötchen	20	10–20	Gehölzrand sonnig	verträglicher Flächendecker
Anthericum ramosum, Ästige Graslilie	12	3–10	Gehölzrand sonnig	kaum wuchernd
Arum maculatum, Aronstab	9	10–20	erträgt Schatten, feuchter Boden	kaum wuchernd
Asarum europaeum, Haselwurz	16	10–40	erträgt Schatten	verträglicher Flächendecker
Athyrium filix-femina, Waldfrauenfarn	3	1–10	erträgt Schatten, reichlich Bodenfeuchtigkeit	verträglich
Buphthalmum salicifolium, Weidenblättriges Ochsenauge	9	3–10	Waldsaum mit wechselnder Besonnung	verträglich
Campanula trachelium, Nesselblättrige Glockenblume	9	1–3	erträgt Schatten	verträglich
Carex montana, Bergsegge	12	3–10	Waldsaum mit wechselnder Besonnung	verträglicher Flächendecker
Carex sylvatica, Waldsegge	12	1–3	erträgt Schatten, reichlich Bodenfeuchtigkeit	verträglicher Flächendecker
Carex umbrosa, Schattensegge	16	3–10	wechselnde Besonnung, Wanderschatten	verträglich
Convallaria majalis, Maiglöckchen	20	20–60	wechselnde Besonnung, Wanderschatten	stark wuchernd, wenig verträglich
Corynephorus canescens, Silbergras	9	3–10	Gehölzrand sonnig	versamt sich sehr reich
Dianthus deltoides, Heidenelke	16	3–10	wechselnde Besonnung, Wanderschatten	erträgt den Wurzelfilz, versamt sich sehr reich
Dianthus seguieri, Buschnelke	16	3–10	wechselnde Besonnung, Wanderschatten	versamt sich sehr leicht

Art	Pflanzen-bedarf pro m^2	Stückzahl pro Gruppe	Standort	Konkurrenzkraft
Dryas octopetala, Silberwurz	16	10–20	Gehölzrand sonnig	verträglicher Flächen-decker
Dryopteris carthusiana, Dornfarn	5	3–20	wechselnde Besonnung, Wander-schatten	nicht wuchernd
Dryopteris filix-mas, Wurmfarn	5	3–20	erträgt Schatten	kaum wuchernd
Euphorbia amygdaloides, Mandel-blättrige Wolfsmilch	5	1–3	wechselnde Besonnung, Wander-schatten	verträglich
Galanthus nivalis, Schneeglöckchen	25	10–20	wechselnde Besonnung, Wander-schatten	verträglich
Galium odoratum (Asperula odorata), Waldmeister	16	10–20	erträgt Schatten, reichlich Boden-feuchtigkeit	verträglicher Flächen-decker
Galium sylvaticum, Waldlabkraut	16	10–20	wechselnde Besonnung, Wander-schatten	verträglicher Flächen-decker
Hedera helix, Efeu	12	12–120	erträgt Schatten	wenig verträglich
Helichrysum arenarium, Sandstroh-blume	20	10–20	Gehölzrand mit wechselnder Besonnung	verträglicher Flächen-decker
Helleborus niger, Christrose	9	3–10	wechselnde Besonnung, Wander-schatten	verträglich
Hepatica nobilis, Leberblümchen	20	3–10	erträgt Schatten	verträglich
Lamiastrum galeobdolon, Goldnessel	9	45–90	mäßig feuchter Boden, erträgt Schatten	wenig verträglich
Leucojum vernum, Märzenbecher	25	10–20	wechselnde Besonnung, Wander-schatten, feuchter Boden	verträglich
Lilium martagon, Türkenbund	9	1–3	wechselnde Besonnung, Wander-schatten	verträglich
Luzula luzuloides, Weiße Hainsimse	12	1–10	erträgt Schatten	verträglich
Luzula pilosa, Behaarte Hainsimse	16	3–10	wechselnde Besonnung, Wander-schatten	verträglicher Flächen-decker
Oxalis acetosella, Waldsauerklee	25	25–50	erträgt tiefsten Schatten mit reich-licher Bodenfeuchtigkeit	verträglicher Flächen-decker
Paris quadrifolia, Einbeere	25	10–20	erträgt Schatten	verträglicher Flächen-decker
Phyllitis scolopendrium, Hirschzunge	12	3–10	wechselnde Besonnung, Wander-schatten, reichlich Bodenfeuchtigkeit	verträglich
Polygala chamaebuxus, Zwergbuchs	12	3–10	Gehölzrand sonnig	verträglich
Polygonatum multiflorum, Vielblütige Weißwurz	12	3–10	wandernder Schatten	kaum wuchernd
Polygonatum odoratum, Salomonssiegel	12	3–10	wechselnde Besonnung, Wander-schatten	kaum wuchernd
Polygonatum verticillatum, Quirl-blättrige Weißwurz	12	10–20	wechselnde Besonnung, Wander-schatten	kaum wuchernd
Polypodium vulgare, Engelsüß	25	3–10	wechselnde Besonnung, Wander-schatten	wenig verträglich
Potentilla alba, Weißes Fingerkraut	20	3–10	Gehölzrand sonnig	kaum wuchernd
Potentilla arenaria, Sandfingerkraut	25	3–10	Gehölzrand sonnig	verträglicher Flächen-decker
Potentilla neumanniana (P. verna), Frühlingsfingerkraut	20	1–3	Gehölzrand sonnig	kaum wuchernd
Primula elatior, Große Schlüsselblume	20	3–10	erträgt Schatten, reichlich Boden-feuchtigkeit	nicht wuchernd
Pulmonaria officinalis, Geflecktes Lungenkraut	12	1–3	erträgt Schatten	kaum wuchernd
Pulsatilla patens, Fingerküchenschelle	9	1–3	Gehölzrand sonnig	verträglich
Scilla bifolia, Zweiblättrige Stern-hyazinthe	25	10–20	wechselnde Besonnung, Wander-schatten, feuchter Boden	versamt sich sehr reich
Sesleria albicans, Kalk-Blaugras	9	3–10	Gehölzrand sonnig	verträglich
Viola reichenbachiana, Waldveilchen	16	3–10	wechselnde Besonnung, Wander-schatten	verträglich

Grasartige Uferpflanzen

Der Feuchtbereich tritt im Garten verschiedenartig in Erscheinung. Die Gräser finden als Staudenbegleiter und Solitärs, an Bachrändern und in Verbindung mit Gehölzen Verwendung. Sie wachsen an wechselfeuchten Standorten, in feuchten Wiesen, am Teich und im Wasser. Tonangebende Gräser geben dem Garten ein charakteristisches Aussehen und bilden nicht selten den »Aufhänger«, nach dem sich die Gehölz- und Staudenpflanzung richtet. Nach ihrer gärtnerischen Verwendung lassen sie sich von frisch-feucht und naß bis zu den »Wasser«-Gräsern in Teichanlagen einteilen.

Der 180 bis 200 cm hohe Chinaschilf *(Miscanthus sinensis)* und seine Sorten, das 180 bis 200 cm hohe Silberfahnengras (*M. sacchariflorus* 'Robustus') und der bis 3½ m hohe Riesenmiscanthus *(M. floridulus)* sind sehr vielseitig verwendbar. Allen gemeinsam sind ihre schilfartigen, dichten Halmbüsche, die in trockenen Böden mit ihrem Flor nachlassen. Die *Miscanthus*-Arten sind für mittlere und große Gärten mit Parkcharakter geeignet. Auch als Uferpflanzen lassen sie sich zum Beispiel mit Glatt- und Rauhblattastern vergesellschaften.

An befestigten Teichen werden sie mit etwas Abstand zum Wasser vor einer Überflutung bewahrt. Sie vertragen keine stauende Winternässe und extreme Sommertrockenheit. *M. sinensis* 'Condensatus' blüht dann jährlich. Das zur selben Art gehörende Eulalia-Gras 'Gracillimus' bringt seine silbergrauen, federigen Rispen nur selten zur Entfaltung, ebenso das weißbunte Chinaschilf 'Variegatus', das seine silbergrauen, federigen Rispen selten zeigt. Dagegen blüht das Stachelschweingras 'Strictus' in feuchtwarmen Lagen. Das Zebra-Gras 'Zebrinus' ist empfindlicher als die anderen Sorten. Es braucht für die Entwicklung seiner silbergrauen, federigen Rispen etwas Winterschutz durch eine Laubaufschüttung.

Nur in feuchten Böden und an sonnigen Stellen sind bei *M. sacchariflorus* 'Robustus' die rotbraunsilberweißen Blütenähren zu erwarten. Wegen seiner Blühwilligkeit ist auch der Riesenmiscanthus *(M. floridulus)* feucht zu halten. In trockenen Sommern wird deshalb reichlich gewässert.

In einem frisch-feuchten Boden lassen sich unter niederen Bäumen und überhängenden Sträuchern die Weißbunte Japansegge (*Carex morrowii* 'Variegata'), der Weißbunte Knollenglatthafer (*Arrhenatherum elatius* ssp. *bulbosum* 'Variegatum') ansiedeln. Sofern die Pflanzen hell stehen und genügend Feuchte vorhanden ist, entwickeln sich die panaschierten Pflanzenhorste zu eleganten Erscheinungen. Im Winter wirkt die immergrüne Weißbunte Japansegge zwischen den unbelaubten Sträuchern besonders auffallend.

Im dichten Gehölzbereich und unter stark wurzelnden Bäumen leben zusammen mit dem Waldmeister, der Haselwurz und dem Leberblümchen der Waldschwingel (*Festuca altissima*), das Flattergras *(Milium effusum)*, der Riesenschwingel (*Festuca gigantea*) und die Waldsegge (*Carex sylvatica*). Bei einem geringen Lichteinfall ist keine zu starke Konkurrenz durch die Begleitflora zu erwarten. Auf grund- und sickerfeuchten Standorten ertragen sie ausgezeichnet den Wurzeldruck der Gehölze. In humusreichen Böden bilden sie zusammenhängende Rasen. Stickstoffmangel zeigen diese Schattengräser durch gelbe Blattverfärbungen an.

Wenn ein Grundstück von Sickerwasser durchzogen wird und ein basenreicher Boden vorliegt, ist die Kultur der Fuchssegge (*Carex vulpina*) kein Problem. Sie läßt sich zusammen mit der Ufersegge (*Carex riparia*) in den Feuchtwiesen ansiedeln. *C. riparia* ist die größte unter den einheimischen Seggen, die mit ihren langen, unterirdischen Kriechsprossen wie *C. vulpina* dichte Rasen bildet. Eine exotische Note bringt in diese bunte Gräsergemeinschaft *Carex muskingumensis* mit ihrem palmartigen Aussehen. In den naturnahen Garten paßt dagegen das Blaue Pfeifengras (*Molinia caerulea*) und die Rasenschmiele (*Deschampsia cespitosa*). Das Blaue Pfeifengras ist ein Magerkeits- und Feuchtigkeitsanzeiger, der auf sickerfrischen Standorten kaum wuchert. Vorwiegend wird die dunkelschwarzbraune 'Moorhexe' neben

dem Bunten Besenried (*Molinia caerulea* 'Variegata') gepflanzt. Auf feuchten Wiesen, an Quellen,
Ufern und an Gräben zeigen *Deschampsia cespitosa* 'Bronzeschleier' mit ihren goldbraunen Rispen, die elegant überhängende 'Tardiflora' und
'Waldschatt' mit den dunkelbraunen Rispen solitär und in kleinen Gruppen eine gute Farbwirkung.

Durch eine differenzierte Uferbepflanzung lassen sich ökologische Nischen bilden. In der Was-
serwechselzone langsam fließender Gewässer, in
Teichen und Gräben kann man den Zwergrohrkolben (*Typha minima*) in 0 bis 10 cm Wassertiefe
ansiedeln. Shuttleworths Rohrkolben (*Typha
shuttleworthii*) dringt von den Ufern der Riedgrä-
ben bis in 40 cm tiefes Wasser vor. Das Lange
Zypergras (*Cyperus longus*) teilt mit dem Blutweiderich seine Vorliebe für feuchte Fluß- und See-
ufer. Es läßt sich gut im dauernassen Boden bei
0 bis 20 cm Wassertiefe ansiedeln. Die Bachufer
alkalischer Böden können auch mit dem Breit-
blättrigen Wollgras (*Eriophorum latifolium*) bepflanzt werden. Auf kalkhaltigen Tuff- und Torfböden entwickelt es sich zu einem dichten Rasen.

In vernäßten Böden paßt es zusammen mit so be-
kannten Bachbegleitern wie Sumpfiris und Sumpf-
vergißmeinnicht, Trollblumen und Ligularien. Die
Walzensegge (*Carex elongata*), die Rispensegge
(*C. paniculata*) und die Hängende Segge (*C. pen-
dula*) sind gleichzeitig Sicker- und Quellwasserzei-
ger. Ihre großen, dichten Horste ertragen unter
Weiden, Erlen, Moorbirken und Eschen, zwischen
Gehölzrand und Bachlauf, den Wurzeldruck der
Bäume.

Um große Teichflächen lassen sich die Steilufer
mit einem dichten Seggengürtel umgeben. Im
Grenzgebiet zwischen Wasser und Land wachsen
im sumpfigen Gelände die Hängesegge (*Carex
pendula*) und die Waldbinse (*Scirpus sylvaticus*).

Zwischen Gehölz und Teich lassen sich zusammen mit Erlen, Eschen, Ulmen, Weiden und Bir-
ken die Hundsquecke (*Elymus caninus*), die Morgensternsegge (*Carex grayi*), die Scheinzypressengras-Segge (*C. pseudocyperus*), die Winkelsegge
(*C. remota*) und die Zarte Binse (*Juncus tenuis*)
verwenden. Unter Bäumen und Sträuchern mit
hoher Fallaubproduktion oder nach einer Humusauflage von 20 cm vertragen sie den Wurzeldruck

Gräsergarten

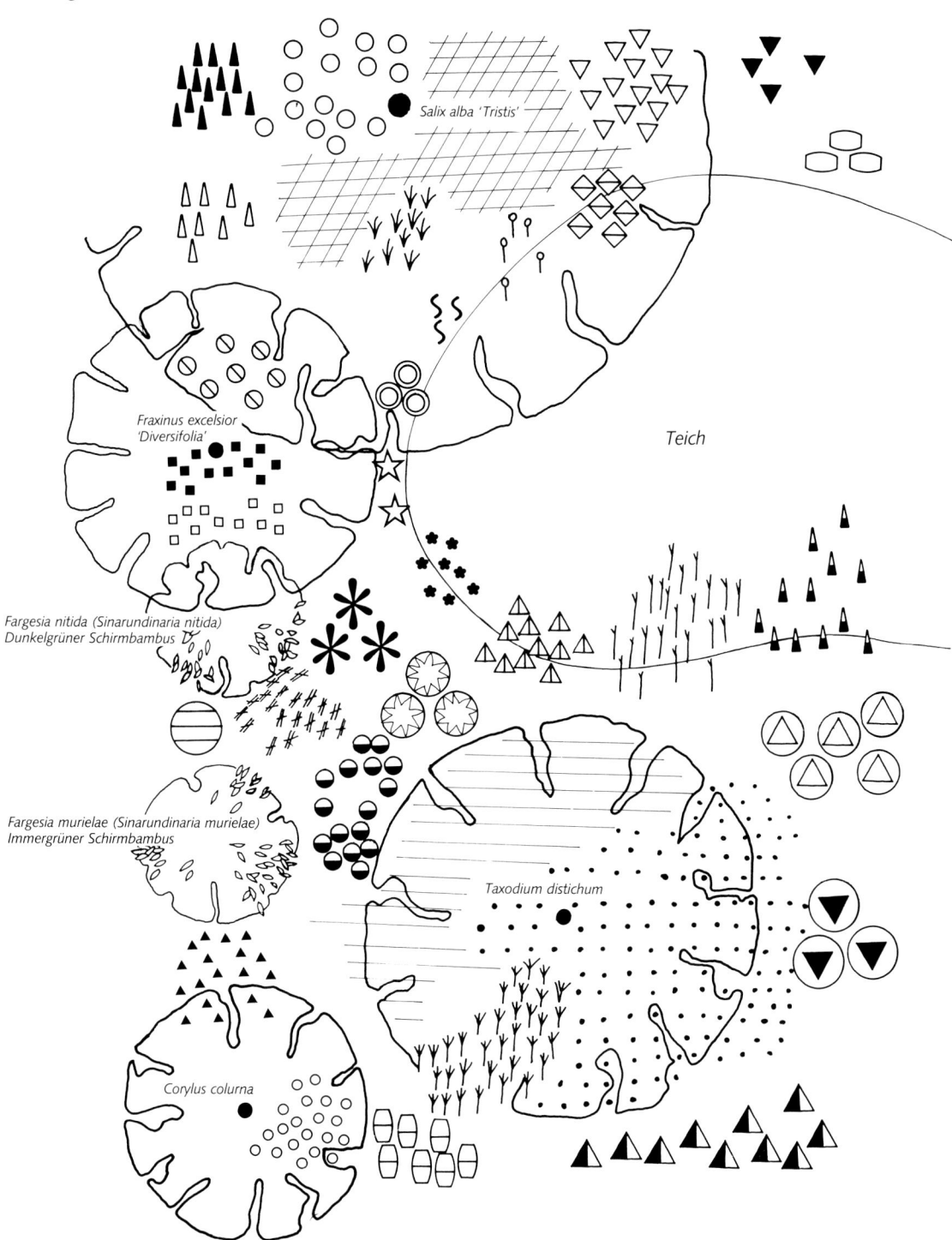

Salix alba 'Tristis'

Fraxinus excelsior
'Diversifolia'

Teich

Fargesia nitida (Sinarundinaria nitida)
Dunkelgrüner Schirmbambus

Fargesia murielae (Sinarundinaria murielae)
Immergrüner Schirmbambus

Taxodium distichum

Corylus colurna

der Gehölze. Die Wucherneigung des Bunten Rohrglanzgrases nimmt an feuchten Standorten zu. Unter allen Feuchtigkeitsstufen gedeiht die Morgensternsegge bis 10 cm Wassertiefe. Sie wächst in den Mullböden bei pH 5,0 in normaler Gartenerde bei pH 7,0 und in steinigen, sandigen oder lehmigen Böden bei pH-Werten von 7,8 bis 8,2. *Carex grayi* ist an allen, auch noch so hellen, halbschattigen oder dunklen Stellen pflanzbar. Zusammen mit *C. grayi* wandert die Scheinzypressengras-Segge von den Ufern in stehende und langsam fließende Gewässer bis 30 cm Tiefe ein. Die Winkelsegge ist nicht so flexibel. Im Gehölzbereich wächst sie an stark beschatteten Teich- und Bachrändern in kalkhaltigen sandig-humosen oder lehmig-humosen Böden. Teils Sonne, teils Schatten, neutrale und leicht saure Böden, trocken, feucht und naß liebt *Juncus tenuis*. Diese sehr anspruchslose Binse hat keine Schwierigkeiten mit ihrer Vermehrung. Durch Selbstaussaat besiedelt sie selbst verdichtete Böden und kommt ohne Pflege aus.

Nährstoffreiche Teiche ermöglichen ein starkes Wachstum der Sumpf- und Wasserpflanzen. Ehe die Seerosen ihr Reich erobern, tritt die Seebinse (*Scirpus lacustris*) auf. Bei der Bepflanzung von Teichrändern kann man mit der Seebinse ein natürlich entstandenes Gewässer vortäuschen, die seewärts mit ihren schwarzen Rhizomen bis in 5 m tiefes Wasser vorrückt. In der Tiefe kommt es zur Ausbildung bandförmiger Unterwasserblätter. Wenn der Teich eutrophiert ist, trägt *S. lacustris* zur biologischen Reinigung der Gewässer bei. Durch Wurzelsprossung zeigt sie einen starken Ausdehnungsdrang, dabei überwuchert sie ganze Flächen und tritt in ernsthafte Konkurrenz zum Schilfrohr (*Phragmites australis*). Es ist die kampfkräftigste Art unter den Sumpfgräsern, die in nährstoffreichen Gewässern bis zu einer Tiefe von 3 m vorkommt.

Dank einer günstigen Sauerstoffversorgung wachsen zusammen mit der Seebinse und dem Schilfrohr die Sumpfbinse (*Eleocharis palustris*), das Lange Zypergras (*Cyperus longus*), Laxmanns Rohrkolben (*Typha laxmannii*), der Breitblättrige Rohrkolben (*T. latifolia*) und der Schmalblättrige Rohrkolben (*T. angustifolia*). Im Grenzgebiet zwischen Wasser und Land reagiert *T. laxmannii* bei einer Wassertiefe von 0 bis 20 cm mit einem auffallend hohen Wuchs und reicher Kolbenbildung. *T. latifolia* dringt als Verlandungspionier mit seinen Kriechsprossen bis in 1 m tiefes Wasser vor. Seine große ökologische Toleranz erträgt starke Wasserstandsschwankungen. Mit Erfolg kann auch der Schmalblättrige Rohrkolben in 20 bis 200 cm Wassertiefe stehen. Er trägt zusammen mit der Teichbinse und dem Schilfrohr zur Gesunderhaltung der Gewässer bei. Das Rohrglanzgras (*Phalaris arundinacea*) hält mit seinen Wurzeln am Uferrand und seewärts im 30 cm tiefen Wasser aus. Bestandsbildend lassen sich damit meterlange Abschnitte bepflanzen.

Um einen verlandeten Teich können in sauren Rohhumusböden die Wollgräser angesiedelt werden. In den nährstoff- und basenarmen Torfsubstraten wachsen das Moorwollgras (*Eriophorum vaginatum*), Scheuchzers Wollgras (*E. scheuchzeri*) und das Schmalblättrige Wollgras (*E. angustifolium*). Mit seinen unterirdischen Ausläufern dringt Scheuchzers Wollgras von den Ufern weit ins Wasser vor. Es ist schwer kultivierbar, deshalb ist dem Schmalblättrigen Wollgras der Vorzug zu geben.

Die Moor- und Sumpfflächen können auch mit der Rasenbinse (*Scirpus cespitosus*), der Schlammsegge (*Carex limosa*) und der Weißen Schnabelbinse (*Rhynchospora alba*) bepflanzt werden. In Moortümpeln kommen die Zwergrohrkolben (*Typha gracilis* und *T. minima*) vor, und im Quellsumpf wächst vom Ufer bis zum tiefen Wasser die Torfsegge (*Carex davalliana*) und bildet einen festen Rasen.

Wo Wasser ist, herrscht niemals Langweile. Seerosenblüten sind der schönste Schmuck des Wasserspiegels. Durch eine üppige Randbepflanzung gewinnt der Teich noch mehr an Ausdruckskraft. Eine Mischung aus Blütenstauden und Sumpfgräsern bietet den ganzen Sommer über Abwechslung.

Boden und Düngung

Im Garten ist die Beziehung zwischen den krautigen Pflanzen anders zu bewerten als in der Landschaft. Den Stauden wird von Anfang an ein bestimmter, nicht zufälliger Platz zugewiesen. Dennoch ist ein Staudengarten nie statisch, sondern in fortwährender Bewegung. Die Staudenbeete unterliegen natürlichen Gesetzmäßigkeiten, denen wir entweder entgegenwirken oder die wir unterstützend steuern.

In einer artenreichen Gesellschaft stehen die Pflanzen ständig in einer wechselseitigen Beziehung zueinander und beeinflussen sich gegenseitig; ja, es kann sogar zu einer starken Bindung von Stauden an ihre Nachbarn kommen.

Ein Beispiel sind die natürlichen Vergesellschaftungen mit den Schmetterlingsblütern. Die Fähigkeiten verschiedener Stauden, sich erfolgreich gegen den Wurzeldruck von Gehölzen durchzusetzen, wird von diesen Fabaceae unterstützt. Auch in Beetstaudenpflanzungen sollten Lupinen (*Lupinus*-Polyphyllus-Hybriden) einen festen Platz erhalten. Sie haben sich als Stickstoffsammler und Bodenverbesserer in Verbindung mit den stark zehrenden Sommerphlox, Rittersporn, *Heliopsis* oder Staudenastern bestens bewährt.

Fast alle Fabaceae bilden an ihren Wurzeln gallenähnliche Anschwellungen. In diesen »Wurzelknöllchen« lebt das symbiotische Leguminosenbakterium *Rhizobium leguminosarum* (früher *Bacterium radicicola*). Durch die Symbiose zwischen »Knöllchenbakterien« und Leguminosen wird elementarer Luftstickstoff in eine organisch gebundene und pflanzenverwertbare Form überführt. Mit dem Zerfall der Knöllchen gelangt der gewonnene Stickstoff in den Boden und steht auch den Nachbarpflanzen an diesem Standort zur Verfügung. Der Gewinn an gebundenem Stickstoff ist recht beträchtlich. Von einer Gruppe Staudenlupinen ist in einer Vegetationsperiode mit einem Stickstoffgewinn von 15 bis 20 g/m^2 zu rechnen. Ihre tiefreichenden Wurzeln versorgen außerdem die Mikroorganismen und Bodentiere mit Humusnahrung, und der Boden wird durchlüftet und entwässert.

Komposte zur Bodenverbesserung

Gute Komposterde ist ein unentbehrlicher Helfer im Staudengarten. Komposterde hat die Qualität von Nähr- und Dauerhumus. Bioabfallkomposte und zum Teil auch Klärschlamm- und Grünkomposte sind aufgrund hoher Salzgehalte, Nährstoff- und Schwermetallgehalte wenig brauchbar. Die Einsatzmöglichkeiten von Kompost müssen genau auf die Stauden abgestimmt sein. Für eine sachgerechte Anwendung des jeweiligen Kompostes sind die Ergebnisse der Bodenanalysen und der Einsatzzweck entscheidend. Als Aufwandmengen zur Bodenverbesserung und Düngung werden 0,5 m^3 für 100 m^2, bei Beetstauden bis zu 1 m^3 pro 100 m^2 empfohlen. Höhere Kompostgaben sind wegen einer überhöhten Nährstoff- und Salzzufuhr problematisch. Bei derart hohen Aufwandmengen sind die Komposte Düngemitteln vergleichbar und müssen bei weiteren Nährstoffgaben berücksichtigt werden. Der pH-Wert von 6,9 bis 7,3 trägt ferner beim Ausbringen von Kompost zur Sanierung versauerter Staudenböden bei.

Wer kann, reserviert für den Kompost einen kleinen Platz im Garten, auf den man Kartoffelschalen, Gemüseabfälle, das Mähgut vom Rasen, Laub, Unkraut, Stalldung, Stengel und kleingeschnittenes Gezweig in lockerer Form aufhäufen kann. Der Komposthaufen wird in 80 bis 120 cm Höhe aufgesetzt und wenigstens einmal im Jahr umgesetzt. Nach dreijähriger Lagerung hat man eine gute Komposterde zum Abdecken der Staudenbeete. Wem das zu lange dauert, kann mit den heute üblichen Kompostsilos arbeiten und schon nach wenigen Monaten reifen Kompost entnehmen. Mit den Jahren entsteht ein Vorrat an Kompost, mit dem man den ganzen Garten versorgen kann.

Wegen ihrer Langzeitwirkung sind die Rindensubstrate und Schnittholzkomposte besonders geeignet. Die damit mögliche Bodenlockerung läßt sich mit der Einarbeitung von Humus verbinden. Schließlich bringt auch gut abgelagerter Stalldünger Nährhumus und alle Mineralstoffe in einem relativ günstigen Verhältnis in den Boden. Als eine ausreichende Düngung werden 6 bis 12 kg/m² angesehen.

Nährstoffversorgung

Mit gezielten Nährstoffgaben führen wir in den Boden zurück, was ihm die Pflanzen entzogen haben. Verabreichen wir sie als Kompost oder in Form anderer organischer Düngemittel, so sind wir auf die Aktivität der Mikroflora und -fauna angewiesen. Diese müssen die organisch gebundenen Nährstoffe erst mineralisieren und so für die Pflanzen verfügbar machen.

Unerläßlich für das Wachstum der Pflanzen sind die vier Kernnährstoffe Stickstoff, Phosphor, Kali und Kalk sowie die Hauptnährstoffe Magnesium, Eisen und Schwefel.

Zu den lebenswichtigen Spurenelementen gehören Natrium, Chlor, Bor, Mangan, Kupfer, Zink, Molybdän, Vanadium, Kobalt, Jod, Titan und Nickel. Die betreffenden Mikronährstoffdünger werden zur Behebung von Spurenelementmangelerscheinungen bevorzugt in Torf- und Laubsubstraten sowie Holz- und Rindenkompost verwendet. Auf einen Kubikmeter kommen z. B. 100 g Fetrilon-Combi oder 150 g Radigen oder 20 kg Urgesteinsmehl Eifelgold.

Bei der Verwendung organischer Dünger ist immer daran zu denken, daß sie zwar viel Stickstoff und ausreichend Phosphor, jedoch kaum Kali enthalten. Biologisch bewußte Staudenfreunde achten deshalb besonders auf die kalihaltigen Holzabfälle. Durch die Verwendung von Rinde im Recycling-Verfahren läßt sich dem Boden ausreichend Kali zuführen. Zusätzlich zu einer intensiven Kaliversorgung ist eine Stickstoff- und Phosphatdüngung auf organischer Grundlage erwünscht.

Organische Düngemittel

Der verhältnismäßig geringe Nährstoffbedarf von Wildstauden läßt sich z. B. mit 50 g Hornspänen, 40 g Knochenmehl und 1 l Asche/m² decken. Bei den sehr nährstoffbedürftigen Prachtstauden sind die doppelten bis dreifachen Gaben erforderlich. (Es soll hier nicht verschwiegen werden, daß der Schwermetallgehalt von Asche zunehmend kritisch bewertet wird.)

An rein organischen Volldüngern können im März–April auf der Staudenrabatte pro Quadratmeter ausgebracht und leicht eingeharkt werden: Corfuna (1000 g), California (500 g), Nettolin (300 g), Terragon-Humuskorn (250 g), Lützel-Gartendünger (250 g), Schäfer-Humuskorn I (250 g), Oscorna-Animalin (200 g), Peru Guano (150 g) oder Engelharts (140 g).

Auch die organisch-mineralischen Handelsdünger wirken als langsam fließende Nährstoffquelle. Der Stickstoff- und Phosphoranteil muß erst im Boden mineralisiert werden, ehe die Nährstoffe von den Pflanzenwurzeln aufgenommen werden können. An organisch-mineralischen Volldüngemitteln wird im März–April pro Quadratmeter ausgebracht und leicht eingeharkt: Schäfer-Humuskorn II (250 g), Tromamin (250 g), Schäfer-Humuskorn III (150 g), Kama-Orgamin (150 g), Hornoska (150 g), Troma K (150 g), Organo (140 g), Manna-Special (140 g), Fellmann-Dünger (110 g), Tromalon (110 g), Hornoska-Spezial (100 g), Hornamon Spezial (100 g) oder Kama-Orgamin-Super (75 g).

Mineralische Düngemittel und Kalk

Gebräuchliche Mehrnährstoffdünger auf mineralischer Grundlage sind zum Beispiel Nitrophoska blau (bekannt als Blaukorn), Rustica special und Enpeka grau.

Die Kopfdüngung ist eine weitverbreitete Form der Staudenernährung. Der günstigste Zeitpunkt ist zwischen Ende April und Mitte Mai. Sind höhere Düngermengen erforderlich, so werden jeweils 50 g/m² im Abstand von vier Wochen zwischen den Pflanzen ausgestreut. Wieviel an Düngemitteln bzw. Nährstoffen die einzelnen Staudenarten benötigen, ist den Kulturbeschreibungen zu entnehmen.

Alle mineralischen Mehrnährstoffdünger wirken physiologisch sauer. 1 kg Dünger führt zu einem Kalkverlust, zum Beispiel bei Enpeka grau von 120 g $CaCO_3$ und bei Nitrophoska blau von 140 g $CaCO_3$.

Diese Kalkverluste haben einen starken Einfluß auf den pH-Wert des Bodens. Es kommen auch Auswaschverluste durch sauren Regen und pflanzlicher Kalkentzug hinzu. Versauerte Böden neigen zur Verschlämmung. Eine Erhaltungskalkung läßt eine Versauerung und Nährstoffverarmung zum Stillstand kommen. Prophylaktisch trägt eine jährliche Gabe von 50 g CaO/m² zu einer ausgeglichenen Kalkbilanz bei. Bei der Verwendung von hartem Gießwasser mit hoher Karbonathärte steigt der pH-Wert an. 1°dH entspricht etwa 10 mg CaO/l Wasser. Eine Gesamtwasserhärte von 12°dH wirkt daher weitgehend pH-neutral.

Stark humose Substrate werden mit kohlensaurem Kalk versorgt. Bei tonhaltigen Böden stellt man den pH-Wert mit Branntkalk auf die gewünschte Höhe ein, und für Sandböden ist spurenelementhaltiger Hüttenkalk dafür geeignet. Der Kalk neutralisiert die Bodensäure. Je höher der Humusgehalt der Erde ist, desto geringer ist die erforderliche Kalkmenge. Je höher der Humusgehalt, desto niedriger ist auch das pH-Optimum der Pflanzen. Die Verfügbarkeit von Spurenelementen wie Mangan, Eisen, Kupfer, Zink, Bor und Magnesium nimmt mit sinkendem pH-Wert zu, während ein hoher pH-Wert zu einer Freisetzung von Molybdän führt.

Bei einer Überkalkung des Bodens reagieren viele Stauden, wie zum Beispiel die Japanischen Anemonen, Astilben, Silberkerzen, Epimedien, Goldband- und Prachtlilien, mit einer typischen Eisenmangelchlorose.

Vorratsdüngung

Darunter verstehen wir die Verabreichung langsam wirkender Dünger zum Boden. Es werden also Nährstoffe auf Vorrat in die Erde gegeben, von denen die Pflanzen längere Zeit zehren können.

Die Verwendung von sogenannten Depotdüngern, die eine monatelange Langzeitwirkung ausüben, bietet bei der Staudenpflanzung enorme Vorteile. Der übliche Wachstumsstoß nach einer Grunddüngung mit der Folge einer schnell abfallenden Wachstumskurve ist bei einer Depotdüngung kaum zu befürchten. Aufgrund ihrer Nähstoffzusammensetzung lassen sich die Langzeitdünger Nitrophoska permanent (15% Stickstoff, 9% Phosphor, 15% Kali, 2% Magnesium, 0,3% Eisen, 0,1% Mangan, 0,02% Zink) oder Osmocote 15-12-15 (15% Stickstoff, 12% Phosphor, 15% Kali) im Freiland mit ihrem günstigen Kali-Anteil vielseitig verwenden. Ehe man die kräftig wachsenden Prachtstauden auspflanzt, werden von diesen Langzeitdüngern 100 bis 150 g/m² ausgestreut.

Nitrophoska permanent enthält den Stickstoff als Harnstoffaldehyd in der Verbindung Isodur. In sauren Böden spaltet Isodur sehr schnell auf. Die Nährstofffreisetzung in Rohhumussubstraten ist dabei so hoch, daß die Pflanzen ein kurzfristiges Stickstoffüberangebot haben. Bei Waldstauden,

*Eine nicht alltägliche Augenweide:
Sonnenröschen (Helianthemum-
Hybride 'Fire Dragon'), Lein (Linum perenne)
und Graslilie (Anthericum liliago).*

die in einem sehr humosen Pflanzstoff aus Rinden-kompost und Fallaub stehen, sollte man deshalb Nitrophoska permanent nicht verwenden. Für diese Stauden mischt man ein halbes Jahr vor der geplanten Pflanzung unter 1 m^3 Substrat: 10 kg Oscorna-Animalin, 1 kg schwefelsaures Kali, 100 g Radigen als Spurenelementdünger.

Der Kleingartenbesitzer, der vielleicht nicht an diese Düngemittel herankommt, kann eine Vor-ratsdüngung mit 100 g Poly-Crescal pro Quadrat-meter vornehmen. Nach dem Ausbringen der ge-samten Nährsalze wird das Substrat mit einem Krail gut durchgearbeitet. Anschließend kann dann gepflanzt werden.

Kopfdüngung

Die gezielte, direkte Verabreichung von Düngern zur wachsenden Staude ist die schon erwähnte Kopfdüngung. Dabei kommt es darauf an zu wis-sen, welche Nährstoffe und welche Nährstoffmen-gen in den Düngern enthalten sind. Die Staude hat in ihren einzelnen Wachstumsphasen ganz bestimmte Nährstoffbedürfnisse. Während beim Austrieb der Stickstoffbedarf im Vordergrund steht, wird zur Blütenbildung mehr Phosphor und Kali verlangt. Für jeden Monat und jede Wachs-tumsphase aber die entsprechenden Nährsalze zu geben, wäre viel zu umständlich – und so genau weiß man es auch nicht. Wir können unseren Stauden nur insoweit entgegenkommen, daß wir im Frühjahr stickstoffreiche Nährsalze (z. B. Poly-Crescal, Planta aktiv, Flory oder Alkrisal) und im Frühsommer stickstoffarme (z. B. Poly-Fertisal, Hortal oder Floraktiv) verwenden. Die wasser-lösslichen Mehrnährstoffdünger werden mit dem Gießwasser unmittelbar aufgenommen.

Im Frühjahr kann man nach dem Abtrocknen des Bodens die Düngermengen zwischen den Pflanzen ausstreuen. Der günstigste Zeitpunkt ist zwischen Ende April und Mitte Mai, wenn die Hochblüte des Frühjahrsflors erreicht ist. Von Anfang Juni bis Mitte Juli sollten wir nur noch in Ausnahmefällen düngen. Einseitige Stickstoff-gaben, die später verabreicht werden, bergen im-mer die Gefahr in sich, daß die Rhizome und Wur-zelstöcke unausgereift in den Winter gehen.

Zahlreiche Dünger kommen heute gekörnt in den Handel. Mit einigem Geschick kann man sie so streuen, daß die Körner zwischen den Pflanzen zu Boden fallen. Auf regennassen Blättern ver-ursachen sie Verbrennungen. Alle Düngemittel, die auf den Pflanzen liegenbleiben, spritzen wir nach dem Ausstreuen mit Wasser ab. Wenn man den Schlauch etwas länger laufen läßt, werden die wasserlöslichen Mehrnährstoffdünger sofort mit dem Gießwasser in den Wurzelbereich der Pflan-zen geschwemmt. Man kann seine Stauden auch flüssig düngen. In einer 10-Liter-Gießkanne wer-den 50 g Nährsalz aufgelöst, die Lösung wird auf die entsprechende Fläche verteilt.

Wer bei der Kopfdüngung auf organische Düngemittel nicht verzichten will, kann auch mit Blutmehl, Hornspänen, Knochenmehl, Guano oder getrocknetem Hühnerdünger arbeiten. Er sollte nur daran denken, daß man die stickstoff-haltigen Mittel Hornmehl, Horngrieß und Horn-späne allenfalls dort anwenden darf, wo ein star-kes Pflanzenwachstum gewünscht wird. Mit dem phosphathaltigen Knochenmehl läßt sich in erster Linie der Blütenansatz unterstützen, während mit dem Guano, den Humusdüngern aus Geflügelkot und Torf, getrocknetem Geflügeldünger und ent-öltem Rizinusschrot neben dem Stickstoff und dem Phosphor auch etwas Kali in den Boden ge-bracht wird. Bei einer organischen Düngung sind Verbrennungen, wie sie bei unvorschriftsmäßiger Anwendung von Nährsalzen auftreten können, na-hezu ausgeschlossen.

Humusieren* des Staudengartens

Wo Stauden zehn Jahre geblüht haben, ist der Boden müde. Im Laufe der Jahre beginnen viele Stauden, ihre Wurzelstöcke bis an die Erdober-

---

* Darunter ist gärtnerisch zu verstehen: mit Humus ver-sorgen, Komposterde aufstreuen u. dgl. m.

Beim Austrieb der Pflanzen wird die Erde fingerstark über die Staudenbeete verteilt.

fläche zu schieben, bedrängen sich gegenseitig, und die Pflanzen beginnen zu verkahlen. Dem kann man vorbeugen oder abhelfen, indem man die Staudenbeete regelmäßig im Spätwinter bis Frühjahr mit einer Humusschicht abdeckt.

Wer es besonders gut mit seinen Stauden meint, verwendet zum Abdecken Komposterde. Die Pflanzen werden dadurch mit einem hochwertigen Humusdünger versorgt. Wer nicht in der glücklichen Lage ist und über genügend Kompost verfügt, sollte es mit einem Landerde-(Ackerboden-)Lauberde-Gemisch versuchen. Vor dem Austrieb im Frühjahr wird über die ganze Fläche die Erde ausgestreut. Der günstigste Zeitpunkt ist zwischen Ende März und Mitte April.

Das Optimum an Entwicklungsmöglichkeiten erhalten die Stauden mit zusätzlichen Nährstoffen, die auf Vorrat beigegeben werden. Das Gemisch setzt sich dann aus $2/3$ Lauberde, $1/3$ Landerde (Ackerboden) und einer Plantosan-4D-Langzeitdüngung zusammen. 60 g Plantosan 4D werden auf 20 Liter Substrat pro Quadratmeter verabreicht. Wer es genau machen will, kann die Erd- und Nährsalzmenge auf die vorhandene Staudenfläche dosieren. Für 150 m² werden 3 m³ Substrat benötigt. Es setzt sich zusammen aus 2 m³ Lauberde oder Rindenkompost, 1 m³ Landerde (Ackerboden) und 9 kg Plantosan 4D.

Spezialdünger mit Dauerwirkung zur Erdbeimischung sind neben Plantosan 4D auch Nitrophoska permanent, Osmocote 15-12-15 für eine Drei- bis Viermonatsversorgung und Osmocote 16-10-13 mit einer Nährstoffabgabe von sechs bis neun Monaten. Sie werden unmittelbar vor dem Humusieren über die Lauberde-Landerde-Mixtur gestreut und ein- bis zweimal umgeschaufelt.

Die Vorratsdüngung kann natürlich auch organisch durchgeführt werden. Auf 3 m³ Lauberde-Landerde-Gemisch gibt man 30 kg Oscorna-Animalin. Bei der Verwendung dieses vollorganischen Mischdüngers sollten wir daran denken, daß er neben 6 bis 7 % Stickstoff und 9 % Phosphor nur 1 bis 2 % Kali enthält. Ein ausgeglichenes Nährstoffverhältnis läßt sich erst durch Zumischen von 3 kg schwefelsaurem Kalimagnesia (Patentkali) erreichen. Man kann auch zu dem organisch-mineralischen Volldünger Manna-Spezial greifen und davon 35 kg auf 3 m³ geben.

Das Lauberde-Landerde-Gemisch wird mit dem Austrieb der Pflanzen fingerstark über die Staudenbeete verteilt. Die flach unter der Erdoberfläche sitzenden Triebknospen erhalten damit eine Bodendecke, die – ähnlich wie eine Laubhumusauflagerung in der Natur – für neue Nährstoffreserven sorgt. In dieser Erde können die Stauden ohne Störung jahrelang unverpflanzt im Garten stehen. Wo unsere Stauden in Konkurrenz mit starkzehrenden Gehölzen wurzeln, erhalten sie durch das Humusieren eine Zusatznahrung. Eine Lauberde-Landerde-Decke hält auch den Frost von den Wurzeln fern. Die flach an der Erdoberfläche sitzenden Überwinterungsknospen bekommen durch die Bedeckung einen Winterschutz, und die Stauden frieren nicht so leicht hoch.

Komposterde und Ackerboden sind oft gespickt mit Wildkräutersamen. In dem dichten Wurzelgeflecht der Stauden und unter ihren Blättern haben aber fast keine Samen-Wildkräuter eine Chance hochzukommen.

Staudenpflanzung

Stauden in 7er-, 8er- und 9er-Töpfen werden aufgrund des geringen Gewichtes bevorzugt. 11er-Größen verwendet man für Pflanzen mit besonders großen Wurzelstöcken. Beim Aussuchen der Ware muß ganz besonders auf die Qualität, die Größe und die Wuchskraft der Pflanzen geachtet werden. Im zeitigen Frühjahr, solange noch keine Austriebe zu sehen sind, ist eine Bewertung der Qualität schwierig. Aber auch am Wurzelwachstum kann man erkennen, welche Exemplare in Ordnung und nicht ausgewintert sind. Bei einer guten Staudengärtnerei sollte man sich grundsätzlich auf einwandfreie Qualität der Pflanzen verlassen können. Die ausgesuchten Stauden werden ausgeputzt, das heißt, abgestorbene Pflanzenreste, Wildkräuter, die sich im Topf angesiedelt haben und Moose entfernt. Um ein Welken zu verhindern, schneidet man zu hohe Triebe zurück. Die

Wurzeln sind vielfach schon durch das Abzugsloch gewachsen und reißen beim Austopfen ab.

Die Reservestoffe in den *Aconitum*-Knollen reichen für einen weiteren Austrieb meist nicht aus. Ein Rückschnitt des Eisenhuts ist somit nicht zu empfehlen.

Qualitätsstauden besitzen einen gut durchwurzelten Topfballen und haben in der Regel beim Anwachsen keine Schwierigkeiten. Es ist darauf zu achten, daß die Wurzeln oder der Topfballen vor der Pflanzung nicht der Sonne, dem Wind oder trockener Luft ausgesetzt werden. Stauden, die auf dem Transport ausgetrocknet sind, werden in Wasser getaucht, mehrmals überbraust oder mit einem feuchten Tuch bedeckt. Wenn noch nicht sofort gepflanzt werden kann, schlagen wir sie in Erde ein. Stauden, die richtig getopft und eingewurzelt sind, halten beim Herausnehmen einen

Mit Topfballen können die Stauden fast das ganze Jahr gepflanzt werden.

Faserwurzeln werden mit der Schere bis auf Handbreite zurückgenommen.

guten Ballen; die Wurzeln werden nicht abgerissen, und die Pflanzen können ungestört weiterwachsen.

Stauden, die ohne Erdballen geliefert werden, erhalten unmittelbar vor der Pflanzung einen Wurzelschnitt. Lange Faserwurzeln werden mit einem scharfen Messer oder einer Schere bis auf Handbreite zurückgenommen. Die fleischigen Wurzeln der Lupinen, Pfingstrosen oder des Türkischen Mohns schneidet man nur um ein Drittel zurück. Unter Umständen genügt auch ein sauberes Glattschneiden verletzter Wurzeln.

Die vorbereiteten Flächen werden vor dem Ausstellen der Pflanzen mit dem Krail gelockert und geebnet. Dann topft und legt man die Pflanzen nacheinander aus und bringt sie sofort mit Hilfe einer Pflanzkelle in die richtige Tiefe. Beim Ausstellen und Einpflanzen ist es vorteilhaft, folgende Reihenfolge einzuhalten: Zuerst kommen die Rosen, Groß- und Kleingehölze in den Boden. Es folgen die Leit- und Begleitstauden, die zwischen und unter die Gehölze gesetzt werden. Es ist wichtig, mit einer Pflanzkelle oder Handgabel jeder Pflanze so viel Platz zu schaffen, daß sie von allen Seiten gleichmäßig mit Erde umgeben ist. Je fester wir die Pflanzen mit den Händen andrücken und je gründlicher wir wässern, um so besser wird das Anwachsergebnis sein. Wenn man zum Abschluß das Staudenbeet fingerdick mit Rindenkompost abdeckt, wird eine Oberflächen-Verkrustung verhindert, der Boden wird feucht, locker und luftig gehalten; der Rindenkompost hält Wildkräuter zurück, und die Stauden frieren nicht so leicht hoch.

Pflanzzeit

Vorkultivierte Stauden aus Töpfen und Containern lassen sich – falls der Boden nicht gerade gefroren ist – das ganze Jahr über pflanzen. Der tiefwurzelnde Türkische Mohn *(Papaver orientale)* und die Stockmalve *(Alcea rosea)* können aus Containern heraus noch im Sommer in den Boden. Eine Sommerpflanzung läßt sich ohnehin nur mit Topfballen durchführen.

Nach dem Pflanzen die Stauden gut mit den Händen andrücken und durchdringend wässern.

Wenn beim Herbstpflanzen auf Böden, die unter stauender Nässe leiden, mit Ausfällen zu rechnen ist, wird diese Arbeit auf das Frühjahr verschoben. Ein sicheres Anwachsen ist nur bei Pflanzen gewährleistet, die im Austrieb zurückgehalten werden. Bei zu warmem Wetter beginnen sie mit dem Durchtrieb, was zu Anwachsschwierigkeiten, Wachstumsdepressionen und Ausfällen führt. Stauden ohne Topfballen lassen sich noch bis Anfang Juni setzen. Bei der Anlage von Staudenrabatten im Herbst haben die Stauden bei einer September-Oktober-Pflanzung noch Zeit, vor Einbruch des Winters Wurzeln zu bilden.

Feuchte Standorte sowie Sumpf- und Wasserbecken können in den letzten Apriltagen mit Pflanzen besetzt werden. Seerosen und andere Schwimmblattpflanzen, die in flachen Körben aus Rohrgeflecht und Draht, in Töpfen und Kübeln stehen, werden aus dem Winterquartier wieder vorsichtig in die gut erwärmten Wasserbecken gelassen. Sumpfstauden mit einem starken Ausbreitungsdrang und Sämlinge von Rohrkolben *(Typha)* und Froschlöffel *(Alisma plantago-aquatica)* werden bereits in den letzten Märztagen geteilt und als Bachbegleiter oder in Sumpfbecken gepflanzt.

Viele abgeblühte Stauden können schon im August hochgenommen und umgepflanzt werden. Sie haben dann noch genügend Zeit zum Einwurzeln. Prachtstauden müssen ohnehin nach vier bis fünf Jahren umgepflanzt werden. Beim Teilen erhält man so viele Jungpflanzen, daß zusätzliche Beete angelegt werden können.

Beim Teilen der Stauden sind zwischen den Wurzelstöcken die Rhizome der Ackerwinde, der Quecke und des Giersches zu entfernen. Aus jedem zurückbleibenden Teilstück entwickeln sich in kurzer Zeit neue Pflanzen, die das Staudenbeet durchdringen.

Empfindliche Stauden werden im Herbst nicht angerührt. Gräser, Farne und bodendeckende Stauden, die Japanischen Anemonen, Bergastern, Margeriten, Fackellilien, Indianernesseln und Kaukasus-Skabiosen werden – sofern sie teilfähig sind – am besten im Frühjahr herausgenommen. Auch die Frühjahrsblüher werden weitgehend geschont. Dagegen können die Herbstblüher schon im März ausgegraben und in faustgroße Stücke geteilt werden. Frühjahrsblühende Stauden, die ihre Nachbarn bedrängen oder so starke Horste bilden, daß sie von der Mitte her absterben, werden im Frühsommer umgepflanzt. Sie haben im kommenden Frühjahr ihren Platz wieder ausgefüllt und blühen.

Anfang Juni lassen sich bewurzelte Stecklingspflanzen von winterharten Chrysanthemen pflanzen. Sie kommen dann ab September zum Blühen. Für die Bartiris ist in der zweiten Julihälfte der beste Zeitpunkt zum Teilen der Pflanzen. Die Rhizome werden mit der Grabegabel vorsichtig hochgenommen, die anhaftende Erde abgeschüttelt, alle jungen Rhizomstücke sauber abgeschnitten und die alten Wurzelstöcke entfernt. Die Irisrhizome darf man nicht zu tief in die Erde bringen. Durch flache Lage kommen sie in den Genuß des Luftsauerstoffs und blühen besser.

Küchenschellen, Adonisröschen, Diptam, Edeldistel und das Tränende Herz läßt man möglichst unberührt im Garten stehen. Diese Pflanzen entwickeln sich erst im Laufe der Jahre zu ansehnlichen Exemplaren. Auch ein Umpflanzen von Pfingstrosen sollte man nur vornehmen, wenn es unbedingt erforderlich ist, und dann im August bis September, wenn die Pfingstrosen neue Wurzeln

bilden. Sie dürfen nur so tief stehen, daß die Wurzelkrone höchstens drei Finger breit mit Erde bedeckt ist. Bei zu tiefem Pflanzen dauert es gewöhnlich mehrere Jahre, ehe die Pfingstrosen richtig zum Blühen kommen.

Wenn der Boden im Frühjahr völlig aufgetaut ist, muß man die im Herbst aufgepflanzten Staudenbeete sorgsam durchsehen. Der Frost hat die Pflanzen oft hochgehoben, so daß sie leicht vertrocknen. Unter Umständen müssen sie angedrückt oder herausgenommen und neu gepflanzt werden.

Im ausgehenden Winter wird die Frühjahrsbepflanzung von Trockenmauern vorbereitet. Am einfachsten läßt sich schon beim Bau der Mauer die Bepflanzung mit kleinen Topfballen vornehmen. Damit sich die Wurzeln rechtzeitig vor der warmen Jahreszeit nach hinten in der Erde ausbreiten können, werden die Pflanzen spätestens im März–April zwischen den Steinen in das Erdgemisch gebettet. Man feuchtet die Wurzelballen gut an und drückt die kleinen Topfballen so flach auf die Fugenstärke, daß sie in Spaltbreite in die Trockenmauer passen. Wo in der Mauer ein senkrechter und ein waagerechter Spalt entsteht, ist die geeignete Pflanzstelle. Bei groß wachsenden Polstern sollte man einen Quadratmeter Mauerfläche höchstens mit 4 bis 6 Pflanzen besetzen.

Pflanzenbedarf

Es wird meist zu viel und zu eng gepflanzt. Zahlreiche Stauden wachsen mächtig, und schon nach einem Jahr ist die Rabatte gefüllt. Nach zwei Jahren herrscht eine solche Fülle, daß schwache Stauden kümmern und hohe Stauden vor lauter Platznot in die Höhe getrieben werden. Im dritten Jahr muß man dann wohl oder übel einen Teil der Stauden mit dem Spaten wieder herausnehmen. Zu eng eingesetzte Pflanzen verlieren außerdem viel von ihrer Schönheit und ihrem Charakter.

Solche Fehlschläge sollte man von vornherein vermeiden und sich anhand der folgenden Liste den Platzbedarf seiner Stauden gut überlegen.

Platzbedarf für die Pflanzung verschiedener Stauden	Stückzahl pro m²
Acaena-Arten, Stachelnüßchen	6–12
Acanthus balcanicus, Akanthus	2–3
Achillea filipendulina, Goldgarbe	5–7
Aconitum-Arten, Eisenhut	7
Actaea pachypoda, Christophskraut	3
Adiantum pedatum, Freiland-Frauenfarn	9
Alchemilla mollis, Frauenmantel	5
Alcea rosea, Stockmalve	5
Anemone apennina, A. blanda, Blaues Buschwindröschen	16–20
Anemone hupehensis, Japanische Anemone	5
Anemone nemorosa, Buschwindröschen	16–20
Aquilegia-Arten, Akelei	9–12
Arabis caucasica, Gänsekresse	6–9
Aruncus dioicus, Geißbart	3
Asarum europaeum, Haselwurz	16
Asclepias-Arten, Seidenpflanze	1–6
Asphodeline lutea, Junkerlilie	7
Asphodelus albus, Affodill	7
Aster amellus, Bergaster	6–7
Aster dumosus, Kissenaster	6–9
Aster novae-angliae, Rauhblattaster	3
Aster novi-belgii, Glattblattaster	5
Astilbe-Arendsii-Hybriden, Astilbe	4–7
Astilbe chinensis var. *pumila*, Astilbe	12
Astilbe-Japonica-Hybriden, Astilbe	6–9
Astilbe-Simplicifolia-Hybriden, Astilbe	6–9
Astilbe-Thunbergii-Hybriden, Astilbe	4–5
Astrantia major, Sterndolde	9–12
Athyrium-Arten, Frauenfarn	3
Aubrieta-Hybriden, Blaukissen	9–16
Azorella trifurcata, Rosettenpolster	16
Bergenia-Hybriden, Bergenie	6–7
Brunnera macrophylla, Kaukasus-Vergißmeinnicht	7
Carex morrowii, Japansegge	7
Carex pendula, Waldsegge	3
Centaurea bella, Flockenblume	9–12
Centaurea macrocephala, Flockenblume	3
Centaurea montana, Flockenblume	6–9
Centaurea pulcherrima, Flockenblume	12

Platzbedarf für die Pflanzung verschiedener Stauden	Stückzahl pro m²
Centranthus ruber, Spornblume	6–9
Chrysanthemum coccineum, Bunte Staudenmargerite	6–7
Chrysanthemum leucanthemum, Frühlingsmargerite	6–9
Chrysanthemum maximum, Sommermargerite	6–9
Cimicifuga acerina, Silberkerze	7
Cimicifuga dahurica, Silberkerze	3
Cimicifuga japonica, Silberkerze	7
Cimicufuga racemosa, Silberkerze	5
Cimicifuga racemosa var. *cordifolia,* Silberkerze	3
Cimicifuga ramosa, Silberkerze	3
Cimicifuga simplex, Silberkerze	5
Convallaria majalis, Maiglöckchen	20
Coreopsis grandiflora, Mädchenauge	6–9
Coreopsis verticillata, Netzblattstern	6–9
Corydalis-Arten, Lerchensporn	9–25
Crambe cordifolia, Meerkohl	1
Delphinium-Hybriden, Rittersporn	3
Dicentra eximia, Zwergherzblume	9–16
Dicentra formosa, Herzblume	20
Dicentra spectabilis, Tränendes Herz	3
Digitalis purpurea, Roter Fingerhut	9–16
Doronicum orientale, Gemswurz	9–12
Dryopteris-Arten, Wurmfarn	3–5
Echinops-Arten, Kugeldistel	3–5
Elymus-Arten, Haargerste	6–9
Epimedium-Arten, Elfenblume	9–16
Eremurus-Arten, Steppenkerze	3–5
Erigeron-Hybriden, Feinstrahl	6–7
Eryngium-Arten, Edeldistel	5
Euphorbia myrsinites, Walzenwolfsmilch	5
Fritillaria imperialis, Kaiserkrone	9
Gaillardia-Hybriden, Kokardenblume	6–9
Galium odoratum, Waldmeister	9–16
Gentiana asclepiadea, Schwalbenwurzenzian	6–7
Geum-Arten, Nelkenwurz	9–16
Gypsophila paniculata, Schleierkraut	3
Helenium-Hybriden, Sonnenbraut	4–5

Platzbedarf für die Pflanzung verschiedener Stauden	Stückzahl pro m²
Helianthus decapetalus, Staudensonnenbl.	1–3
Heliopsis helianthoides var. *scabra*, Sonnenauge	3–5
Helleborus-Arten, Nieswurz, Christrose	7–9
Hemerocallis-Hybriden, Taglilie	3–5
Hepatica-Arten, Leberblümchen	20
Hieracium aurantiacum, Habichtskraut	9–16
Hieracium bombycinum, Habichtskraut	25
Hieracium villosum, Habichtskraut	16–25
Hosta-Arten, Funkie	3–16
Iris germanica, Schwertlilie	7

Platzbedarf für die Pflanzung verschiedener Stauden	Stückzahl pro m²
Kniphofia-Hybriden, Fackellilie	5
Lamiastrum galeobdolon, Goldnessel	9
Liatris spicata, Prachtscharte	6–9
Lilium-Arten, Lilien	9–12
Limonium-Arten, Widerstoß	7
Lupinus-Polyphyllus-Hybriden, Lupine	4–7
Lychnis chalcedonica, Brennende Liebe	6–9
Lythrum salicaria, Blutweiderich	4–9
Macleaya cordata, Federmohn	1–3
Maianthemum bifolium, Schattenblume	25
Matteuccia struthiopteris, Straußenfarn	3

Dieser Ausschnitt spricht für sich selbst: die Herkulesstaude (Heracleum mantegazzianum), Telekia speciosa und der Blutweiderich (Lythrum salicaria) im fröhlichen Einklang. In einem feuchten Boden sind sie kaum zu bremsen. Das Laub wirkt sattgrün, die Blüten entfalten sich zwischen Juni und August.

Platzbedarf für die Pflanzung verschiedener Stauden	Stückzahl pro m²
Meconopsis betonicifolia, Scheinmohn	7
Mertensia virginica, Blauglöckchen	9
Monarda-Hybriden, Indianernessel	6–7
Morina longifolia, Persische Steppendistel	5
Nepeta × *faassenii*, Katzenminze	6–9
Oenothera fruticosa, Nachtkerze	6–9
Oenothera missouriensis, Nachtkerze	7
Oenothera tetragona, Nachtkerze	6–9
Omphalodes verna, Gedenkemein	9–16
Onoclea sensibilis, Perlfarn	6–9
Osmunda cinnamomea, Zimtfarn	9
Osmunda regalis, Königsfarn	1
Pachysandra terminalis, Ysander	12
Paeonia-Lactiflora-Hybriden, Edelpäonie	1
Paeonia officinalis, Pfingstrose	1–3
Panicum virgatum, Rutenhirse	3
Papaver orientale, Türkischer Mohn	3
Pennisetum alopecuroides, Federborstengras	3–5
Phlox-Paniculata-Hybriden, Sommerphlox	5
Phlox subulata, Moosphlox	6–9
Phyllitis scolopendrium, Hirschzunge	6–9
Physalis alkekengi var. *franchetii*, Lampionblume	4
Physostegia virginiana, Gelenkblume	6–9
Platycodon grandiflorus, Ballonblume	9–12
Podophyllum-Arten, Maiapfel	9
Polygonatum-Arten, Salomonssiegel	12–16
Polygonum affine, Schnecken-Knöterich	6–9
Polypodium vulgare, Engelsüß	25
Polystichum-Arten, Schildfarn	1–3
Primula-Bullesiana-Hybriden, Terrakottaprimel	9
Primula cortusoides, Altai-Primel	25
Primula denticulata, Kugelprimel	9–12
Primula florindae, Tibetanische Sommerprimel	9
Primula japonica, Japanische Kandelaberprimel	9–12
Primula-Juliae-Hybriden, Garten-Teppichprimel	16
Primula sieboldii, Siebolds Primel	16–20
Primula sikkimensis, Glöckchenprimel	9–16
Pulmonaria-Arten, Lungenkraut	9–12
Rodgersia-Arten, Schaublatt	3
Rudbeckia fulgida var. *sullivantii*, Rudbeckie	9
Rudbeckia laciniata, Rudbeckie	3
Rudbeckia nitida, Rudbeckie	3
Salvia nemorosa, Sommersalbei	9
Saxifraga umbrosa, Porzellanblümchen	12
Scabiosa caucasica, Kaukasus-Skabiose	9
Sedum ewersii, Fetthenne	20
Sedum floriferum, Fetthenne	12
Sedum kamtschaticum, Fetthenne	16
Sedum sexangulare, Fetthenne	25
Sedum spurium, Fetthenne	16
Sedum telephium, Fetthenne	5
Smilacina racemosa, Schattenblume	5
Smilacina stellata, Schattenblume	16
Solidago-Hybriden, Goldrute	5
Spartina pectinata 'Aureomarginata', Goldleistengras	5
Stachys byzantina, Ziest	9–12
Stipa-Arten, Federgras	5
Symphytum grandiflorum, Beinwell	9
Telekia speciosa, Rindsauge	3
Teucrium × *lucidrys*, Edelgamander	9
Thalictrum dipterocarpum, Wiesenraute	3
Thelypteris phegopteris, Buchenfarn	16
Thymus-Arten, Thymian	9–16
Tiarella-Arten, Schaumblüte	9–16
Tradescantia-Andersoniana-Hybriden, Gartentradeskantie	6–7
Tricyrtis hirta, Krötenlilie	9
Trillium-Arten, Dreiblatt	16
Trollius-Hybriden, Trollblume	9
Uvularia grandiflora, Hänge-Goldglocke	9–16
Verbascum-Arten, Königskerze	3–7
Veronica longifolia, Ehrenpreis	9
Vinca major, Immergrün	9–12
Vinca minor, Immergrün	9–16
Waldsteinia geoides, Golderdbeere	16
Waldsteinia ternata, Golderdbeere	9–16
Yucca-Arten, Palmlilie	3

Staudenpflege

Staudengärten oder gar mühevoll angelegte Prachtstaudenbeete, die sich selbst überlassen werden, geraten leicht in einen schlechten Zustand. In der Praxis gelingt es nicht immer, den Stauden das Optimum an Pflege zu geben, und zwar einfach weil die nötige Zeit dazu fehlt. Es ist nicht viel, was man für seine Stauden tun muß, aber man sollte wissen, worauf es besonders ankommt.

Aufbinden, Gießen, Rückschnitt

Bei starken Regengüssen und heftigen Stürmen werden hohe Stauden oft zu Boden gedrückt. Um sie vor dem Auseinanderfallen zu bewahren, müssen sie früh genug zusammengebunden werden. Schnüre, Bambus- und Holzstäbe, ja sogar dünne Pfosten dienen dazu, den Stauden Halt zu geben. Bei einigen Stauden ist es möglich, durch einen rechtzeitigen Rückschnitt das Stützen, Stäben und Zusammenbinden zu sparen (siehe die Zeichnungen).

Wenn es im Frühjahr und Sommer anhaltend warm wird, müssen wir ans Wässern denken. Vor allem die in der Sonne stehenden Beetstauden brauchen an heißen Tagen viel Wasser. Ballentrocken gewordene Pflanzen, die im Knospenstadium stehen, bilden nur dürftige Blüten, oder ihr Flor ist von kurzer Dauer. Die herbstblühenden Rauh- und Glattblattastern blühen bei Wassermangel gar nicht erst auf.

An heißen Sommertagen empfiehlt es sich, den Gartenschlauch zwischen die Stauden zu legen und durchdringend zu wässern. Eine Sprühschlange tut noch bessere Dienste, weil sie das Wasser besser verteilt und man den Schlauch nicht so oft umlegen muß. Im Abstand von wenigen Zentimetern tritt aus feinen Öffnungen das Wasser aus und durchfeuchtet den Boden langsam und gleichmäßig. Derartige Sprüh- oder Tröpfel-

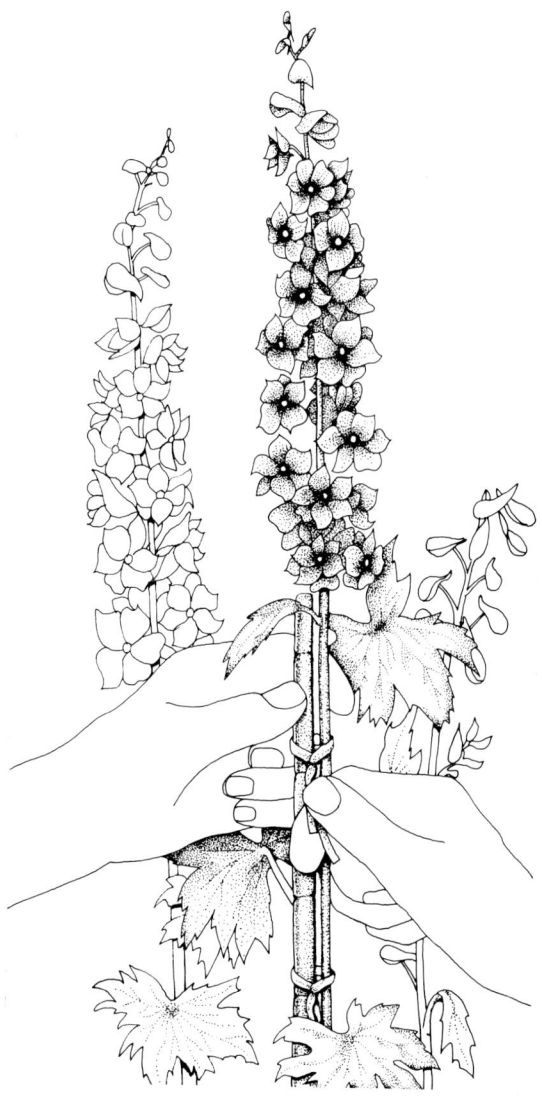

Beim Aufbinden des Rittersporns werden die kopflastigen Sorten an einem Stab befestigt.

schlangen lassen sich aus Gartenschläuchen auch selbst herstellen. Mit Hilfe einer glühenden Stricknadel werden in Abständen von 15 bis 30 cm Löcher in die Schläuche gebrannt. So oder so, das Wasser sollte möglichst dicht am Boden direkt in die Erde dringen, ohne die oberen Blätter der Stauden zu benetzen.

Bei etlichen Prachtstauden ist es möglich, durch einen gezielten Rückschnitt ihre Standfestigkeit zu erhöhen. Wenn man Ende Juni–Anfang Juli die Rauh- und Glattblattastern um ein Drittel bis zur Hälfte, die späten *Helenium*-Sorten im Juni auf die halbe Höhe und den Sommerphlox beim Erscheinen der Blütenknospen um Handbreite einkürzt, wird der Flor zwar etwas verspätet, aber dafür auch ausgedehnt. Die entspitzten Stauden treiben dann aus den Blattachseln, stehen auf besseren Füßen und fallen nicht so leicht auseinander. Ein Rückschnitt ist immerhin bequemer, als niedergeregnete Triebe hochzubinden.

Mit Schere und Messer lassen sich auch einige Stauden ein zweites Mal zum Blühen bringen. Wenn beim Rittersporn, den Sommermargeriten und den *Erigeron*-Sorten, den Lupinen und dem Sommersalbei eine Nachblüte gewünscht wird (wer wünscht sie nicht!), nimmt man die Pflanzen

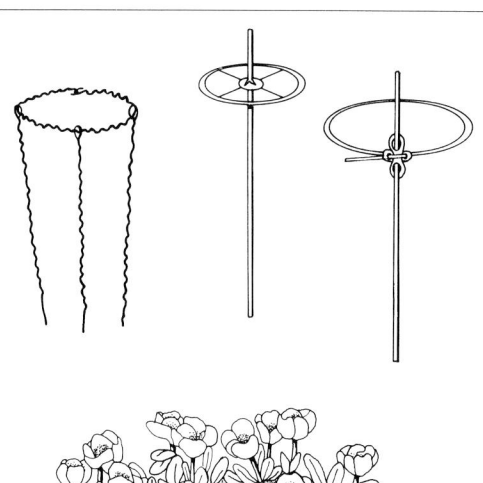

Durch Staudenhalter lassen sich hochwachsende Arten vor einem Auseinanderfallen bewahren.

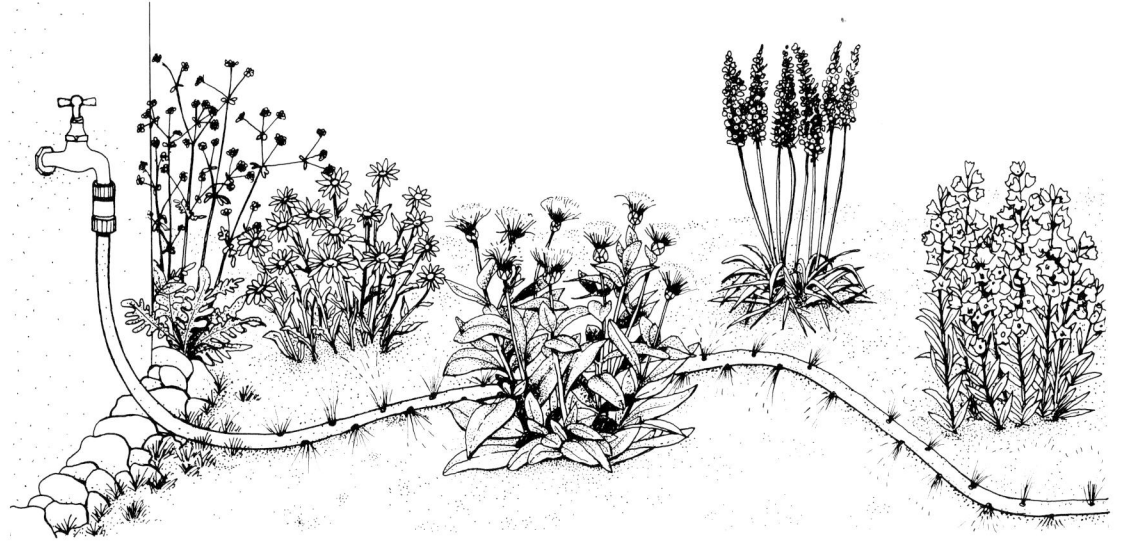

Für die heißen Sommertage empfiehlt es sich, Sprüh- oder Tröpfelschlangen zwischen die wasserbedürftigen Beetstauden, Gräser und Farne, Sumpf- und Solitärstauden zu legen.

Die Blütezeit früher Phlox-Sorten läßt sich bis September verschieben, wenn wir den Phlox mit dem Erscheinen der Blütenknospen um Handbreite einkürzen.

nach dem ersten Flor bis über die Erde zurück. Bei den Goldgarben, *Heliopsis,* Skabiosen, Sonnenblumen und Margeriten werden die abgeblühten Einzelblumen herausgeschnitten.

Samenansatz ist hier unerwünscht. Er schwächt die Pflanzen, und die Seitenblüten können sich nur unvollkommen entwickeln. Eine Selbstaussaat bei Sommerphlox, Goldrute und der Gartentradeskantie verhindern wir durch rechtzeitiges Ausschneiden der Fruchtstände. Die Sämlinge siedeln sich sonst zu Füßen ihrer Eltern an, und die prächtigen Sorten gehen in einem Wald von blassen und kleinblütigen »Wildlingen« unter.

Wildkräuter auf der Staudenrabatte

Der Giersch und die Quecke, die Ackerwinde und der Hahnenfuß bilden dicht unter der Erde bewurzelte Sproßtriebe. Trotz eifrigen Grabens, Jätens und Hackens wuchern sie jedes Jahr von neuem durch den Garten.

Wer bei den Margeriten eine bescheidene Nachblüte erwartet, nimmt die Pflanzen nach dem ersten Flor bis über die Erde zurück.

Vor jeder Neupflanzung, Umpflanzung und Bodenverbesserung müssen wir auf Wurzelunkräuter achten. Beim Umgraben werden die Rhizome von Quecke, Ackerwinde, Hahnenfuß und Giersch sauber herausgelesen. Das aufdringlichste Wildkraut, das sich auch noch zwischen den Stauden-

Ein Märchen aus Duft und Blüten. Riesenschleierkraut und rote und weiße Spornblumen (Centranthus ruber). Dieser bunte Blütentraum und das vielfältig strukturierte Blattwerk der Pflanzen fügen sich zu einem poesievollen Stilleben zusammen. Rustikale Ecken gewinnen durch kontrastreiche Wuchs- und Blattformen an Reiz.

wurzeln in unsere Gärten einschleicht, ist der Giersch *(Aegopodium podagraria)*. Sofern man ihn gewähren läßt, überwuchert er ganze Staudenrabatten. Wo immer der Giersch erscheint, wird man seiner nur mit dem Spaten Herr. An den befallenen Stellen müssen die Stauden ausgegraben, die Rhizome sorgfältig zwischen den Wurzeln ausgelesen oder ausgewaschen und die Rabatten gesäubert werden.

Kompost und Gartenerde sind oft gespickt mit Wildkräutersamen. Wenn es so grünt und sprießt, ist man gezwungen, mit Hacke und Handkultivator den Boden zwischen den Gartenstauden offen zu halten. Diese Arbeit entfällt weitgehend, wenn wir mulchen. Unter einer handbreiten Laubschicht bleibt die Oberfläche locker, und der Krautwuchs hält sich in Grenzen. Mit fortschreitendem Wachstum bereitet es vielen Stauden keine Mühe, mit ihren Wurzeln und Rhizomen, Trieben und Ranken, Blättern und Ausläufern den Wuchs von Samenwildkräutern zu unterdrücken.

Eine Bekämpfung mit chemischen Mitteln ist im Privatgarten nicht diskutabel. Wenn die Rabatten nur wenige Quadratmeter groß sind, ist die Arbeit mit der Hacke ohnehin ein Vergnügen.

Krankheiten und Schädlinge

Wir sollten uns nicht schrecken lassen, wenn wir von allen möglichen Gefahren hören, die unseren Stauden drohen; von Welkekrankheiten, Grauschimmel, Mehltaupilzen, Älchen, Blattläusen, Blattwanzen und Raupen, Engerlingen, Wühlmäusen und was es sonst noch alles über und unter der Erde an Staudenfeinden gibt. Was in der Theorie manchmal recht bedrohlich erscheint, ist in der Praxis meist halb so schlimm. Im übrigen darf man in seinem Staudengarten ruhig ein paar »schädliche« Lebewesen mehr dulden als etwa im Gemüsebeet, wo es auf die Gesundheit jeder Pflanze ankommt.

Was heute von den anerkannten Staudengärtnereien angeboten wird, hat neben anderen Qualitätsprüfungen in der Regel auch einen Verträglich-

keitstest gegenüber Krankheiten und Schädlingen bestanden. Nicht zuletzt aus diesem Grund sollten wir nur die besten und bewährtesten Sorten kaufen. Es lohnt sich, denn bei einem kleinen Mehr an Geld können wir uns oft teure Bekämpfungsmittel sparen.

Bevor man mit einem Pflanzenschutzmittel eingreift, sollte man sich fragen, ob auch wirklich ein ernsthafter Schaden an den Stauden entstehen kann oder der Schaderreger nicht auf natürliche Weise kontrolliert wird. Dazu muß man ein wenig über die Biologie der wichtigsten Schädlinge und Nützlinge wissen, zum Beispiel, daß Blattläuse von den fast überall auftretenden Marienkäfern, Schwebfliegen, Florfliegen und Schlupfwespen in Schach gehalten werden können. Trotzdem gibt es immer wieder Fälle, in denen bestimmte Schaderreger überhand nehmen und dann eine gezielte Bekämpfung unumgänglich machen. Sofern nichts anderes als ein chemisches Pflanzenschutzmittel in Frage kommt, darf nur ein für den Garten amtlich zugelassenes Präparat verwendet werden. Wenn man nicht sicher ist oder noch keine Erfahrung hat, sollte man sich vom Fachmann beraten lassen.

Im folgenden werden nur einige der wichtigsten allgemeinen Schaderreger und ihre Bekämpfungsmöglichkeiten angesprochen. Spezielle Hinweise sind, wo es angebracht erschien, bei den einzelnen Staudenbeschreibungen zu finden.

Pilzkrankheiten

Die Sporen der Mehltau- und Rostpilze, der Blattfleckenerreger und des Grauschimmels werden vom Wind und vom Regen auf die Blätter der Stauden getragen. Bei hoher Luftfeuchtigkeit wachsen und vermehren sich die Pilze manchmal so schnell, daß man so früh wie möglich mit speziellen Pilzbekämpfungsmitteln (Fungiziden) etwas gegen sie unternehmen sollte. Viele dieser Pilze sind nicht wählerisch. Den mehlig-weißen Belag der Echten Mehltaupilze findet man auf den Blättern aller möglichen Stauden, seien es Goldgarben oder Sommermargeriten, Rittersporn oder *Erigeron*-Sorten, Sonnenbraut oder Staudensonnenblumen, Lupinen, Sommerphlox, Rudbeckien oder Goldruten. Die für Blattfleckenkrankheiten anfälligen Pflanzen werden wir ebenso versuchen zu schützen wie die durch Rostpilze gefährdeten Stauden.

Tierische Schädlinge

Mit vielen chemischen Mitteln bringen wir nicht nur die Schädlinge, sondern auch unsere Nützlinge und die blütensuchenden Bienen um. Auch die hungrige Vogelbrut, die mit vergifteten Larven gefüttert wird, ist gefährdet. Also sollten wir das Für und Wider einer chemischen Behandlung stets sorgfältig überprüfen. In nicht wenigen Fällen kann man sich den Aufwand – und das biologische Risiko – sparen. Entweder sind schon genügend natürliche Gegenspieler des betreffenden Schädlings zur Stelle, oder man kann beruhigt feststellen, daß die befallene Staude den zu erwartenden Schaden in einigen Tagen überwachsen wird. Wenn allerdings Pflanzen, z. B. die sich im Mai bis Juni entwickelnden Spitzentriebe und jungen Blütenstände der Goldgarbe, auf einmal schwarz sind von Blattläusen, darf mit einer Spritzung nicht gezögert werden.

Unsere Empfehlungen beschränken sich auf Pflanzenschutzmittel, die bei richtiger (!) Anwendung für Menschen und Bienen ungefährlich sind. Präparate mit einem Totenkopf auf dem Etikett kommen für den privaten Staudengarten nicht in Frage. An sogenannten mindergiftigen Mitteln stehen uns gegen Spinnmilben, gegen beißende und saugende Insekten z. B. Parexan, Spruzit oder Pirimor zur Verfügung.

Diese Mittel dürfen uns aber nicht dazu verleiten, unbedenklich im ganzen Garten zu spritzen. In der Nähe von Gartenteichen, Tümpelaquarien und Terrarien muß mit äußerster Vorsicht darauf geachtet werden, daß keine Spritzflüssigkeit ins Wasser oder in die Tiergehege gelangt. Denn die Präparate haben nicht nur insektentötende Wirkung, sie sind auch hoch fischgiftig und töten Wasserschnecken, Molche, Salamander, Eidechsen und Frösche.

Wir legen die Spritzarbeiten auf den frühen Morgen oder den späten Abend. Es soll nicht bei starker Sonne gespritzt werden und auch niemals während des Bienenfluges. Wir achten darauf, daß es möglichst windstill ist, damit der Sprühregen aus der Spritze nicht zum Nachbar hinüber oder auf Sitz- und Spielplätze getrieben wird.

Den Druck auf das Knöpfchen einer Sprühdose sollten wir uns gut überlegen. Ihr Inhalt dürfte für eine ganze Staudenrabatte zu gering sein, so daß wir schon aus finanziellen Gründen darauf verzichten. Mit den bewährten Hand- und Rückenspritzen sind wir in der Regel richtig ausgerüstet (siehe unten).

Blattläuse sind grünliche, gelbliche oder schwärzliche Sauginsekten, die mit Vorliebe die zarten Pflanzenteile anstechen. Sie lassen sich durch ihren Stechrüssel den Pflanzensaft regelrecht in den Magen spülen. Den Überschuß geben sie als Honigtau ab. Jeder kennt diese zuckrig-klebrigen, in der Sonne glänzenden Überzüge auf den Blättern. Ameisen, Bienen und andere Insekten nehmen den Honigtau der Blattläuse auf.

Die blattlausbefallenen Eisenhut-Arten, Herbstastern oder *Coreopsis* zeigen verkümmerte Triebe, die Blätter kräuseln, bleiben klein und ohne Funktion. Gegen die Blattläuse und andere Pflanzensauger spritzen wir z. B. mit Parexan oder Spruzit.

Durch Blattläuse und andere saugende Insekten werden auch krankheitserregende Viren übertragen. Auf dieses Konto gehen z. B. die Ringfleckenkrankheit, die Mosaikkrankheit und die Stauche des Rittersporns, die fleckig-streifigen Virosen der Lilien, die Ringfleckenkrankheit der Pfingstrosen und die streifen- oder bandförmigen Blattaufhellungen der Trollblumen.

Blattwanzen stechen ähnlich wie Blattläuse Triebe, Blätter und Knospen an und saugen Pflanzensaft heraus. Einige Arten scheiden zugleich einen das Pflanzengewebe schädigenden Giftspeichel aus. Die besaugten Pflanzenteile verkrüppeln, verbräunen und sterben mit der Zeit ab. Die 5 bis 11 mm langen und vielfach recht bunt gefärbten Insekten haben den charakteristischen »Wanzengeruch«. Um größeren Schäden an unserer Gold-

Zwischen so viel Blattgrün und Farben von Rosenwaldmeister, Fingerhüten und Glockenblumen sorgt der purpurrosa Farbakzent von Stachys grandiflora 'Superba' im Juli—August für Abwechslung. Dieser Ziest kommt vom sonnigen Kaukasus und dem benachbarten Iran.

garben, Staudenastern, Margeriten, *Coreopsis,* Staudensonnenblumen und Dahlien vorzubeugen, spritzen wir bei starkem Auftreten von Blattwanzen mit Parexan oder Spruzit.

Schaumzikaden schädigen ähnlich wie die Blattläuse und Blattwanzen durch Anstechen der jungen Triebspitzen und Blütenknospen. Die betroffenen Pflanzen zeigen mißgebildete Blätter und Triebe. Ihren Namen verdanken die Schaumzikaden der Eigentümlichkeit der Larven, sich mit einem Flüssigkeitsschaum, dem sogenannten Kuckucksspeichel, zu umgeben. Diesen Schaum mit den darin versteckten Larven findet man im April, Mai und Anfang Juni z. B. auf Margeriten, Rauh- und Glattblattastern und anderen Stauden. Wo der Kuckucksspeichel lästig wird, spült man ihn mit einem Spritzstrahl aus dem Gartenschlauch von den Pflanzen ab.

Schnecken haben es auf die zarten Blattriebe vieler Stauden abgesehen. Als ausgesprochen vermehrungsfreudige Gartentiere nisten sich Nacktschnecken, aber auch manche Gehäuseschnecken in der Staudenrabatte ein. Besonders unangenehm ist ihr Schabefraß an den jungen Trieben von Rittersporn, Sommerphlox, *Helenium* und *Heliopsis,* Rauh- und Glattblattastern. In der Nähe von Bachläufen und Teichen, Kissen- und Polsterstauden sind die jungen Blätter besonders gefährdet. Wenn man die Schnecken nicht mit der Hand absammeln will, kann man sie mit Bierfallen anlocken und abfangen; das geht aber nur bei den kleinen Nacktschnecken gut. Auch mit Hilfe von gezielt ausgestreuten Ködermitteln (Schneckenkorn) können empfindliche Stauden vor Fraßschaden geschützt werden.

Wühlmäuse und Feldmäuse haben schon so manchem Staudenfreund die Lust an schönen Zwiebelgewächsen (Lilien!) und anderen wertvollen Stauden verleidet. Gern stellen sich Wühlmäuse auf Grundstücken ein, die von kleinen Wasserläufen durchzogen werden. Kostbare Zwiebeln und Knollen schützt man beim Pflanzen mit einem kleinen Drahtkorb. Eine Katze als Mäusejäger im Garten erspart das Auslegen von Giftködern gegen Feldmäuse. Die Wühlmaus dagegen muß mit der

Drahtfalle gefangen werden oder mit einem speziellen Fraßgift unschädlich gemacht werden.

Spritzgeräte

Pflanzenschutz-Spritzen gibt es in verschiedenen Arten und Größen. Ob es eine Handspritze, Kolbenrückenspritze oder eine selbsttätige Hochdruckspritze sein soll, ist eine Frage der Gartengröße und des Geldbeutels. Über die verschiedenen Fabrikate informieren die einschlägigen Fachgeschäfte. Die Wahl ist nicht immer einfach. Bei größeren Spritzen ist auf das Prüfzeichen der Biologischen Bundesanstalt zu achten.

Willkommene Helfer für wenige Quadratmeter Gartenland sind die Einhandzerstäuber. Ein kurzer Druck auf den Hebel, und man hat den feinsten Sprühregen gegen die unsichtbaren Pilzsporen und die schädlichen Insekten. So spielend leicht wie mit diesen Feinsprühern und Zerstäubern geht es auch mit den Stabhandspritzen und den doppelt wirkenden Messingkolbenpumpen. Für Haus- und Kleingärtner mit größeren Staudenpflanzungen sind Kolbenrücken- oder Umhängespritzen mit 10 bis 18 Liter Inhalt in der Regel ausreichend.

Winterschutz

Freilandstauden, die aus einem sehr milden Klima zu uns gekommen sind, vertragen keine strenge Winterkälte. Bei den Bergastern und dem Pacific-Rittersporn, den Herbstanemonen und den Fakkellilien, der Nelkenwurz, vielen Gartenprimeln, dem Moosphlox, der Schleifenblume, dem Lavendel, dem Gamander, dem Großen Immergrün und dem Johanniskraut, der Bleiwurz und vielen Ziergräsern geht es nicht ohne Winterschutz. Gefährlich sind nasse und schneefreie Winter, sehr strenger Barfrost und viel Sonnenschein sowie ausdauernde und austrocknende Winde.

Der ideale Winterschutz für alle Stauden ist eine dauerhafte und gleichmäßige, wenigstens 10 bis 20 cm hohe Schneedecke über einem leicht gefro-

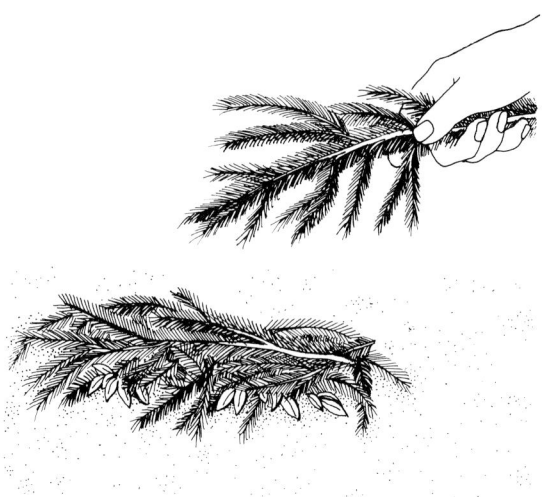

Wintergrüne Stauden erhalten eine lockere Reisigdecke. Sie läßt den Wind hindurch und hält die Wintersonne ab.

renem Boden. Winterliche Staunässe und Naßschnee kann zu Fäulnisbildung führen. Gefährdet sind vor allem Pflanzen von trockenen, teils alpinen Standorten. Als Vorsichtsmaßnahme sind eine gute Dränage und ein Abdecken der Pflanzen mit Folie oder Glas wichtig. Bei strengem Kahlfrost erfrieren vor allem Pflanzen aus wärmeren, wintermilden Klimaten. Solche Stauden werden mit Laub oder Fichtenreisig abgedeckt. Bei einer Laubabdeckung größerer wintergrüner Gräser und Stauden ist darauf zu achten, daß der Blattschopf nach oben zusammengebunden wird und aus der Laubdecke herausragt. Dadurch läßt sich einer Fäulnisbildung vorbeugen. Immergrüne Stauden von wintersonnigen Standorten zeigen häufig Vertrocknungserscheinungen. An sonnigen Kahlfrosttagen, wenn der Boden gefroren ist, leiden sie unter Wassermangel. Als Verdunstungsschutz eignet sich ein Abdecken mit Schattenleinen oder Fichtenreisern. Sie lassen den Wind hindurch und halten die Wintersonne ab. Wenn der Boden frostfrei ist, beginnen viele Stauden vorzeitig zu treiben. Solange noch strenge Fröste zu befürchten sind, hält die Reisigdecke die Pflanzen vor einem vorzeitigen Austrieb zurück. Erst im Frühjahr, wenn der Boden völlig aufgetaut ist,

wird das Deckmaterial entfernt. Es ist zweckmäßig, das Reisig neben den Pflanzen liegenzulassen, damit man bei Spätfrost jederzeit noch einmal abdecken kann.

Bei fehlender Schneedecke leiden vor allem Immergrüne wie *Vinca minor, Dryas × suendermannii, Santolina chamaecyparissus, Helleborus niger* und *Teucrium × lucidrys* unter den austrocknenden Winden, Sonnenschein, Regen und strengem Frost. Einige Stauden wie Blaukissen, Gänsekresse, Hornveilchen vertragen nicht immer eine Winterabdeckung.

Unter Umständen läßt sich eine ganze Fläche mit Vlies abdecken. Dieser dünne Teppich aus Fasergewebe dient den immergrünen Pflanzen als Kälte- und Verdunstungsschutz. Wenn es sorgfältig behandelt wird, kann es drei bis vier Winter ausgelegt werden. Bei starkem Wind wird es gegen ein Verwehen mit Steinen beschwert. (Unter das Vlies kann man in kurzen Rohren zur Vermeidung von Mäusefraß Giftweizen auslegen.) Das Vlies wird erst Ende März, wenn keine starken Fröste mehr zu erwarten sind, wieder entfernt.

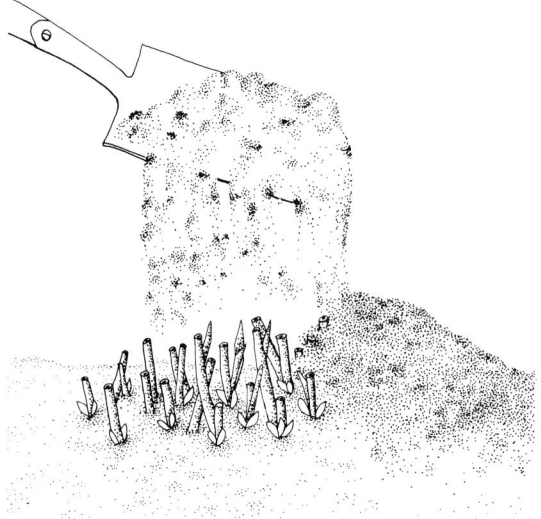

Jeder kalte Winter verkürzt das Leben von zahlreichen Stauden. Unter einer schützenden Decke von Komposterde, Stalldung oder Laub sind sie gut geborgen und überstehen auch schneefreie Frostzeiten ohne Schaden.

Staudenvermehrung

Kein Freizeitgärtner wird es unterlassen, nach seinen Wünschen und Ansprüchen Stauden selbst zu vermehren. Dazu gibt es wie in der Natur verschiedene Mittel und Wege, sowohl generative (Samen) als auch vegetative Möglichkeiten. Einige Gartenstauden sind zum Beispiel in der Lage, sich mit Hilfe von Zwiebeln und Knollen, Rhizomen und Ausläufern zu vermehren und im Garten selbständig auszubreiten.

Bei vielen hochgezüchteten Prachtstauden kommt nur die Vermehrung durch Teilen der Pflanze oder durch Stecklinge in Frage. Sie fallen nicht samentreu, wie der Gärtner sagt. Das heißt, bei Samenvermehrung würden wir eine bunte Formenvielfalt erhalten, an deren Ende viele schlechte und wenige gute Nachkommen stehen. Hier bleibt nur die vegetative Vermehrung, wenn wir die Identität der Ausgangspflanze erhalten wollen.

Die Vermehrung durch Samen ist für unsere Zwecke möglich oder sinnvoll, wo wir es mit samenechten Stauden zu tun haben. Das sind alle Arten, aber auch bestimmte »durchgezüchtete« Sorten, wie z. B. *Mimulus cupreus, Lupinus*-Polyphyllus- oder *Delphinum*-Pacific-Hybriden.

Das spätere Vereinzeln der Keimlinge ist unter der Bezeichnung Pikieren jedem Gärtner und Gartenfreund wohlbekannt. Der Sämling erhält damit seiner Entwicklung entsprechend mehr Platz, wird besser zur Bildung neuer Wurzeln angeregt und kann als freistehende Jungpflanze genügend Licht, Wasser und Nährstoffe aufnehmen.

Vermehrung aus Samen

Eine aus Samen gewonnene Pflanze ist in der Regel wüchsiger als eine durch Teilung und aus Stecklingen verjüngte Staude. Die allgemeine Widerstandsfähigkeit eines Sämlings gegen Krankheiten und Schädlinge ist in jedem Fall besser als die einer Teil- oder Stecklingspflanze.

Samensorten

Alle Arten, soweit sie züchterisch noch nicht bearbeitet wurden, fallen echt aus Samen. Bestimmte Stauden, wie Akelei, Gaillardien oder *Incarvillea*, lassen sich schlecht aus Stecklingen oder durch Teilen vermehren. An Züchtungen kommt heute ein großes Angebot auf den Markt.

Stauden mit einer oder mehreren samenecht fallenden Sorten sind:

Achillea filipendulina, Goldgarbe
Achillea millefolium, Schafgarbe
Achillea ptarmica, Bertramsgarbe
Achillea tomentosa, Garbe
Aconitum napellus, Eisenhut
Alyssum saxatile, Steinkraut
Anaphalis margaritacea, Perlpfötchen
Aquilegia caerulea, Akelei
Arabis caucasica, Gänsekresse
Armeria maritima, Grasnelke
Aster alpinus, Alpenaster
Aster amellus, Bergaster
Aubrieta-Hybriden, Blaukissen
Campanula carpatica, Karpatenglockenblume
Chrysanthemum leucanthemum, Frühlingsmargerite
Chrysanthemum maximum, Sommermargerite
Coreopsis grandiflora, Mädchenauge
Delphinium-Pacific-Hybriden, Rittersporn
Dianthus deltoides, Heidenelke
Dianthus gratianopolitanus, Pfingstnelke
Doronicum orientale, Gemswurz
Erigeron-Hybriden, Feinstrahl

Gaillardia-Hybriden, Kokardenblume
Geum-Hybriden, Nelkenwurz
Heliopsis helianthoides var. *scabra,* Sonnenauge
Heuchera-Hybriden, Purpurglöckchen
Iberis sempervirens, Schleifenblume
Jasione laevis, Sandglöckchen
Liatris spicata, Prachtscharte
Lupinus-Polyphyllus-Hybriden, Lupine
Papaver orientale, Türkischer Mohn
Primula-Elatior-Hybriden, Gartenprimel
Saxifraga-Arendsii-Hybriden, Moossteinbrech
Scabiosa caucasica, Kaukasus-Skabiose

F_1-Hybridsorten

Unter den samenechten Stauden befinden sich etliche F_1-Hybridsorten. Sie zeichnen sich durch Vitalität, Krankheitsresistenz und Wüchsigkeit aus. Diese »Hochleistungsstauden« werden durch Hybridisierung gewonnen. Zwei möglichst reinerbige Inzuchtlinien werden miteinander gekreuzt. Die Nachkommen in der F_1-Generation = 1. Tochtergeneration sind nach dem Mendelschen Uniformitätsgesetz alle gleich. Eine Samennachzucht von F_1-Sorten spaltet dann in der zweiten Tochtergeneration meist so auf, daß man ein großes Typengemisch erhält. Ein Nachbau von F_1-Sorten ist also nicht möglich. Das F_1-Saatgut, welches in der Regel wesentlich teurer als normaler Samen ist, kann nur über den Fachhandel bezogen werden. Die hohen Kosten entstehen durch das Halten von Inzuchtlinien und die teure Erzeugung von Samen durch Kastration der Blüten und Handbestäubung.

Die ersten F_1-Stauden, die auf den Markt kamen, waren *Aquilegia caerulea* 'Olympia Rot-Gold', die *Primula elatior* 'Crescendo' und die *Aubrieta*-F_1-Hybride 'Novalis Blau'. Sie wurden von Konrad Wagner gezüchtet und 1972 von der Firma Ernst Benary/Hannoversch-Münden in den Handel gebracht.

Saatgutgewinnung

Die Gewinnung von Saatgut im eigenen Garten richtet sich hauptsächlich auf frühreifende Arten und samenechte Sorten. Die Saatguternte ist mit viel Handarbeit verbunden. Von den ausgepflanzten sorgfältig nach Qualität ausgewählten Mutterpflanzen müssen die Samen abgenommen, gereinigt und gegebenenfalls das Fruchtfleisch über Sieben unter fließendem Wasser ausgewaschen werden. Die Fruchtstände müssen eine bestimmte Pflückreife erreicht haben. Dies ist in der Regel der Fall, wenn der Samen beginnt auszufallen. Vor der Saatguternte ist bei kapselfrüchtigen Stauden also darauf zu achten, daß die Samen nicht durch den Wind ausgeworfen oder von Ameisen verschleppt werden.

Die vorsichtig mit der Rosenschere abgeschnittenen Fruchtstände werden in großen Kartons locker aufgeschüttet und an einem luftigen Platz zum Trocknen aufgestellt. Im Winter hat man dann Zeit genug, die Samen durch Abstreifen, Aufschütteln und Zerreiben von den Samenständen zu trennen. Teilweise muß man die Fruchthüllen auch vorsichtig zerquetschen. Anschließend werden grobe und sehr feine Anteile abgesiebt und das restliche Material mit den Samen in eine Rundschüssel gefüllt. Für die weitere Trennung macht man sich das unterschiedliche Gewicht von Samen und Blüten- bzw. Fruchthüllenteilen zunutze. Man wirft das Material aus den Schüsseln nach oben und bläst gegen das herabfallende Gemenge. Die leichteren Anteile lassen sich auch durch Schwingen der Schüssel von den Samen trennen. Die noch vorhandenen Fruchtbestandteile werden ausgeblasen oder mit der Pinzette entfernt.

Nach dem Reinigen wird der Samen in Gläser oder Tüten verpackt und mit Gattungs-, Art- und Sortennamen, Erntedatum und Herkunft versehen. Um die Keimkraft zu erhalten, ist ein sorgfältiges Aufbewahren der Samen unter trockenen

»Hochbeete«, wie sie die Natur vorgegeben hat, werden von Steingewächsen in Anspruch genommen. Natursteinmauern fangen das Gelände auf und schaffen die Aufenthaltsbereiche für die Schleifenblume (Iberis sempervirens) und das Felsensteinkraut (Alyssum saxatile).

und kühlen Bedingungen ratsam. Papiertüten sind aufgrund ihrer Feuchtigkeitsdurchlässigkeit kein geeigneter Aufbewahrungsort. Seine optimale Keimfähigkeit behält das Saatgut in einem getönten, luftdicht verschlossenen Glas.

Aussaat

Im frostfreien Kleingewächshaus kann während des ganzen Jahres ausgesät werden, im Kasten von März–Dezember und im Freiland von April–Oktober.

Für die Aussaat gibt es Schalen oder Kisten, Ton-, Kunststoff- oder Torfpreßtöpfe in vielen Formen und Größen. Stauden, deren Samen Jahre überliegt sowie kleine Samenmengen werden in Töpfen ausgesät. Saatgut, das nicht aufläuft, kann in den Saatgefäßen so lange stehen bleiben, bis es in Keimstimmung kommt.

Aussaatgefäße für empfindliche Sämereien erhalten am Boden eine 2 cm dicke Dränageschicht von gröberen Siebrückständen, von Lava oder Styromull. Die Gefäße werden bis dicht unter den Rand mit Substrat gefüllt und von der Seite und in der Mitte angedrückt. Mit der abgesiebten Erde füllt man die Gefäße vollends auf, streicht die Oberfläche eben ab und übersiebt nochmals mit einem Sieb feinerer Maschengröße. Bei feinen Samen wird vor dem Aussäen die ganze Fläche mit einem glatten Brettchen leicht angedrückt. Dasselbe geschieht auch nach dem Aussäen, damit das Saatgut guten Kontakt mit dem Substrat hat. Anschließend wird entsprechend der Samengröße übersiebt. Dies unterbleibt bei sehr feinem Saatgut und bei Lichtkeimern. Keimlingskrankheiten kann man gegebenenfalls vorbeugen, indem man die Erde noch vor dem Aussäen mit einem dafür geeigneten Pilzbekämpfungsmittel angießt.

Bei der Aussaat wird die Samentüte an einer Seite so zusammengedrückt, daß eine Rinne entsteht. Durch Klopfen mit dem Zeigefinger oder Rütteln der leicht geneigten Tüte rutschen die Samenkörner heraus und gelangen gleichmäßig über die Erde. Es ist darauf zu achten, daß die Samen nicht zu dicht liegen; die Abstände sollten

die Größe eines Samenkorns nicht unterschreiten. Man kann auch eine in der Mitte geknickte Postkarte nehmen und den Samen von dort aus gleichmäßig ausstreuen.

Bewässert wird am besten von unten durch Einstellen der Aussaatgefäße in Anstauschalen. Durch die Öffnungen im Boden saugt sich das Substrat von unten voll. Man kann bei Aussaaten aber auch von oben mit einer Sprühflasche befeuchten, ohne daß die Samen – wie beim Überbrausen – abgeschwemmt werden. Feine Sämereien und Lichtkeimer deckt man anschließend mit einer Glasscheibe ab. Nach der Keimung gewöhnt man die Sämlinge durch Unterlegen von Hölzchen an die Luft. Ansonsten wird anfangs mit Styroporplatten oder dergleichen zur Schattierung und Erhöhung der Luftfeuchtigkeit abgedeckt.

Bei den Dunkelkeimern werden die Samen extra zweimal so dick wie der Samen übersiebt. Zusätzlich kann die Aussaat mit einer Lava- oder Sandschicht überdeckt werden. Dadurch trocknet die Oberfläche besser ab und werden Keimlingskrankheiten verhindert. Die Dicke dieser Schicht richtet sich nach der Größe der Samen.

Jedes Saatgefäß wird mit einem Etikett versehen. Auf der Vorderseite stehen z. B. Datum, Gattung, Art, Sorte; auf der Rückseite Saatgutherkunft, Substrat, Alter des Saatgutes.

Pikieren

Jeder Sämling braucht, je größer er wird, genügend Platz, Licht und Luft. Deshalb müssen die jungen Sämlinge nach einer gewissen Zeit pikiert werden, z. T. mehrmals (Umtopfen). Pikieren bedeutet Vereinzeln.

Bei Sämlingen, die zu dicht und zu lange in den Aussaatgefäßen stehen, kommt es zu unnatürlichem Längenwachstum und auch sehr leicht zu Pilzkrankheiten.

Den richtigen Zeitpunkt zum Pikieren erkennt man am Erscheinen des ersten Laubblattes nach den Keimblättern. Zuerst wird die Erde unter den Pflänzchen mit dem Pikierstab gelockert, damit die Wurzeln nicht abreißen, wenn man die Sämlinge mitsamt der anhängenden Erde vorsichtig herausnimmt. Sie können auf eine Glasplatte oder auf weißes Papier gelegt werden. Längere Wurzeln kürzt man etwas ein, so wird die Seitenwurzelbildung gefördert. Wichtig ist, daß die offen daliegenden Sämlinge vor Sonneneinstrahlung geschützt sind, da sie sonst austrocknen. Wenn sie längere Zeit daliegen, muß man sie mit feuchtem Zeitungspapier abdecken.

Die Pikierschalen oder -töpfe stehen schon mit Substrat gefüllt bereit. Mit einem Pikierholz werden Löcher vorgebohrt, die Sämlinge bis zum Keimblattansatz – ohne die Wurzeln zu verbiegen – eingesetzt und die Erde vorsichtig angedrückt.

Schnell wachsende Pflanzen können einzeln pikiert werden, langsam wachsende zu mehreren, ebenso kleine und empfindliche Pflanzen. Manche Arten können ohne Umtopfen direkt in den Endtopf pikiert werden. Langsam wachsende Alpine sind möglichst eng zu pikieren, damit der Boden schnell bedeckt wird. Wenn feinsamige Arten nicht zu dicht gesät wurden, erübrigt sich ein frühes Pikieren mit Hilfe einer Pinzette. Meist wird nur einmal pikiert, bei langsam wachsenden Arten auch mehrmals, bis zum Topfen genügend große Wurzelballen entwickelt sind. Bei sehr kleinen Sämlingen werden meist zwei bis drei Pflanzen in einen Topf pikiert, wobei auch die Möglichkeit besteht, sie mit einer Pikiergabel zu fassen.

Die Pikiergefäße werden mit keimfreiem Substrat gefüllt (nähere Hinweise am Schluß dieses

Kapitels). Die Mischung sollte möglichst Sand enthalten, um Staunässe zu verhindern und um den Pflanzen einen besseren Halt zu geben.

Nach dem Pikieren wird mit einer feinen Brause angegossen; bei kleinen und empfindlichen Pflanzen werden die Gefäße in ein Wasserbad gestellt. Es sollte so wenig wie möglich gegossen werden, damit die Erde nicht verschlämmt. Nur so bleiben die Hohlräume erhalten und ist die für eine rasche Wurzelbildung nötige Durchlüftung gesichert.

Die Gefäße werden etikettiert mit Datum, Gattung, Art und Sorte und bei 18 bis 20°C im Haus oder in Frühbeetkästen solange aufgestellt, bis sie den Schock des Verpflanzens überwunden haben. Danach werden sie durch Aufstellen im Freien oder Abnahmen der Fenster allmählich abgehärtet. Bei starker Sonneneinstrahlung sollte die Möglichkeit des Lüftens und Schattierens gegeben sein.

Mit der Düngung wird nur vorsichtig und mit geringer Konzentration begonnen. Erst wenn die Pflanzen neue Wurzeln bilden und in der Lage sind, Nährstoffe aufzunehmen, werden Nährstoffgaben verabreicht. Während der Anzuchtphase kann die Düngung mit stickstoffbetonten Mehrnährstoffdüngern durchgeführt werden.

Stauden ohne Vorkultur

Die Samen der Staudenlupinen werden vor der Aussaat in Wasser gelegt, kurz angequollen und an Ort und Stelle direkt ins freie Land gesät. Die Keimdauer beträgt drei bis vier Wochen. Nach einer Sommeraussaat hat man bereits im nächsten Jahr blühende Pflanzen. Im Mai, Juni und Juli sind auch bei der Ballonblume *(Platycodon grandiflorus)* Freilandaussaaten möglich. Ihre Keimdauer beträgt vier bis fünf Wochen.

Stauden mit kurzer Vorkultur

Für Stauden mit kurzer Vorkultur ist März–April der beste Aussaatzeitpunkt. Die Aussaaten in den Schalen und Töpfen werden in zwei- bis dreifacher Samenkornstärke mit Erde oder Sand überschichtet. Feine Sämereien werden nicht abgedeckt. Man

Jungpflanzen in einer Multitopfplatte.

Breite Bänder von blühenden Nelkengewächsen rücken die Staudenrabatte in den Mittelpunkt. Die feuerrote Pechnelke (Lychnis viscaria) und die Rote Waldnelke (Silene dioica) säen sich immer wieder aus und schmücken den Garten mit ihrem Frühsommerflor.

feuchtet sie am besten von unten durch Einstellen der Saatgefäße in Wasserschalen an.

Die Samen brauchen zum Keimen eine gleichmäßige Feuchtigkeit und Temperaturen von 12 bis 18°C. Es ist ratsam, die Sämlinge später zu pikieren.

Stauden, die gegen Wurzelverletzungen empfindlich sind, werden direkt in Multitopfplatten oder Torftöpfe gesät. Dadurch läßt sich das Pikieren sparen, und die Pfahlwurzler können nach dem Auspflanzen ohne Störung weiterwachsen.

Stauden mit langer Vorkultur

Stauden, die im Februar – März vermehrt werden, erhalten einen warmen Fensterplatz. Wenn sich die Sämlinge gut entwickelt haben, pikiert man in Multitopfplatten, Torf-, Ton- oder Kunststofftöpfe. Viele Arten können gleich in kleinen Gruppen zusammengesetzt werden. Dadurch erhält man buschige Pflanzen, und beim Auspflanzen wachsen die gegen Wurzelverletzungen sehr empfindlichen Stauden ohne Störungen weiter.

Stauden mit kurzer Vorkultur	Temperatur °C	Keimzeit in Wochen
Achillea-Arten, Garbe	18	2–3
Alyssum saxatile, Steinkraut	18	2–3
Arabis caucasica, Gänsekresse	15	3–5
Armeria maritima, Grasnelke	15	3–4
Aubrieta-Hybriden, Blaukissen	15	3–4
Carlina acaulis, Eberwurz	12	2–3
Centaurea-Arten, Flockenblume	18	2–3
Chrysanthemum coccineum, Bunte Staudenmargerite	18	2–3
Delphinium-Pacific-Hybriden, Rittersporn	12	3–4
Dianthus-Arten, Nelken	15	1–2
Erigeron-Hybriden, Feinstrahl	15	3–4
Geum-Hybriden, Nelkenwurz	18	3–4
Gypsophila-Arten, Schleierkraut	15	2–3
Helenium-Hybriden, Sonnenbraut	15	2–3
Helianthemum-Arten, Sonnenröschen	15	2–3
Heliopsis helianthoides var. *scabra,* Sonnenauge	15	2–3
Hypericum-Arten, Johanniskraut	15	2
Iberis sempervirens, Schleifenblume	15	2–4
Incarvillea-Arten, Freilandgloxinie	15	2
Inula-Arten, Alant	12	1–2
Lychnis-Arten, Lichtnelke	18	3–4
Oenothera-Arten, Nachtkerze	18	2–3
Papaver-Arten, Mohn	12	2–3
Penstemon-Arten, Bartfaden	18	2–3
Rudbeckia-Arten, Sonnenhut	18	2
Salvia nemorosa, Sommersalbei	18	1–2
Scabiosa caucasica, Kaukasus-Skabiose	18	3–4
Silene-Arten, Leimkraut	12	3–4
Viola cornuta, Hornveilchen	15	2–3

Stauden mit langer Vorkultur	Temperatur °C	Keimzeit in Wochen
Aquilegia-Arten und Sorten, Akelei	18	3–5
Aster alpinus, Alpenaster	15	2–3
Aster amellus, Bergaster	15	2–3
Campanula-Arten, Steingarten-Glockenblumen	18	2–4
Doronicum orientale, Gemswurz	15	2–3
Heuchera sanguinea, Purpurglöckchen	15	2
Jasione laevis, Sandglöckchen	15–18	2–3
Kniphofia-Arten, Fackellilie	18	2–3
Liatris-Arten, Prachtscharte	18	3–4
Linum flavum, Lein	12	2–3
Primula vulgaris, Kissenprimel	18	3–4
Primula-Elatior-Hybriden, Gartenprimel	18	3–4
Primula denticulata, Kugelprimel	18	3–4
Primula × pubescens, Gartenaurikel	18	3–4
Saxifraga-Arendsii-Hybriden, Moossteinbrech	15	2–3
Sedum-Arten, Fetthenne	15	2–3

Zweijährige Pflanzen und Halbstauden

Die Aussaatzeit dieser Pflanzengruppe orientiert sich an der Winterfestigkeit der Zweijährigen und rosettenbildenden Halbstauden. Bei einer zu frühen Aussaat, vor Mitte Mai, bilden sie schon im Sommer Langtriebe, die kalte Winter sehr schlecht überstehen. Um kräftige Pflanzen zu erhalten, wird recht dünn ausgesät. Sowie sie sich gut entwickelt haben, können sie unpikiert an Ort und Stelle ausgepflanzt werden.

Zu den zweijährigen Pflanzen und Halbstauden gehören:
Alcea rosea, Stockmalve
Campanula medium, Marienglockenblume
Coreopsis grandiflora, Mädchenauge
Dianthus barbatus, Bartnelke
Digitalis-Arten, Fingerhut
Gaillardia-Hybriden, Kokardenblume
Oenothera biennis, Schinkenkraut
Rudbeckia hirta, Rudbeckie
Verbascum-Arten, Königskerze

Stauden für Kaltsaat (Kaltkeimer)

Die Samen der frühjahrsblühenden Christrosen, Rosenprimeln und Adonisröschen, Küchenschellen, Trollblumen und Duftveilchen keimen sofort, wenn sie schon bald nach der Ernte ausgesät werden. Sind dagegen die Samenschalen durch langes Lagern hart geworden, wird man vergeblich auf Jungpflanzen warten.

Um die Samen bestimmter Staudenarten – meist handelt es sich um Pflanzen der Hoch- und Mittelgebirge – zum Keimen zu bringen, ist eine Kälteeinwirkung nötig. Vielfach wird irreführend von »Frostkeimern« gesprochen. Die keimruhebrechenden Temperaturbereiche liegen jedoch zwischen 0 und 5 °C. Nur bei einigen Ranunkel- und Enziangewächsen darf die Temperatur unter den Gefrierpunkt absinken.

Saatgut, das normalerweise im Sommer anfällt, sät man zwischen November und Januar aus.

Damit die Samen anquellen können, gießt man die Töpfe gut an und läßt sie zwei bis drei Tage im geheizten Zimmer stehen. Wenn gerade Schneefall einsetzt, können die Aussaatgefäße im Freien aufgestellt werden. Eine Laubabdeckung tut es, sofern die Temperaturen wie gewünscht knapp über dem Gefrierpunkt liegen, unter Umständen auch.

Vielfach ist der die Keimung auslösende Kühlprozeß im Freiland nicht zu erreichen. Wer ganz sicher gehen will, stellt deshalb den angequollenen Samen 6 bis 8 Wochen in einen Kühlschrank, der auf einen Temperaturbereich zwischen 0 und 5 °C eingestellt ist. Nach dieser Kühlbehandlung setzt die Keimung bei 12 bis 20 °C sehr schnell ein. Im Frühjahr werden die Aussaaten dann pikiert oder in Töpfen weiterkultiviert.

Stauden für die Kaltaussaaten sind:
Aconitum-Arten, Eisenhut
Actaea-Arten, Christophskraut
Allium-Arten, Lauch
Anemone sylvestris, Großes Windröschen
Bergenia-Arten, Bergenie
Corydalis-Arten, Lerchensporn
Dicentra spectabilis, Tränendes Herz
Dictamnus albus, Diptam
Draba lasiocarpa, Hungerblümchen
Eremurus-Arten, Steppenkerze
Eryngium-Arten, Edeldistel
Erythronium-Arten, Hundszahn
Euphorbia myrsinites, polychroma, Wolfsmilch
Gentiana-Arten, Enzian
Helleborus-Arten, Nieswurz
Hosta-Arten, Funkien
Iris-Arten, Schwertlilien
Lilium-Arten, Lilien
Paeonia-Arten, Pfingstrosen
Phlox paniculata, Sommerphlox
Primula-Bullesiana-Hybriden, *P. florindae,*
    P. japonica, P. cortusoides u. a., Primel
Pulsatilla vulgaris, Küchenschelle
Saxifraga paniculata, Steinbrech
Saxifraga umbrosa, Porzellanblümchen
Thalictrum-Arten, Wiesenraute
Trillium-Arten, Dreiblatt
Trollius-Arten, Trollblume
Uvularia-Arten, Hänge-Goldglocke
Viola odorata, Duftveilchen
sowie viele Hoch- und Mittelgebirgspflanzen.

Vegetative Vermehrung

Bei vielen Stauden wird die vegetative Vermehrung einer Aussaat vorgezogen. Wenn die Sorten nicht »durchgezüchtet« sind, also nicht samenecht fallen, gehen die sortentypischen Eigenschaften und ihre Einheitlichkeit (z. B. Wuchsform, Blütenfarbe, Fruchtgröße) teilweise verloren. Die vegetative Vermehrung ist aber nicht nur zur Wahrung der Sortenechtheit wichtig. Auch bei Sterilität, Zweihäusigkeit, schwieriger Saatgutbeschaffung oder bei Schwerkeimern wird durch Stecklinge, Schnittlinge oder Teilstücke vermehrt. Es entstehen dann aus Teilen der Pflanze wieder Stauden mit Eigenschaften, die völlig denen der Mutterpflanze entsprechen.

Bei einer Reihe von Pflanzen gehört die vegetative Fortpflanzung zum natürlichen Entwicklungszyklus, wobei verschiedene Möglichkeiten bestehen, nämlich die Bildung von Ausläufern, Brutpflänzchen, Zwiebeln und Knollen.

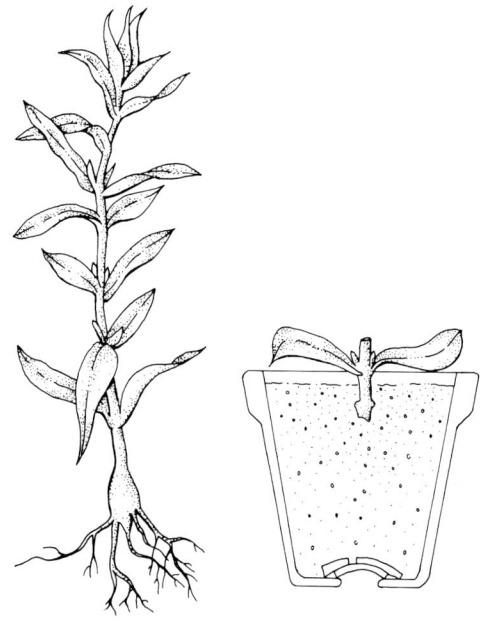

Stengelstecklinge von Phlox-Paniculata-Hybriden lassen sich von Ende Mai bis Mitte Juni schneiden. Ein Steckling sollte ein Paar vollausgebildeter Laubblätter besitzen.

Im Frühjahr ist der günstigste Zeitpunkt für den Stecklingsschnitt. Mit der Blütenknospenbildung läßt die Wurzelbildung rapide nach. Die Stecklinge dürfen nicht länger als 7 bis 8 cm sein. An jedem Steckling beläßt man mindestens zwei vollentwickelte Blätter, die untersten werden entfernt.

Frühjahrsstecklinge

Wenn die Stauden im Frühjahr etwa 5 bis 7 cm lange Triebe gebildet haben, ist es nicht schwierig, genügend Stecklinge zu bekommen. Bei höherwachsenden Stauden können auch die äußersten Triebspitzen in Daumenlänge abgeschnitten werden.

Wenn sich bei Rittersporn, Tränendem Herz, *Erigeron,* Salvien oder Lupinen hohle Stengel gebildet haben, müssen die Triebe einen Ansatz (Platte) vom alten Holz haben. Eine zu späte Vermehrung würde die Wurzelbildung stark verzögern. Die bodennahen Triebe bewurzeln sich wesentlich schneller als die hohlen Stengel. Dabei werden von den 5 bis 7 cm langen Kopftrieben die unteren Blätter entfernt, die Schnittstellen gegebenenfalls mit einem Bewurzelungshormon (z. B. Wurzelfix, Seradix, Rhizopon) behandelt und die Ableger in ein angefeuchtetes Vermehrungssubstrat gesteckt. Für die Anzucht kann man wie früher Kisten verwenden. Beim Herausnehmen der angewachsenen Teilstücke treten dann aber durch die unvermeidbaren Wurzelverletzungen Wachstumsstockungen ein. Man geht deshalb immer mehr dazu über, Multitopfplatten oder Torfanzuchttöpfe zu gebrauchen. Dabei werden bis zu 5 Kopftriebe ziemlich dicht nebeneinander gesteckt. Die bewurzelten Stecklinge können dann mit Topfballen gepflanzt werden.

Die Stauden bewurzeln sich am besten in einem Vermehrungssubstrat aus ⅔ Torf und ⅓ Sand oder in schwachgedüngten Fertigerden wie TKS 1 oder Einheitserde Typ VM. Nach dem Angießen wird eine Kunststoffolie über die Stecklinge gelegt. Wenn die Vermehrung halbschattig und die Luft sehr gespannt gehalten wird, läßt sich eine Wasserverdunstung der Blätter unterbinden, und die Stecklinge beginnen nicht zu welken.

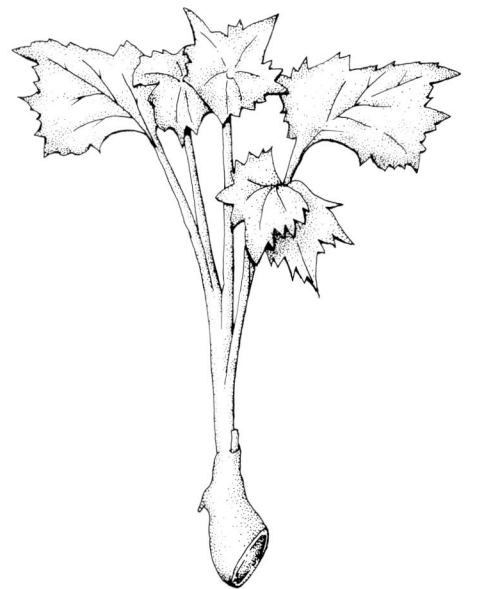

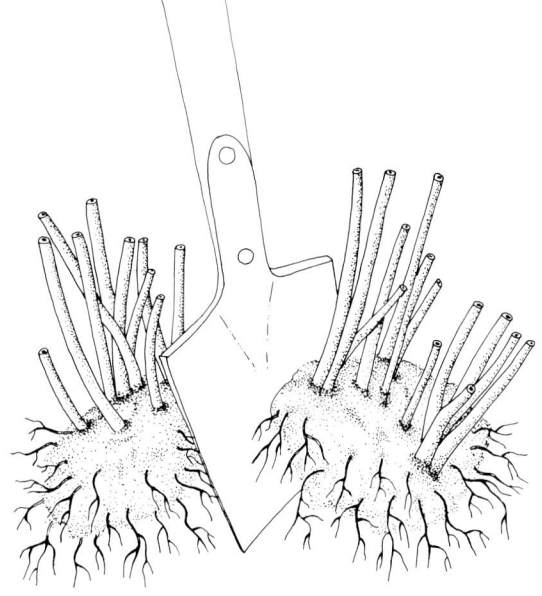

Wenn die Triebe des Rittersporns 5 cm Länge erreicht haben, schneidet man die Stecklinge, wobei ein Teil des verholzten Wurzelstockes am Steckling verbleibt.

Im zeitigen Frühjahr oder nach der Blüte lassen sich kräftige Wurzelstöcke aufnehmen und durch Teilung verjüngen.

Winterstecklinge

Alle wintergrünen Stauden wie das Steinkraut *(Alyssum),* viele Enziane und Saxifragen, die Grasnelken *(Armeria),* die Gänsekresse *(Arabis)* oder der Moosphlox lassen sich im September – Oktober vermehren. Die Stecklinge sollen eine Länge von 3 bis 5 cm haben. Dabei sind die Blätter der unteren Stengelteile zu entfernen; zur besseren Bewurzelung können sie wie die Frühjahrsstecklinge in ein Bewurzelungshormon getaucht werden. Von den pulverförmigen Präparaten darf nur eine geringe Menge an der Schnittfläche verbleiben; vor dem Stecken wird deshalb sorgfältig abgeklopft. Für die Anzucht wählt man entweder wie bei den Frühjahrsstecklingen sein eigenes Spezialgemisch oder ein handelsübliches Fertigsubstrat. Man kann Kisten, Multitopfplatten oder Torfanzuchttöpfe verwenden, wobei Jungpflanzen mit einem Ballen ohne Wurzelverlust im Frühjahr direkt ins Freiland gepflanzt werden können.

Die bestückten Vermehrungsgefäße kommen in ein Kalthaus oder in einen kalten Kasten, an ein helles Keller- oder Flurfenster. Bei Frosteinwirkung erfolgt die Wurzelbildung erst im Frühjahr, bei 6 bis 12°C dagegen schon nach fünf bis sechs Wochen. Auch bei den Winterstecklingen sorgt man durch ein Abdecken mit einer Glasscheibe oder Kunststoffolie für eine gespannte Luft. Bei starker Wintersonne darf die Temperatur nicht über 20°C ansteigen.

Teilung

Die Staudenvermehrung durch Teilung ist eine einfache und dankbare Gartenarbeit. Wenn im Laufe der Zeit einzelne Pflanzenhorste zu sehr in die Breite gehen, sich gegenseitig bedrängen, krankheitsanfällig, schwach und blühfaul werden, wird es Zeit, sie im Frühjahr oder Herbst mit dem Spaten herauszunehmen und in faustgroße Stücke zu teilen. Dabei nimmt man die langen Faserwur-

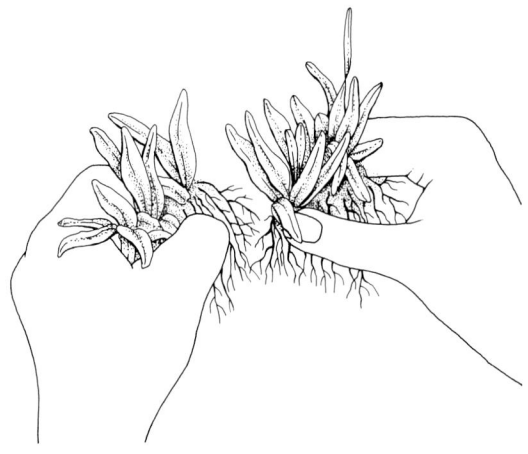

Die Stauden werden in faustgroße Stücke geteilt.

zeln mit einem scharfen Messer auf Handbreite zurück. Die so vorbereiteten Teilstücke lassen sich dann beliebig einpflanzen und wachsen neu zu schönen, gesunden Staudenexemplaren heran.

Nach dem zweiten bis vierten Gartenjahr werden geteilt:
Aster alpinus, Alpenaster
Aster amellus, Bergaster
Aster dumosus, Kissenaster
Chrysanthemum coccineum, C. leucanthemum, C. maximum, Margerite
Coreopsis grandiflora, Mädchenauge
Coreopsis verticillata, Netzblattstern
Iris germanica u. a., Schwertlilien
Polygonum affine, Knöterich

Nach dem fünften bis sechsten Gartenjahr werden geteilt:
Achillea filipendulina, Goldgarbe
Aster novae-angliae, Rauhblattaster
Aster novi-belgii, Glattblattaster
Delphinium-Hybriden, Rittersporn
Erigeron-Hybriden, Feinstrahl
Helenium-Hybriden, Sonnenbraut
Helianthus decapetalus, Staudensonnenblume
Rudbeckia fulgida var. *sullivantii, R. laciniata, R. nitida,* Rudbeckie
Solidago-Hybriden, Goldrute

Nach dem achten bis zehnten Gartenjahr werden geteilt:
Aconitum carmichaelii var. × *arendsii, A.* × *cammarum, A. napellus,* Eisenhut
Doronicum orientale, Gemswurz
Helleborus niger, Christrose
Phlox-Paniculata-Hybriden, Sommerphlox
Trollius-Hybriden, Trollblume

Stauden, die wir beim Ausstechen, Teilen und Verpflanzen von Staudennachbarn in Ruhe lassen:
Alcea rosea, Stockmalve
Dicentra spectabilis, Tränendes Herz
Hemerocallis-Hybriden, Taglilie
Lupinus-Polyphyllus-Hybriden, Lupine
Paeonia-Lactiflora-Hybriden, *P. officinalis,* Pfingstrose
Papaver orientale, Türkischer Mohn

Stauden, die aus dem Boden wachsen und bei denen Humusieren im Frühjahr oder Herbst ein häufiges Umpflanzen ersetzt:
Anemone hupehensis, A.-Japonica-Hybriden, *A. vitifolia,* Japanische Anemone
Astilbe-Arendsii-Hybriden, *A. chinensis, A.*-Japonica-Hybriden, *A.*-Simplicifolia-Hybriden, *A.*-Thunbergii-Hybriden, Astilbe
Cimicifuga cordifolia, C. japonica, C. racemosa, C. simplex, Silberkerze
Heliopsis helianthoides var. *scabra,* Sonnenauge
Heuchera-Hybriden, Purpurglöckchen

Substrate für die Anzucht

Selbst herzustellende Pikier- und Topfsubstrate

Wer regelmäßig Pflanzen für seinen Staudengarten vermehrt und schon gute eigene Erfahrungen hat, wird seine Anzuchterde selbst mischen. So mancher schwört auf sein spezielles Rezept. Grundsätzlich wichtig ist, daß diese Substrate eine hohe Strukturstabilität, ein gutes Wasserhaltevermögen, eine optimale Luftdurchlässigkeit und einen ausreichenden Gehalt an organisch gebundenen Nährstoffen haben. Als Ausgangssubstrat kommen Kompost- oder Landerde, Sand, Lauberde oder Rindenkomposte in Frage.

Bei einer guten Luft- und Wasserführung der Erdsubstrate können die Pflanzen neutraler, sauer oder kalkhaltiger Böden im selben Standardgemisch stehen. Eine gute Durchlüftung und Dränage in den Erdgemischen läßt sich nur mit strukturstabilen Substraten wie Quarzsand, Perlit, Vermikulit, Blähton oder Bimskies erreichen, die zu ¼ bis ⅓ den Erdgemischen zugegeben werden.

Quarzsand ist in grober Körnung von 0,5 bis 2,0 mm gut luftführend und nährstoffarm. Perlit ist ein graublaues, vulkanisches Gestein von glasartiger Struktur, das durch Erhitzen porös und voluminös gemacht wurde. Die alkalisch reagierenden Perlite lassen sich in grober Körnung als Zusatz zu sauren Erden verwenden. Sie haben ein relativ gutes Festhaltevermögen für Wasser und Nährstoffe. Vermikulit ist ein in vielen Tonen enthaltenes Mineral, das durch Brennen auf das 25- bis 50fache seines Volumens ausgedehnt wurde. Es bildet eine lockere Masse, die als feuchtigkeitshaltender Zuschlagstoff in Substraten verwendet werden kann. Blähton wird durch Blähen geeigneter Tone bei hohen Temperaturen hergestellt. Die Tonkügelchen haben einen großen Porenraum, dadurch eine befriedigende Wasserkapazität und eine sehr gute Luftführung. Bimskies ist ein vulkanisches Gestein aus lockeren Auswurfmassen. Dieser natürliche Rohstoff zeigt ein gutes Wasserspeichervermögen und Luftführung, ist leicht, porös und strukturstabil.

Der hohe Anteil an lockernden Bestandteilen ermöglicht ein kräftiges Andrücken der Stauden im Topf und eine gute Struktur im Hinblick auf Durchlüftung und Wasserführung. In der gärtnerischen Praxis werden im Grunde nur zwei verschiedene Mischungen verwendet, und zwar ein Substrat zum Pikieren und ein Topfsubstrat.

Pikiersubstrat
  1 Teil Rindenkompost, Lauberde oder Torf
  1 Teil Komposterde
  1 Teil Quarzsand oder Perlit

Aufgedüngt mit Manna-Spezial oder einem entsprechenden organisch-mineralischen Volldünger (2 kg/m³).

Topfsubstrat
  1 Teil Rindenkompost, Lauberde oder Torf
  2 Teile Kompost- oder Landerde (Ackerboden)
  1 Teil Quarzsand, Blähton oder Bimskies
Aufgedüngt mit Manna-Spezial oder einem entsprechenden organisch-mineralischen Volldünger (4 kg/m³).

Zum Topfen von Waldpflanzen wie Waldmeister oder Farne lassen sich Substrate mit einem hohen Anteil an Rindenkompost verwenden.

Beim Mischen der Substrate ist darauf zu achten, daß die einzelnen Bestandteile wechselweise zugegeben werden, wobei Sand, der sich nur sehr schwer vermischt, mehrmals in kleinen Mengen über den Haufen verteilt wird. Beim Umsetzen wird die Erde mit der Schaufel von unten genommen und über die Spitze des Haufens abgekippt. Durch mehrmaliges Umschaufeln wird eine gleichmäßige Durchmischung der Substratbestandteile erreicht.

Die selbstgemischten Anzuchterden müssen im Gegensatz zu den Fertigsubstraten vor ihrer Verwendung keimfrei gemacht, das heißt in einem Sterilisator gedämpft werden.

Industriell gefertigte Substrate

Grundbestandteil ist Torf. Seine besondere Eigenschaft ist eine hohe Wasserkapazität bei gleichzeitig hoher Lufthaltung. Er ist fast unbegrenzt lagerfähig und mit Düngern mischbar. Als einfaches Vermehrungssubstrat eignet sich ein Gemisch aus 2 Teilen Torf und 1 Teil Sand. Die meisten Stauden lassen sich sowohl im aufgekalkten Torf wie auch in Torfgemischen bei einer sauren Reaktion kultivieren. Torfe werden nach entsprechender Aufbereitung in der gärtnerischen Praxis vielseitig verwendet.

Torfkultursubstrate bestehen aus nur wenig zersetztem Hochmoor-Weißtorf. Sie enthalten Dünger in genormten Mengen in zwei unterschiedlichen Konzentrationsstufen (TKS 1 und TKS 2). TKS 1 wird verwendet für Aussaaten, Stecklingsvermehrungen und Pflanzen im Pikierstadium. TKS 2 ist ein Topfsubstrat.

Zusätzlich gibt es einen aufgekalkten Nulltyp (TKS 0/TKS-Spezial). Der Nulltyp enthält als Beimischung nur kohlensauren Kalk, keine Pflanzennährstoffe, und wird kulturspezifisch aufgedüngt.

Einheitserden sind Mischungen aus Torf und Montmorillonit-Ton, der ein hohes Sorptions- und Puffervermögen besitzt und reich an Spurenelementen ist. Da kalkfreie Tone bevorzugt werden und die benutzten Torfe durchweg stark sauer sind, hat auch die fertige Einheitserde eine leicht saure Reaktion von pH 5,5. Einheitserden bestehen in der Regel aus 70 bis 75 Vol.% Weißtorf und 25 bis 30 Vol.% Ton.

Typ 0 (Nullerde): Außer kohlensaurem Kalk sind keine Pflanzennährstoffe beigemischt. Nullerde kann gegebenenfalls selbst aufgedüngt werden.

Typ VM (Vermehrungserde): Dieses Substrat besteht aus 90 Vol.% Weißtorf und 10 Vol.% Ton. Außerdem wird durch Zusatz von Perlit das Porenvolumen weiter vergrößert. Neben kohlensaurem Kalk sind weitere Nährstoffe in geringerer Konzentration vorhanden. Dieser Typ wird bevorzugt für die Stecklingsvermehrungen, für Aussaaten und zur Anzucht salzempfindlicher Pflanzen empfohlen.

Typ P (Pikiererde): Sie enthält außer kohlensaurem Kalk etwa 1,5 g/l eines leicht aufnehmbaren, ballastarmen Mehrnährstoffdüngers (12% N, 13% P_2O_5, 17% K_2O, 1% MgO) sowie alle wichtigen Spurenelemente.

Auch auf feuchtem Boden bringen kontrastreiche Wuchsformen Rhythmus und Spannung in die Rabatten. Anmutige Details fangen den Blick ein und fügen den weich gezeichneten Spiräenknöterich (Polygonum sericeum), die Jakobsleiter (Polemonium caeruleum) und die Trollblumen (Trollius europaeus) zu einem poesievollen Stilleben zusammen. Ein Schmuckstück und dabei ausgesprochen pflegeleicht ist eine solche Feuchtwiese.

Spezieller Teil

Beetstauden

Achillea, Garbe

Asteraceae (Compositae)

Die etwa 100 *Achillea*-Arten sind in den gemäßigten Zonen der Alten Welt beheimatet. Es sind sonnenliebende und robuste Stauden, die in jedem
guten, ausreichend mit Nährstoffen versorgten
Boden wachsen, sofern er nicht zu naß oder zu
sumpfig ist.

Von großem Gartenwert sind die züchterisch
bearbeiteten Arten bzw. Sorten. Trotz ihrer hybriden Natur haben sie den Wildstaudencharakter
noch nicht verloren. Dank der kräftigen Stiele sind
sie als Frisch- und ebenso als Trockenblumen sehr
gefragt. Die Blätter sind länglich, leicht behaart,
gefiedert und z. T. stark duftend. Ihre winzigen
Einzelblüten stehen in ziemlich flachen Scheindolden zusammen.

Achillea filipendulina, Goldgarbe

Die Goldgarbe ist ein unübertroffener Dauerblüher. Mit ihren goldgelben Blütentellern bestimmt
sie im Juni, Juli und August das Bild unserer Staudenrabatten. Sie wurde um 1803 aus dem Kaukasus und aus Kleinasien nach England eingeführt.
Zu ihren direkten Nachfahren gehört die von
Robert Parker aus Toothing ausgelesene Sorte
'Parker', die in den Katalogen auch als 'Parkers
Varietät' bezeichnet wird. Diese aufrechte und
horstig wachsende Sorte erreicht eine mittlere
Höhe von 120 cm; ihre Blätter sind gefiedert,
graugrün behaart und aromatisch duftend. Die
kleinen, goldgelben Einzelblüten sind zu flachen,
tellerförmigen Scheindolden zusammengefaßt.
Die Blütezeit der *A. filipendulina* 'Parker' er-
streckt sich von Juni–August.

Achillea-Hybriden

'Altgold' mit graugrünen Blättern und bräunlich
goldgelben Scheindolden wird etwa 60 cm hoch.
'Coronation Gold' entstand bei der Engländerin
Mrs. R. B. Pole aus Lyl End aus einer Kreuzung
von *A. filipendulina* × *A. clypeolata*. Zeitlich liegt
diese Sorte mit ihrer Blüte zwischen Juni und September. Mit ihren aschgrauen, feingefiederten
Blättern und goldgelben Blüten erreicht sie 60 bis
80 cm Höhe. Remontierend.
'Schwellenburg' ist eine 30 cm hohe *A.-Clypeo-
lata*-Hybride mit zitronengelben Blüten.
'Moonshine' (*A. clypeolata* × *A. taygetea*) mit
graugrünen, federigen Blättern erreicht 60 cm
Höhe. Das helle Schwefelgelb der lockeren Blütendolden erscheint bereits im Frühsommer; im
Hochsommer remontierend.
'Neugold' ist eine goldgelbe, reichblühende Sorte
von 60 cm Höhe.

Gute Nachbarn sind die rotblühenden Sommerphlox-Sorten und die Monarden, die blauen
Rittersporne und die Rutenhirse. Großflächig gepflanzt können sie von den *Erigeron*-Hybriden,
den Berg- und Kissenastern eingefaßt werden. Von
der Sorte 'Parker' kommen 4 bis 5 Pflanzen auf
einen Quadratmeter und von Sorten wie 'Coronation Gold' können bis zu sieben Stück in einer
Gruppe und pro Quadratmeter stehen. Die Goldgarben sollten erst nach einer gründlichen Bodenvorbereitung gepflanzt werden. Nach tiefem Umgraben und Humusgaben werden 50 g eines Mehrnährstoffdüngers auf einen Quadratmeter verteilt.
Erst nach dieser Erdverbesserung werden im Frühjahr oder Herbst die Goldgarben gepflanzt. Die
Achilleen sind anpassungsfähige Stauden. Mit
Ausnahme von tiefem Schatten ertragen sie im
Sommer halbschattige Lagen, volle Sonne und viel

Wärme. Schon im zeitigen Frühjahr kann man humusieren oder in den Monaten April, Mai, Juni und Juli jeweils 25 g/m² eines Mehrnährstoffdüngers geben. Wenn man regelmäßig düngt, an heißen Tagen durchdringend wässert und im Frühjahr die schwachen Triebe herausschneidet, bekommt man besonders große Blütenstände. Achilleen, denen wir die Möglichkeit der Samenbildung nehmen und die verblühten Blumen nach dem dritten oder vierten Blatt abschneiden, bilden Seitentriebe. Bei den Sorten 'Coronation Gold' und 'Moonshine' wird dadurch die Blütezeit bis zu den ersten Herbstfrösten verlängert.

Goldgarben, die zu sehr in die Breite wachsen und ihre Nachbarn bedrängen, nimmt man im Frühjahr oder Herbst mit dem Spaten heraus und teilt sie in faustgroße Stücke. Nach einer gründlichen Bodenverbesserung können sie sofort wieder aufgepflanzt werden. Im Spätherbst erfolgt gleichzeitig ein Rückschnitt bis zum Boden.

Die großen Blütenteller lassen sich, frisch im Schnitt, hervorragend für große Vasen verwenden. Im Sommer konserviert, eignen sie sich im schnittblumenarmen Winter für Trockensträuße.

Die verblühten Achillea-Blüten werden nach dem dritten oder vierten Blatt abgeschnitten.

Eine Aussaat von *A. filipendulina* 'Parker' ist möglich. Mit Farbabweichungen muß gerechnet werden. Alle Goldgarben lassen sich ab Anfang Mai durch 4 bis 5 cm lange Kopfstecklinge mit Holz vermehren. Im zeitigen Frühjahr oder nach der Blüte im August kann man kräftige Wurzelstöcke aufnehmen und durch Teilung vermehren. Die Horste können auch in einzelne Triebe mit ausreichender Bewurzelung zerrissen und in 9-cm-Töpfe gesetzt werden.

Achillea millefolium, Schafgarbe

Die uns vertraute heimische Art erreicht eine Höhe von 30 bis 50 cm, blüht von Juni–August in großen flachen Blütendolden weiß. Ist in Europa, Westasien, Kaukasus, Nordiran beheimatet. Geeignet sind lehmige, humose und mäßig feuchte Böden in voller Sonne. Zum Vegetationsbeginn werden 40 g Mehrnährstoffdünger pro Quadratmeter ausgestreut. Der Pflanzabstand beträgt 30×40 cm. Wegen ihrer roten Blütenfarben sind einige Sorten sehr gefragt.

'Cerise Queen' mit kirschroten Blütendolden, 50 cm.

'Fanal', scharlachrot, 60 cm.

'Heidi', karminrot, 40 cm.

'Kelway' mit karminroten Blütendolden, 60 cm hoch.

'Lachsschönheit', lachs, 70 cm, Blühdauer bis September.

'Red Beauty', spätblühend mit purpurnen Blüten, 70 cm.

'Remontant', bräunliches Rosa, 60 cm, remontierend.

'Sammetriese', spätblühend mit samtroten, nicht verblassenden Blüten, 90 cm, gute Schnittsorte.

'Wesersandstein', blaß kupfrigrot, 80 cm, trockenverträglich, gute Schnittsorte.

A. millefolium wird im März ausgesät (Lichtkeimer). Bei der Samensorte 'Cerise Queen' muß mit Farbabweichungen gerechnet werden. Alle Schafgarben und ihre Sorten lassen sich wie die Goldgarben durch Kopfstecklinge, Teilung und Rißlinge vermehren. Die unterirdischen Ausläufer der

*Effektvolle Kombination für den hochsommerlichen Garten:
Goldfelberich (Lysimachia punctata) und die Schafgarbensorte Achillea millefolium
'Fire King' aus Großbritannien.*

Sorte 'Kelway' werden zur Vermehrung in 10 cm lange Stücke zerschnitten und zu zweit in 9-cm-Töpfe gesetzt.

Achillea ptarmica, Bertramsgarbe, Sumpfgarbe, Weißer Dorant

In Europa, Westasien beheimatet. Wird 30 bis 100 cm hoch, Blütenköpfe weiß, in lockeren Dolden. Liebt luft- und bodenfeuchte Standorte, humos-lehmige Böden in voller Sonne. Zum Vege-

tationsbeginn werden 40 g Mehrnährstoffdünger pro Quadratmeter gestreut. Pflanzabstand 40×40 cm.

Die gefüllten Sorten 'Perle', 'Schneeball' und 'Unschuld' sind wichtige Schnittblumen. Bei den samenvermehrbaren Sorten 'Perle' und 'Unschuld' muß mit nur teilweiser Füllung der Blüten gerechnet werden. Die nur vegetativ vermehrbare Sorte 'Schneeball' läßt sich ab Anfang Mai aus Kopfstecklingen und das ganze Jahr über durch Rhizomschnittlinge und Teilung vermehren.

Aconitum, Eisenhut, Sturmhut

Ranunculaceae

Die 60 bis 80 *Aconitum*-Arten werden bis zu 2 m hoch. Aufrechte oder rankende Stauden mit endständigen Blütentrauben auf vielfach verzweigten Schäften und handförmig gelappten oder geteilten Blättern. Ihre Wurzelstöcke sind knollig oder rübenartig; die Blüten helmartig, meist blau bis purpurn, seltener gelb, weiß oder rosaweiß. Von den fünf Blütenhüllblättern ist das obere groß und helmförmig, die seitlichen breiter als die vorderen. Von den zu Honigblättern umgebildeten Kronblättern sind zwei langgestielt, oben mützenförmig und im Helm eingeschlossen. Die Blüten können nur von Hummeln bestäubt werden.

Aconitum napellus, der einheimische Sturm- oder Eisenhut, wird bis über 1 m hoch. Die dunkelvioletten Blüten erscheinen im Juli–August in einfachen dichten Trauben. *A. napellus* ssp. *lobelianum* 'Gletschereis' ist eine weiße, früh- und langblühende Sorte. Unser Eisenhut ist eine alte Kulturpflanze mit vielen Unterarten. Er wurde in den Bauerngärten gegen fieberhafte Entzündungskrankheiten herangezogen. Die *Aconitum*-Arten enthalten in allen Teilen das giftige Aconitin. Den rübenförmigen Wurzelknollen wurde Saft zum Vertreiben des Ungeziefers und zum Töten von Wölfen, Hunden und Katzen entnommen.

Aconitum carmichaelii var. × *arendsii,* eine Züchtung von Georg Arends, steht in der Erscheinung zwischen den Eltern *A. carmichaelii* × *A. carmichaelii* var. *wilsonii.* Wird 80 bis 120 cm hoch und bildet kräftige, straffe Schäfte. Der dunkelblaue, am Grunde rispig verzweigte Blütenstand erscheint sehr spät im September–Oktober.

Aconitum × *cammarum* ist eine Züchtung, die aus *A. napellus* × *A. variegatum* entstanden ist. Von den zahlreichen Gartenhybriden unterschiedlicher Form bringt der »Bayern-Eisenhut« 'Bicolor' an 80 bis 120 cm hohen, lockeren Schäften blauweiße Blüten hervor.

Aconitum vulparia (A. lycoctonum) aus Westeuropa wird 80 bis 100 cm hoch, mit aufrechtem,

Die letzten Farben des Herbstes sind oft die schönsten, zum Beispiel wenn man Stauden wie hier Aconitum carmichaelii var. × arendsii richtig zu verwenden weiß.

lockerem Wuchs. Die blaßgelben Blüten öffnen sich im Juni–Juli. Sie erscheinen in einem sehr locker verzweigten Blütenstand in Trauben. Ihr Helm ist dreimal höher als breit.

Alle *Aconitum*-Arten lieben einen kühlen, frischen, nährstoffreichen Boden in sonniger bis halbschattiger Lage. Auf den Staudenbeeten lassen sich sieben Pflanzen pro Quadratmeter in Gemeinschaft mit Pfingstrosen, Madonnenlilie, Iris oder Kaiserkronen in den Gärten einordnen. In naturnahen Pflanzungen und am Gehölzrand kann man sie in Verbindung mit Silberkerzen, Japanischen Anemonen und Astilben, Christophskraut, Geißbart und Rotem Fingerhut verwenden.

Wenn der Eisenhut halb verrotteten Stalldung, Blutmehl, Hornspäne oder Guano erhält, fühlt er sich sehr wohl. Eine nitratreiche Kost können wir auch in Form von stickstoffbetonten Mehrnährstoffdüngern verabreichen. Im Wurzelfilz von Gehölzen und in der Nachbarschaft hoher Stauden erhält jede Pflanze 10 bis 20 g Nährsalz. In heißen

Sommern kommt der Eisenhut nur zur vollen Entwicklung, wenn viel gegossen wird.

Die *Aconitum*-Arten sind langlebige Stauden,
die viele Jahre unverpflanzt im Garten stehen können. Ihre Stärke ist die vollkommene Winterhärte.

Aus einem älteren *Aconitum*-Horst läßt sich
durch Teilung ein gutes Dutzend junger Pflanzen
gewinnen. Besonders die Sorten werden im Herbst
oder zum Frühlingsanfang vegetativ vermehrt. Die
diesjährige »Hauptrübe« stirbt nach der Blüte ab,
und die »Seitenrüben«, welche neu getopft werden, sitzen nur locker an der Mutter. Beim Umpflanzen werden die Wurzelstücke mit der Hand
auseinandergenommen. Wer bei der Arbeit keine
Handschuhe benutzt, sollte bedenken, daß sich
das giftige Aconitin in den knolligen Wurzeln sammelt. Nach dem Teilen die Hände mit Seife waschen!

Aster

Asteraceae (Compositae)

Aster amellus, Bergaster

Beheimatet vom nördlichen Mittelfrankreich und
Litauen südlich bis Norditalien und Mazedonien,
Sibirien, Kaukasus, Armenien und Anatolien. Es
ist über 400 Jahre her, daß eine *Aster amellus* am
Fluß Mella (daher der Name) in Oberitalien zuerst
beobachtet wurde. Heute können unsere Staudengärtner mit zahlreichen Sorten aufwarten.

Aster × frikartii ist eine Hybride, die aus *A. amellus × A. thomsonii* entstanden ist. Die Pflanze erreicht eine Höhe von 60 bis 80 cm und trägt im
August–September 6 bis 7 cm große Blumen von
blauer Farbe. Die Sorte 'Wunder von Stäfa' blüht
hellblau in 70 cm Höhe. *A. × frikartii* ist gegen
Nässe recht enpfindlich; die Pflanzung sollte nur
im Frühjahr erfolgen. Etwa 7 *Aster amellus* werden auf einen Quadratmeter gesetzt. Im August,
wenn das Gelb von *Helenium* und Sonnenblumen,
Heliopsis, Rudbeckien und Goldruten im Garten
dominiert, beginnen die Bergastern zu blühen. In
Dreier-Gruppen bilden sie eine wundervolle Staudengemeinschaft mit *Nepeta × faassenii*, den *Salvia nemorosa*-Sorten, den Karpaten-Glockenblumen und *Stachys byzantina*.

Nach einer Herbstpflanzung und wenn die
Bergastern zu tief gesetzt werden, ist mit großen
Ausfällen zu rechnen. Für einen Winterschutz aus
Rindenkompost oder Reisig sind die Bergastern
bei Barfrost sehr dankbar. In einem durchlässigen,
leicht kalkhaltigen Boden sind bei Frühjahrspflanzungen keine Fehlschläge zu befürchten. Nach
dem Einwurzeln erhält jede Pflanze im Frühjahr
bis zu 140 g/m^2 eines Mehrnährstoffdüngers. Alle
Bergaster-Sorten lassen sich schlecht umsetzen.
Trotzdem müssen im Frühjahr alle 3- bis 4jährigen
Horste herausgenommen, in faustgroße Stücke geteilt und wieder aufgepflanzt werden.

Die lavendelblaue 'Rudolf Goethe' läßt sich
Mitte Mai durch Aussaat vermehren. Sonst vermehrt man die *A. amellus*-Sorten Ende Mai mittels

Empfehlenswerte Sorten	Blütenfarbe	Blütezeit (Aug.–Okt.)	Höhe (cm)
'Blütendecke'	silbrig-violettblau	mittel	50
'Breslau'	violett	mittel	50
'Dr. Otto Petschek'	blau	mittel	60
'Kobold'	violett	mittel	40
'Lady Hindlip'	rosa	mittel	60
'Sonora'	violettlila	spät	40
'Sternkugel'	hellviolett	spät	50
'Veilchenkönigin'	dunkelviolett	spät	55
A. × frikartii 'Wunder von Stäfa'	hellblau	mittel	70

Grundstecklingen. Wenn die jungen Austriebe etwa Fingerlänge erreicht haben, werden sie an der Basis so geschnitten, daß der Steckling an dem weichen grünen Teil noch ein 3 bis 4 mm langes verholztes Ende hat.

Aster dumosus, Kissenaster

Beheimatet in Nordamerika: Maine bis Ontario, Michigan und Illinois, südlich bis Florida, Louisiana und Texas. Zur Zeit in Europa verwildert. Die Kissenaster blüht von August–Oktober in einer lockeren bis lichten Dolde, die Zungenblüten sind blaßlila, die Scheibenblüten braun oder gelb. Ihre Sorten werden heute als *Aster*-Dumosus-Hybriden angesprochen. Mit Sicherheit liegen häufig Kreuzungen mit der Glattblattaster *(A. novi-belgii)* vor. Die ersten Sorten sind in England entstanden. In Deutschland sind bei Foerster, Benary und Poetschke viele Sorten gezüchtet worden.

Die 15 bis 40 bis 60 cm hohen Pflanzen lassen sich zu Füßen der meterhohen Rauh- und Glattblattastern, der Rudbeckien und Goldgarben verwenden. Dank ihres Wandertriebes bilden sie als Einfassungspflanzen einen dichten Teppich. Für steile Böschungen, an denen starke Regengüsse die Erde abschwemmt, sind sie unentbehrliche Flächenbegrüner. Damit keine unerwünschten Wildkräuter aufkommen, werden pro Quadratmeter neun Pflanzen gesetzt.

Im November werden die Kissenastern mit einer Sichel bis zum Erdboden zurückgeschnitten. Bedeckt mit dem Schnittgut überwintern ihre Wurzelstöcke gut geschützt in der Erde. Wenn sie nach drei bis vier Jahren zu sehr ineinandergewachsen sind, werden die *Aster dumosus*-Flächen humusiert oder man nimmt die Pflanzen heraus. Nach einer gründlichen Erdverbesserung werden etwa neun faustgroße Teilstücke pro Quadratmeter gepflanzt.

Die Schuld für ein frühes Versagen der Kissenaster liegt oft in der Trockenheit. Wie ein weißer Schleier breiten sich dann die Echten Mehltaupilze über die Pflanzen aus. An warmen Spätsommertagen wird deshalb durchdringend gegossen. Kissenastern, die hungern oder unverpflanzt in dichten Horsten stehen, werden bevorzugt von Welkekrankheiten befallen. Auch eine Stickstoffüber-

Empfehlenswerte Sorten	Blütenfarbe	Blütezeit (Aug.–Okt.)	Höhe (cm)
'Heinz Richard'	rosa	früh	30
'Herbstgruß vom Bresserhof'	violettrosa	früh	40
'Herbstpurzel'	blauviolett	mittel	20
'Jenny'	violettpurpur	früh	40
'Kassel'	tiefviolett	spät	40
'Lady in Blue'	blau	früh	40
'Mittelmeer'	blau	mittelspät	30
'Nesthäkchen'	hellrot	mittel	20
'Pacific Amaranth'	blauviolett	mittel	60
'Pink Lace'	rosa	mittel	30
'Prof. Anton Kippenberg'	blau	mittel	40
'Rosenwichtel'	dunkelrosa	spät	15
'Schneekissen'	weiß	spät	35
'Silberblaukissen'	hellblau	mittel	30
'Silberteppich'	blaßviolett	mittelspät	35
'Starlight'	weinrot	spät	40
'Wachsenburg'	violettrosa	mittel	40

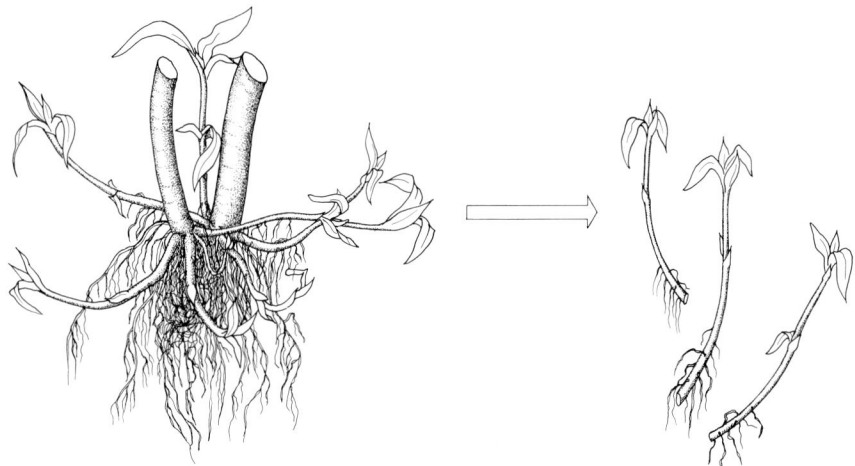

Die Vermehrung der Kissenastern kann durch Triebrißlinge erfolgen.

düngung kann dazu führen. Im Frühjahr wird deshalb humusiert, oder es werden 50 g eines Mehrnährstoffdüngers über eine Fläche von fünf Pflanzen verteilt. Welkekranke Kissenastern nimmt man mit ihren Wurzelballen heraus. An einer abgelegenen Stelle werden sie tief vergraben oder verbrannt. Auf den verseuchten Böden dürfen mehrere Jahre keine Astern gepflanzt werden.

Die ausgepflanzten Kissenastern lassen sich im Frühjahr oder Herbst ausgraben und teilen und von allen Sorten im Mai–Juni 3 bis 4 cm lange Kopfstecklinge schneiden.

Aster ericoides, Myrtenaster

1732 wurde *Aster ericoides* in den Prärien Nordamerikas entdeckt. Die Myrtenaster bildet mit 50 bis 100 cm hohen, reich verzweigten Stengeln einen dichten Busch. Von September bis November ist sie mit zahlreichen rispig angeordneten kleinen Blütenköpfchen besetzt. Ihre Farbe ist weiß bis weißrosa mit brauner bis gelber Mitte. Mit den vielen kleinen Blüten an aufstrebenden Ästen erinnert sie an einen geschmückten Weihnachtsbaum. Unter den Sorten sind häufig in Kultur zu finden:
'Alaska' weiß, Wuchs sehr gleichmäßig bis 100 cm hoch, Blüte Mitte Oktober.

'Blue Star', reinblau, Blüte Mitte Oktober, 70 bis 100 cm hoch, feinverzweigt, hoher Schnittwert.
'Eisberg', spätblühende Auslese von 'Alaska', Blüte Ende Oktober.
'Erlkönig', hellviolett, bis 100 cm hoch, blüht reich und früh im September.
'Esther', leuchtend lilarosa, 80 bis 120 cm hoch, reichblühend Ende Oktober, feinverzweigt.
'Goldelse', gelb, lockere Dolden auf straffen, selbsttragenden Stielen, gute Haltbarkeit.
'Golden Spray', weiß mit auffallend gelber Mitte, Blüte Ende Oktober, bis 120 cm hoch.
'Herbstmyrte', kleine weiße Blüten, 90 bis 110 cm hoch, sehr frühblühend, Mitte September, standfest, locker.
'Lovely', lavendelrosa, Blüte Anfang Oktober.
'Monte Cassino', weiß mit gelber Mitte, bis 120 cm hoch, September–November straff aufrecht wachsende Sorte.
'Ringdove', zartlila, 90 cm, September–Oktober, feinverzweigt.
'Schneeball', Zwergform von 'Alaska', Blüte Mitte Oktober.

Eine gute Entwicklung zeigt *A. ericoides* in einem tiefgründigen Boden in sonniger Lage. Lehmige Sandböden mit einem pH-Wert von 6 bis 7 sollten zusätzlich mit Wasser und Nährstoffen versorgt werden. Geteilte Pflanzen und bewurzelte

Recht locker präsentiert sich diese Einfassungsvariante aus Aster × frikartii 'Wunder von Stäfa'. Diese attraktive Staude öffnet im August–September ihre hellblauen Blüten.

Stecklinge mit Topfballen werden nicht später als Mitte Mai im Abstand von 60×40 cm ausgepflanzt. Bei einem späteren Pflanztermin ist die Zeit für die vegetative Entwicklung zu kurz. Zu Vegetationsbeginn erhalten sie 80 g eines Mehrnährstoffdüngers. Wenn die Pflanzen Anfang Juli um ein Drittel zurückgenommen werden, lassen sich stabilere Stiele erzielen. Gleichzeitig erreicht man eine Blütenverzögerung von 10 bis 14 Tagen.

A. ericoides spielt im Schnittblumenangebot eine beachtliche Rolle. Als dekoratives Beiwerk für floristische Gebinde und als Schleierkrautersatz wird sie gern verwendet.

Wenn die Austriebe 4 bis 5 cm lang sind, werden Stecklinge geschnitten. Teilung in der Zeit von April bis Mitte Mai.

Aster novae-angliae, Rauhblattaster

In Nordamerika kommt die Rauhblattaster von Quebec bis Alberta, südlich bis Maryland, Nord-Carolina, Arkansas, Kansas, Colorado und New Mexico in feuchten Niederungen und am Rand von Sümpfen vor. Sie wächst dort in nassen Senken bei Jahresniederschlägen von 800 bis 1500 mm. Der tiefgründige Boden ist ständig durchfeuchtet, und die Rutenhirse *(Panicum virgatum)* und das Süßwasserseilgras *(Spartina pectinata)* bilden eine dichte Halmlandschaft. Die bodenbedeckenden Gräser sind etwa 1 m hoch, mit ihren Blütenständen erreichen sie 2 m.

A. novae-angliae läßt sich im Garten mit der über 2 m hohen *Rudbeckia laciniata,* der 90 cm hohen *Solidago caesia* und dem Großen Staudenphlox *(Phlox paniculata)* vergesellschaften. Man kann auf der Staudenrabatte ausgesprochene Herbstastergärten mit den natürlichen Begleitern schaffen.

Die Anfälligkeit für Mehltau wird durch Trockenheit stark erhöht. Dagegen lassen sich Blattwanzen und Blattläuse, Schaumzikaden oder Gipfelwickler höchst selten auf den Rauhblattastern nieder.

Ein unverwechselbares Merkmal von *A. novae-angliae* sind ihre behaarten Blätter, die sich wie rauher Samt anfühlen. Nachdem die Staude 1697 aus Neuengland (= daher novae-angliae) nach Europa kam, wurde sie züchterisch verbessert. Von *A. novae-angliae* haben die Sorten eine Schwäche übernommen. Ihre roten, rosa oder violetten Zungenblüten nehmen in der Vase, bei bedecktem Himmel und bei Nacht eine Schlafstellung ein. Eine Ausnahme machen die Sorten 'Andenken an Paul Gerber', 'Herbstschnee' und 'Marga Fuß'.

Die Ansprüche an den Boden sind nicht allzu groß, schwierig ist gegebenenfalls nur eine Anpflanzung in sommertrockenen Gebieten mit leichten, sandigen Böden. Wo sich die Rauhblattaster wohlfühlt und einmal festgesetzt hat, läßt sie in ihrer Umgebung keinen Nachbarn aufkommen. Die Pflanzen werden bis 180 cm hoch und entwickeln sich ohne Ausläufer zu mächtigen Horsten. Erst nach den Frühjahrsblühern beginnen die Rauhblattastern in die Höhe zu wachsen. Wenn man zwischen dem Weg und den *A. novae-angliae*-Horsten etwas Platz läßt, lassen sich mit niederen Begleitstauden die abgestorbenen Blätter im unteren Drittel verdecken. Um eine zeitliche Blütenfolge zu erreichen, werden Nachbarn wie *Solidago,* Sommerphlox, *Helenium* und *Lychnis,* die *Rudbeckia*-Sorten 'Goldsturm' und 'Goldquelle' ausgewählt. In Gruppen pflanzt man drei Rauhblattastern auf einen Quadratmeter.

Nach einer gründlichen Bodenvorbereitung kann man sowohl im Herbst als auch im Frühjahr pflanzen. Die Beete werden tief umgegraben, Komposterde eingebracht und auf Vorrat 100 g eines Mehrnährstoffdüngers pro Quadratmeter gegeben. Die mächtigen Astern-Horste benötigen viel Dünger und eine laufende Wassernachhilfe. Wenn nicht humusiert wird, erhalten im ersten Jahr nach der Pflanzung drei Rauhblattastern

Standard-Sortiment	Höhe (cm)	Blütezeit (Sept.–Okt.)	Blütenfarbe	Bemerkungen
'Alma Pötschke'	100	früh	lachs getönt	leuchtende Farbe
'Andenken an Paul Gerber'	150	mittelfrüh	violettrot	Schnittblume
'Barrs Blue'	160	spät	tief blauviolett	wüchsig
'Herbstschnee'	120	früh	cremeweiß	Schnittblume
'Marga Fuß'	120	früh	lachskarmin	Schnittblume
'Rosa Sieger'	130	mittelfrüh	lachsrosa	schönes Rosa
'Rubinschatz'	120	mittelfrüh	tief purpur	schöne Farbe
'Rudelsburg'	100	früh	dunkel violettrosa	Modefarbe

Prachtstauden,
Rosen und ihre Begleiter;

Beet 10 m lang, 2,40 m breit

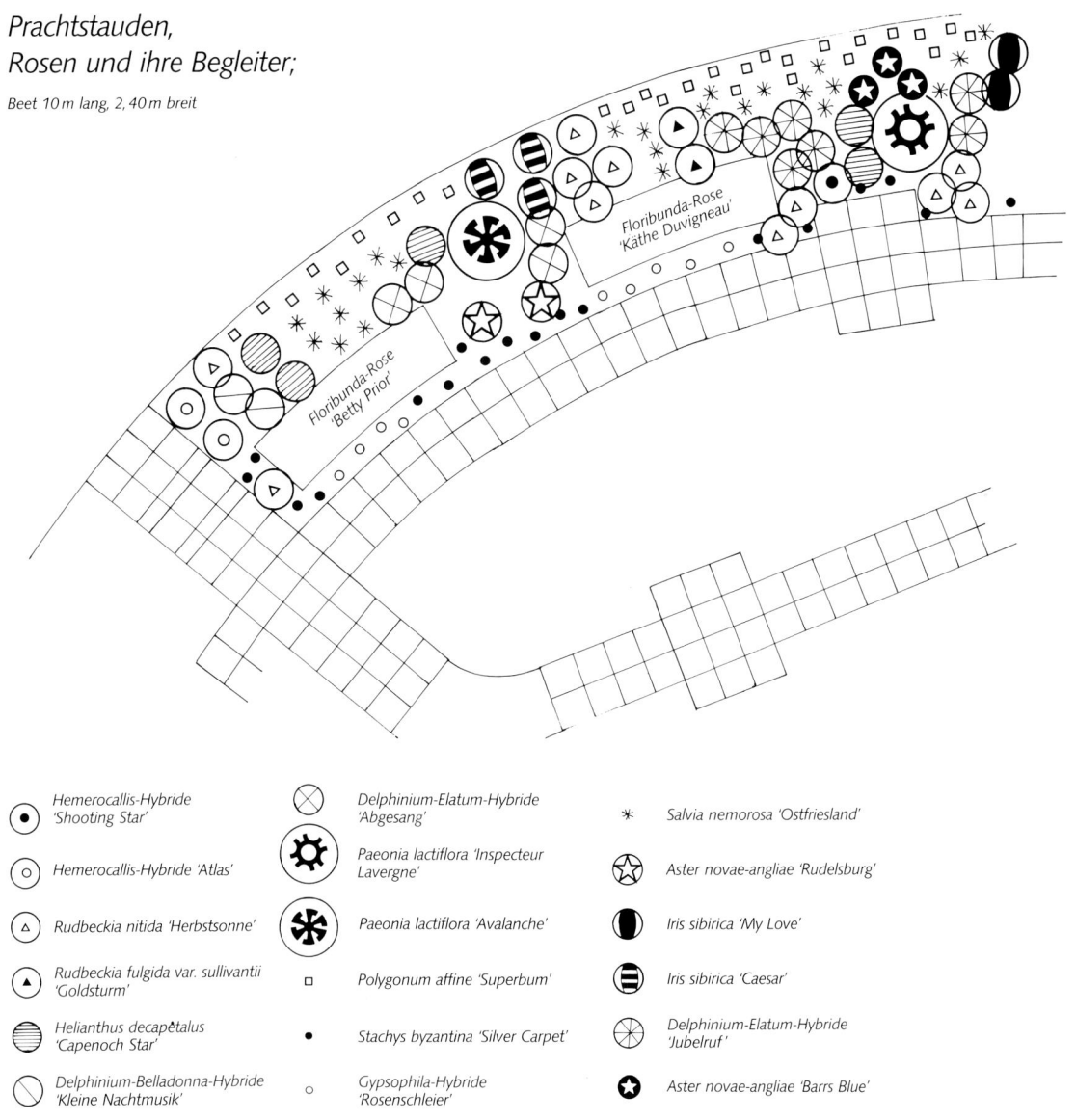

Floribunda-Rose 'Käthe Duvigneau'

Floribunda-Rose 'Betty Prior'

⊙ Hemerocallis-Hybride 'Shooting Star'	⊗ Delphinium-Elatum-Hybride 'Abgesang'	✳ Salvia nemorosa 'Ostfriesland'	
○ Hemerocallis-Hybride 'Atlas'	✿ Paeonia lactiflora 'Inspecteur Lavergne'	✪ Aster novae-angliae 'Rudelsburg'	
△ Rudbeckia nitida 'Herbstsonne'	✺ Paeonia lactiflora 'Avalanche'	◗ Iris sibirica 'My Love'	
▲ Rudbeckia fulgida var. sullivantii 'Goldsturm'	▫ Polygonum affine 'Superbum'	⊜ Iris sibirica 'Caesar'	
⊖ Helianthus decapetalus 'Capenoch Star'	• Stachys byzantina 'Silver Carpet'	⊕ Delphinium-Elatum-Hybride 'Jubelruf'	
⊘ Delphinium-Belladonna-Hybride 'Kleine Nachtmusik'	∘ Gypsophila-Hybride 'Rosenschleier'	★ Aster novae-angliae 'Barrs Blue'	

100 g eines Mehrnährstoffdüngers. Wenn sich die Pflanzenhorste gut bestockt haben, erhält jede Pflanze beim Wachstumsbeginn und wenn sie 80 bis 100 cm Höhe erreicht haben, jeweils 50 g eines Mehrnährstoffdüngers. Er läßt sich zwischen den Stauden einharken oder mit dem Gartenschlauch einwässern. An warmen und sonnigen Spätsommertagen wirkt sich jede Wassergabe sehr günstig auf den Knospenansatz und die Blühdauer aus.

Ohne Schnurhafter kommt eine Rauhblattaster im Garten kaum aus. Wenn die Pflanzen Anfang Juli auf ein Drittel bis zur Hälfte zurückgeschnitten werden, erhält man gedrungene Horste, die nicht mehr auseinanderfallen. Der Flor wird dadurch zeitlich um einige Tage verschoben und die Blütenzahl erhöht. Für den Schnitt sind nur die Sorten 'Andenken an Paul Gerber', 'Herbstschnee' und 'Marga Fuß' geeignet.

Die Rauhblattastern zeigen die Tendenz, nach außen zu wachsen und im Innern abzusterben. Im Alter von fünf Jahren läßt mit dieser »Tonsurbildung« auch die Blühfreudigkeit nach. Wenn im Innern der Horste kahle Stellen auftreten, werden die Rauhblattastern verjüngt. Nach dem Hochheben der Wurzelballen teilt man sie mit dem Spaten in 4 bis 8 oder mit der Hand in 10, 15 oder 20 faustgroße Stücke. Es besteht auch die Möglichkeit, noch im Herbst die Wintertriebe abzunehmen. Schon im September–Oktober schneidet man die Grundstecklinge. Falls man die ganzen Pflanzen aufnimmt, lassen sich Rißlinge abnehmen und sofort in 7-cm-Töpfe pflanzen.

Aster novi-belgii, Glattblattaster

Unter den Herbstastern ist die nordamerikanische *Aster novi-belgii* die wichtigste und formenreichste Art. Unsere Gärten wurden schon um 1886 mit ihrer Einführung aus den küstennahen Gebieten Virginias (Neu Belgien, daher novi-belgii) beeinflußt. In diesem feuchten Grasland ist der Boden oft salz- und kalkhaltig. Die Glattblattastern reagieren empfindlich auf Trockenheit; ihre Anfälligkeit für Mehltau wird bei Wassermangel erhöht. Bei allen Glattblattastern sind nicht nur die Blätter, sondern die ganzen Pflanzen kahl und glatt.

Die Glattblattastern beginnen verhältnismäßig spät mit dem Wachstum. Sie werden deshalb gern in den Vordergrund der Beete gestellt. Erst im Laufe des Sommers erreichen sie ihre endgültige Höhe von etwas mehr als 100 cm. *A. novi-belgii* läßt sich gut mit Rauhblattastern, Goldruten, Rudbeckien, Sommerphlox und Rittersporn, *Helenium*, *Heliopsis* und *Lychnis* zusammenpflanzen. Sie passen auch zu den hohen Steppen-Iris, bodenbedeckendem *Polygonum affine* und *Salvia nemorosa*-Sorten. Auf einen Quadratmeter werden etwa fünf Glattblattastern gepflanzt.

Empfehlenswerte Sorten	Blütenfarbe	Blütezeit (Sept.–Okt.)	Höhe (cm)
'Blaubusch'	stahlblau	mittel	140
'Blaue Nachhut'	hellblau	spät	120
'Bonningdale White'	weiß	früh	85
'Crimson Brocade'	dunkelrot	spät	90
'Dauerblau'	blau	mittel	140
'Erica'	rotviolett	früh	100
'Fellowship'	hellrosa	mittel	100
'Fuldatal'	tief violettrot	früh	100
'Gayborder Splendour'	purpurrot	mittel	80
'Harrisons Blue'	blau	spät	100
'Lady Frances'	tiefrosa	mittel	90
'Marie Ballard'	hellblau	früh	100
'Patricia Ballard'	karminrosa	mittel	90
'Reitlingstal'	leuchtend blau mit gelber Mitte	mittel	100
'Rosenhügel'	hellrosa	mittel	100
'Royal Blue'	blau	mittel	100
'Royal Ruby'	dunkel purpurrot	mittelspät	50
'Sailor Boy'	blauviolett	mittelspät	90
'Schöne von Dietlikon'	blauviolett	mittelspät	140
'Tetzelstein'	reinweiß	mittel	100
'Weißes Wunder'	weiß	mittel	100

Bei der Pflanzvorbereitung erhalten tiefgründige, nährstoffreiche Böden 80 g Mehrnährstoffdünger pro Quadratmeter oder 200 g/m² eines organisch-mineralischen Mehrnährstoffdüngers. Bei Neuanlagen werden bei Bedarf noch 20 g/m² kohlensaurer Kalk mit dem Krail eingearbeitet. Um zu verhindern, daß sich die Glattblattastern mit ihren Wurzelstöcken bis an die Erdoberfläche schieben, werden beim Pflanzen die Wurzeln faustdick mit Erde überdeckt. Jährliche Humusgaben oder 100 bis 200 g/m² eincs Mehrnährstoffdüngers reichen für eine ganze Vegetationsperiode.

Nach sechs Jahren muß bei kräftigen Horsten mit einer Tonsurbildung gerechnet werden. Wenn sie beginnen, in der Mitte kahl zu werden, werden ihre großen Horste ausgegraben und geteilt.

Damit die Glattblattastern nicht umkippen, legt man im Frühsommer Schnurhafter an. Niedergeregnete Triebe lassen sich schlecht hochbinden. Zu lang gewordene Glattblattastern können Anfang Juli bis auf die halbe Höhe zurückgeschnitten werden. Auf keinen Fall darf man später stutzen, sonst ist es für die Blütenbildung zu spät. Wenn so ein Teil der Pflanzen zurückgenommen wird, läßt sich die Blütezeit – bei einer geringfügigen Verspätung – ausdehnen. Niedere Glattblattastern sind standfester und die Blüten befinden sich in Augenhöhe. Nach dem Rückschnitt im Herbst werden die kräftigen Horste humusiert. Für ein Abdecken ihrer flachstreichenden Wurzeln sind die Glattblattastern immer dankbar.

Nährstoffmangel, sommerliches Welken und Ballentrockenheit führen zu einer schlechten Blütenentwicklung und zu Mehltaubefall. Ein Grund für mangelnde Gesundheit ist oft auch in starken Temperaturschwankungen ab August zu suchen. Die Mehltauanfälligkeit ist sortenbedingt verschieden, was viele Staudengärtner veranlaßt, auf die roten Züchtungen ganz zu verzichten.

Im Gegensatz zu den Rauhblattastern hält *A. novi-belgii* in der Vase, bei Regenwetter und am Abend ihre zarten Strahlenblüten geöffnet. Von August–Oktober liefern sie einen hervorragenden Staudenschnitt. Durch das Ab- und Durchstechen der Wurzelstöcke können die Glattblattastern von April–Juni verjüngt werden. Bei ihrem kriechenden Wurzelstock sind sie durch Teilung leicht ermehrbar.

Astilbe, Prachtspiere

Saxifragaceae

Von den 30 bis 35 Arten, die im Osthimalaja, auf Java, in China, Japan und Korea beheimatet sind, kommen sieben aus dem tropischen Ostasien und eine Art ist in Amerika beheimatet. Für die Kultur und Züchtung sind nur Arten aus China und Japan von Bedeutung. *Astilbe japonica,* aus der die Japonica-Hybriden hervorgegangen sind, wurde zusammen mit *Astilbe astilboides* 1830 von Japan nach Europa eingeführt.

Die Thunbergii-Hybriden wurden ab 1912 von Arends züchterisch bearbeitet. Sie entstanden aus einer Kreuzung von *A. thunbergii* × *A. chinensis* var. *davidii.* 1920 entstand der Zufallssämling *A. hybrida* 'Crispa', aus dem zwischen 1923 und 1933 weitere Sorten bei Arends entstanden, die heute unter der Bezeichnung *Astilbe*-Crispa-Hybriden zusammengefaßt werden. 1932 züchtete Arends *A. chinensis* var. *taquetii* 'Superba'. Mit *A. koreana,* die 1918 eingeführt wurde, hatte Arends keinen Zuchterfolg.

Im Gegensatz zu den Arendsii- und Japonica-Hybriden ertragen die beiden *A. chinensis* var. *pumila* und *A. chinensis* var. *taquetii* mehr Licht und Trockenheit. Die Zahl der Sorten von der Zwergform *A. chinensis* var. *pumila* hält sich mit der hellviolettrosa 'Finale', der violettrosaroten 'Serenade' und der purpurrosa 'Veronica Klose' in Grenzen. Die späte Blüte der Astilben kommt im August–November von den Chinensis-Zwergsorten sowie im Juli–August von der blühenden purpurrosa *A. chinensis* var. *taquetii* 'Superba'. Die *A. chinensis* var. *pumila*-Sorten erfüllen vielfältige Funktionen im Schattengarten. Als Bodenbedekker und Einfassungspflanzen mit einem hohen Grad von Sonnenverträglichkeit lassen sich ihre Sorten in Anlehnung an eine Mauer, unter Baum-

Schattengarten bunt bepflanzt; Beet 18,80 m lang und bis 7,50 m breit

* 40 Epimedium × rubrum

× 33 Epimedium pinnatum var. elegans

⊁ 45 Epimedium × youngianum 'Niveum'

⊼ 25 Epimedium × versicolor 'Sulphureum'

✪ 4 Aruncus dioicus

◉ 2 Cimicifuga simplex 'Armleuchter'

⊙ 3 Cimicifuga racemosa var. cordifolia

✺ 3 Actaea spicata 'Fructo Rubra'

⊗ 2 Actaea pachypoda

✸ 4 Aconitum napellus 'Bicolor'

◔ 6 Aconitum carmichaelii var. wilsonii

◑ 2 Anemone-Japonica-Hybriden 'Honorine Jobert'

⊘ 3 Anemone-Japonica-Hybriden 'Königin Charlotte'

◑ 6 Brunnera macrophylla

◓ 3 Digitalis purpurea 'Gloxiniaeflora Alba'

◕ 1 Anemone hupehensis 'Septembercharm'

⊜ 5 Digitalis purpurea 'Gloxiniaeflora'

⊕ 1 Lilium hansonii

⊞ 7 Lilium martagon 'Alba'

◒ 2 Lilium (Hansonii-Hybriden) × marhan

◫ 5 Lilium martagon

▵ 47 Astilbe chinensis var. pumila

△ 24 Astilbe chinensis 'Serenade'

▲ 30 Astilbe-Simplicifolia-Hybriden 'Aphrodite'

△ 67 Astilbe-Arendsii-Hybriden 'Brautschleier'

▲ 52 Astilbe-Simplicifolia-Hybriden 'Praecox Alba'

△ 26 Astilbe-Thunbergii-Hybriden 'Straußenfeder'

△ 35 Astilbe-Arendsii-Hybriden 'Cattleya'

▲ 59 Astilbe-Arendsii Hybriden 'Glut'

◻ 14 Rodgersia aesculifolia

◼ 54 Podophyllum emodi

△ 18 Bergenia-Hybriden 'Silberlicht'

△ 16 Bergenia-Hybriden 'Morgenröte'

△ 27 Astilbe chinensis 'Finale'

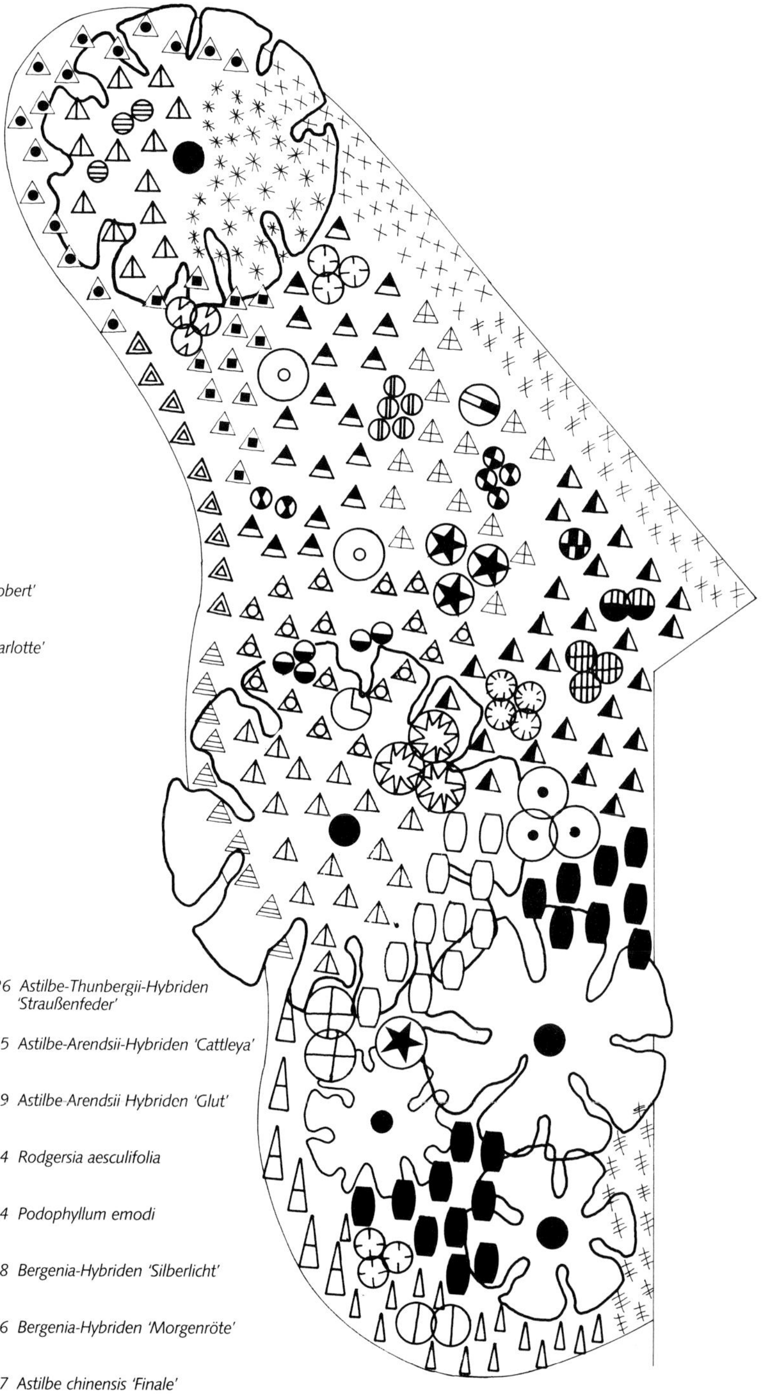

Empfehlenswerte Japonica-Hybriden	Blütenfarbe	Blütezeit (Juli–Sept.)	Blüten-höhe (cm)
'Bremen'	dunkelrosa	früh	60
'Deutschland'	weiß	früh	50
'Europa'	hellrosa	früh	60
'Koblenz'	dunkelrosa	mittel	50
'Mainz'	hellviolett	früh	50
'Montgomery'	dunkelrot	mittel	70
'Möve'	lachsrosa	mittel	60
'Red Sentinel'	rot	mittel	50

1876 folgte *Astilbe thunbergii* aus China und Japan, 1893 *Astilbe chinensis* aus China, 1894 die japanische *Astilbe simplicifolia,* aus der durch Kreuzung mit den Arendsii-Hybriden, die Simplicifolia-Hybriden hervorgegangen sind.

Empfehlenswerte Simplicifolia-Hybriden	Blütenfarbe	Blütezeit (Juli–Sept.)	Blüten-höhe (cm)
'Aphrodite'	hellrot	mittel	40
'Atrorosea'	rosa	mittel	50
'Bronce Elegans'	hellrosa	mittel	40
'Dunkellachs'	rosa	spät	50
'Praecox Alba'	weiß	früh	50
'Sprite'	rosa	früh	20

Zu den Zuwanderern gehörte 1910 *Astilbe chinensis* var. *taquetii* aus China, und 1911 folgte die Zwergform *Astilbe chinensis* var. *pumila* aus Tibet.

Um 1909 gelang es Georg Arends aus Wuppertal-Ronsdorf, die ersten Arendsii-Hybriden in den Handel zu bringen. Seine Züchtungen sind aus Kreuzungen von *A. chinensis* var. *davidii* mit *A. japonica* und *A. thunbergii* hervorgegangen.

und Strauchgruppen pflanzen. Sie empfehlen sich nicht nur ausläufertreibend als Bodendecker. Für niederschlagsärmere Gebiete sind sie besonders gut geeignet.

Neben diesen Pflanzenzwergen wird *A. chinensis* var. *taquetii* über einen Meter hoch. Diese Art ist hart genug, kontinentales Klima und Trockenheit zu ertragen. Sehr schön sind ihre purpurrosa Sorte 'Superba' und die leuchtend purpurrote 'Purpurlanze'.

Die Simplicifolia-Hybriden stellen eine zierliche, graziöse Gruppe, deren Blütenrispen leicht überhängend sind. Die locker überhängenden Thunbergii-Hybriden haben weitgehend ihren Wildpflanzencharakter erhalten. Weiß und rosa sind die dominierenden Farben ihrer Sorten.

Die Astilben wachsen in Gebieten mit hoher Luftfeuchtigkeit. Am besten bekommt ihnen das niederschlagsreiche Küstenklima und die waldreichen Mittelgebirge. Wo ein optimales Astilbenklima vorherrscht, können sie frei in der Sonne stehen. In den niederschlagsärmeren Gebieten und im trockenen Binnenland werden die Astilben am besten in den Schatten- und Halbschattenpartien des Gartens gehalten.

Der Austrieb der Astilben leidet manchmal unter den Eisheiligen. Man darf sie deshalb nicht in spätfrostgefährdete Lagen und in Frostlöcher set-

Empfehlenswerte Arendsii-Hybriden	Blütenfarbe	Blütezeit (Juli–Sept.)	Höhe (cm)
'Amethyst'	violettrosa	mittel	100
'Anita Pfeifer'	rosa	mittel	70
'Bergkristall'	weiß	mittel	100
'Bonanza'	dunkelrosa	mittel	70
'Brautschleier'	weiß	früh	70
'Bressingham Beauty'	leuchtend rosa	mittel	120
'Cattleya'	rosa	spät	100
'Else Schluck'	rot	spät	70
'Fanal'	rot	früh	70
'Federsee'	dunkelrosa	mittel	70
'Feuer'	rot	spät	80
'Glut'	rot	spät	80
'Grete Püngel'	hellrosa	mittel	80
'Obergärtner Jürgens'	dunkelkarmin	mittel	70
'Rotlicht'	leuchtend rot	mittel	80
'Spinell'	rot	mittel	80
'Weiße Gloria'	weiß	spät	70

zen. Angefrorene Astilben treiben wieder durch und blühen noch im selben Jahr.

Bei der Astilbenpflanzung werden pro Quadratmeter benötigt:

Astilbe-Arendsii-Hybriden	4–7
Astilbe chinensis var. *pumila*	12
Astilbe-Japonica-Hybriden	6–9
Astilbe-Simplicifolia-Hybriden	6–9
Astilbe-Thunbergii-Hybriden	4–5

Im Schattengarten ist unerwünschten Eindringlingen nur mit konkurrenzstarken Bodenbedeckern beizukommen. Im Wurzelbereich der Gehölze verlieren unsere Parkanlagen jedes Rasengrün und jeder Bodenbedecker wird im Wurzelfeld der Bäume in dem Maße erdrückt, in dem die Humusauflage von den Bäumen in Anspruch genommen wird. Dieser rasenfeindliche Wurzelbereich von Kastanien oder Linden, Ahorn oder Buchen läßt sich bis zu den Stämmen mit Astilben begrünen.

Auf den gewachsenen Boden wird eine 20 bis 30 cm hohe Schicht aus halbverrottetem Fallaub oder Rindenkompost aufgebracht. Wir erleichtern den Astilben und ihren Begleitstauden das An- und Weiterwachsen, wenn wir unter das Substrat 100 g/m² eines Langzeitdüngers mischen. Etliche Schattenbäume zehren von diesem Nährhumus. Ahorn- und Birkenarten, Eschen, Pappeln und Weiden durchwurzeln sehr schnell das Substrat. Anders ist es bei den Eichen. Sie sind unfähig, in eine ernsthafte Wurzelkonkurrenz mit der Bodenflora zu treten.

In heißen Sommern muß ständig ein Schlauch zum Gießen, Spritzen und Beregnen bereit liegen. Wo die Prachtspieren an feuchtigkeitsgesättigten Ufern von Teichrändern und Bachläufen wachsen, können sie auch in weniger astilbenfreundlichem Klima in der Sonne stehen. Das Wasser darf die Wurzeln jedoch nicht überfluten. Wo Rhododendron wachsen, gedeihen auch Astilben. Am besten bekommt ihnen ein Humusboden, der weder trocken noch kalkhaltig ist.

Als Astilben-Nachbarn werden nur schattenverträgliche Arten ausgewählt. In einen solchen dezenten Rahmen passen die Elfenblumen (*Epimedium*-Arten). Als Begleiter stehen auch der Geißbart (*Aruncus dioicus*), die hochgezüchteten

Unter Gehölzen stellen die Astilben mit ihrer Farbenpracht alle anderen Sonnenflieher in den Schatten. Die weißen Rispen von Astilbe thunbergii 'Prof. van der Wielen' leuchten im Halbdunkel des Schattengartens.

Eisenhut-Sorten *(Aconitum)* und Roter Fingerhut *(Digitalis purpurea)* zur Verfügung. Gefragt sind Lilien-Hybriden und Japanische Anemonen, Silberkerzen *(Cimicifuga)* und Rodgersien.

Bei einem regelmäßigen Humusieren der Astilbenbeete haben die Stauden keine Schwierigkeiten mit dem Wachstum. Alle laubschluckenden Pflanzen ertragen eine Einstreu von Rindenkompost oder Lauberde. Wenn nach dem Einziehen der

Stauden der Wurzelhals mit einem aufgedüngten Rohhumussubstrat eingedeckt wird, ist ein Auswintern kaum noch möglich. Für einen Quadratmeter rechnet man mit 20 l Rindenkompost oder Lauberde und 100 g Nährsalz. Besonders geschätzt für eine 8- bis 9-Monats-Versorgung sind Langzeitdünger, die vor dem Ausbringen unter das Rohhumussubstrat gemischt werden. Die Schattenpflanzen können dann unverpflanzt lange

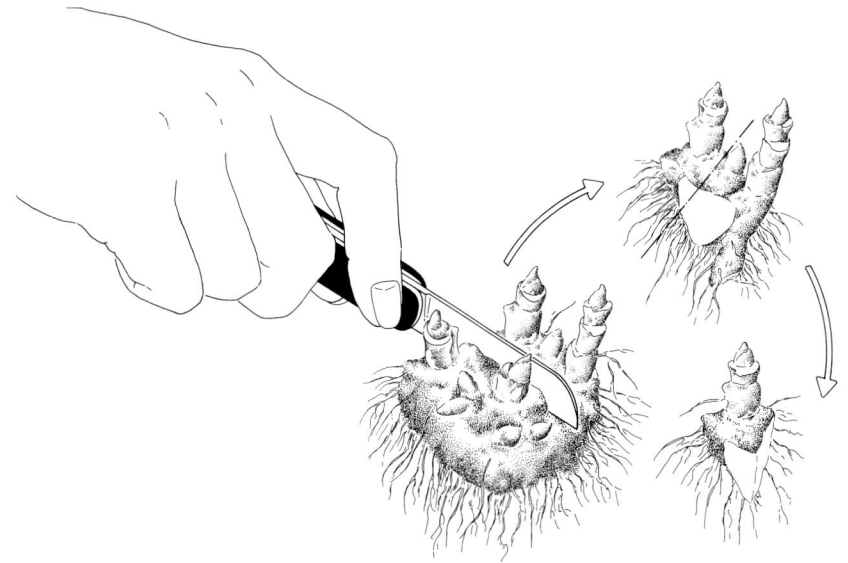

Winterteilung der stark verholzten Wurzelstöcke von Astilben.

Zeit im Garten stehen und bleiben auch von Winterschäden verschont. Auf Frühjahrsfröste reagieren die Astilben mit einem erstaunlichen Lebenswillen, indem sie vehement einen neuen Austrieb bilden.

Nach dem Einziehen im Herbst lassen sich die Astilben durch Winterteilung vermehren. Dazu eignen sich am besten zweijährige Mutterpflanzen, die Ende November–Anfang Dezember ausgegraben, in ein Torf-Sand-Gemisch in Kisten eingelegt und frostfrei überwintert werden. Ende Januar–Anfang Februar werden die stark verholzten Wurzelstöcke von der Erde befreit und mit einem scharfen Messer geteilt. Jedes Teilstück muß mindestens 1 bis 3 triebfähige Augen besitzen. Wenn nötig, werden die Wurzeln etwas gekürzt. Die Teilstücke kommen zur Weiterkultur in 9er-Töpfe. Astilben, die im Sommer nach der Blüte geteilt werden, lassen sich direkt in den Endtopf setzen und ins Freie stellen.

Chrysanthemum, Margeriten

Asteraceae (Compositae)

Etwa 200 Arten, teils Sommerblumen, teils strauchig, zumeist winterharte Stauden. Auf mittelschwerem und kalkhaltigem Boden wachsen alle Margeriten problemlos. Die Herbstchrysanthemen benötigen jedoch einen Winterschutz und zur Unterstützung der Frosthärte einen sandigen Boden. An feuchten Standorten sind die Margeriten auswinterungsgefährdet.

Das Ein- und Umsetzen sollte spätestens nach der Blüte erfolgen. In nassen und schweren Böden ist in jedem Fall einer Frühjahrspflanzung der Vorzug zu geben. Wenn der Frost im Oktober einsetzt, sollte man keine Margeriten mehr setzen. Bei ausgeglichenen Humus-, Nährstoff- und Feuchtigkeitsverhältnissen bereitet die Überwinterung keine Probleme. Jedenfalls sollte man darauf achten, daß die faustgroßen Teilstücke zwei bis drei Finger stark mit Erde bedeckt werden.

Wo Margeriten stehen, ist man mit dem Düngen sehr zurückhaltend. 50 g eines Mehrnährstoffdüngers pro Quadratmeter und Jahr sind ausreichend.

Ein Überdecken der freiliegenden Wurzeln mit Komposterde oder ein leichtes Humusieren wird von den Pflanzen dankbar angenommen. Als Staudenbegleiter wählen wir Arten wie die Pracht-scharte *(Liatris spicata)* und die Kaukasus-Skabiose *(Scabiosa caucasica),* die mit geringen Düngermengen auskommen. Die Margeritenhorste haben in trockenen Sommern einen großen

Empfehlenswerte *C. leucanthemum*-Sorten	Blütenfarbe und -füllung	Blütezeit (Mai–Juni)	Höhe (cm)
'Edelstein'	weiß, gefüllt	früh	60
'Maikönigin'*	weiß, einfach	früh–mittelfrüh	70
'Maistern'	weiß, einfach	sehr früh	60–70
'Maiwunder'	weiß, einfach	früh–mittelfrüh	50
'Rheinblick'*	weiß, einfach	früh–mittelfrüh	80
'Stegmann'	weiß, einfach	früh	70
'Wunderkind'	weiß, halbgefüllt	früh	50

* samenvermehrbar

Chrysanthemum maximum, Große weiße Sommermargerite

Von den Pyrenäen, eine hervorragende Beet- und Schnittstaude. Von ihr genügen sieben Pflanzen pro Quadratmeter.

Empfehlenswerte *C. maximum*-Sorten	Blütenfarbe und -füllung	Blütezeit (Juni–September)	Höhe (cm)
'Alaska'	weiß, einfach	früh	80
'Beethoven'	weiß, einfach	mittel–spät	80–100
'Christine Hagemann'	weiß, halbgefüllt	mittel	80
'Dieners Riesen'*	weiß, halbgefüllt		100
'Enzett Amelia'*	weiß mit gelber Mitte, einfach	mittel	100
'Gruppenstolz'	weiß, einfach	spät	70
'Harry Pötschke'	weiß, einfach	mittel–spät	100
'Heinrich Seibert'	weiß, halbgefüllt	mittel	80
'Julischnee'	weiß, halbgefüllt	spät	80
'Marvellos'	weiß, einfach	mittel–spät	80
'Polaris'*	weiß, großblumig/einfach	mittel	120
'Schwabengruß'	weiß, halbgefüllt	spät	100
'Septemberschnee'	weiß, halbgefüllt	spät	80
'Sieger'*	reinweiß, großblumig	früh	100
'Sonnenschein'	hellgelb	mittel–spät	70–100
'Stern von Antwerpen'*	weiß, großblumig		100
'Supra'*	weiß		80
'Wirral Supreme'	weiß, gefüllt	früh–mittel	90

* samenvermehrbar

Stauden mit geringen Nährstoffansprüchen;
Beet 7 bis 9 m lang, 2 bis 3 m breit

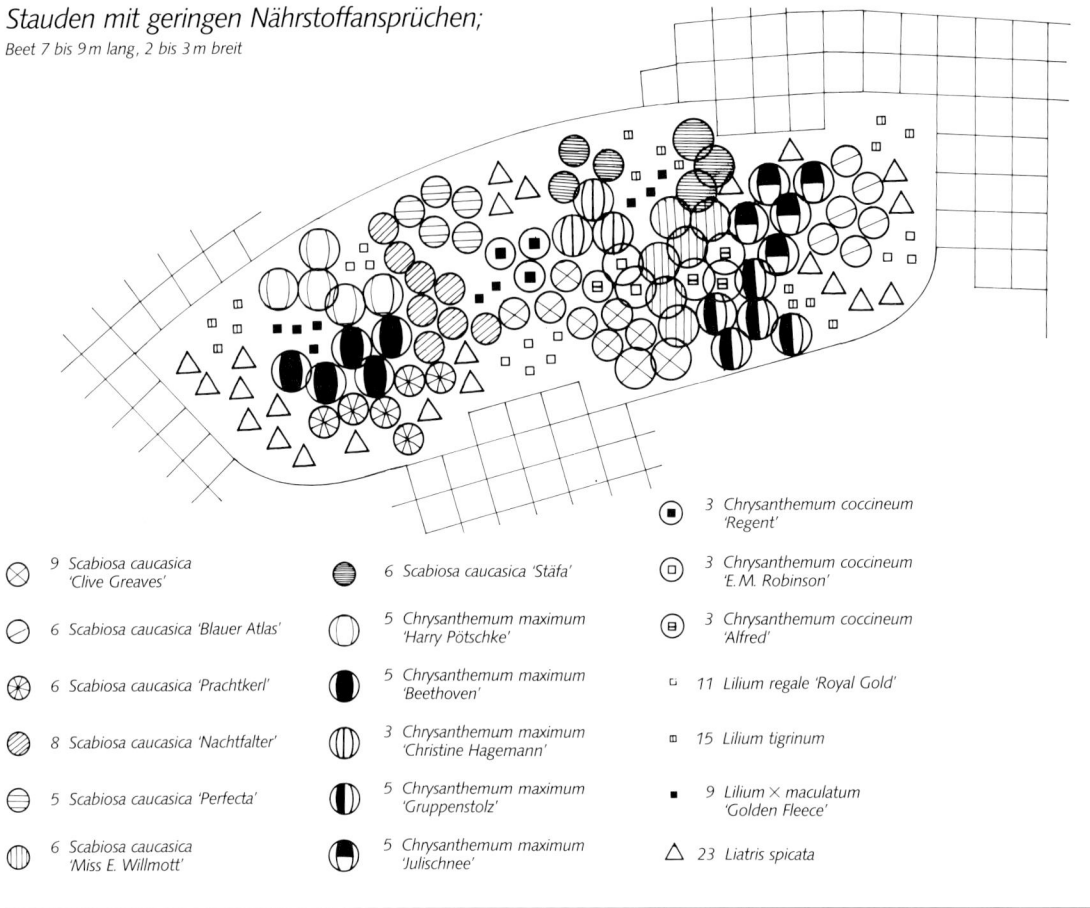

⊗   9 *Scabiosa caucasica*
        'Clive Greaves'

⊘   6 *Scabiosa caucasica* 'Blauer Atlas'

⊛   6 *Scabiosa caucasica* 'Prachtkerl'

⊘   8 *Scabiosa caucasica* 'Nachtfalter'

⊖   5 *Scabiosa caucasica* 'Perfecta'

⦶   6 *Scabiosa caucasica*
        'Miss E. Willmott'

⊖   6 *Scabiosa caucasica* 'Stäfa'

◗   5 *Chrysanthemum maximum*
        'Harry Pötschke'

◖   5 *Chrysanthemum maximum*
        'Beethoven'

⦶   3 *Chrysanthemum maximum*
        'Christine Hagemann'

◗   5 *Chrysanthemum maximum*
        'Gruppenstolz'

◖   5 *Chrysanthemum maximum*
        'Julischnee'

⊙   3 *Chrysanthemum coccineum*
        'Regent'

⊡   3 *Chrysanthemum coccineum*
        'E. M. Robinson'

⊟   3 *Chrysanthemum coccineum*
        'Alfred'

▫   11 *Lilium regale* 'Royal Gold'

▫   15 *Lilium tigrinum*

▪   9 *Lilium* × *maculatum*
        'Golden Fleece'

△   23 *Liatris spicata*

Wasserverbrauch, worauf bei der Wahl der Begleitpflanzen Rücksicht genommen werden sollte.

Alle diese Kulturmaßnahmen können die Margeriten nicht vor einem Verpflanzen bewahren. Ohne häufiges Teilen sind sie nicht sehr langlebig. Alle drei Jahre werden sie nach der Blüte umgesetzt. Nach dem Hochheben des Wurzelstockes zerlegt man die Pflanzen in kleine Teilstücke, und nach einer leichten Kalkung oder Bodenverbesserung mit Sand werden sie wieder gepflanzt. Man schneidet die verblühten Margeriten auf Handbreite zurück und hilft in trockenen Sommern durch zusätzliches Gießen nach. Dadurch läßt sich eine bescheidene Nachblüte erzielen.

Chrysanthemum leucanthemum, Frühlings- oder Wiesenmargerite

Die bekannte heimische Wildart wurde vor einem halben Jahrtausend von Klostergärtnern zu einer Rabatten- und Schnittstaude veredelt. Auf der Staudenrabatte werden 6 bis 9 Pflanzen pro Quadratmeter verwendet.

Chrysanthemum coccineum, Bunte Margerite

War früher unter dem Namen *Pyrethrum* verbreitet. Kam zu Anfang des 19. Jahrhunderts von den Bergwiesen des Kaukasus und Armeniens in unsere Gärten. Von *C. coccineum* genügen sieben Pflanzen pro Quadratmeter.

Die Bunten Margeriten (Chrysanthemum coccineum) sind Glanzlichter des Gartens. So wie auf den Bergwiesen des Kaukasus, Armeniens und des Iran sorgen ihre Blütensterne auch im Garten für Sommerstimmung.

Empfehlenswerte C. coccineum-Sorten	Blütenfarbe und -füllung	Blütezeit (Mai–Juni)	Höhe (cm)
'Alfred'	karminrot, gefüllt	mittel	60
'Dark Crimson'*	rot		80
'Duro'*	leuchtend purpurrot	spät	80
'Eileen May Robinson'	reinrosa, einfach	früh–mittel	70
'Granatsonne'	karminrot	mittel–spät	70
'Pfingstgruß'	dunkelrosa, halbgefüllt	mittel	25
'Regent'	rot, einfach	früh–mittel	80
'Robinson Rosa'*	rosa, einfach	früh–mittel	90
'Robinson Rot'*	rot, einfach	mittel	90
'Rosabella'	dunkelrosa, gefüllt	mittel	70
'Selektion Tommasinii'*	leuchtend rote Töne	spät	90

* samenvermehrbar

Empfehlenswerte *Chrysanthemum*-Indicum-Sorten

Rote Sorten	Blütenfüllung und -farbe	Blütezeit	Höhe (cm)
'Ceddie Mason'	einfach, purpurrot	mittel–spät	80 (Hortorum)
'Duchess of Edinburgh'	halbgefüllt, weinrot	früh	60 (Rubellum)
'Fellbacher Wein'	einfach, weinrot	mittel	80 (Koreanum)
'Herbstrubin'	gefüllt, rotbraun	spät	100 (Hortorum)
'Kampfhahn'	halbgefüllt, glühendrot	früh	80 (Hortorum)
'Red Velvet'	gefüllt, dunkelrot	mittel	80 (Indicum)
'Schwabenstolz'	gefüllt, rot mit bronze	mittel	60 (Hortorum)
'Schwyz'	gefüllt, rostrot	spät	60 (Indicum)
'Vreneli'	halbgefüllt, kupferrot	spät	80 (Indicum)
Rosa Sorten			
'Anastasia'	pompon, lilarosa	früh	50 (Indicum)
'Clara Curtis'	einfach, rosa	sehr früh	60 (Rubellum)
'Gartenmeister Vegelahn'	gefüllt, karminrosa	mittel	70 (Hortorum)
'Hansa'	gefüllt, lilarosa	früh	70 (Hortorum)
'Hebe'	einfach, hellrosa	mittel	70 (Koreanum)
'Herbströschen'	pompon, lilarosa	spät	70 (Indicum)
'Isabellarosa'	einfach, rosa gelblich	mittel	70 (Koreanum)
'L'Innocence'	einfach, rosa getönt	mittel	80 (Koreanum)
'Melody'	gefüllt, lilarosa	mittel	50 (Hortorum)
'Nebelrose'	gefüllt, lilarosa	spät	80 (Indicum)
'Orchid Helen'	gefüllt, lilarosa	früh	50 (Indicum)
'Schweizerland'	gefüllt, lilarosa	mittel–spät	70 (Indicum)
Goldbronze Sorten			
'Altgold'	pompon	früh	50 (Indicum)
'Kleiner Bernstein'	halbgefüllt	mittel	50 (Indicum)
'Mandarine'	halbgefüllt	mittel	70 (Indicum)
'Ordensstern'	gefüllt	mittel	90 (Indicum)
Gelbe Sorten			
'Citrus'	halbgefüllt/primelgelb	früh	80 (Koreanum)
'Edelgard'	halbgefüllt/hellgelb	spät	80 (Koreanum)
'Golden Rehauge'	pompon/goldgelb	spät	70 (Indicum)
'Goldmarianne'	halbgefüllt/goldgelb mit bronze	mittel	70 (Indicum)
'Novembersonne'	pompon/goldgelb	sehr spät	80 (Indicum)
'Zwergsonne'	pompon/goldgelb	früh	50 (Hortorum)
Weiße Sorten			
'Anneliese Koch'	gefüllt	früh	80 (Hortorum)
'Edelweiß'	halbgefüllt	mittel–spät	70 (Koreanum)
'Weiße Nebelrose'	gefüllt	spät	80 (Indicum)
'White Bouquet'	pompon	mittel	60 (Indicum)

Die meisten Sorten von *C. leucanthemum, C. maximum* und *C. coccineum* lassen sich durch Teilung, Rißlinge oder Stecklinge im Frühjahr vermehren. Kopfstecklinge schneidet man in der Regel im Juni und Juli. Die durch Samen vermehrbaren Sorten sind in den Tabellen mit Sternchen gekennzeichnet.

Chrysanthemum-Indicum-Hybriden, Herbstchrysanthemen

Die winterharten Gärtner-Chrysanthemen sind eine Bereicherung des Prachtstaudensortiments. Sie gehören zu den letzten und schönsten Schnittblumen des Jahres und blühen von September bis November. Sie verlangen sonnige Beete und einen durchlässigen Boden. Pro Quadratmeter rechnet man mit fünf Pflanzen. Man sollte im späten Frühjahr pflanzen. Der beste Winterschutz ist eine Reisigdecke und ein trockener Standort. Alle zwei bis drei Jahre werden sie im April–Mai geteilt.

Um eine bessere Übersicht über das Sortiment zu erhalten, hat man sie entsprechend ihrer Abstammung in Gruppen eingeteilt.

Indicum-Hybriden umfassen meist mehr oder weniger gefüllt blühende Sorten, die alle den typischen aromatischen Chrysanthemenduft haben. Darunter befinden sich viele alte Sorten.

Koreanum-Hybriden sind besonders winterharte und enorm reichblühende Sorten, die eine große Widerstandsfähigkeit gegen Frost aufweisen und gute Schnittblumeneigenschaften haben. Bei den einfachblühenden Sorten ist der Wildblumencharakter eine herausragende Eigenschaft.

Rubellum-Hybriden sind gekennzeichnet durch tief eingeschnittene, graugrüne Blätter. Die Pflanzen dieser Hybridgruppe sind reichblütig und überwintern oft in Rosetten. Von Goos und Koenemann wurde *C. zawadskii* eingekreuzt, aus der diese frostharte Gruppe entstanden ist.

Hortorum-Hybriden sind einzelne Sorten, bei denen kaum mehr erkennbar ist, zu welcher Hybridgruppe sie gehören. Wie alle Herbstchrysanthemen wurden sie früher unter dem Namen *Chrysanthemum × hortorum* geführt.

Coreopsis, Mädchenauge

Asteraceae (Compositae)

Coreopsis verticillata, Netzblattstern

Die Art wurde 1750 aus Nordamerika eingeführt. Ihre gelben Blütensterne entfalten sich von Juni–September. Sie erscheinen an verzweigten Stengeln und haben etwa 5 cm Durchmesser. Über den sehr zierlichen, fadenförmig gegliederten Blättern blühen sie so reichlich, daß man von dem nadelartigen Blattfiligran kaum etwas zu sehen bekommt. Neben dem Gelb der *Coreopsis* kann man rote Monarden verwenden und durch ein maßvolles Dazwischenstreuen blauer Rittersporn-Sorten das Bild auflockern. *C. verticillata* breitet sich durch Ausläufer nach allen Seiten aus. Dabei kann sie auch lästig werden, wenn sie mit ihren dichtverwobenen Rhizomen weniger robuste Nachbarn bedrängen. Sie lassen sich für Einfassungen und zur großflächigen Bepflanzung verwenden. Für einen Quadratmeter genügen neun *Coreopsis*.

Es kann im Frühjahr und im Herbst gepflanzt werden. Die *Coreopsis* entwickeln ihre Blüten am schönsten, wenn im Winter Humuserde aufgebracht und in Trockenzeiten gewässert wird. Im Frühjahr können auch 50 bis 100 g eines Mehrnährstoffdüngers auf einen Quadratmeter verabreicht werden.

Durch regelmäßiges Umpflanzen läßt sich der Ausbreitungsdrang bremsen. Alle drei bis vier Jahre sticht man sie heraus, teilt die Wurzelknäuel und pflanzt sie nach einer gründlichen Bodenverbesserung wieder auf.

C. verticillata ist in Kultur fast ausschließlich durch die goldgelbe Sorte 'Grandiflora' vertreten. 'Moonbeam' blüht zitronengelb. 'Zagreb' ist schwachwüchsig und als nur 25 cm hohe Zwergform für Trogbepflanzungen geeignet.

Vermehrt werden die Sorten durch Teilung. Von April–Juni lassen sich 3 bis 4 cm lange Kopfstecklinge mit 1 bis 2 Knoten schneiden. Das zur Vermehrung verwendete Pflanzenmaterial muß sehr jung und weich sein.

Empfehlenswerte Sorten	Blütenfarbe und -füllung	Höhe (cm)
'Badengold'	goldgelb	80
'Domino'	goldgelb mit schwarzer Mitte	40
'Louis d'or'*	goldgelb, gefüllt	90
'Mayfield Riesen'*	goldgelb, großblumig	90
'Schnittgold'*	goldgelb, großblumig	80
'Sonnenkind'*	goldgelb, reichblühend	40
'Sunray'*	goldgelb, gefüllt und halbgefüllt	60
'Tetragold'	leuchtend gelb, großblumig	80

* samenvermehrbar

Coreopsis grandiflora, Mädchenauge

In Georgia, Missouri, Kansas, südlich bis Florida beheimatet. In die Nachbarschaft von Sommerphlox- und *Erigeron*-Sorten, Berg- und Kissenastern, Sommermargeriten und Rittersporn gehört die große, gelbe *C. grandiflora*, von der es schöne Schnitt- und Beetsorten gibt.

Nach der Sommerblüte sind die Pflanzen erschöpft. Ein rechtzeitiger Rückschnitt nach der Blüte regt die *Coreopsis* zur Bildung neuer Blattrosetten an. Jede Pflanze erhält im Frühjahr 10 bis 20 g eines Mehrnährstoffdüngers. Außerdem müssen die *C. grandiflora*-Sorten alle zwei Jahre geteilt und neu aufgepflanzt werden. Dabei werden maximal neun Pflanzen pro Quadratmeter verwendet.

Delphinium, Rittersporn

Ranunculaceae

Die Gattung umfaßt etwa 400 Arten, von denen jedoch nur wenige von gärtnerischer Bedeutung sind. Im vorigen Jahrhundert hatten Züchter damit begonnen, mit *D. grandiflorum* aus Ostsibirien und Westchina, *D. brunonianum* aus Afghanistan und Westchina, *D. cheilanthum* aus Sibirien und China, *D. formosum* aus Kleinasien und dem Kaukasus und mit unserem europäischen *D. elatum* Kreuzungen durchzuführen.

Delphinium-Belladonna-Hybriden

Die Belladonna-Hybriden gingen unter anderem aus Kreuzungen von *D. cheilanthum* und *D. grandiflorum* hervor. Groß angelegte Züchtungen führte der Engländer James Kelway 1859 durch. Bis 1889 waren es bereits 137 Sorten, darunter einige Belladonna-Hybriden. Der Holländer Ruys züchtete 1909 'Moerheimii' und 1910 'Capri'. Eine wesentliche Bereicherung im Belladonna-Sortiment brachte 1942 Hillrich/Späth mit der Züchtung 'Völkerfrieden' heraus. *D. grandiflorum* brachte einen höheren Wärmeanspruch in diese Hybridengruppe. Die Belladonna-Sorten werden deshalb an sehr warmen, vollsonnigen Standorten verwendet. Es ist die niedrigste *Delphinium*-Gruppe mit einer Blütenhöhe von 70 bis 140 cm. Ihre reich verzweigten Sorten mit locker verteilten Blütenständen zeichnen sich durch eine gute Remontierfähigkeit aus. Bei rechtzeitigem Rückschnitt nach dem ersten Flor im Juni–Juli blühen

Belladonna-Sorten für Samenvermehrung	Blütenfarbe	Höhe (cm)
'Bellamosum'	dunkelenzianblau	120
'Casa Blanca'	reinweiß	150
'Cliveden Beauty'	hellblau, großblumig	150
'Connecticut Yankee'	versch. Blautöne	80

Sommerlich heiter präsentieren sich die Delphinium-Pacific-Hybriden. Rosa und blauer Rittersporn und rote Rosen – eine gelungene Farbkomposition vor einer Pergola.

Belladonna-Sorten für vegetative Vermehrung	Blütenfarbe	Höhe (cm)	Blütezeit	Züchter
'Capri'	hellblau, Auge weiß	80	früh	Ruys 1910
'Kleine Nachtmusik'	dunkellila	80	mittel	Foerster 1964
'Moerheimii'	reinweiß	100	früh–mittel	Ruys 1909
'Piccolo'	azurblau	80	mittel–spät	Weinreich 1972
'Völkerfrieden'	enzianblau, Auge violett	100	mittel	Späth/Hillrich 1942

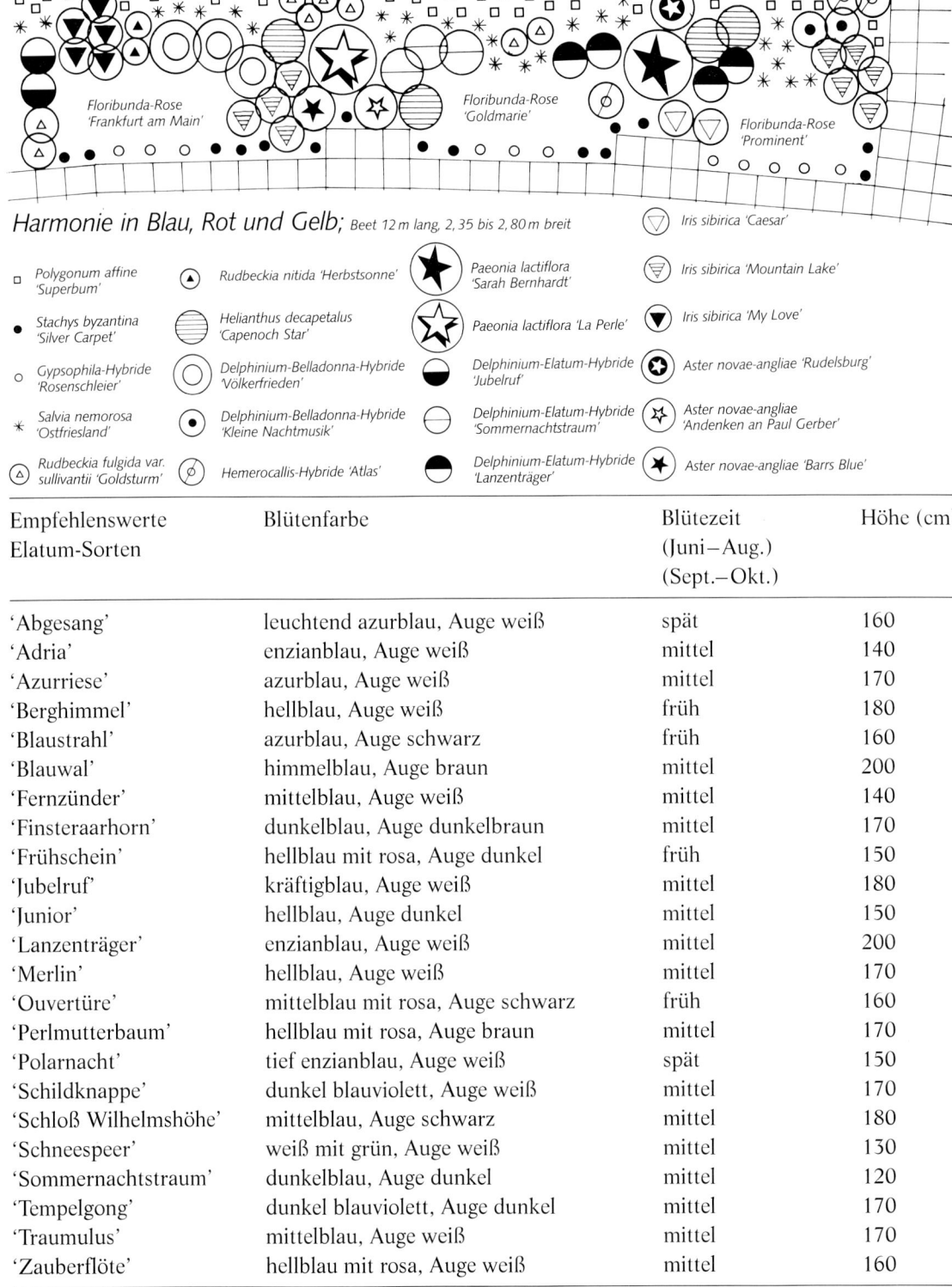

Harmonie in Blau, Rot und Gelb; Beet 12 m lang, 2, 35 bis 2, 80 m breit

Symbol	Name	Symbol	Name
□	Polygonum affine 'Superbum'	★	Paeonia lactiflora 'Sarah Bernhardt'
●	Stachys byzantina 'Silver Carpet'	✰	Paeonia lactiflora 'La Perle'
○	Gypsophila-Hybride 'Rosenschleier'	◖	Delphinium-Elatum-Hybride 'Jubelruf'
✳	Salvia nemorosa 'Ostfriesland'	○	Delphinium-Elatum-Hybride 'Sommernachtstraum'
⊘	Rudbeckia fulgida var. sullivantii 'Goldsturm'	◗	Delphinium-Elatum-Hybride 'Lanzenträger'
◉	Rudbeckia nitida 'Herbstsonne'	▽	Iris sibirica 'Caesar'
⊜	Helianthus decapetalus 'Capenoch Star'	▽	Iris sibirica 'Mountain Lake'
◯	Delphinium-Belladonna-Hybride 'Völkerfrieden'	▼	Iris sibirica 'My Love'
⊙	Delphinium-Belladonna-Hybride 'Kleine Nachtmusik'	✪	Aster novae-angliae 'Rudelsburg'
⊘	Hemerocallis-Hybride 'Atlas'	✿	Aster novae-angliae 'Andenken an Paul Gerber'
		✦	Aster novae-angliae 'Barrs Blue'

Empfehlenswerte Elatum-Sorten	Blütenfarbe	Blütezeit (Juni–Aug.) (Sept.–Okt.)	Höhe (cm)
'Abgesang'	leuchtend azurblau, Auge weiß	spät	160
'Adria'	enzianblau, Auge weiß	mittel	140
'Azurriese'	azurblau, Auge weiß	mittel	170
'Berghimmel'	hellblau, Auge weiß	früh	180
'Blaustrahl'	azurblau, Auge schwarz	früh	160
'Blauwal'	himmelblau, Auge braun	mittel	200
'Fernzünder'	mittelblau, Auge weiß	mittel	140
'Finsteraarhorn'	dunkelblau, Auge dunkelbraun	mittel	170
'Frühschein'	hellblau mit rosa, Auge dunkel	früh	150
'Jubelruf'	kräftigblau, Auge weiß	mittel	180
'Junior'	hellblau, Auge dunkel	mittel	150
'Lanzenträger'	enzianblau, Auge weiß	mittel	200
'Merlin'	hellblau, Auge weiß	mittel	170
'Ouvertüre'	mittelblau mit rosa, Auge schwarz	früh	160
'Perlmutterbaum'	hellblau mit rosa, Auge braun	mittel	170
'Polarnacht'	tief enzianblau, Auge weiß	spät	150
'Schildknappe'	dunkel blauviolett, Auge weiß	mittel	170
'Schloß Wilhelmshöhe'	mittelblau, Auge schwarz	mittel	180
'Schneespeer'	weiß mit grün, Auge weiß	mittel	130
'Sommernachtstraum'	dunkelblau, Auge dunkel	mittel	120
'Tempelgong'	dunkel blauviolett, Auge dunkel	mittel	170
'Traumulus'	mittelblau, Auge weiß	mittel	170
'Zauberflöte'	hellblau mit rosa, Auge weiß	mittel	160

sie nochmals von August bis Oktober. Die Blätter der Belladonna-Hybriden sind im Gegensatz zu den Elatum-Hybriden tiefer geschlitzt, und die Pflanzen wirken graziöser.

Delphinium-Elatum-Hybriden

Die hohen Elatum-Hybriden gingen unter anderem aus *D. elatum* und *D. formosum* hervor. Diese großen und stark wachsenden Sorten tragen 140 bis 200 cm hohe Blütenstände. Die kerzenartigen, relativ dicht mit Blüten besetzten Triebe stellen sich von Juni bis August und der Nachflor von September bis Oktober ein.

Delphinium-Pacific-Hybriden

Die Pacific-Rittersporne züchtete der US-Amerikaner Frank Reinelt. Diese Hybridgruppe umfaßt Sorten, die bis 1,80 m hoch werden. Die besonders großen, halbgefüllten Blumen sind von einer levkojenhaften Schwere. Ihre Blüten erscheinen in himbeerrosa und weißen, reinblauen und dunklen Rispen. Die schweren Triebe sind von nicht zu großer Standfestigkeit.

Ohne Blütenstütze werden sie bei Regen und von jedem Windstoß geknickt. Die Sorten zeigen eine gute Remontierfähigkeit. Sie sind allerdings kurzlebiger. Einen kalten Winter überdauern sie nur unter der schützenden Decke von Stalldung, Laub oder Rindenkompost.

Die Pacific-Hybriden werde ausgesät. Ihre Samen fallen weitgehend echt. Ein leichtes Variieren der Farbtöne ist nicht zu vermeiden. Die Blüten sind sehr gut zum Schnitt geeignet.

Das Ritterspornblau paßt gut zu den gelbblühenden *Coreopsis, Helenium* und *Heliopsis,* Achilleen und Staudensonnenblumen, Taglilien, Rudbeckien und Goldruten. Solitär, mitunter auch in kleinen Gruppen finden die *Delphinium*-Sorten einen wirkungsvollen Platz im Staudenbeet. Schatten und die Enge zwischen bedrängenden Nachbarn lieben sie nicht. Im ersten und zweiten Jahr können zwischen den jungen Pflanzen rote Tulpen und gelbe Narzissen stehen. Rittersporhorste, die 5, 10 oder 20 Blütenkerzen hervorbringen, beherrschen zusammen mit den roten Polyanthahybrid- und Floribunda-Rosen für Wochen das Gartenbild.

Empfehlenswerte Pacific-Sorten	Blütenfarbe	Blütezeit (Juni–Juli) (Sept.–Okt.)	Höhe (cm)
'Astolat'	himbeerrosa	mittel	120–180
'Black Knight'	dunkelviolett	mittel	120–180
'Blue Bird'	mittelblau, Auge weiß	mittel	120–180
'Blue Dawn'	leuchtend dunkelblau	spät	120–180
'Blue Jay'	mittelblau, Auge schwarz	mittel	120–180
'Blue Springs'	Mischung von allen inkl. lavendel	mittel	75
'Camelliard'	lavendel	mittel	120–180
'Elaine'	zartrosa	mittel	120–180
'Galahad'	reinweiß	mittel	120–180
'Guinevere'	rosig lavendel	mittel	120–180
'King Arthur'	dunkelviolett, Auge weiß	mittel	120–180
'Percival'	weiß, Auge schwarz	mittel	120–180
'Summer Skies'	himmelblau	mittel	120–180
'Weißer Herkules'	weiß	mittel	120–180

Der Boden sollte locker und humos sein. Extrem trockene Sandböden und schwerer Lehm lassen sich mit Rindenkompost verbessern. Von September bis November und im März–April kann der Rittersporn gepflanzt werden. Es ist darauf zu achten, daß sie nicht zu tief in die Erde kommen. Von den Belladonna-Hybriden kommen fünf und von den Elatum- und Pacific-Sorten drei Pflanzen auf einen Quadratmeter. Zur Erhaltung der Blühkraft wird im April fingerstark humusiert oder um jede Pflanze 35 g eines Mehrnährstoffdüngers gestreut. Bei mehrjährigen Rittersporn-Horsten können vom Frühjahr bis zum Frühsommer bis zu vier Gaben verabreicht werden.

Nach dem Ausstreuen des Düngers und während längerer Trockenperioden ist der Rittersporn durchdringend zu wässern. Wenn man nicht überdüngt, muß nicht unbedingt aufgebunden werden. Nur bei den kopflastigen Pacific-Hybriden sind die schweren Blüten zu stäben.

Sowie sie verblüht sind, werden die Rittersporne auf Handbreite über der Erde zurückgeschnitten. Die Pflanzen entwickeln dann im September–Oktober einen zweiten Flor. Selbst wenn nur noch die kahlen Stengel zurückbleiben, dürfen die Triebe nicht höher als 15 cm über dem Boden stehen. Ein sicherer Nachflor ist nur zu erwarten, wenn wir jeder Pflanze 35 g eines Mehrnährstoffdüngers geben und bei Trockenheit gut wässern.

Die wundervollen Rispen der verschiedenen Sorten in blauen, lila und weißen Farbtönen machen den Rittersporn für große, dekorative Sträuße zu einer der beliebtesten Schnittstauden. Die begrenzte Haltbarkeit nimmt man dafür gern in Kauf. Es wird geerntet, wenn das untere Drittel der Blüten geöffnet ist. Die besten Schnitteigenschaften besitzen aus der Elatum-Gruppe die Sorten 'Finsteraarhorn' und 'Lanzenträger' (siehe Tabelle), 'Elmfreude', dunkelblau mit weißem Auge, 'Elmhimmel', kräftig hellblau mit dunklem Auge, und 'Sommeranfang', kräftig hellblau mit weißem Auge, sowie aus der Belladonna-Gruppe 'Völkerfrieden' (siehe Tabelle) und die Pacific-Hybriden. Die Fruchtstände werden nach dem Ausfallen des Samens für Trockensträuße geschnitten.

Erigeron-Hybriden, Berufkraut, Feinstrahl

Asteraceae (Compositae)

Von der Gattung *Erigeron* gibt es etwa 150 Arten. Darunter befinden sich ein- und zweijährige wie auch ausdauernde Vertreter. Auf Schuttplätzen und an den Wegerändern, auf Brachland und in Waldlichtungen ist das einjährige, weiß oder rötlich blühende Kanadische Berufkraut *(Conyza canadensis,* syn. *Erigeron canadensis)* verbreitet. 1655 wurde Samen dieser Pflanze in einem ausgestopften Vogelbalg aus Nordamerika nach Frankreich eingeschleppt. Dort verbreiteten sich die Samen über Gärten und Äcker, Wegränder, Kahlschläge und Ruinen.

Unser einheimisches *Erigeron acris* ist eine Staude. Als Beruf- oder Beschreikraut wurde es früher den kleinen Kindern als Schutzmittel gegen das Berufen oder Behexen in die Wiege gelegt.

Zu den Stammeltern unserer *Erigeron*-Hybriden gehört der nordamerikanische *Erigeron speciosus.* Diese 40 bis 70 cm hohe Staude bildet reich verzweigte Pflanzen, auf denen die Blüten in lockeren Büscheln sitzen. Die weiß und rosa, hell- und dunkelvioletten, asterähnlichen Blütenköpfe setzen sich aus einem vielfachen Strahlenkranz von Rand- oder Zungenblüten und gelben Röhrenblüten zusammen (daher der Name Feinstrahl). Die Hybridsorten sind winterhart und benötigen keinen Frostschutz.

An den Beeträndern bunter Staudenpflanzungen und entlang der Wege finden die *Erigeron*-Sorten ihren Platz. Die günstigsten Pflanztermine sind im März–April oder August. Für einen Quadratmeter werden etwa sieben Pflanzen benötigt. Nach fünf Jahren werden die *Erigeron* verjüngt. Ein Jahr nach der Pflanzung wird humusiert oder 50 g eines Mehrnährstoffdüngers pro Quadratmeter gegeben. In Trockenzeiten wird durchdringend gewässert.

Die Erigeron-Hybriden sind gut geeignet für den Vasenschnitt. Die Schnittreife ist erreicht, wenn die Mittelknospe ganz geöffnet und die Seiten-

knospen mindestens halb offen sind. Geschlossene Blüten werden welk und öffnen sich nicht. Wer ständig Blüten schneidet oder die abgeblühten Erigeron zurücknimmt, kann im September mit einer zweiten Blüte rechnen. Ein sicherer Spätsommerflor ist bei den Sorten 'Adria', 'Foersters Liebling' und 'Wuppertal' zu erwarten.

Die samenvermehrbaren Sorten kann man Mitte März aussäen. Ansonsten wird durch Teilung oder durch Stecklinge vermehrt.

Oft sind es nur die Kleinigkeiten, die einen Garten noch lebendiger machen. Die attraktive Erigeron-Sorte 'Dunkelste Aller' steht zur Wahl. Wenn man ihre abgeblühten Blumen entfernt, blüht sie nach.

Empfehlenswerte Sorten	Blütenfarbe	Blütezeit (Juni–Juli) (Sept.)	Höhe (cm)
'Adria'	leuchtend violett	mittel	70
'Azurfee'*	lavendel	mittel	50
'Dunkelste Aller'	dunkelviolett	mittel	60
'Foersters Liebling'	karminrosa	mittel	60
'Grandiflorus'*	blau	spät	75
'Lidschatten'	blauviolett	mittel	60
'Lilofee'	dunkellila	mittel	60
'Märchenland'	zartrosa	mittel	60
'Mrs. E. H. Beale'	hellila	früh	40
'Rosa Juwel'*	lilarosa	spät	70
'Rosa Triumph'	leuchtend rosa	mittel	60
'Rosenballett'	dunkelviolett	früh	80
'Rotes Meer'	dunkelrot	früh	60
'Schöne Blaue'*	blau	mittel	70
'Schwarzes Meer'	dunkelviolett	mittel	60
'Sommerneuschnee'	weiß	mittel	60
'Strahlenmeer'	hellviolett	spät	70
'Veilchenballett'	dunkelviolett	früh	80
'Violetta'	dunkelviolett	spät	70
'Wuppertal'	dunkellila	mittel	60

* samenvermehrbar

Helenium-Hybriden, Sonnenbraut

Asteraceae (Compositae)

Die *Helenium*-Hybriden bringen ein warmes Rot, Braun und Gelb in den Staudengarten. Alle 40 *Helenium*-Arten sind Nordamerikaner. Von dem deutschen Forschungsreisenden Carl Anton Purpus wurde *H. bigelovii* in Kalifornien gesammelt und 1896 von Georg Arends in Wuppertal-Ronsdorf in Kultur genommen. Um 1729 kam *H. autumnale* (Herbst-Sonnenbraut) aus Kanada und den östlichen Gebieten der USA nach Europa.

Von Juli bis Anfang Oktober können wir mit einem ständigen Helenium-Flor rechnen.

Die *Helenium*-Hybriden können zwischen 100 und 150 cm Höhe erreichen. Nur die ganz frühen Sorten bleiben um einiges niedriger. Die Sonnenbraut gehört zu unseren dankbarsten Gartenstauden. Als Nachbarn bieten sich Frühblüher, Hochsommerblüher und Spätblüher an. Der Ausdehnungsdrang der *Helenium*-Hybriden ist so groß, daß man sie in einem Abstand von 50 bis 80 cm vom Nachbarn halten muß. Mehr als fünf Pflanzen sollte man nicht auf einen Quadratmeter setzen. In einem guten Gartenboden wird die Knospenentwicklung durch Mehrnährstoffdüngergaben gefördert. Im Frühjahr wird deshalb humusiert oder jede Sonnenbraut mit 50 g Nährsalz gedüngt. In trockenen Sommern wird durchdringend gewässert.

Wenn die spätblühenden *Helenium*-Hybriden im Juni auf die halbe Höhe zurückgeschnitten werden, blühen sie im September–Oktober. Sie bilden dann mehr Stiele, und ihre Standfestigkeit ist so gut, daß man auf Schnurhafter verzichten kann. Wenn sie im halberblühten Zustand geschnitten werden, ist die Haltbarkeit in der Vase besonders gut.

Nach sechs Jahren werden die Pflanzen im Herbst oder Frühjahr mit einem kräftigen Gärtnerspaten hochgenommen und in faustgroße Stücke geteilt. Beim anschließenden Pflanzen ist darauf zu achten, daß sie nicht zu tief in die Erde kommen. *H. bigelovii* und *H. hoopesii* lassen sich auch durch Aussaat vermehren.

Empfehlenswerte Sorten	Blütenfarbe	Blütezeit (Juli–Okt.)	Höhe (cm)
'Baudirektor Linne'	rot	spät	100
'Goldene Jugend'	goldgelb	früh	80
'Goldlackzwerg'	braunrot mit gelbem Rand, Mitte braun	mittel	80
'Goldrausch'	gelb, braunrot geflammt, Knopf braun	spät	150
'Kanaria'	gelb, Knopf gelb	mittel	110
'Königstiger'	kräftig gelb, Rand braunrot	spät	140
'Kupfersprudel'	kupfrigbraun	mittel	110
'Margot'	rot mit starkem gelbem Rand	mittel	120
'Moerheim Beauty'	samtig kupferrot	früh	70
'Pumilum Magnificum'	goldgelb mit gelb	früh	80
'Waltraut'	bronzerotbraun	früh	80
'Zimbelstern'	altgold, braun geflammt	mittel	130
H. bigelovii 'Superbum' ('The Bishop')	gelb, brauner Knopf	früh	70
H. hoopesii	goldgelb	sehr früh	80

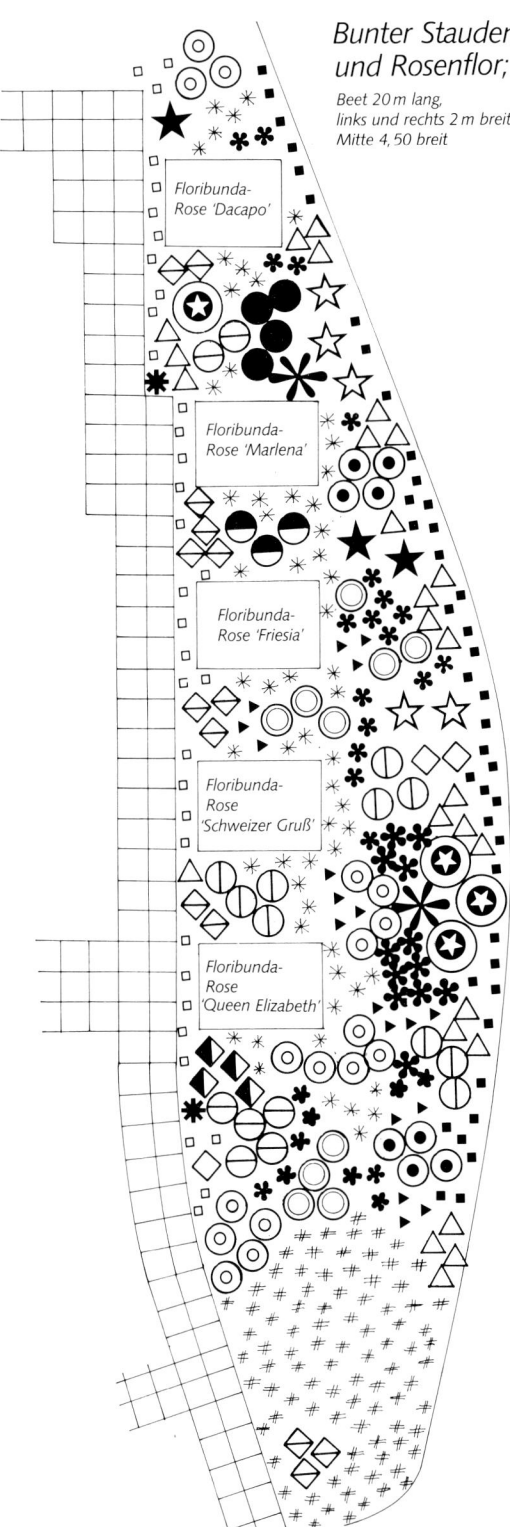

*Bunter Stauden-
und Rosenflor;*

Beet 20 m lang,
links und rechts 2 m breit,
Mitte 4,50 breit

Floribunda-
Rose 'Dacapo'

Floribunda-
Rose 'Marlena'

Floribunda-
Rose 'Friesia'

Floribunda-
Rose
'Schweizer Gruß'

Floribunda-
Rose
'Queen Elizabeth'

Helianthus, Sonnenblume

Asteraceae (Compositae)

Von den etwa 100 Arten sind *H. atrorubens* aus den Südstaaten der USA, *H. decapetalus* aus den nordöstlichen Gebieten der USA und *H. salicifolius* aus den USA ausdauernde Verwandte unserer einjährigen Sonnenblumen.

H. atrorubens (H. sparsifolius) bringt von August bis September auf 1 bis 1,50 m hohen, rötlichen Stengeln 5 cm große Blütenköpfe hervor. Sie stehen zu mehreren auf kahlen Stielen, sind gelb mit purpurbrauner Scheibe.

H. decapetalus (H. multiflorus) wird bis 1,50 m hoch. Ihre zitronengelben, tellergroßen Blüten entfalten sich von August bis Oktober.

H. salicifolius (H. orgyalis), die Weidenblättrige Sonnenblume, erreicht eine Höhe von 2,50 m. Von September bis Oktober bringt sie auf einem locker verzweigten Blütenstand gelbe Blüten zur Entfaltung.

▫	35 Polygonum affine 'Superbum'	⊖	7 Helenium-Hybriden 'Goldene Jugend'
▪	43 Nepeta × faassenii 'Six Hills Giant'	⊕	7 Helenium-Hybriden 'Kupfersprudel'
✳	59 Salvia nemorosa 'Ostfriesland'	▶	19 Veronica longifolia 'Blauriesin'
✴	2 Rudbeckia nitida 'Herbstsonne'	✪	4 Aster novae-angliae 'Rudelsburg'
✳	41 Lychnis chalcedonica	★	3 Aster novae-angliae 'Barrs Blue'
△	26 Rudbeckia fulgida var. sullivantii 'Goldsturm'	⋈	5 Aster novae-angliae 'Andenken an Paul Gerber'
⊙	4 Helenium-Hybriden 'Kanaria'	◇	14 Aster amellus 'Sternkugel'
⊙	4 Helenium-Hybriden 'Baudirektor Linné'	◆	6 Aster amellus 'Veilchenkönigin'
◯	10 Heliopsis-Hybriden 'Karat'	✳	2 Sedum telephium
●	4 Helenium-Hybriden 'Goldrausch'	#	103 Geranium macrorrhizum
◒	3 Helenium-Hybriden 'Moerheim Beauty'		

Empfehlenswerte H. atrorubens-Sorten	Blütenfarbe und -füllung	Blütezeit	Höhe (cm)
'Gullicks Variety'	tiefgelbe Blüten, einfach	Aug.–Sept.	180
'Monarch'	leuchtend gelb, schwarzrote Scheibe, doppelter Kranz gewellter Zungenblüten	Aug.–Sept.	200

Empfehlenswerte H. decapetalus-Sorten	Blütenfarbe und -füllung	Blütezeit (Aug.–Okt.)	Höhe (cm)
'Capenoch Star'	gelb, einfach	früh	120
'Maximus'	gelb, einfach	mittelspät	180
'Meteor'	gelb, halbgefüllt	mittel	110
'Soleil d'Or'	goldgelb, gefüllt	früh	130
'Triumph von Gent'	gelb, gefüllt	mittel	150

H. atrorubens bildet kurze bis mittellange Ausläufer mit dicken Endknospen. Die *H. decapetalus*-Züchtungen und *H. salicifolius* haben mit dem Wuchern aufgehört. Sie greifen mit ihren Rhizomen nicht nach allen Seiten aus und bedrängen ihre Nachbarn kaum. Angesichts ihres langsamen aber steten Breitenwachstums ist für *H. atrorubens* und *H. decapetalus* die Prachtstaudenrabatte der ideale Gartenstandort. *H. salicifolius* ist als Solitärstaude kaum zu vergemeinschaften. Sie wird vornehmlich der Architektur zugeordnet, in der Nähe von Wasserflächen oder am Zaun verwendet. Die Stückzahl pro Quadratmeter beträgt bei *H. atrorubens* und *H. salicifolius* 1 bis 3 und bei *H. decapetalus* 3 bis 5 Pflanzen.

Wenn *H. atrorubens* und *H. decapetalus* mit Stauden zusammenstehen, wählen wir als Nachbarn späte *Helenium*-Sorten, Rauh- und Glattblattastern, Sommerphlox und Rudbeckien, Türkischen Mohn und *Salvia nemorosa*-Sorten.

Von einer Herbstpflanzung sollte man absehen. Am sichersten ist es, sie im Frühjahr zu setzen. Sofern nicht humusiert wird, erhält im Juni jede Pflanze 35 g eines Mehrnährstoffdüngers. Bei eingewachsenen Pflanzen können im Frühjahr jedes Jahres 50 g von diesem Mehrnährstoffdünger um eine Staudensonnenblume gestreut werden.

Die Wurzeln liegen flach unter der Erdoberfläche. Damit sie in schneelosen Wintern nicht unter Barfrösten leiden, erhalten *H. atrorubens* und *H. decapetalus* im Spätherbst eine Laub- oder Stalldungdecke.

Für bunte Sommer- und Herbstblumensträuße liefern die Helianthus wundervolle Schnittblumen. Man darf sie nur nicht zu früh schneiden. Zu den besten Schnittblumen dieser Gattung gehört *H. atrorubens*.

Wenn die Pflanzen zu groß geworden sind, nimmt man sie im Frühjahr mit dem Spaten hoch, teilt die Wurzelstöcke und pflanzt sie nach einer guten Bodenvorbereitung wieder aus. Auch eine Vermehrung durch Stecklinge, Rißlinge und Ausläuferschnittlinge ist möglich.

Ein anschauliches Duo: Sonnenblume und Sonnenbraut bringen uns die Sonne näher. Die bronzerotbraune Helenium-Hybride 'Waltraut' bildet einen lebhaften Kontrast zu dem vorherrschenden Helianthus atrorubens 'Monarch'.

Heliopsis helianthoides var. scabra, Sonnenauge

Asteraceae (Compositae)

Diese Pflanze wurde um 1819 aus Nordamerika nach Europa gebracht. Frankreichs bedeutendem Gärtner Pierre Louis Victor Lemoine in Nancy verdanken wir die ersten Sorten. In Mode kamen die Sonnenaugen aber erst durch Karl Foerster, Bornim bei Potsdam. Es gibt nur wenige Sorten, die sich an ihren einfachen, halbgefüllten und gefüllten Blüten gut unterscheiden lassen.

Zusammen mit bunten Blütennachbarn lassen sich diese *Heliopsis*-Sorten vielseitig verwenden. Man kann sie zwischen die roten Monarden und den blauen Rittersporn pflanzen; sie kann neben Sommerphlox, hoher *Veronica longifolia* und niederen *Erigeron* stehen. Beim Pflanzen wird darauf geachtet, daß die Heliopsis nicht tiefer als im Topf stehen. Nach einer Herbst- oder Frühjahrspflanzung entwickelt sie sich nach gründlicher Erdvor-bereitung zu einer breitbuschigen Staude. Auf einem Quadratmeter dürfen nicht mehr als fünf Pflanzen stehen. Mit zunehmender Größe der *Heliopsis*-Horste humusiert man oder streut 50 g eines Mehrnährstoffdüngers im Frühjahr um eine Pflanze aus. In heißen Sommern wird bis zu zweimal in der Woche durchdringend gewässert. Im Spätherbst erfolgt dann der obligate Rückschnitt bis zum Erdboden. Die Stauden können acht, neun oder zehn Jahre unverpflanzt im Garten stehen.

Das Sonnenauge ist eine vorzügliche Schnittstaude, deren Blüte sehr haltbar ist. Die Schnittreife ist erreicht, wenn der Stengel unter der Blüte fest ist und etwa drei Staubblattkreise geöffnet sind. Wer großen Wert auf Schnittstauden legt, sollte 'Venus', 'Jupiter', 'Goldgefieder' oder 'Karat' auswählen.

Eine Vermehrung durch Teilung ist während der Ruhezeit im Winter, vor der Blüte im April–Mai und ebenso auch im September nach der Blüte möglich.

Empfehlenswerte Sorten	Blütenfarbe und -füllung	Blütezeit (Juli–Aug.)	Höhe (cm)
'Goldgefieder'	goldgelb, gefüllt	mittel	130
'Goldgrünherz'	gelb, Mitte grün, gefüllt	spät	70–90
'Hohlspiegel'	goldgelb, gefüllt	mittel	130
'Jupiter'	orangegelb, einfach	spät	170
'Karat'	goldgelb, einfach	früh	130
'Sommersonne' (Samensorte)	goldgelb, gefüllt	mittel	120
'Sonnenschild'	goldgelb, gefüllt	mittel	130
'Spitzentänzerin'	goldgelb, halbgefüllt	spät	130
'Venus'	orangegelb, einfach	spät	140

Leuchtend gelbe Sonnenaugen bilden einen lebhaften Kontrast zu den vorherrschenden Blautönen des Rittersporns.
Die handfeste Heliopsis helianthoides var. scabra 'Spitzentänzerin' paßt in jedes Beet mit bunten Bauerngartenstauden. Durch diese gelben Kontrastfarben wird eine Rittersporn-Rabatte erst richtig blau.

Hemerocallis-Hybriden, Taglilien

Liliaceae

Mit etwa 20 Arten ist die Gattung *Hemerocallis* in China, in der Mandschurei, Mongolei, in Sibirien, Korea, Japan und Nordindien beheimatet. Die gelben und gelbroten Taglilien lassen sich in den europäischen Gärten bis 1570 zurückverfolgen. Die gelbe *H. lilio-asphodelus (H. flava)* und die gelbrote *H. fulva* sind schon vor Jahrzehnten in unsere Gärten gepflanzt worden. Nicht nur durch Samen, sondern auch als Teilstücke von stark wuchernden Horsten sind sie auf die Schutthalden gewandert. Als Gartenflüchtlinge blühen sie in aufgelassenen Abfallgruben, längs der Straße und in feuchten Wiesen und Wäldern.

In vielen Ländern der Welt hat man sich um die Jahrhundertwende der *Hemerocallis*-Züchtung angenommen. Während die Entwicklung in Europa zum Stillstand kam, wurde die Züchtung um die Mitte dieses Jahrhunderts in den USA fortgesetzt. Jährlich werden bis 500 neue Sorten registriert. Wie kostbarer Seidensamt erscheinen sie in vielen Schattierungen in Rot. Matte und stumpfe Farben beanspruchen ebenso das Interesse wie ein leuchtendes Gelb, Orange oder Rosa. Nicht zu übertreffen sind die zweifarbigen Sorten, deren Zeichnungen bis tief in den Schlund reichen. Auch die Form kann gewellt und gekräuselt, schalen-, trichter- und sternförmig, kleinblumig bis riesenblütig sein. Es gibt niedrige und hohe, früh- und spätblühende Sorten. Neue Zuchtziele sind ein reines Weiß, Lilablau und Purpur. Die Tetraploiden spielen eine große Rolle. Sie bringen meist eine bessere Substanz und Großblumigkeit hervor. Zuchtziele sind heute:

– Verlängerung der Blütezeit,
– neue Farben,
– neue Blütenformen und -größen,
– Reichblütigkeit.

Ein Nachteil der amerikanischen Sorten sind die anderen Klimaverhältnisse in Mitteleuropa. Viele amerikanische Sorten, in schwülfeuchten Sommern ausgelesen, lassen bei uns, vor allem in kalten Wetterperioden, kaum etwas von ihrer Schönheit ahnen. Deshalb werden die *Hemerocallis* bei uns auf Blühverhalten, Langlebigkeit, Verzweigung, Witterungsbeständigkeit und Wuchskraft ständig überprüft und die Sichtungsergebnisse in den »Mitteilungen der Staudenfreunde« veröffentlicht.

Die ganz frühen Sorten beginnen bereits im Mai ihre Knospen zu öffnen, die Hauptblüte liegt im Juli–August, und die späten Sorten enden im Oktober. Bei einer Stückzahl von drei bis fünf Pflanzen pro Quadratmeter lassen sie sich sowohl in kleinen Trupps von etwa drei bis zehn Pflanzen als auch in größeren Gruppen verwenden.

Ihre schönsten Plätze finden die Taglilien in der Nachbarschaft von Funkien, Rittersporn und hohen Staudengräsern, auf Rabatten und in Verbindung mit Ziergehölzern. Sie stehen gern an Gartenteichen und feuchten Uferpartien, ertragen aber auch weniger feuchte Standorte. Bei voller Sonne, brütender Sommerhitze und ständig feuchtem Boden erreichen sie ihre volle Wuchs- und Blühleistung. Im Schatten kommen sie auch zum Blühen, doch nur so spärlich, daß sich die Farben zwischen dem Grün der Blätter verlieren.

Mit dem Namen Taglilie ist die Kurzlebigkeit der Einzelblüten angesprochen, die in der Regel nur einen Tag halten. Die *Hemerocallis* bilden aber unermüdlich so viele neue Knospen, daß kein Tag ohne Blühen vergeht.

Mit zunehmender Frühlingswärme wird häufiger gegossen und gedüngt. In den ersten zwei bis drei Jahren erhält jede Pflanze 10 bis 20 g eines Mehrnährstoffdüngers, ein erwachsener *Hemerocallis*-Horst im Jahr bis zu 50 g.

Als Schnittblumen nimmt man nur Stiele mit großen Knospen. Jeder Blütenstiel öffnet im Wechsel von zwei Tagen eine Knospe. In großen Sträußen zusammengefaßt, wird die Kurzlebigkeit der Einzelblüten durch lange Haltbarkeit der gesamten Dekoration in der Vase ausgeglichen.

Große *Hemerocallis*-Horste zerlegt man am besten vor oder nach der Blüte in Stücke mit einem oder mehreren Augen und Wurzeln.

Die Hemerocallis-Hybride 'Frans Hals' gibt im Sommer den Ton an.

Herrlich altmodisch wirken die hell lavendelfarbenen Blüten von Iris pallida. Sie verströmen einen süßen Duft.

Iris, Schwertlilie

Iridaceae

Die riesige Palette der *Iris germanica*-Sorten ist von unvergleichlicher Vielfalt und Schönheit. Jedes Jahr präsentieren uns die Züchter Neuheiten mit einem reichen Formen- und Farbenspiel.

Südlich der Alpen werden aus dem stark nach Veilchen duftenden Wurzelstock von *I. pallida* noch heute »Veilchenwurzeln« gewonnen. Nach dem Waschen, Schälen und Drechseln sollen sie als »Beißwurzeln« kleinen Kindern das Zahnen erleichtern. Dank ihrer ätherischen Öle werden sie auch zur Herstellung von Räucherpulvern, Geschmackskorrigenzien und Riechstoffen verwendet. Gelegentlich mischt man sie Brust- und Hustentees bei.

Die Heimat von *I. variegata* ist im südöstlichen Mitteleuropa zu suchen. Durch weitere Kreuzungen, vermutlich mit *I. aphylla,* sind viele Bartiris-Formen hervorgegangen. Die Bastardnatur wird in den drei Barbata-Gruppen sichtbar. Sie verdanken ihren Namen einem Streifen meist gelblicher Haare auf ihren breiten Hängeblättern.

1. Barbata-Elatior-Gruppe, Hohe Bartiris, 60 bis 100 cm hoch. Vermutlich stammen sie aus Kreuzungen aus *I. germanica* mit *I. pallida* und *I. variegata.* Sie blühen im Mai–Juni, die Domblätter der Blüten sind aufwärts und die Hängeblätter abwärts gerichtet. Ihre Blätter sind zierlich, schwertförmig gerippt. Sie lieben keine feuchten und sauren Böden, sondern sonnige und trockene Standorte mit einer normalen bis sandig-humosen Gartenerde. Sie bilden Rhizome.

2. Barbata-Media-Gruppe, Mittlere Bartiris, 30 bis 60 cm hoch. Diese Iris-Gruppe ist aus einer Kreuzung von *I. chamaeiris* mit *I. germanica* entstanden. Ihre Blüten, die der der Barbata-Elatior-Gruppe gleichen, erscheinen im Mai. Die Blätter sind schwertförmig. Sie lieben keine feuchten und sauren Böden, gedeihen an sonnigen bis halbschattigen, trockenen Standorten. Sie bilden knollenförmige Rhizome.

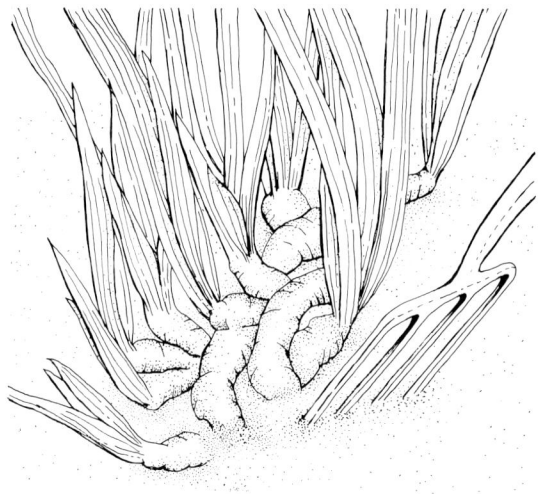

Herausstechen der Iris-Rhizome.

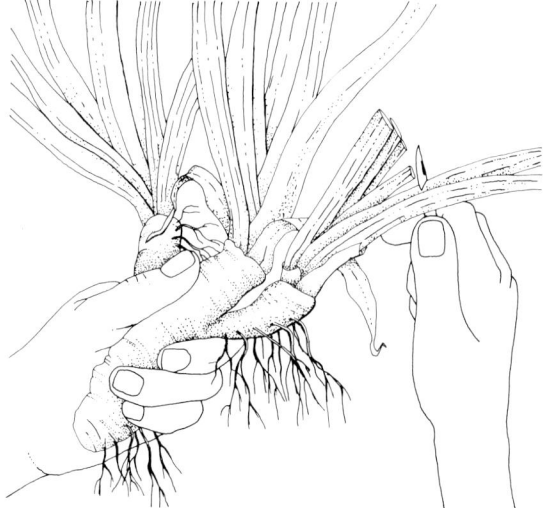

Zurückschneiden der Blätter auf eine Länge von 10 bis 15 cm.

3. Barbata-Nana-Gruppe, Niedrige Bartiris, 15 bis 30 cm hoch. Ihre Blüten, die wie die der Barbata-Elatior- und Barbata-Media-Gruppe aussehen, öffnen sich bereits im April–Mai. Die Blätter sind sichelförmig. Sie bevorzugen sonnige und trockene Standorte sowie kalkhaltige und sandige Böden. Ihre Rhizome sind zu Wurzelknollen umgebildet.

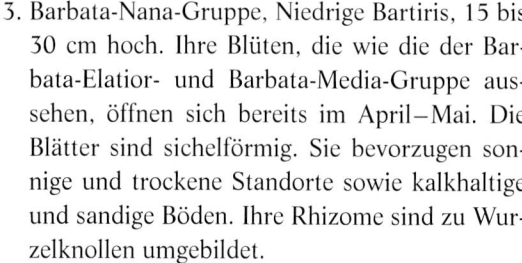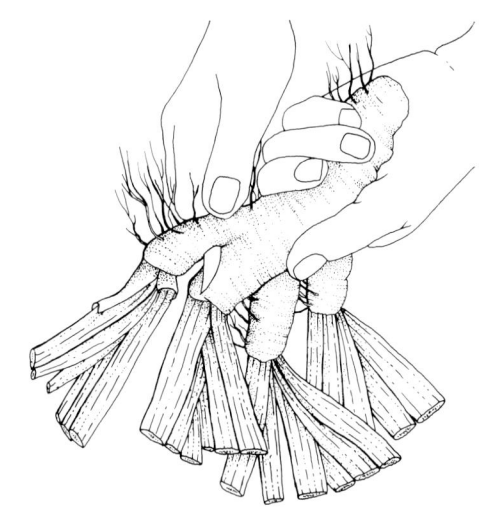

Teilen der fleischigen Iris-Rhizome mit einem Messer.

Von den Bartiris gibt es eine ungeheure Fülle von Sorten, denen trotz ihrer zerbrechlichen Blüten Regen und Sturm wenig anhaben. In den Katalogen unserer Staudengärtnereien werden widerstandsfähige Sorten mit kräftigem Wuchs und sicherer Blüte angeboten. Gute Iris zeigen auch nach lang anhaltenden Niederschlägen makellose Blütenschönheit, Widerstandsfähigkeit gegen Krankheiten, Standfestigkeit der Stiele und eine lange Blütezeit. Bis auf ein leuchtendes Rot sind alle Farben und Tönungen vertreten. Die Gruppe der Bartiris kann man bei geschickter Sortenwahl von April bis Juni in Blüte sehen. Schon zur Tulpenzeit erscheinen in den Steingärten und auf schmalen Einfassungsstreifen die ganz niederen Zwergiris der Barbata-Nana-Gruppe. Die etwas höheren Kleiniris der Barbata-Media-Gruppe erreichen den Blühbeginn der hohen Sorten der

Barbata-Elatior-Gruppe. Großflächig an Abhängen, Böschungen und auf Sortimentsbeete gepflanzt, lassen sich phantastische Farbwirkungen erzielen. Auf einen Quadratmeter werden sieben Iris gepflanzt.

In einem Feld von Kissenastern, die angesichts ihres langsamen, aber steten Breitenwachstums nach allen Seiten ausgreifen, legen die *Aster-Dumosus*-Hybriden einen schönen Kranz um die

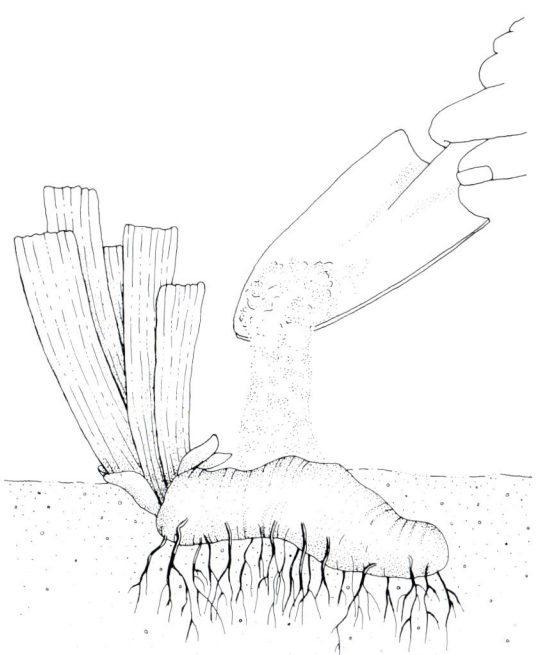

Frühlingsgesellschaft mit gelben Primula-Elatior-Hybriden und Iris reticulata 'Pauline'.

Beim Pflanzen so tief setzen, daß die Oberseite des Iris-Rhizoms eben mit Erde bedeckt ist.

Schwertlilien. Bei ausreichender Nährstoffversorgung entwickeln sich reich bestockte Iris-Horste, die es den Wildkräutern schwer machen, sich zwischen den Rhizomen einzunisten. Nach dem Abwelken bricht man die mumienhaft zusammengeschrumpften Blüten aus. Wenn der Iris-Flor vorüber ist, kann durch die hellgelben Blütenschleier des Großblättrigen Frauenmantels *(Alchemilla mollis)* Farbe in das Grün gebracht werden. In Verbindung mit einem Bartiris-Sortiment lassen sich auch *Bergenia*-Hybriden, *Coreopsis verticillata,* Gladiolen, Junkerlilien *(Asphodeline lutea),* Affodill *(Asphodelus albus)* und hohe Sommerblumen verwenden. Die Begleitstauden dürfen die Iris-Horste nicht überwuchern. Sie müssen auf Abstand gesetzt und gelegentlich von einer zu starken Ausbreitung zurückgehalten werden.

Die Iris-Rhizome dürfen nicht zu tief gepflanzt werden. Der beste Zeitpunkt, eine Schwertlilie auszugraben, ist im April und kurz nach ihrem Abblühen im Juli–August. Die Wurzelrhizome müssen waagrecht gelegt und hauchdünn mit Erde

bedeckt werden. Wenn sie zu tief liegen, blühen sie schlecht. Sie bevorzugen einen sonnigen Standort und einen lockeren Boden. Die Rhizome vertragen keine Staunässe. Von Vorteil ist auch eine leicht erhöhte Pflanzung.

Wenn die Schwertlilien-Gruppen zu dicht werden und im Frühjahr spärlicher blühen, sticht man mit einem Spaten die Rhizome heraus. Mit Hilfe eines scharfen Messers werden sie geteilt und wieder aufgepflanzt. Am wüchsigsten sind die Spitzentriebe. Sie beanspruchen keine aufwendige Erdvorbereitung. Gute Startbedingungen lassen sich durch eine Bodenverbesserung mit Komposterde oder einer organisch-mineralischen Düngung (150 g/m^2) schaffen. Mit dem Austrieb der Blätter werden 25 bis 50 g eines Mehrnährstoffdüngers auf einen Quadratmeter verteilt. In trockenen Sommern und bei Verabreichung stickstoffarmer Nährsalze reifen die Rhizome gut aus.

Bei beginnender Blüte werden Iris der Barbata-Elatior- und Barbata-Media-Gruppe im halb offenen Zustand geschnitten. Achtung: Viele ältere Sorten tropfen (aus der Blüte) und hinterlassen auf Möbeln und Tischdecken häßliche Flecken. Einige Sorten haben einen unangenehmen Duft, andere sind aufgrund ihres herrlichen Wohlgeruchs für den Vasenschnitt wie geschaffen.

Majestätisch wirken die kräftigen Blütenkerzen der Lupinus-Polyphyllus-Hybriden. Mit ihrer Farbenvielfalt füllen sie die Lücken zwischen den Frühlings- und Sommerstauden. Eine eigenwillige, aber ausdrucksstarke Gartenpflanze.

Lupinus-Polyphyllus-Hybriden, Lupine

Fabaceae (Leguminosae)

Eine Gattung mit über 300 Arten, von denen die aus dem westlichen Nordamerika stammende *Lupinus polyphyllus* und die daraus hervorgegangenen Hybriden von gärtnerischer Bedeutung sind. 300 Jahre nach der Einführung der sehr harten *L. perennis* aus Nordamerika wurde sie von einem englischen Landschaftsgärtner aus Yorkshire mit den frostempfindlichen *L. polyphyllus* und den kalifornischen *L. arboreus* eingekreuzt. Diese vollendete Lupinenschönheit, die nach ihrem Züchter George Russell als Russell-Hybriden in den Gärten gegenwärtig sind, besitzen dichte und massive Blütenstände in nahezu allen Farbtönen. Die sehr schwierigen, nur vegetativ vermehrbaren Sorten, sind inzwischen aus den Gärten verschwunden und durch fast farbtreu fallende Samensorten ersetzt worden. Viele Unarten, etwa die unteren Blüten vorzeitig zu verfärben und abzuwerfen, sind bei den neuen Sorten nicht mehr zu finden. Über den fingerförmig geteilten Blättern stehen massive Blütenstände von ungewöhnlicher Leuchtkraft. Im Juni–Juli blühen die 80 bis 100 cm hohen, samenvermehrbaren Russell-Sorten:

'Abendglut', rot mit gelber Fahne.
'Edelknabe', karminrote Töne.
'Fräulein', cremeweiß.
'Kastellan', marineblau mit weißer Fahne.
'Kronleuchter', gelbe Töne.
'Mein Schloß', kräftig rote Farben.
'Schloßfrau', rosa mit weißer Fahne.

Wenn die Lupinen einen durchlässigen Sandboden vorfinden, wird ihr Leben um Jahre verlängert. In kalkreichen Erden, in lehmigen und nassen Böden sind die Lupinen dagegen sehr kurzlebig. Wenn die notwendige Bodensäure fehlt, werden ihre Blätter gelb. Bei feuchter Witterung eines regenreichen Jahres wirken sich kalkarme Sandböden auf das Wachstum der Lupinen äußerst günstig aus. Mikroorganismen und kleine Bodentiere versorgen die tiefreichenden Wurzeln mit Humus und tragen zur Durchlüftung und Entwäs-

serung des Bodens bei. Beim Herausnehmen von Lupinen erkennt man an den Wurzeln knöllchenartige Verdickungen. In diesen Wurzelknöllchen lebt symbiotisch das Bakterium *Rhizobium leguminosarum.* Auf stickstoffarmen Böden können die Lupinen diesen Mangel durch eine biologische Stickstoffbindung in den Wurzelknöllchen ausgleichen. Der Gewinn an gebundenem Stickstoff ist recht beträchtlich.

In Beetstaudenpflanzungen erhalten die *Lupinus*-Polyphyllus-Hybriden einen festen Platz. Sie haben sich als Stickstoffsammler und Bodenverbesserer in Verbindung mit starkzehrenden Sommerphlox, Rittersporn, *Heliopsis* oder Staudenastern bestens bewährt. Es ist nicht außergewöhnlich, daß die Lupinen im Spätsommer mit einem zweiten Flor erscheinen. Mit ausgewogenen Düngergaben, die man nach der ersten Blüte mit viel Wasser zuführt, wird eine – wenn auch bescheidene – Nachblüte gefördert. Bei der Auswahl der Nährsalze sollten wir uns an die phosphor- und kalibetonten Mehrnährstoffdünger halten, von denen etwa 10 g pro Lupine reichen. Damit die Pflanzen neue Kraft schöpfen, werden die ersten Blütenstengel vor der Samenbildung herausgeschnitten. Ihre dominierende Wirkung und ihr Hang zur Horstbildung gestatten nur kleine Trupps von 3 bis 10 Pflanzen, wobei die Stückzahl pro Quadratmeter bei 2–3 Lupinen liegt.

In der Vase haben die Lupinen nur eine begrenzte Haltbarkeit von knapp einer Woche. Sobald die unteren Blüten leicht geöffnet sind, ist die Schnittreife erreicht.

Von den Russell-Lupinen, die nicht echt aus Samen fallen, kann man Stecklinge mit Faserwurzeln schneiden. In kleinen Töpfen und bei hoher Luft- und Bodenfeuchtigkeit ist eine schnelle Wurzelneubildung zu erwarten. Die samenvermehrbaren Sorten haben bei 15 °C eine Keimzeit von 3 bis 4 Wochen. Vor dem Auslegen der hartschaligen, großen Samenkörner hilft eine mechanische Beschädigung mit Schmirgelpapier, und mehrstündiges Einweichen in Wasser führt zu schnellerem Aufquellen der Samen. Er wird so dick abgedeckt, wie der Durchmesser des Samenkorns ist.

Monarda-Hybriden, Indianernessel

Lamiaceae (Labiatae)

An der Entstehung der hybriden *Monarda*-Sorten waren die beiden nordamerikanischen *M. didyma* und *M. fistulosa* beteiligt.

Sie wurden 1656 von sehr gegensätzlichen Standorten nach Europa gebracht. Während *M. didyma* sehr lichte und feuchte Waldgebiete be- wohnt, finden wir *M. fistulosa* unter den gleichen Lichtverhältnissen an trockenen und warmen Standorten. Sorten, die aus dieser Verbindung hervorgegangen sind, bevorzugen mäßig feuchte, nährstoffreiche Böden in voller Sonne oder im Halbschatten. Alle rotblühenden Hybriden, an deren Entstehung hauptsächlich die scharlach- rote *M. didyma* beteiligt war, sind feuchtigkeits- bedürftiger als die weißen oder lila Abkömmlinge von *M. fistulosa,* die Trockenheit eher vertragen.

Empfehlungswerte Sorten	Blütenfarbe	Blütezeit (Juli–Sept.)	Höhe (cm)
'Adam'	karminrot	früh	100
'Blaustrumpf'	dunkellila	spät	120
'Cambridge Scarlet'	leuchtendrot	früh	100
'Croftway Pink'	reinrosa	mittel	100
'Donnerwolke'	tiefweinrot	mittel	100
'Morgenröte'	rosarot	früh	80
'Präriebrand'	leuchtend dunkelkarmin	mittel	120
'Prärienacht'	lila	spät	150
'Schneewittchen'	weiß	spät	120

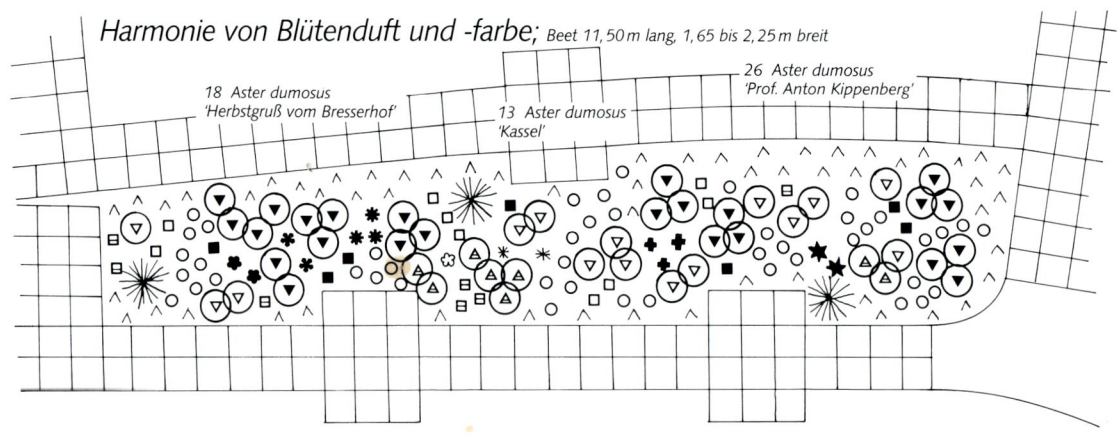

Harmonie von Blütenduft und -farbe; Beet 11,50 m lang, 1,65 bis 2,25 m breit

18 Aster dumosus 'Herbstgruß vom Bresserhof'
13 Aster dumosus 'Kassel'
26 Aster dumosus 'Prof. Anton Kippenberg'

3 Panicum virgatum 'Rehbraun'	45 Coreopsis verticillata 'Grandiflora'	3 Monarda-Hybriden 'Präriebrand'	2 Monarda-Hybriden 'Morgenröte'
24 Scabiosa caucasica 'Blauer Atlas'	9 Lilium regale 'Royal Gold'	2 Monarda-Hybriden 'Blaustrumpf'	3 Monarda-Hybriden 'Adam'
15 Scabiosa caucasica 'Miss E. Willmott'	7 Lilium tigrinum 'Splendens'	2 Monarda-Hybriden 'Croftway Pink'	2 Monarda-Hybriden 'Cambridge Scarlet'
8 Scabiosa caucasica 'Clive Greaves'	7 Lilium × hollandicum 'Orange Triumph'	1 Monarda-Hybride 'Donnerwolke'	

Ihre Blüten setzen herrliche Farbakzente in den Garten. Mit Hilfe ihrer kräftigen Ausläufer entwickeln sie auf der Staudenrabatte dichte Horste. Unter lichten Gehölzen ertragen die weiß- und lilafarbigen Vertreter von *M. fistulosa* ungewöhnlich viel Trockenheit. Als Leitstauden solitär und in Gruppen gepflanzt können ihnen niedere Begleiter beigesellt werden. Seitwärts und im Hintergrund können auch die hohen *Veronica longifolia* 'Blauriesin' stehen. Es ist ein überwältigender Anblick, wenn die knallroten Blütenquirle der Sorten 'Präriebrand', 'Donnerwolke', 'Adam' oder 'Cambridge Scarlet' zwischen den gelben *Coreopsis verticillata* aufleuchten. Die Monarden lassen sich nur im Frühjahr pflanzen, wobei nicht mehr als sieben Stück auf einen Quadratmeter kommen.

Der angenehme Melissenduft der Monardenblätter ist auf die ätherischen Öle Thymol und Karvakrol zurückzuführen. Von dem Thymianduft der Blütenquirle werden Bienen und Schmetterlinge angelockt. Die Winterzeit, ob mit oder ohne Schnee, ist sehr gefährlich für die Monarden. Halbverrotteter Stalldung, Rindenkompost oder Laub schützt nicht nur die Wurzeln, es werden daraus mit dem Schmelzwasser oder Regen im Frühjahr auch Nährstoffe in den Boden gewaschen. Wer keinen Stalldung beschaffen kann, sollte im Frühjahr humusieren oder zu Vegetationsbeginn 50 g und im Juni eine zweite Gabe von 50 g eines Mehrnährstoffdüngers pro Quadratmeter geben.

Für bunte Sträuße empfehlen sich besonders die Sorten 'Blaustrumpf', 'Cambridge Scarlet', 'Donnerwolke', 'Präriebrand' und 'Prärienacht'.

Die Monarden, insbesondere die roten Sorten, haben einen leichten Ausdehnungsdrang. Wenn sie zu sehr in die Breite gehen und sich gegenseitig bedrängen, werden sie im Frühjahr in faustgroße Stücke geteilt und in einem Abstand von 30×40 cm wieder aufgepflanzt. Als Samensorten werden »Rote Töne«, Farben in weiß, purpur, lila oder rötlich, *M. didyma*-Spielarten und »Panorama«-Mischungen angeboten. Die schnellkeimende Saat wird bei gleichmäßiger Feuchtigkeit und Temperatur um 20°C im Frühjahr ausgesät.

Paeonia-Lactiflora-Hybriden, P. officinalis, Pfingstrose

Paeoniaceae

Die Bauernpfingstrosen erinnern an die barocken Formen des 17. und beginnenden 18. Jahrhunderts. Als Abkömmlinge der südosteuropäischen *Paeonia officinalis* kamen sie 1548 in unsere Gärten. Von vielen Blumenmalern, welche sie bis ins Detail mit dem Pinsel festgehalten haben, wissen wir genau, wie die damaligen Sorten ausgesehen haben. In den vergangenen Jahrzehnten kamen sie aus der Mode und damit aus unserem Gesichtskreis. An ihre Stelle traten sehr alte Kulturpflanzen des Fernen Ostens, die Edelpäonien. Sie stammen aus China, Tibet und Korea und werden seit dem 19. Jahrhundert in Europa als *Paeonia*-Lactiflora-Hybriden gezüchtet. Sie bilden 60 bis 100 cm hohe Stauden mit doppelt dreizähligen, großen glänzenden Blättern. Die Herbstfärbung ist braunrot. Die Blütezeit ist im Juni. Auf kräftigen Blütenschäften entwickeln sich mehrere Knospen, die sich nacheinander entfalten.

Pfingstrosen entwickeln sich am prächtigsten in Gärten, wo sie, vor jedem Spaten sicher, in Ruhe zu stattlichen Horsten heranwachsen. Diese ungewöhnlich langlebigen Stauden erreichen drei bis vier Jahre nach der Pflanzung ihre volle Schönheit. Die besten Lebensbedingungen finden die Pfingstrosen in einem humosen, mäßig sauren Boden. Kalkböden und hohe Kalkgaben sind deshalb zu vermeiden. Durch eine tiefe Bodenbearbeitung sowie Rinden- oder Holzkompostgaben wird das Wurzelwachstum günstig beeinflußt.

Gegen Ende September beginnen die Pfingstrosen mit der Bildung neuer Wurzeln. Wenn man teilen bzw. umpflanzen will, so ist der Spätsommer die beste Zeit, das knollig verdickte Wurzelpaket sorgsam herauszustechen. Oft ist an den verschlungenen Wurzelstöcken nur sehr schwer erkennbar, welcher Stockteil zu welchem Austrieb gehört und wie stark man teilen kann. Die weichen Austriebe brechen sehr leicht ab. Man nimmt ein scharfes Messer oder eine Schere zu Hilfe. Die

Aus dem klassischen Tuschkasten: Paeonia officinalis. Heute beliebter denn je sind Pfingstrosen von anno dazumal als Bauerngartenpflanzen.

Knospen sind nur halb im Boden verborgen. Es ist deshalb sehr wichtig, bei den Pfingstrosen auf die Pflanztiefe zu achten. Die Wurzelstöcke sollte man drei fingerbreit mit Erde bedecken. Es kann sonst Jahre dauern, ehe sie wieder blühen.

Der Platzbedarf der Pfingstrosen ist sehr groß. Auf einen Quadratmeter werden von *P. officinalis* drei und von den Lactiflora-Hybriden eine Pflanze gesetzt. Sie können dann für Jahrzehnte unverpflanzt im Garten stehen. Im ersten Winter nach der Pflanzung kann man den Boden mit Laub, Rindenkompost, Tannen- oder Fichtenreisern abdecken. Später sind die Pfingstrosen völlig winterhart. Die sehr langstieligen oder stark gefüllten Sorten

leiden oft unter den Niederschlägen. Die Blüten werden regenschwer und kippen um. Mit Hilfe von Schnurhaftern, Eisen- oder Drahtringen kann man die Pfingstrosen vor dem Auseinanderfallen bewahren.

In Trockenzeiten ist vor der Blüte durchdringend zu gießen. Wassermangel kann die Knospenbildung hemmen. Bei überalterten Pflanzen, die nicht geteilt und verpflanzt werden, läßt bei Nährstoffmangel die Reichblütigkeit nach, und die Pfingstrosen verlieren an Blütenfüllung. Im Winter werden deshalb bis zu 20 l Komposterde pro Quadratmeter oder Rindenkompost um die Pflanzen ausgebracht. Nach dem Austrieb kann um jede

Empfehlenswerte Lactiflora-Hybriden	Blütenfarbe	Blütezeit (Juni)	Höhe (cm)
Gefüllt:			
'Avalanche'	weiß	mittelfrüh	90
'Inspecteur Lavergne'	rot	früh	80
'La Perle'	zartrosa	spät	80
'Sarah Bernhardt'	hellrosa	spät	100
'Bunker Hill'	kirschrot	mittel	80
'Claire Dubois'	zartrosa	spät	90
'Felix Crousse'	karminrot	spät	80
'Karl Rosenfield'	purpurrot	mittel	80
'Lady Alexandra Duff'	zartrosa	mittel	70
'Mme. de Verneville'	weiß	früh	80
'Noemie Demay'	zartrosa	früh	80
'Reine Hortense'	zart lachsrosa	mittelfrüh	70
'Solange'	cremeweiß	spät	80
'Solfatare'	gelblichweiß	früh bis mittel	80
Einfach:			
'Angelika Kauffmann'	weiß (lila Anflug)	mittel	80
'Hogarth'	purpurrot	früh	100
'Holbein'	rosa	mittel	90
'King of England'	karminrot	mittel	80

In neuerer Zeit besinnt man sich wieder auf die Bauernpfingstrosen. Ihr Wuchs ist breit, buschig, 60 bis 100 cm hoch. Das Blatt ist doppelt dreizählig und in viele Segmente geteilt. Die Blüten sitzen einzeln auf den Blütenschäften.

Empfehlenswerte Officinalis-Sorten	Blütenfarbe	Blütezeit (Mai)	Höhe (cm)
Gefüllt:			
'Alba Plena'	reinweiß	früh	80
'Mutabilis Plena'	zart lachsrosa	mittel	80
'Rosea Plena'	rosa	mittel	80
'Rubra Plena'	rot	mittel	80
Einfach:			
'China Rose'	leuchtend lachsrot	mittel	100
'Crimson Globe'	leuchtend karminrot, duftend	mittel	60
'J. C. Weguelin'	leuchtend, karminrot, großblütig	mittel	80
'Mollis'	dunkelrosa	früh	60

Pfingstrose etwa 50 g eines Mehrnährstoffdüngers gestreut werden. Hohe Stickstoffgaben verwerten die langsam wachsenden Päonien nicht. Die Gefahr der Grauschimmelfäule ist dabei erhöht. Die erkrankten Pflanzen faulen am Stengelgrund, an den Stengeln und an den Blütenknospen.

Die Lactiflora-Hybriden lassen sich sehr gut als Schnittblumen verwenden. Pfingstrosen, deren Blumenmitte bereits zu sehen ist, sollten wir für die Vase nicht mehr schneiden. Bei den einfachen und schwach gefüllten Sorten wartet man, bis sich die Kronblätter im knospigen Zustand lockern. Damit sie in der Vase gut aufblühen, spaltet man den Stiel einige Zentimeter ein. Die dicht gefüllten Bauernpfingstrosen werden dagegen erst geschnitten, wenn sich die Knospen halb geöffnet haben. Oft sind ihre Stiele nicht lang genug, und wenn man sie zu tief herausschneidet, werden die Pflanzen zu stark geschwächt. Einige »Zugblätter« sollten in jedem Fall stehen bleiben.

Wenn kein Grund zum Verpflanzen vorliegt, sollte man die Päonien bis zu 20 Jahre ungestört stehen lassen. Sie erreichen häufig erst nach einem Jahrzehnt ihre volle Blühkraft.

Die knolligen Wurzelstöcke werden mit Hilfe eines Spatens, einer Axt, eines Messers oder einer Rosenschere zerlegt. Dabei ist es wichtig, daß die Teilstücke wenigstens eine knollige und mehrere fleischige Wurzeln an der Basis aufweisen. Bei *P. lactiflora* und ihren Hybriden ist es wichtig, daß die Teilstücke mindestens zwei bis drei starke Augen besitzen. Im Gegensatz dazu können von *P. officinalis* auch knospenfreie Wurzelstücke getopft werden. Bei alten Wurzelstöcken ist auf Wunden zu achten. Sämtliche Faulstellen entfernt man mit dem Messer, läßt die Wunden gut abtrocknen und behandelt sie mit Holzkohlepulver. Die beste Zeit, Päonien zu teilen, ist Ende September bis Anfang Oktober. Den Pflanzen bleibt dann noch genügend Zeit, neue Wurzeln zu bilden.

Papaver orientale, Türkischer Mohn
Papaveraceae

1714 kam der Türkische Mohn aus dem Orient in unsere Gärten. In Deutschland sind bei Karl Foerster in Bornim bei Potsdam vorzügliche Sorten entstanden. Heute hat die Staudengärtnerei Gräfin von Zeppelin in Laufen/Baden einen maßgeblichen Anteil an der *Papaver*-Züchtung.

Die Sorte 'Karine' wirkt durch ihren niederen Wuchs und die zurückhaltende Schönheit der dezenten, rosa gefleckten Blüten. Außerdem ist das

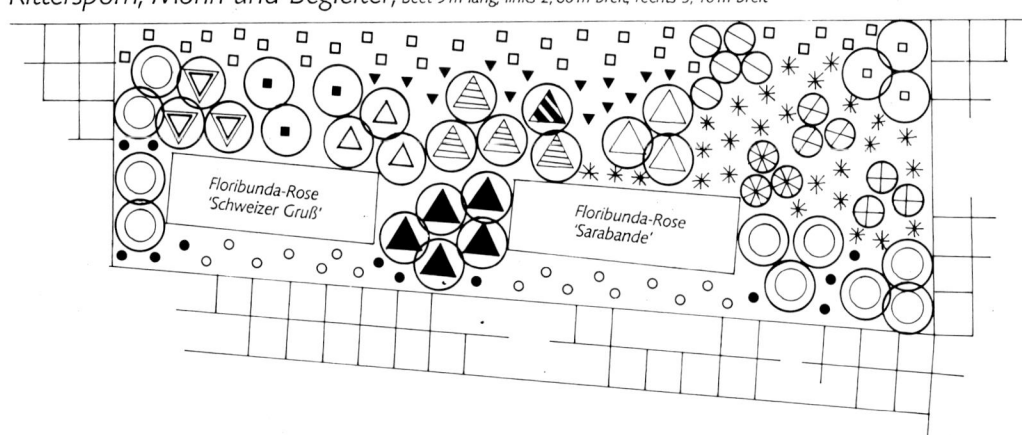

Rittersporn, Mohn und Begleiter; Beet 9 m lang, links 2,60 m breit, rechts 3,40 m breit

Floribunda-Rose 'Schweizer Gruß'

Floribunda-Rose 'Sarabande'

kräftige Laub und die gute Wetterbeständigkeit hervorzuheben. Wer dagegen das brennende Ziegelrot von 'Feuerriese', das Lachsrosa von 'Rosenpokal', das Signalrot von 'Sindbad', das Lachsrosa von 'Catharina', das Orangenscharlach von 'Marcus Perry' oder das Feuerrot von 'Sturmfackel' liebt, sollte die leuchtend tiefblauen *Salvia nemorosa*-Sorten dazwischen pflanzen. Sie flammen von Mai bis Juli mit ihrem Blau und Rot wie ein Feuerwerk auf.

Um eine vorzeitige Sommerruhe des Mohns zu durchbrechen, werden nach der Blüte die gelben Blätter handhoch über dem Boden abgeschnitten. Sie treiben dann wieder durch und bilden einen ansehnlichen grünen Laubhorst. Wenn der Türkische Mohn nicht zurückgeschnitten wird und nach der Blüte einzieht, treibt er im Spätsommer wieder aus und ist wintergrün. Bei massierter Pflanzung entsteht im Sommer eine große Lücke auf dem Staudenbeet. Durch die Benachbarung mit Rittersporn-, *Helenium*- und *Heliopsis*-Sorten, *Aster amellus, Coreopsis verticillata, Helianthus decapetalus* oder *Polygonum affine* läßt sich bis zum Herbst ein fortlaufender Blütenflor erreichen. Der Türkische Mohn findet in sandigen und lockeren Böden mit seinen langen Pfahlwurzeln einen warmen und trockenen Standort. Er läßt sich hier mit »Steppenheidepflanzen« vergemeinschaften. *Artemisia, Eremurus, Yucca, Allium*-Arten, *Asphodelus* und *Asphodeline* sind ideale Partner.

Der Türkische Mohn läßt sich sehr schwer umsetzen. Mit Topfballen wird er vor dem Austrieb im Frühjahr oder nach dem Einziehen im Spätsommer gepflanzt. Dabei sollten auf einem Quadratmeter nicht mehr als drei Pflanzen stehen. Wenn er einmal eingewurzelt ist, läßt er sich nur

noch mit einem Rodespaten entfernen. Mit seinen langen Pfahlwurzeln greift er bis in große Tiefen. Wenn vom Türkischen Mohn beim Umpflanzen Wurzelstücke im Boden zurückbleiben, erscheinen in den nächsten Jahren immer wieder Austriebe. Wo er auf einen hohen Grundwasserstand trifft, in zu saurem Boden steht oder häufigen Niederschlägen ausgesetzt ist, bleibt er im Wachstum zurück. Zu schwerer Boden kann durch tiefes Einmischen von Sand leicht und durchlässiger gemacht werden. Wer den Türkischen Mohn lange im Garten erhalten will, muß im Frühjahr humusieren oder im Frühjahr vor der Blüte um jede Pflanze 20 g eines handelsüblichen Mehrnährstoffdüngers ausbringen.

Voll erblüht hält der Türkische Mohn in der Vase nicht sehr lange. Wenn die Knospen Farbe zeigen, ist der günstigste Schnittzeitpunkt gekommen. Das Rot quillt dann zwischen den schützenden Kelchblättern langsam hervor, und die Blüten halten zwei bis fünf Tage in der Vase.

Vegetativ vermehrt wird am besten durch Wurzelschnittlinge. Im Herbst nimmt man nach dem Einziehen der Blätter die schönsten Horste heraus. Ihre tiefgehenden Wurzeln sollten möglichst nicht beschädigt werden. Nachdem die Erde entfernt ist, schneidet man die Wurzeln in 2 bis 3 cm lange Stücke und steckt sie in ein gutes Vermehrungssubstrat. Bei kühler Überwinterung und konstanter Substratfeuchte treiben die Wurzelschnittlinge im Frühjahr durch. Die tiefrote 'Beauty of Livermere', ein reiner Abkömmling von *P. bracteatum*, ist samenvermehrbar. Generativ vermehrbar ist auch die Hybridmischung 'Haremstraum', die feuerrote 'Brillant', die scharlachrote 'Allegro' und die lachsfarbene 'Prinzessin Victoria Louise'.

 10 *Eremurus himalaicus*

 3 *Delphinium*-Belladonna-Hybriden 'Völkerfrieden'

 4 *Delphinium*-Belladonna-Hybriden 'Kleine Nachtmusik'

 5 *Delphinium*-Elatum-Hybriden 'Abgesang'

 1 *Delphinium*-Elatum-Hybride 'Sommernachtstraum'

 3 *Delphinium*-Elatum-Hybriden 'Jubelruf'

 3 *Delphinium*-Elatum-Hybriden 'Lanzenträger'

 3 *Helenium bigelovii*

 3 *Helianthus decapetalus* 'Capenoch Star'

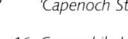 16 *Gypsophila*-Hybriden 'Rosenschleier'

 12 *Stachys byzantina* 'Silver Carpet'

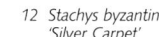 30 *Polygonum affine* 'Superbum'

 27 *Salvia nemorosa* 'Mainacht'

 5 *Papaver bracteatum* 'Beauty of Livermere'

 3 *Papaver orientale* 'Catharina'

 3 *Papaver orientale* 'Feuerriese'

 3 *Papaver orientale* 'Sturmfackel'

 21 *Coreopsis verticillata* 'Grandiflora'

Phlox-Paniculata-Hybriden, Sommerphlox

Polemoniaceae

Die Gattung umfaßt mehr als 60 Arten. Von dieser wichtigsten Beetstaude ist ein großes Sortiment Phlox-Paniculata-Hybriden im Handel. Es stammt hauptsächlich von *Phlox paniculata*, die bereits um 1732 von den dünn bewaldeten Flußniederungen des Ohio-Flusses (Nordamerika) nach Europa kam. Nach zwei Jahrhunderten züchterischer Entwicklung in England, Frankreich, Holland und Deutschland entstand ein umfangreiches Sortiment. Die *Phlox*-Paniculata-Hybriden haben im wesentlichen die gleichen Ansprüche wie die Art *P. paniculata*. Aufgrund ihres heimatlichen Vorkommens bevorzugen sie feuchte und halbschattige Standorte mit nicht zu harten Wintern und einen nährstoffreichen Boden mit neutralem pH-Wert. Die Sorten sind so auf unsere mitteleuropäischen Bedingungen ausgelesen, daß sie im Lebensbereich Beet oft in voller Sonne verwendet werden. Das heutige Standardsortiment weist ein reiches Farbenspektrum in Weiß, Rosa, Rot, Violett und in feinen Abstufungen auf. Die Besonderheit mancher Züchtung ist ihr »Auge«, wie bei der Sorte 'Graf Zeppelin' mit weißer Grundfarbe und rotem Auge oder 'Wilhelm Kesselring' mit rotvioletter Grundfarbe und weißem Auge. Die Züchter haben zudem Phloxe mit starken und leuchtenden Farben in den Handel gebracht.

Die Blütendauer zwischen Juli und September läßt keine Wünsche offen. Diese erfreulichen Eigenschaft verbinden sie mit der Möglichkeit, ergänzend ganz frühe Sorten mit zu verwenden. Und weiter: Wenn wir den Phlox vor oder bei Erscheinen der Blütenknospen um Handbreite einkürzen, treiben die entspitzten Phloxe aus den Blattachseln und blühen um etliche Wochen später.

Allgemein geschätzt wird ihr Wohlgeruch, der sich am Abend so verstärkt, daß ganze Duftwolken durch den Garten getragen werden. Wenn es zu dunkeln beginnt, werden die Phlox-Blüten von zahlreichen Nachtschwärmern beflogen. Durch

Bunter Blütenflor von Mai bis November;

Beete 7,60 bzw. 11,15 m lang, 2,05 bzw. 2,40 m breit

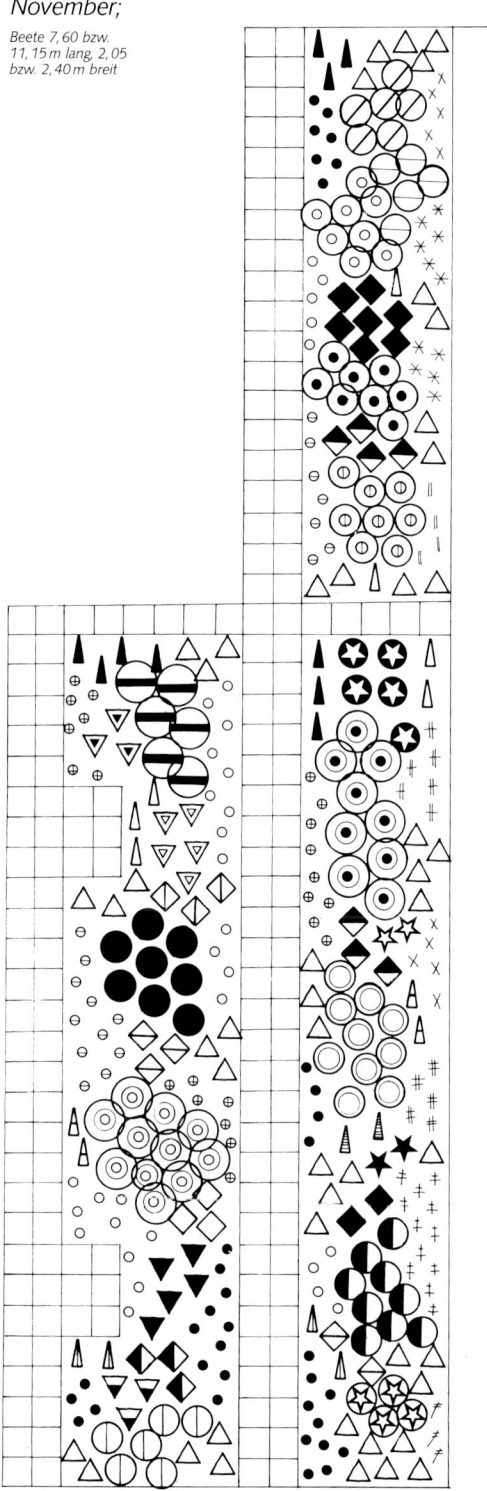

Von Kennern empfohlen: Phlox-Maculata-Hybride 'Alpha', eine wiederentdeckte, bewährte Sorte von Georg Arends aus dem Jahre 1918. Hohe und niedrige Phloxe bestimmen das Gartenbild und bieten den Blütenbesuchern ein reiches Tummelfeld.

eine gekonnt abgestimmte Benachbarung mit *Helenium*- und *Solidago*-Hybriden, *Aster novi-belgii* und *Aster novae-angliae* finden Phlox-Rabatten ihre Vollendung. In Hausgärten kann man ganze Phlox-Beete mit den niederen *Phlox subulata*- und *Campanula carpatica*-Sorten einfassen.

Der Sommerphlox läßt sich im Herbst und im frühen Frühjahr pflanzen, und zwar in einen tiefgründigen, feuchten und nährstoffreichen Boden. Dabei ist darauf zu achten, daß er nicht zu tief in den Boden kommt. Überwinterungsknospen befinden sich unmittelbar unter der Erdoberfläche.

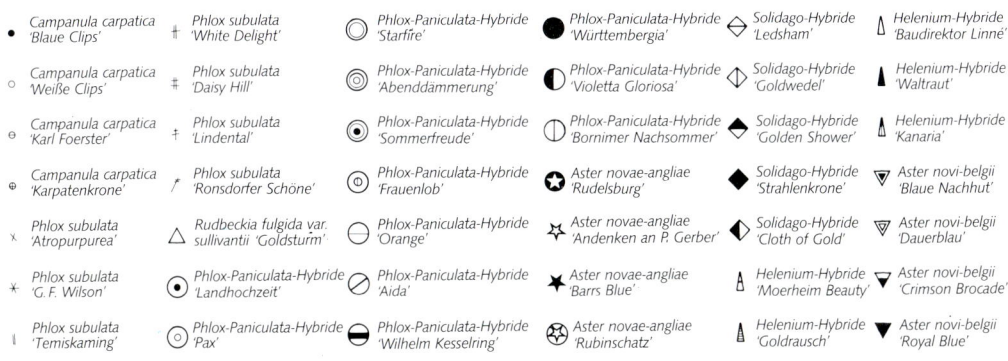

Campanula carpatica 'Blaue Clips'	Phlox subulata 'White Delight'	Phlox-Paniculata-Hybride 'Starfire'	Phlox-Paniculata-Hybride 'Württembergia'	Solidago-Hybride 'Ledsham'	Helenium-Hybride 'Baudirektor Linné'
Campanula carpatica 'Weiße Clips'	Phlox subulata 'Daisy Hill'	Phlox-Paniculata-Hybride 'Abenddämmerung'	Phlox-Paniculata-Hybride 'Violetta Gloriosa'	Solidago-Hybride 'Goldwedel'	Helenium-Hybride 'Waltraut'
Campanula carpatica 'Karl Foerster'	Phlox subulata 'Lindental'	Phlox-Paniculata-Hybride 'Sommerfreude'	Phlox-Paniculata-Hybride 'Bornimer Nachsommer'	Solidago-Hybride 'Golden Shower'	Helenium-Hybride 'Kanaria'
Campanula carpatica 'Karpatenkrone'	Phlox subulata 'Ronsdorfer Schöne'	Phlox-Paniculata-Hybride 'Frauenlob'	Aster novae-angliae 'Rudelsburg'	Solidago-Hybride 'Strahlenkrone'	Aster novi-belgii 'Blaue Nachhut'
Phlox subulata 'Atropurpurea'	Rudbeckia fulgida var. sullivantii 'Goldsturm'	Phlox-Paniculata-Hybride 'Orange'	Aster novae-angliae 'Andenken an P. Gerber'	Solidago-Hybride 'Cloth of Gold'	Aster novi-belgii 'Dauerblau'
Phlox subulata 'G. F. Wilson'	Phlox-Paniculata-Hybride 'Landhochzeit'	Phlox-Paniculata-Hybride 'Aida'	Aster novae-angliae 'Barrs Blue'	Helenium-Hybride 'Moerheim Beauty'	Aster novi-belgii 'Crimson Brocade'
Phlox subulata 'Temiskaming'	Phlox-Paniculata-Hybride 'Pax'	Phlox-Paniculata-Hybride 'Wilhelm Kesselring'	Aster novae-angliae 'Rubinschatz'	Helenium-Hybride 'Goldrausch'	Aster novi-belgii 'Royal Blue'

Empfehlenswerte Sorten	Blütenfarbe	Blütezeit (Juli–Sept.)	Höhe (cm)
'Abenddämmerung'	dunkelviolett	spät	90
'Aida'	tief violettrot	mittel	90
'Bornimer Nachsommer'	lachsrosa	spät	100
'Dorffreude'	rosarot mit purpurrotem Auge	mittel	120
'Düsterlohe'	tief lilarot	früh	120
'Frau A. von Mauthner' ('Spitfire')	lachsrot mit karminrotem Auge	mittel	90
'Frauenlob'	lachsrosa	früh	120
'Furioso'	leuchtend lilarot	früh	100
'Graf Zeppelin'	weiß mit rotem Auge	mittel	100
'Kirchenfürst'	violettrot	mittel	100
'Kirmesländler'	weiß, rotes Auge	spät	120
'Landhochzeit'	hellrosa	mittel	140
'Monte Cristallo'	weiß	spät	120
'Nymphenburg'	weiß	spät	140
'Orange'	leuchtend orangerot	spät	80
'Pastorale'	lachsrosa	mittel	100
'Pax'	weiß	spät	100
'Rosa Pastell'	rosa	mittel	100
'Rosendom'	hellrosa mit purpurrotem Auge	spät	90
'Rotball'	leuchtend karmin	früh	80
'Schaumkrone'	weiß, Auge groß, karminrot	mittel	100
'Schneeferner'	weiß	mittel	100
'Schneerausch'	weiß	spät	100
'Sommerfreude'	rosa, Auge rot	früh	90
'Sommerkleid'	hellrosa, rotes Auge	mittel	90
'Spätrot'	lachsrot	spät	100
'Starfire'	leuchtendrot	mittel	90
'Sternhimmel'	hellviolett mit weiß	mittel	100
'Violetta Gloriosa'	hellviolett, Auge weiß	mittel	130
'Wilhelm Kesselring'	rotviolett, weißes Auge	früh	80
'Württembergia'	leuchtendrosa	früh	80

Wenn sie zu tief sitzen, haben die Pflanzen einige Mühe mit dem Blühen. Man kann den Sommerphlox einzeln oder in Gruppen von fünf Stück pro Quadratmeter pflanzen.

In schneelosen Wintern können Frostschäden auftreten. Frisch gepflanzter Phlox wird deshalb mit einer Laubdecke geschützt. In Lehm- und Humusböden, bei genügender Bodenfeuchtigkeit und ausreichenden Nährstoffen können viele Phloxe ein ganzes Jahrzehnt unverpflanzt im Garten stehen. Regelmäßige Humus- oder Mehrnährstoffdüngergaben im Frühjahr und durchdringendes Wässern im Sommer sind dafür die Voraussetzung. Die Triebentwicklung und Blühwilligkeit lassen sich durch Langzeitdüngergaben von 50 bis 150 g/m² steigern.

Nach der Blüte wird der Fruchtstand dicht über dem Laub ausgebrochen. Wenn der Sommerphlox

Gelegenheit hat, seinen Samen auszustreuen, keimt er zu Füßen der Eltern. Die Sämlingspflanzen blühen meist blaß, sind kleinblütig, sehr stark im Wuchs und deshalb meist unerwünscht. Ihre starke Lebenskraft führt mit der Zeit zum Absterben der Mutterpflanzen.

Bei der Phlox-Kultur ist auf Standortwechsel zu achten, weil man nur dadurch dem gefürchteten Nematodenbefall vorbeugen kann. Diese Krankheit mit der Folge von Kümmerwuchs und verkrüppelten Blättern ist auf Stengel- und Blattälchen zurückzuführen. Eine direkte Bekämpfung der winzigen Fadenwürmer ist nur mit hochgiftigen Pestiziden möglich, deren Anwendung im Privatgarten jedoch streng verboten ist. Gelegentlich treten auch Schaumzikaden auf, deren Schadwirkung aber vergleichsweise unbedeutend ist. Mit dem mehlig-weißen Pilzbelag des Echten Mehltaus werden wir mit (rechtzeitigen!) Fungizid-Spritzungen fertig, oder wir nehmen die hochanfälligen Sorten aus dem Sortiment.

Der Sommerphlox kann für die Vase bereits geschnitten werden, wenn die Mehrzahl der Einzelblüten halb geöffnet ist. Von der Einzelblüte darf man nur eine Haltbarkeit von wenigen Tagen erwarten. An den Blütenständen befinden sich gleichzeitig Knospen, die sich öffnen, während die alten Blüten abfallen.

Die Vermehrung ist durch Aussaat, Teilung, Rißlinge, Wurzelschnittlinge, Kopfstecklinge, Stengelstecklinge sowie durch Achselknospen mit Blatt möglich. Eine Aussaat der Hybrid-Sorten ist unüblich. Die Phlox-Sorten fallen nicht echt, die Sämlinge sind minderwertig. Für unsere Zwecke kommt in der Regel nur die Teilung in Frage.

Auf der Staudenrabatte werden Pflanzen mit »Tonsurbildung« in zeitigen Frühjahr aufgenommen. Man klopft die Erde aus dem Wurzelballen, zerlegt ihn mit der Hand oder mit einem Messer in faustgroße Stücke und kürzt die Wurzeln auf Handlänge ein. Bevorzugt sind Stücke aus den Randzonen zu verwenden. Sie wachsen williger als Teilstücke aus dem Zentrum des Horstes. Die Teilstücke können dann sofort wieder gepflanzt werden.

Rudbeckia, Sonnenhut

Asteraceae (Compositae)

(Siehe Bild Seite 15)

Die nordamerikanische Gattung umfaßt über 30, teils einjährige, teils staudige Arten. Die wichtigsten Rudbeckien sind problemlose Sommer- und Herbstblüher, deren leuchtendes Gelb in keiner Gartenanlage fehlen sollte.

Mit ihrer überwältigenden Blühkraft gehört die relativ niedrige, etwa 50 bis 70 cm hohe *R. fulgida* var. *sullivantii* 'Goldsturm' zu den bekanntesten Rudbeckien. Im Juli öffnen sich die ersten Knospen zu einer 12 cm breiten Blüte, und bis Oktober ist mit einem Nachflor zu rechnen. Der goldgelben Bütenfarbe mit schwarzem »Knopf« kommt keine andere Rudbeckie gleich. Sie ist sehr ausbreitungsfreudig, wuchert maßvoll.

R. fulgida var. *deamii* wird mit 80 bis 100 cm höher als 'Goldsturm'. Die Pflanze blüht mit ihren goldgelben, 7 cm breiten Blüten und grünschwarzen »Knöpfen« im August–September.

R. triloba hat zierliche kleine Blumen an lockerer Verzweigung. Die sehr reichblühende, kurzlebige (bei uns ein- bis zweijährige) Staude trägt im August–September etwa 3 cm große, tiefgelbe Blüten an 80 bis 120 cm hoher, lockerer Verzweigung.

Zu den bevorzugten Gartenstauden gehören auch die 2 m hohen *R. nitida* 'Herbstsonne' und 'Juligold'. Ihre hängenden Zungenblüten sind noch größer und leuchtender als die der Sorte 'Goldsturm'. Die dicht bestockende 'Herbstsonne' bringt im August–September gelbe Blüten von etwa 12 cm Durchmesser mit grünem »Knopf« hervor. Noch schlanker im Aufbau und vier Wochen früher als 'Herbstsonne' sind die goldgelben Blüten mit grünbraunem »Knopf« von 'Juligold'. Wahrscheinlich handelt es sich um eine Zufallshybride, vermutlich aus *R. laciniata* und einer *R. nitida*-Sorte entstanden. 'Juligold' ist nicht ganz so standfest wie 'Herbstsonne', ihr jedoch im übrigen sehr ähnlich.

Eine alte Bauerngartensorte ist die stark wuchernde *R. laciniata* 'Goldball'. Man sieht ihre gefüllten Blüten im Sommer oft über den Gartenzaun hängen. Mit ihren 2,50 m Höhe ist sie nicht sehr standfest und bedarf einer Stütze. Die etwa 6 cm großen, ballförmigen, hellgelben Blumen blühen von Juli bis September.

Aus einer Verbindung von *R. nitida* und *R. laciniata* 'Goldball' sind die Sorten 'Goldkugel' und 'Goldquelle' hervorgegangen. *R. laciniata* 'Goldkugel' ist sowohl standfester als auch farbintensiver als 'Goldball'. Ihre goldgelb gefüllten, 7 cm breiten Blüten erscheinen im August–September auf 160 cm hohen etwas steifen Trieben. Die zitronengelbe, gefüllte, nur 70 cm hohe 'Goldquelle' hat ebenfalls Blumen von 7 cm Durchmesser. Sie ist reichblütig, steif aufrecht und standfest.

Die riesige, 2 m hohe *R. maxima* hat lange, hängende Zungenblüten, die 12 cm und mehr erreichen. Die zuerst olivgrünen, dann schwarzbraunen, konisch-zylindrischen Scheiben verfärben sich während ihrer Blütezeit im August–September.

Man kann die Rudbeckien vielseitig verwenden. Zusammen mit Goldgarben, Rauhblattastern, Rittersporn, *Helenium*-, *Helianthus*- und *Heliopsis*-Sorten, mit Pfingstrosen, Sommerphlox und Goldruten gehören sie zu den sogenannten Leitstauden, die durch ihre Lebensdauer, Größe, Form und Farbe das Bild einer Staudenrabatte bestimmen.

Wenn die Rudbeckien eine »Tonsur« bekommen, das heißt in der Mitte kahl werden, nimmt man sie mit dem Spaten hoch und teilt sie in faustgroße Stücke. Diese Verjüngung sollte man alle fünf bis sechs Jahre wiederholen.

Stückzahl pro Quadratmeter

R. fulgida var. *deamii*	5
R. fulgida var. *speciosa*	9
R. fulgida var. *sullivantii* 'Goldsturm'	9
R. laciniata 'Goldball'	3
R. laciniata 'Goldkugel'	3
R. laciniata 'Goldquelle'	3
R. maxima	5
R. nitida 'Herbstsonne'	3
R. nitida 'Juligold'	3
R. triloba	3

Die Rudbeckien müssen in einem gut mit Nährstoffen und Humus versorgten Gartenboden stehen. Sie benötigen viel Kraft und eine ständige Wassernachhilfe. Eingewurzelte Rudbeckien werden humusiert oder erhalten bis zu 80 g Mehrnährstoffdünger pro Quadratmeter. Nach einem langen Sommer und einer Gabe kalibetonter Nährsalze gehen sie ausgereift in den Winter. Man schneide die Rudbeckien dann bis zum Erdboden zurück.

Die Rudbeckien sind wichtige Schnittstauden. Je häufiger man Blumen schneidet, um so stärker wird die Bildung neuer Knospen angeregt. Die Schnittreife ist erreicht, wenn zwei bis drei Röhrenblütenkreise geöffnet sind. Bei mehrmaligem Nachschneiden halten die Stiele im reinen Wasser sechs bis zehn Tage, bei Verwendung eines Frischhaltemittels wesentlich länger. Als Schnittblume wenig haltbar ist nur *R. fulgida* var. *sullivantii* 'Goldsturm'. Dafür sind nach dem Entfernen der Blütenblätter die schwarzen »Knöpfe« für Trockensträuße sehr beliebt.

Bei den samenvermehrbaren *Rudbeckia*-Arten und -Sorten wie 'Goldsturm' ist auf frisches Saatgut zu achten. Ausläuferbildende Rudbeckien wie *R. fulgida* var. *sullivantii* 'Goldsturm', *R. fulgida* var. *speciosa*, *R. laciniata* 'Goldball' und 'Goldquelle' werden in der Regel im zeitigen Frühjahr mit dem Spaten oder Messer geteilt.

Solidago-Hybriden, Goldrute

Asteraceae (Compositae)

Seit der Einführung von *Solidago canadensis* im Jahre 1648 aus dem atlantischen Nordamerika hat sich die Kanadische Goldrute auf Müllkippen, in verwahrlosten Schrebergärten, auf Ödland und in den Flußauen überall in unserer Flora so weit eingebürgert, daß wir sie heute schon fast als bodenständig betrachten. In Nordamerika kommen allein 130 *Solidago*-Arten vor, einzelne in Südamerika, Asien und auf den Azoren. Unsere einheimische *S. virgaurea*, von der die Gattung ihren deut-

*Die ganz in Lila gehaltene Sommerpflanzung mit Verbena rigida bildet
einen ruhenden Gegenpol zu dem lebhaften Gelb der Solidago-Hybride 'Strahlenkrone' –
Blüten, auf denen im Juli die Sonne tanzt.*

schen Namen Goldrute erhalten hat, wurde früher als Arzneimittel verwendet. Frisch zerquetscht oder gedörrt legte man das Kraut äußerlich auf die Wunden. Gegen innere Verletzungen wurde Saft ausgepreßt und eingenommen. In einem Kräuterbuch aus dem Jahre 1873 heißt es weiter: »Das von diesem Kraut im Juli oder August destillierte Wasser heilt die Mundgeschwüre, befestigt lokkere Zähne und leistet als Gurgelwasser gegen Bräune und Halsentzündungen jeder Art die gleichen Dienste.«

Es hat nicht sehr lange gedauert, bis in unseren Gärten die ersten Sorten entstanden. Ihre reichen Blütenstände sind von einem so schönen Gelb und die Wuchsformen so ansehnlich und vielfältig, daß es sich lohnt, nach diesen Sorten Ausschau zu hal-

ten. Der farbliche Höhepunkt liegt im August– September.

Ihre Blüten sind lange nicht so riesenhaft und »überzüchtet« wie bei vielen Gattungen der Korbblütler. Die zahlreichen kleinen Körbchen schließen sich zu federleichten Blütenständen zusammen. Wie ein Helmbusch sitzen sie auf der Spitze der beblätterten Stengel. Unter dem Einfluß der Züchtung haben die *Solidago*-Sorten an Leucht- und Blühkraft gewonnen.

Die Goldruten sind für die Bestäubung auf Insekten angewiesen und locken Fliegen, Bienen und Hummeln an. Sie verstehen es ausgezeichnet, sich selbst auszusäen. Im Garten ist das meist sehr unerwünscht. Deshalb schneiden wir vor dem Ausfallen des Samens die Blütenstände ab und verhin-

Empfehlenswerte Sorten und Arten	Blütenfarbe, Wuchsform	Blütezeit (Juli– Oktober)	Höhe (cm)
'Cloth of Gold'	goldgelb, dichte Rispen	sehr früh	50
'Golden Gate'	gelb, ähnlich wie 'Golden Shower' mit blütenfarben-verstärkten hellgelben Trieben	früh	60
'Golden Shower'	dunkelgelb, locker, überhängend, mimosenähnliche Blütenstände, hellgelblichgrüne Stengel und Blätter	früh	80
'Goldwedel'	goldgelb, locker, schrägseitlich aufstrebende Blütenstände, remontiert	sehr früh	90
'Laurin'	goldgelb, kugelige Büsche mit dunkelgelber Farbe, blüht erst im September	spät	25
'Ledsham'	hellgelb, lockere Rispen, hellgelblichgrüne Stengel und Blätter, Schnittsorte	früh	80
'Spätgold'	goldgelb, säulenförmig, kompakt, wichtiger Spätblüher	spät	70
'Strahlenkrone'	goldgelb, säulenförmig, kompakt, fast flächig angeordnete Blütenstände, Schnittsorte	früh	60
S. caesia	gelb, sehr locker, überhängend, kleine Blütenbüschel entlang der dünnen Triebe in den Blattachseln, zum Schnitt	spät	80
S. virgaurea	gelb, für naturnahe Anlagen, zum Schnitt	mittel	70
– 'Goldzwerg'	gelb, zwergig, kompakt aber nicht säulenförmig	früh	25
– 'Minutissima'	gelb, rasig wachsend, für Gebirgsmatten	mittel	10

dern damit, daß z. B. die prächtigen Zwergsorten in einem Wald von hohen Wildlingen untergehen. Ein Vorteil der spätblühenden Sorten ist es, daß die Samen nicht mehr ausreifen. Gelbtriebige Sorten wie 'Golden Shower', 'Ledsham', 'Golden Gate' und 'Laurin' haben sich als steril erwiesen.

Nach einem Rückschnitt der Goldruten sind ihre Grundsprosse und Augen nicht in der Lage, neue Blüten zu bilden. Eine Remontierfähigkeit ist mit dem Rückschnitt nur bei der Sorte 'Goldwedel' verbunden. Im Spätherbst, wenn die Stauden abgeräumt werden, erfolgt ein zweiter Rückschnitt bis zum Boden.

Die Genügsamkeit der Goldruten kommt uns bei der Anlage von Prachtstaudenrabatten sehr zugute. Wenn sie auch den feuchten Untergrund und die Nachbarschaft von Bachläufen lieben, im Garten sind sie mit jedem humosen Boden zufrieden. Den starken Gelbanteil, den sie in das Sommerbild

der Staudenrabatten einbringen, kann man durch weiße und rosa, lachsrote und hellviolette Sommerphloxe mildern. Mit den *Solidago* beginnen die samtig-kupferrote *Helenium*-Hybride 'Moerheim Beauty' und die goldgelbe *Rudbeckia fulgida* var. *sullivantii* 'Goldsturm' zu blühen. Lange vor und etwas nach der »Solidagozeit« beherrschen die verschiedenfarbigen Teppichphloxe, die Rauh- und Glattblattastern die Beetstreifen. Man sollte bei der Aufstellung eines Pflanzplanes im voraus wissen, wie die Blütezeiten der einzelnen Stauden verlaufen.

Durch Bestockung bilden die *Solidago* genügend »Ableger«, die sich mit dem Spaten von den Mutterpflanzen abtrennen lassen. Im Frühjahr oder Herbst jedes vierten oder fünften Jahres nimmt man die Goldruten ohnehin aus dem Boden, teilt sie in faustgroße Stücke und pflanzt von den Hybriden etwa fünf Stück auf einen Quadratmeter. Durch gelegentliches Gießen und zusätzliche Düngergaben können sie viele Jahre im Garten stehen. Ehe eine Rabatte bepflanzt wird, bringt man 50 bis 100 g/m² Nährsalz in den Boden. Wenn organisch gedüngt werden soll, rechnen wir mit der doppelten Menge.

Wenn die Blütenstände zu einem Drittel oder bis zur Hälfte geöffnet sind, haben die Goldruten ihre Schnittreife erreicht. Die grünen, noch nicht blühenden Triebe eignen sich vorzüglich als Beigrün für bunte Sträuße.

Alle Sorten sind leicht durch Teilung oder Stecklinge vemehrbar, oder es werden Grundsprosse wie Rißlinge abgetrennt. Durch Aussaat vermehrbar sind: S. canadensis 'Goldkind', 70 cm, goldgelb, Juli–September; S. glomerata, 100 cm, gelbe Blütenrispen mit großen Einzelblüten, August–Oktober; S. rigida, 150 cm, gelbe schirmartige Doldenrispen, graufilzige Blätter, August–September; S. virgaurea, 60 bis 80 cm, gelb, Juli–September. Bei gleichmäßiger Feuchtigkeit und Temperatur um 20 °C sind sie schnell keimend.

× Solidaster luteus

Asteraceae (Compositae)

Ein Gattungsbastard, der aus einer Kreuzung zwischen Aster ptarmicoides und einer Solidago um 1909 entstanden ist. Wird 60 cm hoch, ist wenig standfest und deshalb als Beetstaude nur mit Stützhilfe geeignet. Diese kleinblumige Hybride ist wegen ihrer hellgelben, in reich verzweigten Sträußen sitzenden Blüten eine wertvolle Schnittstaude. Das Laub und der Blütenstand gleichen der Solidago, die Einzelblüte den Astern. Im Endstadium verfärben sich die Blüten weiß mit gelber Mitte. Durch einen zeitlich gestaffelten Rückschnitt läßt sich eine ununterbrochene Blüte von Juli bis Mitte Oktober erreichen. Die Pflanzen eignen sich gut zum Färben und zum Trocknen. Zur Verarbeitung als Trockenblume muß der Blütenstand bei der Ernte voll erblüht sein.

Trollius-Hybriden, Trollblume

Ranunculaceae

In den europäischen Mittelgebirgen begegnen wir dem hellgelben T. europaeus mit geschlossenen Kugelblüten, in Sibirien dem orangefarbigen T. asiaticus und in Nordostchina dem orangegelben T. chinensis mit halboffenen Blüten und großen Honigblättern. Diese drei Arten sind zu den Stammeltern der Trollius-Hybriden geworden.

Die Trollblumen erscheinen als Frühjahrs- und Frühsommerblüher schon im Mai auf den Staudenbeeten. Unter lichtkronigen Bäumen, in der Nähe von Wasserläufen und auf der Staudenrabatte können sie als gute Nachbarn von Astilben, Anemone hupehensis, Anemone vitifolia und den Anemone-Japonica-Hybriden gepflanzt werden; auch zusammen mit den blaublühenden Polemonium- und Aconitum-Arten. Wenn sie nicht zu dicht stehen, bilden sie große Pflanzenhorste. Bei einem Pflanzabstand von 30×40 cm sollte man nicht mehr als sieben bis neun Trollblumen auf einen Quadratmeter setzen.

Am besten wachsen die Trollblumen im Halbschatten, möglichst an einem Teich- oder Bachufer. Wo sie trockener und ganz sonnig stehen, muß stets gut gewässert werden. Ein lockerer, humoser und feuchter Boden mit einem pH-Wert von 5 bis 6 ist ideal. Wenn der Boden sehr schwer, sandig oder kalkhaltig ist, werden vor der Pflanzung etwa 10 l Lauberde, Rinden- oder Holzkompost pro Quadratmeter eingebracht.

Die salzempfindlichen Trollblumen erhalten nach dem Austrieb 50 g/m² und nach der Blüte weitere 50 g/m² eines Mehrnährstoffdüngers. Man kann diese Nährsalzmengen auch in einer Langzeitdüngergabe im Frühjahr ausbringen. Bei frisch gepflanzten Trollblumen kann es zu einer zweiten Blüte kommen. Gut ernährte Trollblumen können bis zu zehn Jahren im Garten stehen. Erst wenn sie mit dem Blühen nachlassen, werden sie im Frühjahr geteilt und neu aufgepflanzt.

Für die Vase sind die Trollblumen schnittreif, sowie die noch geschlossenen Blüten Farbe zeigen.

Stimmungsvolles Grün vor einer Kulisse aus Laubgehölzen. Zwischen den Blattwedeln des Straußfarns sorgt der leuchtend gelbe Farbakzent von Trollius chinensis 'Golden Queen' für Abwechslung. Natursteinmauern und Felsspalten schaffen Lebensbereiche für Pflanzen, die in den Fugen ihren Platz finden.

Sehr gut zum Schnitt geeignet sind die Sorten 'Goldquelle' und 'Orange Globe'.

Die nicht samenvermehrbaren Sorten lassen sich von April bis Juni teilen, am besten nach der Blüte, wenn die Pflanzen erneut durchtreiben.

Aber auch von Dezember bis Februar kann geteilt werden. *T. chinensis* 'Golden Queen', die »Frühen Hybriden« und die »Neuen Hybriden« sowie *T. europaeus* sind samenvermehrbar und sollten im Februar zur Aussaat kommen.

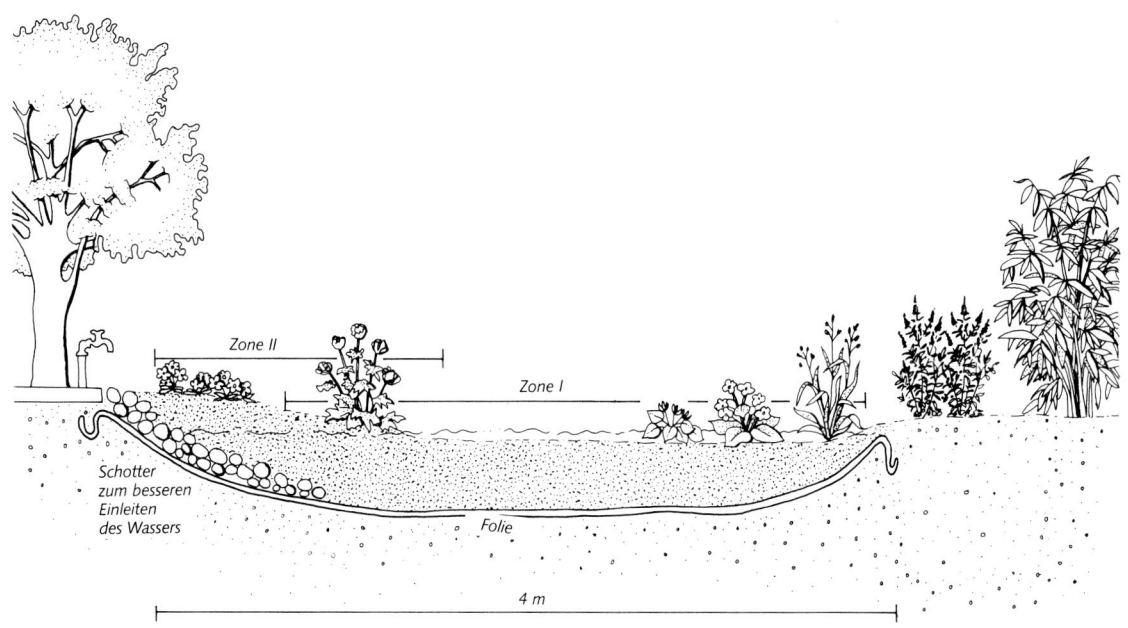

Wasser und Moor sind nicht zu trennen. In den Vertiefungen können – oft im Wasser stehend – interessante Sumpfpflanzen angesiedelt werden.

Empfehlenswerte Sorten	Blütenfarbe und -form	Blütezeit (Mai–Juli)	Höhe (cm)
'Earliest of All'	hellorange	früh	60
'Frühlingsbote'	hellorange, groß	früh	60
'Goldquelle'	gelborange	mittel	70
'Lemon Queen'	hellzitronengelb, groß	mittel	60
'Maigold'	goldgelb	mittel	50
'Orange Globe'	hellorange	mittel	80
'T. Smith'	zitronengelb	früh	70
T. chinensis 'Golden Queen'	goldgelb, schalenförmig	spät	100
T. europaeus 'Superbus'	gelb	mittel	60

Begleitstauden für sonnige Lagen

Acanthus hungaricus, Akanthus

Acanthaceae

Von den etwa 20 Arten ist *A. hungaricus* (syn. *A. balcanicus*) von der Balkan-Halbinsel, aus Südwestrumänien und Nordwestjugoslawien die wertvollste Art. Von Juni bis August erscheinen die weißen Ährenblüten, die sich sehr schön in großen Gestecken verwenden lassen. Im Spätsommer reifen zwischen ihren dornig gezähnten Kelchblättern die bohnengroßen Samen. *A. hungaricus* ist geradezu harmlos im Vergleich zu den fürchterlich bedornten Disteln aus der Gattung *Carduus*.

Die koptische Kunst (3. bis 12. Jahrhundert) läßt einen altägyptischen Grundakkord durchklingen: Weinranken und Akanthusblätter schließen sich zu unendlichen Reihen zusammen. Bekannt sind die korinthischen Kapitelle, deren Verzierungen von Akanthusblättern abgeleitet wurden. Diese ornamentalen Akanthusranken lebten stark stilisiert in der Renaissance und im Barock wieder auf. Schon um die Mitte des 5. Jahrhunderts vor Christus verwendeten die Griechen an korinthischen Säulenkapitellen Akanthusornamente. Dabei nahmen sie die tief eingebuchteten Blätter von *A. mollis* zum Vorbild.

A. hungaricus zeigt den Charakter von Beetstauden, mit denen er sich an sonnigen Plätzen auf nährstoffreichem Boden vergesellschaften läßt. Je nach den örtlichen Gegebenheiten kann der Akanthus auch im Steingarten einen Platz finden, wobei er im Hinblick auf seine Wurzelausläufer allerdings mit Vorsicht zu benachbaren ist. Die unterschiedlichen Typen erreichen 30 bis 100 cm Höhe. Man sollte sie als Jungpflanzen aus der Staudengärtnerei beziehen, denn ein Ausgraben und Wiedereinpflanzen im Garten scheitert an ihrem tiefen Wurzelwerk. Nur junge, noch nicht blühfähige Pflanzen, die aus Wurzelschnittlingen oder Samen herangezogen wurden, lassen sich setzen. Dabei werden sie möglichst einzeln oder in kleinen Trupps von drei Pflanzen pro Quadratmeter plaziert. Frisches Saatgut keimt schnell.

Alcea (Althaea), Stockmalve, Stockrose

Malvaceae

Von den etwa 25 Arten sind nur *A. ficifolia* und *A. rosea* gärtnerisch von Bedeutung.

A. ficifolia aus Sibirien ist staudig und wird bis über 2 m hoch. Die Blätter sind siebenlappig, die Blüten gelb, kupferfarben, rosa, rot, weiß und einfach. *A. rosea* aus dem Orient ist zweijährig bis staudig. Ihr Leben läßt sich durch rechtzeitigen Rückschnitt um einiges verlängern. Noch vor der Entfaltung der allerletzten Knospe wird der Blütenstengel abgeschnitten und dadurch die Samenbildung unterbunden. Nach der Neubildung von Triebknospen kommen die Pflanzen sicher durch den Winter.

In den Bauerngärten findet man die 2 m hohen Stockmalven in allen Farbschattierungen. Bemerkenswert ist von *A. rosea* die fast schwarzrote Sorte 'Nigra'. In den Gärten begegnet man am häufigsten den halbgefüllten und gefüllten Formen in Weiß bis Gelb, Rosa und Rot bis Braun.

Vor Hausmauern und an Gartenzäunen, in der Nähe von Pergolen, in bunten Staudenrabatten und vor dunklen Gehölzen finden die Stockmalven ihren Platz. Für einen Quadratmeter werden von *A. ficifolia* drei und von *A. rosea* etwa fünf Pflanzen benötigt. Die Stockmalven verlangen

*Imposanter Blickpunkt: Acanthus hungaricus wirkt in einer zurückhaltenden Umgebung am besten.
Ein Geheimtip für alle Staudenfreunde mit Sinn für einen romantischen Garten. Als wär's ein Stück Natur –
urwüchsig, kraftvoll und schon in der Wildform edel. Ein Begleiter für jede Situation.*

nährstoffreichen, tiefgelockerten Boden. Die Erde soll lehmig, aber nicht zu naß sein. Bei zu viel Feuchtigkeit faulen die Wurzeln. Wenn man gegen den Malvenrost nicht spritzt, wird man nicht viel Freude an seinen Stockmalven haben. Die befallenen Blätter vergilben rasch und sterben ab.

Alchemilla mollis, Frauenmantel

Rosaceae

Diese schönste der großblättrigen *Alchemilla*-Arten ist in den Ostkarpaten und in Westasien beheimatet – eine Staude, die sich in sonniger Lage, zwischen und vor Gehölzen mit zumeist wechselnder Besonnung in kleinen Trupps von drei bis zehn Pflanzen und auch großflächig verwenden läßt. Bei einer Stückzahl von fünf *A. mollis* pro Quadratmeter kommen bei einem hohen Bedeckungsgrad keine unerwünschten Kräuter auf. Gepflanzt wird im März–April oder Mitte August bis Ende September in einen gut durchlüfteten, gleichmäßig feuchten Boden. *A. mollis* blüht im Juni–Juli, nach einem Rückschnitt erscheinen im September erneut Blüten. Am Ende drahtiger Stiele sitzt ein doldenartiger Blütenstand mit grünlichgelben Blüten. Vermehrt wird durch einfache Teilung.

Die stark wachsende Sorte 'Robusta' ist besonders zum Schnitt geeignet.

Anchusa azurea, Ochsenzunge

Boraginaceae

Anchusa azurea (A. italica) ist eine 1 bis 1,5 m hohe, mediterrane, sehr trockheitsverträgliche Staude mit fleischigen, rübenartigen Wurzelstökken. Die 40 cm langen, lanzettlichen Blätter sind rauh behaart. Sie trägt von Juni bis September sehr große, verzweigte Blütenstände mit enzianblauen Blüten. Eine schöne Ergänzung zur Ochsenzunge sind die Steppenkerze *(Eremurus robustus)*, der Türkische Mohn *(Papaver orientale)* und die Schwertlilien *(Iris germanica)*. Als Beetstaude liebt *A. azurea* gute, humusversorgte Gartenböden. Diese Art ist nur für sonnige, warme Plätze geeignet, die auch zeitweilig Trockenheit erträgt. Durch Winternässe kann es zu Ausfällen kommen. Deshalb ist eine entsprechende Standortwahl, eventuell mit Winterschutz, wichtig.

Zunehmend findet die 120 cm hohe, samenvermehrbare, enzianblaue Sorte 'Dropmore' Verwendung. In der Regel werden durch Wurzelschnittlinge vermehrt: 'Little John', 40 cm, leuchtend blaue kleine Blüten; 'Loddon Royalist', 1 m, leuchtend blau und großblumig; 'Royal Blue', 50 cm, tief enzianblau und besonders reichblühend.

Armeria maritima ssp. maritima, Grasnelke

Plumbaginaceae

Im Küstengebiet verbreitete Salzwiesenpflanze Nordeuropas, die in jedem durchlässigen, mittelschweren Gartenboden wächst. Sie bildet fest geschlossene Polster von 10 bis 25 cm Höhe. In extremen Südlagen machen sich nach schneelosen Wintern leicht Frostschäden bemerkbar. Deshalb müssen die Pflanzen in solchen Fällen durch eine Reisigdecke vor zu starker Sonneneinstrahlung geschützt werden.

Als guter Polsterbildner werden die Grasnelken gerne für Einfassungen verwendet. Sie sind aber nicht in der Lage, größere Flächen gleichmäßig zu begrünen, weil sie ihre festgeschlossenen Horste nicht ausdehnen. Mit zunehmendem Alter fallen die Polster auseinander und sterben von der Mitte her ab.

Man wird die Armerien am besten in kleinen Trupps von drei bis zehn Pflanzen verwenden, bei einer ausnahmsweise flächigen Pflanzung nicht mehr als 16 Grasnelken pro Quadratmeter. Zusammen mit Karpaten-Glockenblumen und *Oenothera tetragona* 'Hohes Licht' passen sie gut zu *Erigeron-* und *Heuchera*-Hybriden, *Veronica longifolia*, Polyanthahybrid- und Floribundarosen.

Die 10 bis 25 cm hohen Polster sind im Mai–Juni von weißen ('Alba'), leuchtend rosa ('Düsseldorfer Stolz'), karminrosa ('Frühlingszauber'), lilarosa ('Schöne von Fellbach'), leuchtend karminrosa ('Splendens') und tiefrosa ('Laucheana') Blütenköpfen übersät.

Sorten mit relativ langen Bütenstielen lassen sich als Schnittblumen verwenden. Durch Aussaat werden nur die Wildformen und die Hybride 'Ornament' vermehrt, die übrigen durch Teilung.

geschaffen, in Verbindung mit Polyanthahybrid- und Floribundarosen in jedem humosen Boden Rabatten flächig zu bedecken. Dabei kommt der anspruchslosen *C. carpatica* var. *turbinata* große Bedeutung zu. Die etwa 20 cm hohen Pflanzen mit herzförmigen Blättern und offenen, hellvioletten Glockenblüten säen sich selbst aus.

Die Sorten 'Blaue Clips' und 'Weiße Clips' werden durch Aussaat vermehrt. Vegetative Vermehrung durch Stecklinge, Teilung und Rißlinge.

Campanula carpatica, Karpaten-Glockenblume

Campanulaceae

Die Gattung umfaßt rund 300 Arten. Als Beetstaudenbegleiter bieten sich die in den Gebirgen Osteuropas, vor allem in den Karpaten beheimateten *C. carpatica* und ihre Sorten an. Die auserlesenen Züchtungen blühen im Juli – August mit aufrechten Schalenblüten. Zur flächigen Verwendung sind sie in Verbindung mit *Oenothera tetragona, Veronica longifolia* oder *Erigeron*-Hybriden geeignet. Auf den Prachtstaudenrabatten lassen sie sich vor hohe Sommerphlox, Herbstastern, *Solidago*- und *Helenium*-Hybriden pflanzen. Die 15 bis 30 cm hohen Karpaten-Glockenblumen sind wie

Chelone obliqua, Schildblume, Schlangenkopf

Scrophulariaceae

In den vergangenen Jahren ist man auf die nordamerikanische *Chelone* aufmerksam geworden. Die aufrechten Triebe mit den glänzend dunkelgrünen Blättern erreichen eine Höhe von 60 bis 80 cm. Von Juli bis August entwickeln sie dunkelrosa gefärbte Blüten. In kleinen Trupps von drei bis zehn Pflanzen verlieren sie von ihrer Steifheit. Bei einer Stückzahl von fünf Chelonen pro Quadratmeter lassen sie sich als Wasserpflanzenbegleiter auch in größeren Trupps von über 20 Pflanzen in feuchten Böden verwenden. An schlecht entwässerten Standorten sind sie fehl am Platz.

Empfehlenswerte Sorten	Blütenfarbe	Blütezeit (Juli–Aug.)	Höhe (cm)
'Blaue Clips'	hell himmelblau	mittel	20
'Blaumeise'	hellviolett	spät	20
'Karl Foerster'	tiefblau	mittel	20
'Karpatenkrone'	hellblau	spät	20
'Kobaltglocke'	dunkelviolett	mittel	40
'Spechtmeise'	blauviolett	mittel	30
'Weiße Clips'	weiß	mittel	20
'Zwergmöwe'	weiß	mittel	20
C. carpatica	blau	früh	40
C. carpatica var. *turbinata*	violettblau	früh	20
C. carpatica var. *turbinata* 'Alba'	weiß	früh	20

Die *Chelone* gedeiht am besten in einem guten Gartenboden mit hohem Humusanteil. In lehm- und sandhaltigen Erden können die Pflanzen bald geteilt werden, vorausgesetzt, der Boden wurde mit Kompost oder verrottetem Stalldung verbessert. Die Blütenstände bleiben dann hart und knikken nicht um. Der pH-Wert darf nicht zu niedrig sein. Auf sauren Böden ist mit Wachstumsdepressionen zu rechnen. Bei humusarmen Böden ist eine organische Düngung empfehlenswert. Dagegen lassen sich humusversorgte Erden, die regelmäßig mit organischen Bodenverbesserungsmitteln angereichert werden, auch mineralisch düngen. Im Frühjahr gibt man auf einen Quadratmeter 30 bis 50 g Mehrnährstoffdünger.

Die *Chelone* ist eine beliebte Schnittblume. Ihre Schnittreife ist erreicht, wenn die unteren Blüten geöffnet sind.

C. obliqua und ihre reinweiße Sorte 'Alba' sind samenvermehrbar. Im Frühjahr wird breitwürfig in Schalen ausgesät. Die Anzucht ist problemlos, die Saat geht jedoch sehr ungleichmäßig auf. Für die vegetative Vermehrung werden die Pflanzen nach dem Schnitt der Blüten im September–Oktober herausgenommen und in vier bis sieben Stücke geteilt. Es kann auch im Frühjahr geteilt oder durch Stecklinge vermehrt werden.

Coreopsis grandiflora, Mädchenauge

Asteraceae (Compositae)

In den USA von Kansas und Missouri bis Texas und Georgia beheimatet. In der gärtnerischen Kultur spielen nur die Sorten eine Rolle. Sie entfalten von Juni bis August ihre Blüten.

Je nach Verwendungszweck wird auf der Staudenrabatte auf Dauerhaftigkeit und für die Vase auf lange Stiele Wert gelegt. Durch die Wahl guter Rabattensorten wie 'Schnittgold' und 'Sonnenkind' läßt sich die Blühdauer der Mädchenaugen auf dem Beet verlängern. Ein rechtzeitiger Rückschnitt nach der Blüte im September regt die Pflanzen zur Bildung von Grundsprossen an. Eine mäßige Düngung im Frühjahr in Höhe von 50 g/m^2 verbessert die Lebenserwartung ebenso wie ein gelegentliches Teilen. In der Regel nimmt man die *Coreopsis* alle zwei bis drei Jahre heraus und pflanzt sie im Frühjahr nach dem Zerlegen der Wurzelstöcke wieder auf. Dabei werden sie in kleinen Trupps von maximal neun Pflanzen pro Quadratmeter in die Nachbarschaft von Sommerphlox- und *Erigeron*-Sorten, Berg- und Kissenastern, Sommermargeriten und Rittersporn gesetzt.

Empfehlenswerte Sorten	Blütenfarbe	Höhe (cm)	Eigenschaften
'Baby Sun'	gelb	30–35	Blüten einfach, samenvermehrbar
'Badengold'	goldgelb	80	Blütenköpfe bis 10 cm Durchmesser, nur durch Teilung und Stecklinge vermehrbar samenvermehrbar
'Domino'	goldgelb mit schwarzer Scheibe	40	
'Louis d'Or'	gelb	90	Blüten gefüllt, samenvermehrbar
'Schnittgold'	goldgelb	60–90	große Blüten stehen auf langen, kräftigen Stielen, samenvermehrbar
'Sonnenkind'	goldgelb	40	Blüten sehr zahlreich von Juni bis September, samenvermehrbar
'Sunray'	goldgelb	30–40	Blüten halbgefüllt oder gefüllt, samenvermehrbar
'Tetragold'	leuchtend gelb	80	großblumig, sehr gute Schnittsorte, samenvermehrbar

Dicentra spectabilis, Tränendes Herz

Papaveraceae

Zur Zeit unserer Großeltern war das Tränende Herz in jedem Bauerngarten zu finden. Als der Schotte Robert Fortune in seinem Expeditionsgepäck von der chinesischen Insel Kushan *D. spectabilis* nach England einführte, kam diese Pflanze 1847 in Europa erstmals in Blüte. Ihre herzförmigen Pendelblüten erscheinen im Mai und Juni reihenweise auf elegant gebogenen Trieben. Neben der rosa-weißen Stammform ist in unseren Gärten noch eine reinweiße Sorte 'Alba' verbreitet. Das Tränende Herz benötigt viel Ruhe und Zeit, um ordentlich zu gedeihen und zu blühen. Wenn es im Juli sehr heiß wird, zieht es seine Blätter ein. In einem feuchten Frühsommer verzögert sich das sonst rasche Abwelken. Wer die kahlen Stellen verdecken will, kann nach Art eines Bauerngartens

Dicentra spectabilis, Blütenschatz aus Chinas Gärten. Das Tränende Herz bringt als alte Bauerngartenpflanze eine nostalgische Note in den Garten. Eine Schönheit wie Dicentra erträgt auch den Halbschatten und ein farbenprächtiges Sommerbeet. Eine Besonderheit unter den Dicentra spectabilis ist die reinweiße Sorte 'Alba'.

in die Nachbarschaft des Tränenden Herzens die weitausgreifende Kapuzinerkresse, Nachtviolen, Goldlack, Vexiernelken, Sommerphlox, Christrosen oder Gewürzpflanzen wie Ysop, Lavendel, Salbei und Zitronenmelisse pflanzen. Der Halbschatten ist *D. spectabilis* lieber als das volle Licht. Wenn stets für ausreichende Bewässerung gesorgt wird, kommt es aber auch in der Sonne zum Blühen.

Ideal sind alte Gartenböden, die über Generationen mit Humus angereichert wurden. Als Stalldungersatz sind Komposterde oder Rindenkompost geeignet. Beim Pflanzen darf kein frischer Dünger an die Wurzeln kommen, und die Pflanzen dürfen nicht zu tief in der Erde stehen. Sie blühen sonst nicht, beginnen zu faulen und verschwinden nach einiger Zeit. Mit dem Austrieb im Frühjahr wird um jede Pflanze 25 bis 30 g (ein gehäufter Eßlöffel) Guano, Manna, Oskorna, getrockneter Geflügeldünger oder entöltes Rizinusschrot gestreut. Die Horste werden mit den Jahren immer schöner. Der brüchige Wurzelstock läßt sich nur widerwillig teilen. Durch die Aprilfröste werden die jungen Austriebe häufig gebräunt. Wenn man für kalte Nächte Tücher zum Abdecken bereithält, lassen sich Frostschäden leicht vermeiden. Als Schnittblumen sind die Herzblumen in der Vase erfreulich lange haltbar.

Wenn die Triebe etwa 10 cm lang sind, schneidet man die Stecklinge. Bei Grundstecklingen mit hohlen Stengeln muß noch ein Stück der Wurzelplatte am Steckling verbleiben. Sehr hohe Luftfeuchtigkeit fördert das Anwachsen.

Doronicum orientale, Gemswurz

Asteraceae (Compositae)

Das südosteuropäische, in Kleinasien und im Kaukasus beheimatete *D. orientale* sollte in keinem Garten fehlen. Es gehört zu den ganz frühen Frühjahrsblühern, das mit seinen gelben »Margeritenblüten« zur Tulpen- und Narzissenzeit erscheint. In der Frühjahrsecke paßt es gut zu Tränendem Herz, Kaukasus-Vergißmeinnicht, Primeln und Moosphlox. Es ist überall eine wertvolle Belebung, wenn es in kleinen Trupps von drei bis zehn Pflanzen verteilt aufgepflanzt wird. In Gruppen verwendet, vor allem im Gehölzbereich, setzt man auf einen Quadratmeter zwölf Pflanzen. Wenn diese über Jahre unverpflanzt im Garten stehen, erhalten sie im April 50 g/m² eines Mehrnährstoffdüngers. Ein humusreicher, nicht zu trockener Boden, ist die Voraussetzung für ein langes Blühen.

Schöne Schnittstauden sind die Sorten ‘Finesse’, ‘Frühlingspracht’, ‘Riedels Goldkranz’ und ‘Riedels Lichtspiegel’. Ihre Schnittreife ist erreicht, wenn zwei bis drei Röhrenblütenkreise geöffnet sind.

Die durchgezüchteten Sorten ‘Finesse’ und ‘Magnificum’ sind samenvermehrbar. Aus der schnell keimenden Saat sind Jungpflanzen bei gleichmäßiger Feuchtigkeit und nicht zu hohen Temperaturen problemlos heranzuziehen. Auch Teilung ist einfach. Nachdem einjährige Mutterpflanzen nach der Blüte zurückgeschnitten wurden und wieder neu austreiben, werden sie sorgfältig ausgegraben.

Bewährte Sorten	Blütenfarbe und -füllung	Blütezeit	Höhe (cm)
‘Finesse’	gelb, feinstrahlig	mittel	50
‘Frühlingspracht’	goldgelb, vollgefüllt	mittel	50
‘Gerhard’	zitronengelb mit grünlicher Mitte, gefüllt	mittel	50
‘Goldzwerg’	goldgelb	mittel	25
‘Magnificum’	goldgelb	mittel	40
‘Riedels Goldkranz’	goldgelb, bis 7 cm Durchmesser, doppelter Blütenkranz	mittel	25
‘Riedels Lichtspiegel’	goldgelb	mittel	35

Der fleischige Wurzelstock wird in möglichst kleine Teilstücke mit Augen zerlegt und in Töpfen weiterkultiviert.

Echinacea purpurea, Sonnenhut

Asteraceae (Compositae)

Die früher unter dem Namen *Rudbeckia purpurea* geführte Staude gehört wie alle Sonnenhut-Arten der nordamerikanischen Flora an. Als Beetstauden sind sie sehr beliebt, wenn auch nicht besonders langlebig. Ein häufiges Teilen und Umpflanzen im Frühjahr ist deshalb erforderlich. In kleinen Trupps von zehn Pflanzen pro Quadratmeter werden sie in nährstoffreiche, humusversorgte Gartenböden gepflanzt.

Die purpurrosa, bis 1 m hohe *E. purpurea* blüht von Juli bis September. Ihre Blütenköpfe mit den hängenden Strahlenblüten und der hochgewölbten goldbraungrünen, stacheligen Scheibe sind bei den Selektionen noch schöner.

Die Langlebigkeit und der Schnittwert der »Roten Rudbeckien« machen die Sorten 'Abendsonne', 'Leuchtstern', 'Magnus' und 'The King' besonders beliebt. Schön sind auch die trockenen Samenstände. Im frischen, noch nicht verblühten Zustand oder wenn sie nach dem Abblühen der Blumen dunkelbraun geworden sind, werden von den »Knöpfen« die Zungenblüten entfernt.

E. purpurea und ihre Sorten 'Leuchtstern' und 'Magnus' kann man durch Aussaat vermehren, die Klonsorten 'Abendsonne', 'Alba', 'The King' und 'White Lustre' im Dezember–Januar oder April–Mai durch Wurzelschnittlinge. Teilung ist möglich.

Echinops, Kugeldistel

Asteraceae (Compositae)

Die Verbreitungsgebiete der Kugeldisteln liegen in Asien, im Orient, auf dem Balkan und im östlichen Mitteleuropa. Bei den *Echinops* stehen Einzelblüten in kugeligen Köpfchen zusammen. Die nitrophilen *E. bannaticus, E. humilis, E. ritro* und *E. sphaerocephalus* benötigen relativ hohe Stickstoffmengen. Als stattliche Stauden treten sie in kleinen Trupps von drei bis zehn Pflanzen auf einem Beet mit Goldgarben *(Achillea filipendulina)*, rotblühenden Sommerphlox-Sorten und Monarden sehr wirkungsvoll in Erscheinung. Solitär und in kleinen Gruppen von bis zu fünf Pflanzen pro Quadratmeter passen sie auch zu *Heliopsis-* und *Helenium*-Sorten, *Hemerocallis,* zu den Staudengräsern und *Eryngium*-Arten.

Am besten gedeihen sie in einer humosen und kalkreichen Erde. Viele edle, hochgezüchtete Sorten tragen die hervorragenden Merkmale der Ausgangsarten.

Kugeldisteln können sowohl halb- als auch vollerblüht geschnitten werden. Die Haltbarkeit im Wasser beträgt sechs bis acht Tage. Ihre Blüten sind außerdem hervorragend für Trockensträuße geeignet.

Sorten	Blütenfarbe	Höhe (cm)	Besonderheiten
'Abendsonne'	karminrot, »Knopf« olivgoldbraun	80	vieltriebige Sorte mit 9–12 cm großen Blumen
'Alba'	weiß	70	
'Leuchtstern'	hell karminrot, »Knopf« olivgoldbraun	80	Zungenblüten weniger hängend, nicht so reichblühend
'Magnus'	intensiv rot, »Knopf« olivgoldbraun	100	Zungenblüten stehen waagrecht
'The King'	karminrot, »Knopf« olivgoldbraun	90	11–12 cm große Blumen
'White Lustre'	cremeweiß	90	große Blüten

Empfehlenswerte Arten und Sorten	Blütenfarbe und -form	Blütezeit (Juli–Sept.)	Höhe (cm)
E. bannaticus 'Blue Ball'	dunkelblau, groß	mittel	120
E. bannaticus 'Blue Globe'	dunkelblau, sehr große Blütenköpfe	früh mit Nachflor	160
E. bannaticus 'Taplow Blue'	intensiv blau, sehr reich blühend	mittel	120
E. humilis	blau, große Blumenköpfe	spät	120
E. ritro 'Veitchs Blue'	stahlblau	früh	80
E. sphaerocephalus	grauweiß bis graublau	früh	200

E. ritro und 'Blue Globe' lassen sich im Januar–Februar bei 15 bis 18°C aussäen. Sonst teilt man im April–Mai oder nach der Blüte im September. Es kann ohne Vorkultur direkt gepflanzt werden.

Eryngium, Edeldistel, Mannstreu

Apiaceae (Umbelliferae)

Die Gattung ist mit etwa 220 Arten in den gemäßigten und wärmeren Zonen, vor allem des Mittel-

meergebietes, verbreitet. Viele Arten sind von eigenwilliger Schönheit. Im Gegenlicht kommt das Spitzenwerk ihres Blattfiligrans mit der charakteristischen Bedornung der Rosetten besonders zur Wirkung. Ein Selbstporträt von Albrecht Dürer aus dem Jahre 1493 zeigt ihn mit einem *Eryngium amethystinum* in der Hand.

Diese Disteln können auf Insektenbesuch nicht verzichten. Ihre Signalfarben, eine Anhäufung von Blüten, der Nektar und der Pollen locken Hummeln, Bienen und Falter, Käfer und Fliegen an. Zum Nektar der *Eryngium* können nur langrüsse-

Viele attraktive Gemswurz-Sorten stehen zur Wahl. 'Finesse' ist ein mehrfach erprobtes, samenvermehrbares Doronicum orientale mit hohem Schnittwert.

Kugelrunde Blütenköpfe in Blau: Echinops bannaticus 'Taplow Blue'. Ein Blickfang im Garten, eine Kugeldistel, die zu jeder bunten Staudengesellschaft paßt.

Auch Disteln haben Charme. Eryngium alpinum, eine auffallende Schönheit wie von einem Impressionisten gemalt. Edeldisteln sind willkommene Sommerblüher, die in einem auffallenden Kontrast zu dem bunten Farbenspiel der Staudenbeete stehen. Mit ihren filigranen Formen und einem dezenten Blau lockern sie jedes Sommerblumenbeet auf.

Empfehlenswerte Arten und Sorten	Blütenfarbe und -form	Blütezeit (Juni–Sept.)	Höhe (cm)
E. alpinum 'Amethyst'	hellviolett, fein zerteilt	mittel	80
E. alpinum 'Blue Star'	tiefblau, reichblühend	früh	80
E. alpinum 'Opal'	silbrig-lila	mittel	80
E. alpinum 'Superbum'	stahlblau, großblumig und reichblühend	früh	80
E. bourgatii	stahlblau	früh	50
E. campestre	grünlichweiß	mittel	50
E. planum 'Blauer Zwerg'	tiefblau	früh	50
E. planum 'Caeruleum'	stahlblau	früh	50
E. tricuspidatum	silbrig-stahlblau	mittel	60
E. tripartitum	dunkelblau, kleinblumig, reichblühend	mittel	70
E. yuccifolium	weiß-hellblau	mittel	60–80
E. × zabelii 'Juwel'	tiefstahlblau	mittel	60
E. × zabelii 'Violetta'	dunkelviolett, groß	früh	60

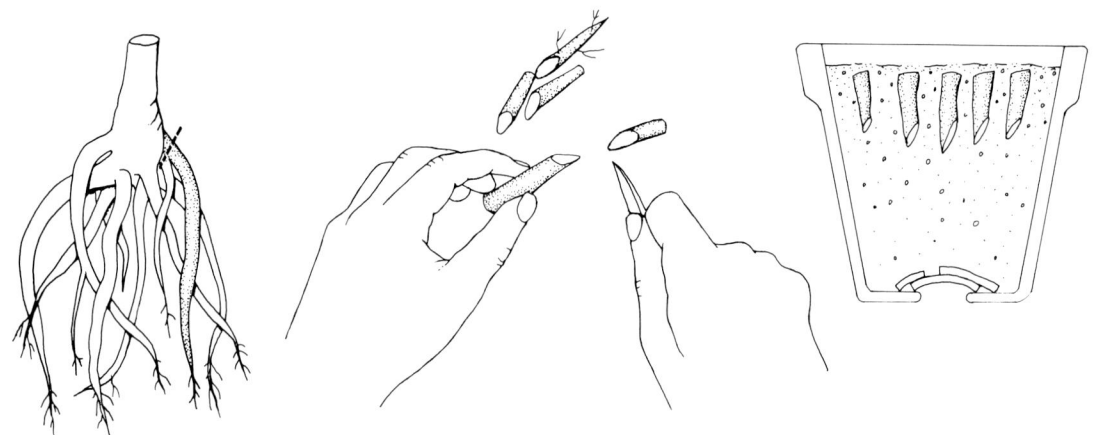

Die Eryngium-Arten und ihre Sorten werden von Dezember bis Februar ausgegraben. Man schneidet die Hauptwurzeln in 4 cm lange Stücke. Die Schnittlinge werden senkrecht gesteckt, bei 12 °C beginnt nach 4 bis 6 Wochen der Austrieb.

lige Insekten gelangen. Distelfalter, Kleiner Fuchs, Tagpfauenauge, Kaisermantel und Trauermantel sind häufig in der Nähe der Pflanzen zu sehen. Die Raupen des Distelfalters leben an Disteln, Kletten, Brennesseln und am Huflattich. Der stattliche Hochblattkranz der *Eryngium*-Arten läßt keine Raupen an die Blütenköpfe. Den Charakter von Beetstauden, mit denen sie sich an sonnigen Plätzen mit nährstoffreichem Boden vergesellschaften lassen, hat eine ganze Reihe von Arten und Sorten.

Die Edeldisteln lassen sich in Verbindung mit Ziergräsern, Goldruten, *Helenium-* und *Rudbeckia*-Sorten, Strandflieder und Schafgarben verwenden. Im Garten lieben sie viel Sonne. In schneelosen Wintern leiden sie unter schroffem Witterungswechsel. Bei *E. alpinum* ist deshalb eine Reisigdecke angebracht. Ihre rübenförmigen, sehr nässeempfindlichen Wurzelstöcke verlangen einen durchlässigen, tiefgründigen Kalkboden. Staunässe führt zu Wurzelfäule. Wichtig sind ausreichende Kalkgaben (pH 6,5 bis 7,5) und in schweren Böden eine Sandbeimischung bis 50 % und eine Mehrnährstoffdüngergabe in Höhe von 50 bis 100 g/m². Gepflanzt werden jeweils fünf *Eryngium* pro Quadratmeter.

Die Blütenstände sind schnittreif, wenn sie voll erblüht sind. *E. planum* kann auch im halboffenen Zustand geschnitten werden. Ihre Blüten und bizarren Wuchsformen sind nicht nur ein besonders schöner Vasenschmuck, die Edeldisteln sind auch bestens für Trockensträuße geeignet.

E. alpinum 'Blue Star' und 'Superbum', *E. bourgatii, E. planum* und *E. tripartitum* können ausgesät werden. Pikiert wird in ein durchlässiges und humoses Erdgemisch. Die *Eryngium*-Arten lassen sich nicht durch Teilung vermehren, da sie nur Pfahlwurzeln bilden. Man vermehrt vegetativ durch Wurzelschnittlinge.

Geranium × magnificum, Storchschnabel

Geraniaceae

Die Gattung umfaßt etwa 300 Arten unterschiedlicher Standorte. Die kleinen bis mittelhohen Stauden der gemäßigten Zonen haben ihren Wildpflanzencharakter weitgehend bewahrt. Sie wirken nicht nur als Dauerblüher. Das Blattwerk, das sich bei einigen Arten im Herbst rot verfärbt, ist fiederlappig, rundlich gelappt oder handförmig und au-ßerordentlich wirkungsvoll. Die starkwüchsigen Arten eignen sich gut zur großflächigen Pflanzung auf der Staudenrabatte, im Schatten von Mauern, Bäumen und Sträuchern. *G.* × *magnificum,* ein steriler Bastard zwischen *G. ibericum* und *G. platypetalum,* ist häufig auch unter dem Namen *G. platypetalum* im Handel. Er wird bis 50 cm hoch, seine Blätter sind gelappt, behaart, mit schöner roter und gelber Herbstfärbung. Im Juni—Juli erscheinen seine blauvioletten, auffallend geaderten Blüten. Gut als Beet- und Waldsaumpflanze, wird zumeist vor Stauden und Gehölzen, in vorwiegend sonniger Lage gepflanzt. *G.* × *magnificum* bevorzugt einen nährstoffreichen, durchlässigen, trockenen bis mäßig feuchten Boden, ist kaum wuchernd, jedoch gesellig zu verwenden. Die Stückzahl pro Quadratmeter liegt bei 6 Pflanzen.

Die Vermehrung ist, da der Bastard keine Samen ansetzt, nur auf vegetativem Wege möglich. Die Pflanzen können nach der Blüte ausgegraben, in Stücke zerlegt und neu gepflanzt werden.

Gypsophila paniculata, Riesenschleierkraut

Caryophyllaceae

Das im östlichen und südlichen Mitteleuropa, im Kaukasus und in Westsibirien beheimatete Riesenschleierkraut wird bis 1 m hoch und wächst horstig. Die Blätter sind lanzettlich, schwach blau bereift und gegenständig. Im Juli—August erscheinen die sehr kleinen Blüten in stark verästelnden Rispen.

Von Bedeutung als Beetstaudenbegleiter sind die zahlreichen Sorten. An offenen, warmen und sonnigen Plätzen lassen sie sich mit Prachtstauden vergemeinschaften. In nährstoffreichen, etwas kalkhaltigen Böden werden sie in den Vordergrund der Beete gepflanzt. Auf diese Weise lassen sich bei Rauhblattastern, Sommerphlox und anderen hohen Stauden, deren untere Blätter schon zur Blütezeit abgestorben sind, durch Vorpflanzen die

unansehnlichen »Füße« der Pflanzen verdecken. Sie sind außerdem eine schöne Ergänzung zu Steppenkerzen *(Eremurus),* Türkischem Mohn *(Papaver orientale),* Kaiserkronen, Tulpen oder Narzissen. Auch hier verdeckt das Riesenschleierkraut im Sommer die kahl gewordenen Flächen und bildet große Blütenhorste.

Sämtliche staudigen Arten lassen sich nur im Jugendstadium verpflanzen. Nach der Ausbildung von kräftigen Pfahlwurzeln reagieren die Pflanzen auf Verletzungen sehr empfindlich. In größeren Gruppen werden drei *Gypsophila* pro Quadratmeter gepflanzt.

Gezüchtet auf große, gefüllte und zum Teil rosa Blüten empfehlen sich von den 80 bis 150 cm hohen Sorten:
'Bristol Fairy', großblumig, weiß gefüllt.
'Diana', kleinblumig, weiß.
'Fairy Perfect', großblumig, weiß.
'Flamingo', weißlichrosa, halbgefüllt.
'Perfecta', großblumig, weiß gefüllt.
'Pink Star', dunkelrosa, gefüllt.
'Plena', weiß, gefüllt.
'Schneeflocke', weiß, gefüllt.
'Virgo', weiß, gefüllt.

Die Hybridsorte 'Rosenschleier', eine Kreuzung zwischen *G. repens* 'Rosea' und *G. paniculata,* ist gefülltblühend, rosa und wird 30 bis 40 cm hoch.

Zahlreiche *G. paniculata*-Sorten sind ausgezeichnete Schnittstauden. Ihre schleierartigen, stark verzweigten und locker aufgebauten Blütenrispen lassen sich als frisches Beiwerk und als Trockenblumen floristisch verwenden. Sehr gut zum Schnitt eignen sich 'Schneeflocke', 'Rosenschleier' und 'Bristol Fairy'. Sie halten bis zu sieben Tage in der Vase.

Die samenvermehrbaren Sorten 'Schneeflocke' und 'Virgo' fallen annähernd zur Hälfte gefülltblühend. Vegetativ lassen sich alle Sorten vermehren. Zwischen Mitte April und Ende Mai werden 2 bis 3 cm lange Kopfstecklinge mit 1 bis 2 Knoten geschnitten. Dabei ist es wichtig, daß nur ganz weiches Stecklingsmaterial verwendet wird. Die Bewurzelungsrate ist sonst sehr gering.

Immer wieder ein Erlebnis: die polsterbildenden Steingartenpflanzen. Raum ist in der kleinsten Ecke für das Kriechende Schleierkraut. Gewichtiges Steinmaterial, trocken aufgesetzt, bildet einen soliden Unterbau für Gypsophila repens 'Rosea'.

Kniphofia-Hybriden, Fackellilie, Tritome

Liliaceae

Die sommer- und herbstblühenden *Kniphofia*-Arten sind im südlichen und tropischen Afrika und auf Madagaskar beheimatet. Unter Beteiligung von *K. uvaria*, *K. macowanii*, *K. nelsonii* und *K. pauciflora* sind zahlreiche Hybriden entstanden. Zwischen ihrer schilfähnlichen Belaubung erheben sie von Juni bis Oktober ihre kolbenähnlichen Blütenstände.

In einem durchlässigen und humosen Boden lassen sie sich als Beetstaudenbegleiter zusammen mit *Aster × frikartii* 'Wunder von Stäfa', *Nepeta × faassenii*, *Lilium tigrinum* und Bartiris pflanzen. In den offen zu haltenden und reichlich mit Nährstoffen versorgten Böden wird die Winterhärte durch eine kalibetonte Düngung unterstützt. An ungeschützten Stellen frieren die Pflanzen bei Barfrost zurück. Eine Decke aus Laub, Stroh oder Rindenkompost bewahrt die fleischigen Wurzeln davor. Die immergrünen Blatthorste werden nach oben zusammengebunden und durch Fichtenreiser vor der Wintersonne geschützt. Wenn eine genügend hohe Schneedecke vorhanden ist, schaden selbst extreme Frostgrade den Fackellilien nicht.

Pflanzen, deren Blattbüschel zurückgeschnitten werden, kommen nicht zum Blühen. Die fleischigen *Kniphofia*-Wurzeln faulen im Winter sehr leicht. Man pflanzt sie deshalb nur im Frühjahr in kleinen Trupps von etwa fünf Pflanzen pro Quadratmeter.

Die Fackellilien haben hervorragende Schnittblumeneigenschaften. Sie werden am besten vegetativ vermehrt. Man nimmt sie im April–Mai hoch und teilt die Grundsprosse mit der Hand.

Liatris spicata, Prachtscharte

Asteraceae (Compositae)

Aus einem knollenartigen Wurzelstock treibt die in den östlichen und südlichen USA beheimatete Prachtscharte grasartige Blattschöpfe. Von Juni bis Oktober schiebt sie blaurote Blütenähren nach. An den dicht beblätterten Schäften ordnen sich die Körbchenblüten von oben bis nach unten.

Liatris liebt frische, jedoch gut durchlässige Böden in sonniger Lage. An sauren und nassen Standorten ist sie sehr kurzlebig. Wenn man sie im Frühjahr teilt, hin und wieder etwas Düngekalk gibt, hält sie im Garten aus. Wo Prachtscharten stehen, dürfen wir im Frühjahr nicht mehr als

Empfehlenswerte Sorten	Blütenfarbe	Blütezeit (Juni–Okt.)	Höhe (cm)
'Amato'	orangerot	mittel	100
'Bernocks Triumph'	orangerot	spät	100
'Canary'	zitronengelb	mittel	80
'Earliest of All'	orangerot	früh	80
'Express'	rot und gelb	früh	80
'Grandiflora'	rot und gelb	mittel	85
'Mondfeuer'	hellgelb	mittel	100
'Pfitzeri'	rot und gelb	mittel	120
'Red Princess'	lachsrot-gelb	mittel	100
'Royal Standard'	rot-gelb	mittel	100
'Safranvogel'	lachsrosa	mittel	80
'The Rocket'	tief orangerot	mittel	120
K. galpinii	orange	spät	60

Empfehlenswerte Sorten	Blütenfarbe	Blütezeit (Juni—Okt.)	Höhe (cm)
'Atlantik'	purpurblau	mittel	90
'Callilepsis'	dunkel violettrosa	mittel	85
'Floristan Violett'	leuchtend violett	mittel	90
'Floristan Weiß'	reinweiß	mittel	90
'Heinrich Tiedke'	purpurrotviolett	spät	90
'Kobold'	leuchtend violettlila	früh	40
'Picador'	tief purpurrot	mittel	90

50 g/m² eines Mehrnährstoffdüngers geben. Als Begleiter wählen wir deshalb Stauden wie die Frühlings-, Sommer- und bunten Staudenmargeriten, die Kaukasus-Skabiosen, die kurzlebigen Alpenastern oder *Coreopsis grandiflora*. Um sie nicht zu verlieren, sind sie nach dem 2. bis 4. Gartenjahr zu teilen. In kleinen Gruppen von drei bis zehn Pflanzen passen sie auch auf sonnige Terras-

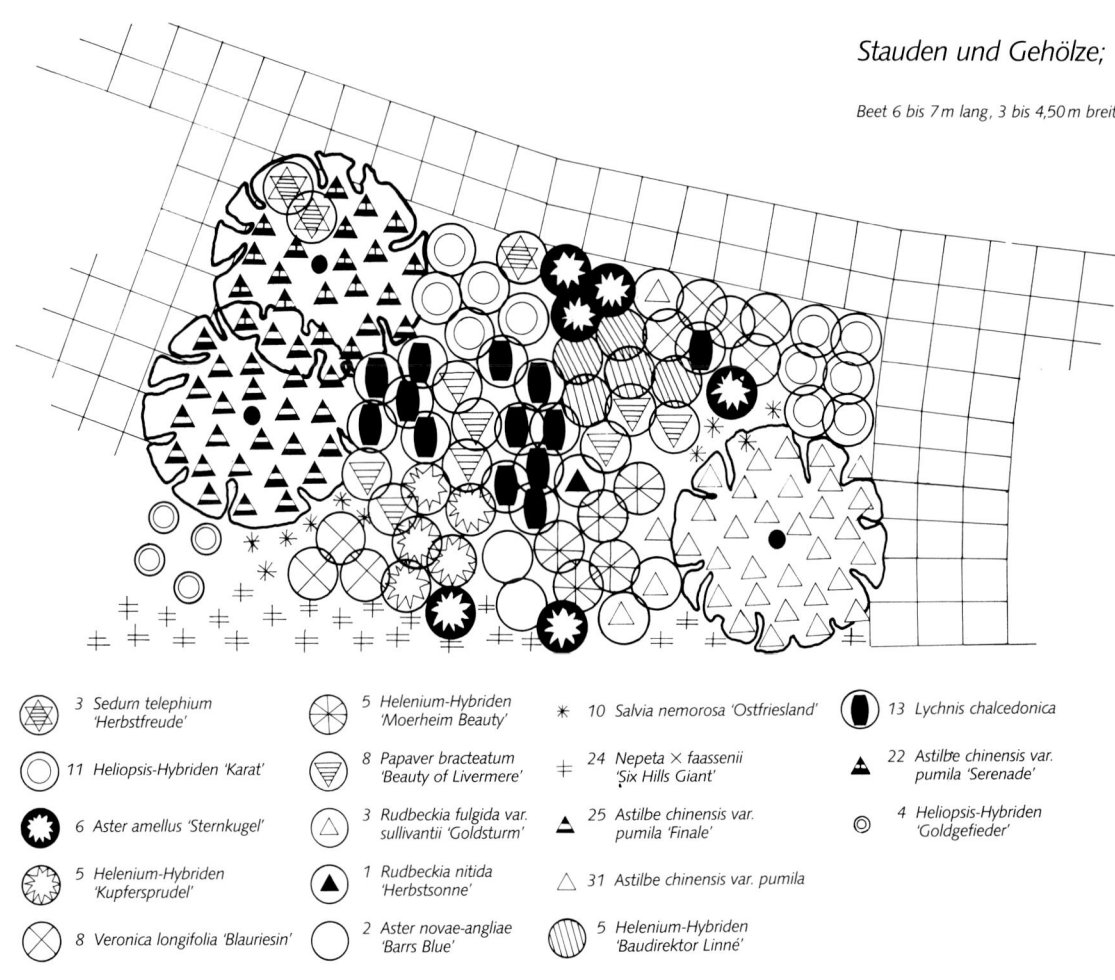

Stauden und Gehölze;

Beet 6 bis 7 m lang, 3 bis 4,50 m breit

3 Sedum telephium 'Herbstfreude'

11 Heliopsis-Hybriden 'Karat'

6 Aster amellus 'Sternkugel'

5 Helenium-Hybriden 'Kupfersprudel'

8 Veronica longifolia 'Blauriesin'

5 Helenium-Hybriden 'Moerheim Beauty'

8 Papaver bracteatum 'Beauty of Livermere'

3 Rudbeckia fulgida var. sullivantii 'Goldsturm'

1 Rudbeckia nitida 'Herbstsonne'

2 Aster novae-angliae 'Barrs Blue'

10 Salvia nemorosa 'Ostfriesland'

24 Nepeta × faassenii 'Six Hills Giant'

25 Astilbe chinensis var. pumila 'Finale'

31 Astilbe chinensis var. pumila

5 Helenium-Hybriden 'Baudirektor Linné'

13 Lychnis chalcedonica

22 Astilbe chinensis var. pumila 'Serenade'

4 Heliopsis-Hybriden 'Goldgefieder'

sen und vor Gehölzgruppen. Pro Quadratmeter genügen zwölf Pflanzen.

Die Prachtscharte ist eine sehr haltbare Schnittstaude, die mit ihrem ährenartigen Blütenstand von oben nach unten aufblüht. Wenn die obersten Blüten geöffnet sind, ist die Schnittreife erreicht.

L. spicata und ihre Sorten 'Floristan Violett', 'Floristan Weiß', 'Kobold' und 'Picador' sind durch Aussaat vermehrbar. Zur Teilung im April–Mai trennt man mit einem Messer die Brut von den Mutterknollen ab.

Lychnis, Lichtnelke

Caryophyllaceae

Von den acht *Lychnis*-Arten ist die Brennende Liebe, *L. chalcedonica,* ein sehr beliebter Prachtstaudenbegleiter. Die bis 1 m hohe Staude ist in Mittel-, Südwest- und Südostrußland beheimatet. Mit ihren leuchtend roten Blüten paßt sie zu allen Beetstauden, ganz besonders aber zwischen das Gelb der frühen *Helenium*-Hybriden und *Heliopsis*-Sorten. Während der Blütezeit, von Juni bis August, ist die Brennende Liebe auch neben den Rittersporn und *Erigeron*-Hybriden ein wirkungsvoller Beetstaudenpartner.

Nach der Blüte wird die Brennende Liebe bis zu den Blättern zurückgeschnitten. Sie treibt dann aus den Blattachseln durch und blüht nach. Im Herbst schneidet man die abgestorbenen Stengel bis zum Boden zurück. Beim Ein- und Umpflanzen rechnet man etwa mit 6 bis 9 Pflanzen pro Quadratmeter.

Durch Auslese sind gefülltblühende Sorten entstanden: weiß 'Alba Plena', scharlachrot 'Plena', einfachweiß 'Alba'; außerdem einfach rosafleischfarben 'Carnea'.

Aus einer Kreuzung von *L. chalcedonica* × *L. haageana* sind die *Lychnis*-Arkwrightii-Hybriden hervorgegangen. Ihre leuchtend orangeroten Blüten erscheinen im Juli. Sehr schön ist auch die dunkellaubige Sorte 'Vesuvius' mit orange scharlachfarbenen Blüten. An warmen und sonnigen Plätzen lassen sich die Arkwrightii-Hybriden in

jedem nährstoffreichen Boden mit Prachtstauden vergesellschaften.

Die einfachblühenden Wildformen kann man von Januar bis März aussäen. Alle lassen sich durch Teilung vermehren.

Nepeta × faassenii, Katzenminze

Lamiaceae (Labiatae)

Eine Hybride, die aus *N. mussinii* × *N. nepetella* entstanden ist. Die 25 bis 30 cm hohe Staude eignet sich in warmen und sonnigen Gärten für Trockenmauern und Terrassen, für breite Einfassungsbänder zur großflächigen Bepflanzung von Staudenbeeten und als Nachbarpflanze von Rosen. Die graulaubige, horstbildende Staude ist allerdings kaum in der Lage, größere Flächen gleichmäßig zu begrünen. Man wird sie mehr oder weniger gesellig in größeren Gruppen von 10 bis 20 Pflanzen verwenden, wobei etwa sechs *Nepeta* pro Quadratmeter benötigt werden.

Die *Nepeta* fällt bereits im Mai durch lavendelblaue Blüten auf, die an 30 bis 40 cm langen Ähren sitzen. Das Sortiment umfaßt die dunkelblaue, gedrungene 'Blauknirps', die doppelt so hohe 'Six Hills Giant' sowie die etwas dunkleren 'Grandiflora' und 'Superba'.

Die Katzenminzen fallen mit zunehmendem Alter auseinander und sterben von der Mitte her ab. Sie verlangen deshalb einen Rückschnitt. Nach der ersten Blüte im Juni werden die Pflanzen stark eingekürzt. Zusätzliche Wasser- und Düngergaben fördern einen erneuten Austrieb. Anfang Juli beginnt *N. × faassenii* wieder zu wachsen. Sie blüht dann fortlaufend bis zum ersten Frost.

Vermehrt wird durch Kopf- und Teilstecklinge. Mit dem Durchtrieb der Pflanzen, von April bis Juni, lassen sich 3 bis 4 cm lange Stecklinge mit 2 bis 3 Knoten schneiden. Etwa 60 Tage nach dem Stecken werden die bewurzelten Jungpflanzen getopft. Nach vier Wochen sind die *Nepeta* soweit herangewachsen, daß man von ihnen wieder Stecklinge abnehmen kann.

Effektvolle Kombination für den hochsommerlichen Garten: Katzenminze und Rosen. Eine gelungene Komposition mit kontrastierenden Farben. Breite Bänder mit blühender Nepeta × faassenii rücken die Rosen in den Mittelpunkt. Das kühle Blau der Katzenminze erwärmt sich an den intensiv gefärbten Blüten der Rosen. Ein ausgeglichenes Ensemble, dessen Ruhe die Gartenbesucher spüren.

Oenothera, Nachtkerze

Oenotheraceae (Onagraceae)

Von den etwa 200, fast alle in Nordamerika beheimateten Nachtkerzen werden *O. fruticosa* und
O. tetragona als winterharte Tagblüher bevorzugt.
Gezüchtet auf einen monatelangen Flor, sind ihre
Sorten als Dauer- und Massenblüher für warme
und sonnige Plätze bevorzugte Stauden, die sich
sehr schön mit Beetstauden vergesellschaften lassen. Eine harmonische Staudengemeinschaft bilden die leuchtend gelben Nachtkerzen mit dem
Blau der Karpaten-Glockenblumen, dem Rot der
Grasnelken und den *Erigeron*-Hybriden. Die Gefahr, daß die konkurrenzschwachen Oenotheren
von Arten, die sich durch Ausläufer vermehren,
stark bedrängt werden, darf dabei nicht übersehen
werden. Neben den Wildformen empfehlen sich
eine ganze Reihe herrlicher Sorten für den Garten,
von denen die folgenden genannt seien:

Vermehrung durch Aussaat ist bei der 50 cm
hohen, großblumigen gelbblühenden *O. fruticosa*
'Youngii' und der 50 cm hohen, goldgelben *O.
tetragona* möglich. Ein ausgezeichnetes Keimergebnis ist zu erwarten, wenn im Mai frisches
Saatgut bei gleichmäßiger Feuchtigkeit und Temperaturen um 20°C ausgesät wird. Ansonsten vermehrt man die Nachtkerzen durch Teilung oder
durch Stecklinge.

*Eine reizvolle Kombination von Oenothera tetragona var.
fraseri 'Fyrverkeri' mit Salvia nemorosa 'Ostfriesland'.*

Empfehlenswerte Sorten	Blütenfarbe	Blütezeit (Mai–Sept.)	Höhe (cm)
O. fruticosa 'Yellow River'	kanariengelb	mittel	40–50
O. fruticosa var. *linearis* 'Golden Moonlight'	leuchtend gelb	mittel	70–80
O. fruticosa var. *linearis* 'Silvery Moon'	hellgelb	mittel	70–80
O. tetragona var. *fraseri* 'Fyrverkeri'	goldgelb, rote Knospen	mittel	50
O. tetragona var. *fraseri* 'Hohes Licht'	leuchtend gelb	früh	60
O. tetragona var. *fraseri* 'Sonnenwende'	leuchtend gelb mit dunklem Laub	früh	60

Phlox, Moos- oder Teppichphloxe

Polemoniaceae

Alle niedrigen Teppichphloxe sind unentbehrliche Frühlingsblüher. Sie lassen sich im Bereich von Steinanlagen, Trockenmauern und Terrassen, als Einfassungspflanzen und großflächig an steilen Böschungen und in Verbindung mit Blumenzwiebelrabatten verwenden. Die *Phlox*-Subulata- und *Phlox*-Douglasii-Hybriden gedeihen in voll sonniger Lage. Sie fühlen sich ausgesprochen wohl in der Gesellschaft von Beetstauden. Als Einfassungspflanzen stehen sie vor den Sommerphloxen, den *Solidago*-Hybriden, Rudbeckien oder Herbstastern. Die *Phlox*-Subulata- und Douglasii-Hybriden beleben dann den Garten von April bis Juni mit ihren kraftvollen Farben. Eine mehr oder weniger starke Beschattung während der Sommerhitze ertragen *Phlox procumbens* und *Phlox stolonifera*. Sie können, gesellig verwendet, noch im lichten Baumschatten und am Rande benachbarter Waldstauden in einem leicht sauren Boden stehen.

Vermehrt wird vegetativ durch Stecklinge oder von jüngeren Mutterpflanzen durch Rißlinge.

Empfehlenswerte Subulata-Sorten	Blütenfarbe und -form	Blütezeit: April–Juni
'G. F. Wilson'	schieferblau, mittelblumig	
'Lindental'	karminrosa, Blüte groß, remontierend	
'Maischnee'	reinweiß, rundblumig, dichtpolstrig	
'Moerheimii'	dunkelrosa, mittelblumig, wüchsig	
'Scarlet Flame'	leuchtend karminrot, großblumig	
'Stjärneglöd'	leuchtend karminrot, sternförmige Blüte	
'Temiskaming'	satt purpurrot, mittelblumig, dunkellaubig	
'White Delight'	reinweiß, mittel- bis großblumig, starkwüchsig	

Phlox-Subulata-Hybriden

Sie umfassen die niederen, kriechenden Sorten, deren Stammart in den östlichen USA beheimatet ist. Die bis zu 10 cm hohen Pflanzen breiten sich polsterförmig aus. Ihre Triebe sind etwas ansteigend und deshalb an den rasenartigen Polstern kaum wurzelnd. Die Blätter sind schmal, nadelartig und immergrün. Ihre sternförmigen Blüten sind in kleinen Doldentrauben zusammengefaßt.

Phlox-Douglasii-Hybriden

Aus Kreuzungen zwischen den *Phlox*-Subulata-Hybriden und den westamerikanischen *Phlox douglasii* entstanden. Sie unterscheiden sich im Aussehen nicht wesentlich von den Subulata-

Empfehlenswerte Douglasii-Sorten	Blütenfarbe und -form	Blütezeit: Mai–Juni
'Apollo'	kräftig violettrosa	
'Boothmans Variety'	violettrosa mit dunklem Auge	
'Crackerjack'	leuchtend karminrot, dichte Polster, überreich blühend	
'Georg Arends'	violettrosa mit dunklem Auge	
'J. A. Hibberson'	tiefviolett, kompakt	
'Iceberg'	reinweiß mit hellviolettem Schein	
'Lilakönigin'	weißlichviolett, sehr kräftiger Wuchs	
'Red Admiral'	karminrot, runde Blüten	
'Purple Cushion'	dunkelviolettrot, lockerer Wuchs	
'Rose Cushion'	trübrosa, sehr kompakt, sehr reichblühend	
'Rosea'	hellrosa, runde Blüten mit Punkten, ab und zu gefüllte Blüten	
'Rosette'	dunkelviolett, kriechender Wuchs	
'Violet Queen'	tiefviolett, kompakt	
'Waterloo'	schwarzrot, lockerer Wuchs	

Hybriden. Einzelne Sorten sind jedoch leuchtend karminrot und überreich blühend. Sie wachsen etwas buschiger und kompakter, bilden dichte Kissen mit einem nadelartigen Kleid.

Wenn die immergrünen Polster der Subulata- und Douglasii-Hybriden sehr stark der Wintersonne ausgesetzt sind, deckt man sie ab. Ihre Überwinterungsknospen sitzen dicht unter der Erdoberfläche; bei Schneemangel kommt es sonst leicht zu Frostschäden. Vor allem im ersten Jahr nach der Pflanzung benötigen sie einen Schutz aus einer Fichten- oder Tannenreisigdecke. Später sind die Douglasii-Hybriden wesentlich härter als die Subulata-Sorten. Auch neigen sie nicht so sehr zum Vergreisen; man muß sie erst im sechsten oder siebten Jahr einem starken Rückschnitt nach der Blüte unterziehen. Die Polster treiben aus den Blattachseln und den Überwinterungsknospen wieder aus.

Phlox × procumbens (P. stolonifera × P. subulata)

Die aufrechten Stengel dieser alten Gartenhybride werden bis zu 25 cm hoch und schließen im April–Mai mit dichtdoldigen, magentaroten Blütenständen ab. Die Blätter sind behaart, schmallanzettlich. Die sterilen Sprosse sind dem Boden bogig anliegend und gelegentlich wurzelnd. Phlox × procumbens verträgt den Halbschatten und liebt einen leicht sauren Boden.

Phlox stolonifera

Ist in den westlichen USA beheimatet. Die fertilen Triebe sind straff aufrecht bis 25 cm hoch. Von April bis Juni stehen die violetten, blauen oder

Empfehlenswerte P. stolonifera-Sorten	Blütenfarbe und -form	Blütezeit: April–Juni
'Ariane'	leuchtend reinweiß	
'Blue Ridge'	heliotropfarben, große Kissen	
'Pink Ridge'	hellrosa	

rötlichen Einzelblüten in endständigen Doldentrauben. Die Laubblätter sind spatelförmig und immergrün. Charakteristisch ist – wie der Artname sagt – die Ausläuferbildung von P. stolonifera, die für die Vermehrung ausgenützt werden kann. An halbschattigen Standorten in leicht saurem Boden entstehen rasch große, zusammenhängende Kissen.

Physostegia virginiana, Gelenkblume
Lamiaceae (Labiatae)

Von den fünf Gelenkblumen-Arten ist die nordamerikanische P. virginiana in bezug auf den Standort am wenigsten wählerisch. Ihre Blüten erinnern an langröhrige Erika-Hybriden, die mit einem Gelenk ausgestattet sind. Man kann sie hin und her bewegen, nach links oder rechts drehen und in jeder beliebigen Stellung stehen lassen. Sie sitzen vierzeilig entlang von 40 bis 90 cm hohen Blütenähren. Die Züchter haben aus der unscheinbaren Wildform einige schöne Sorten hervorgebracht.

Für die Gelenkblume sind Berg- und Kissenastern, der Graufilzige Wollziest und Blauschwingel gute Nachbarn. Sie bevorzugen einen sonnigen

Empfehlenswerte Sorten	Blütenfarbe	Blütezeit (Juli–Okt.)	Höhe (cm)
'Alba'	weiß	früh	70
'Bouquet Rose'	leuchtend violettrot	mittel	70
'Summer Snow'	reinweiß	früh	90
'Summer Spire'	dunkelrosa	früh	100
'Vivid'	leuchtend weinrot	spät	60

Ein strahlender Frühlingsbote, der Moos- oder Teppichphlox. Es gibt zahlreiche Sorten, von denen die Phlox-Subulata-Hybride 'Star Dust' mit ihrem dichten, blütenreichen Polster jede sonnige Steinanlage krönt. Kaum eine andere Blütenstaude ist so vielseitig verwendbar. Sie fügt sich gut in die Gesellschaft von Beetstauden ein.

Gartenplatz, ertragen aber auch den lichten Schatten von Gehölzen. Mit Vorliebe breiten sie ihre Wurzeln in humosen Erden mit einem pH-Wert von 6 bis 7 aus. Spätestens bis Mitte Mai erhalten die Physostegien eine Mehrnährstoffdüngergabe von 50 g/m². Die Gelenkblumen haben einen großen Ausdehnungsdrang. Wenn die Blühfreudigkeit nachläßt, sticht man sie im Frühjahr oder Herbst heraus, teilt sie in faustgroße Stücke und pflanzt 6 bis 9 Stück/m² auf gut vorbereitete Beete.

Als Schnittblumen eignen sich die Sorten 'Bouquet Rose', 'Summer Snow' und 'Summer Spire'.

Die 60 cm hohe weiße Gelenkblume 'Schneekrone' und die 70 cm hohe reinweiße 'Alba' sind samenvermehrbar. Die vegetative Vermehrung ist durch Teilung, Rißlinge, Stecklinge und Rhizomschnittlinge möglich.

Platycodon grandiflorus, Ballonblume

Campanulaceae

Die einzige Art der Gattung, 1782 aus Ostasien eingeführt, ist über Japan, China, Korea und die Mandschurei verbreitet. Die Pflanze besitzt einen weiß-fleischigen, rübenartigen Wurzelstock, aus dem sich bis zu 70 cm hohe Triebe entwickeln. Ihre 8 cm langen und bis zu 5 cm breiten Blätter stehen meist ohne Blattstiel an den kahlen, runden Stengeln. Die Art ist außerordentlich variabel und hat einen relativ späten Austrieb mit der Hauptblüte im Juli–August.

Empfehlenswerte Sorten	Blütenfarbe	Höhe (cm)
'Album'	reinweiß	50
'Apoyama'	violettblau	20
'Mammoth Blue'	blau	70
'Mariesii'	blau	50
'Perlmutterschale'	hellrosa	60

Aus den einfachen, zur Spitze hin oft verzweigten Trieben entwickeln sich die endständigen, ballonförmigen Knospen. Mit einem hörbaren Knall öffnen sich die großen, 6 bis 8 cm breiten, sternschalenförmigen Blüten. Mit ihren reinweißen, hellrosa, blau- und violettblauen Farben passen sie gut zwischen die Taglilien. Als Beetstaudenbegleiter bevorzugen sie voll besonnte, bodenfrische und nährstoffreiche Böden. Die Pflanzung ist auch halbschattig zwischen *Hemerocallis*-Leitstauden möglich. In kleinen Trupps lassen sich bis zu zwölf Pflanzen pro Quadratmeter setzen. Die *Platycodon* sind völlig frosthart. Im Spätwinter haben sie noch keine neuen Faserwurzeln gebildet. Ende März werden sie aufgenommen und verpflanzt. Vorsicht, *P. grandiflorus* wird von Kaninchen und Feldhasen als Leckerbissen betrachtet.

Alle *Platycodon*-Sorten sind samenvermehrbar. Im Januar ausgesät, ist noch im August mit den ersten Blüten zu rechnen. Eine Teilung ist wegen des rübenartigen Wurzelstockes kaum möglich.

Primula, Primel

Primulaceae

Die Primeln sind eine Gattung mit etwa 550 Arten, die bis auf wenige Ausnahmen ausdauernd sind. Es sind zumeist Bewohner der nördlichen gemäßigten Zone; einige Arten stammen aus den wärmeren Gegenden Südamerikas, Nordafrikas oder Javas.

Primula × pubescens, Gartenaurikel

Wo in den Zentralalpen die Kalkgebirge mit Silikatfelsen zusammenstoßen, findet man unsere bunte Gartenaurikel. *P. × pubescens*. Dieser Wildbastard entstammt einer Kreuzung zwischen *P. auricula* und der herrlichen Urgebirgsart *P. hirsuta*. Durch Rückkreuzungen mit den Eltern wurden und werden groß- und reichblühende Sorten in verschiedenen Farbtönen gezogen. Die Gartenaurikeln sind eine liebenswerte Erinnerung an die Gärten unserer Großeltern, in denen sie neben den Reseden, Vexiernelken und Nachtviolen blühten.

Empfehlenswerte Juliae-Hybriden	Blütenfarbe	Höhe (cm)	Bemerkungen
'Betty Green'	samtig purpur	8–12	farblich wirkungsvoll
'Frühlingsbote'	leuchtend purpur-rot	8–12	großblumig, kaum verblauend
'Frühlingsfeuer'	leuchtend rot	8–12	
'Gartenmeister Bartens'	leuchtend amarant-rot	8–12	Verbesserung von 'Ostergruß', großblumig, leuchtende Farbe
'Gruß an Königslutter'	violettrot	10–15	besonders starkwüchsig, robust, reichblütig
'Helge'	hellgelb	8–12	
'Ostergruß'	blaupurpur	8–12	großblumig, im Verblühen verblauend
'Schneewittchen'	weiß	5–8	zierlich, kleinblütig

Bis ins Biedermeier reicht die Entstehung der schwarzbraunen und feuerroten Sorten mit ihren gelben, olivfarbenen oder weißen Augen zurück. Halb in der Sonne und halb im Schatten halten sie am besten aus. Von April bis Juni blühen sie sowohl in einem sandig-lehmigen als auch in frisch-humoser Erde. Bei einem jährlichen Nachfüllen (Humusieren) kommen sie besonders gut durch den Winter.

Die Samen werden im März in Tontöpfen oder in Schalen ausgesät und leicht mit Erde bedeckt. Sie keimen bei einer Temperatur um 20 °C problemlos, jedoch nicht immer sehr gleichmäßig. Nach der Entwicklung des ersten Blattpaares wird die Temperatur auf 5 bis 10 °C gesenkt und pikiert. Wenn die Pflanzen groß genug sind, werden sie in 9er-Töpfen im Kasten kultiviert und später ausgepflanzt.

Primula vulgaris, Kissenprimel

Von den Kissenprimeln gibt es zahlreiche Kulturformen in vielen Farben. Sehr schön sind ihre großblumigen Polster, deren blaue, rote und gelbe Blüten dicht gedrängt zwischen den Blättern stehen. Einige der stark gefüllten Kissenprimeln erscheinen wie Biedermeiersträuße. Die Nachzucht der gefüllten Formen wird uns durch das Teilen leicht gemacht. Um die Mutterpflanzen bilden sie zahlreiche »Kindl«. Aus jedem Ableger entwickelt

sich eine Pflanze mit der gleichen Farbe und Blütenfüllung.

Daneben entstehen aus einer Kreuzung mit *P. juliae* sehr niedere *P. vulgaris*-Formen, die einmal als Juliae-Hybriden und einmal als *P.* × *pruhoniciana* bezeichnet werden. Ihre zahlreichen Sorten stehen in enger Beziehung zu den Beetstauden. Sie wuchern kaum und sind gesellig in größeren Gruppen oder ausgesprochen flächig mit 16 Pflanzen pro Quadratmeter zu pflanzen. Die Juliae-Hybriden zeigen sich dankbar für eine gute Nährstoffversorgung und eine gelegentliche Zusatzbewässerung. In Verbindung mit Gehölzen und im Schlagschatten von Mauern vertragen sie auch nicht zu sonnige Lagen.

Gefüllte und viele einfachblühende Sorten können nur durch Teilung vermehrt werden. Man nimmt sie alle zwei bis drei Jahre im März hoch und teilt sie je nach Größe in zwei bis zehn Einzelpflanzen. Danach lassen sie sich in 9er-Töpfe setzen oder auf vorbereitete Beete auspflanzen.

Salvia nemorosa, Sommersalbei
Lamiaceae (Labiatae)

Die Gattung *Salvia* kommt in allen Erdteilen mit etwa 800 Arten vor. Die Hauptverbreitungsgebiete sind Südwestasien und Mittelamerika. Unter den Salvien findet man sowohl ein- als auch mehrjährige Arten, wobei die meisten staudig bis halbstrauchig sind. Die netznervigen Blätter sind häufig rosettig gehäuft. Der aromatische Duft, den die Pflanzen ausströmen, kommt von ätherischen Ölen. Die Blüten bilden meist quirlständige, mehr oder weniger dichte Scheintrauben oder -ähren und bilden eine gute Bienenweide.

S. nemorosa (Farbfoto siehe Seite 163) kommt von Mitteleuropa bis Sibirien vor. Als Wildstaude eignet sich der Sommersalbei für Natur- und Steingärten. Er bildet aufsteigende, meist rotviolett überlaufene, zur Spitze hin stark verzweigte Stengel über festen Wurzelstöcken. Die Blätter sind kurz gestielt, oval-lanzettlich, meist rauh und mattgrün. Einschließlich der Blüten wird der Sommersalbei bis zu 80 cm hoch. Die Scheinähren mit den violetten Blüten erscheinen im Juni–Juli. Die Wildform hat einen sehr geringen Gartenwert.

Wertvoller sind die zahlreichen *S. nemorosa*-Sorten. Ihre Scheinähren sind schlanker und reichblütiger. Sie blühen wesentlich länger von Juni bis August. Die Sorten von *S. nemorosa* gehören heute zu den wichtigsten Rabattenstauden. Wie ein blauer Teppich überziehen sie die Staudenbeete. Großflächig gepflanzt und als Einfassung verwendet, rechnet man bei einer Verbandpflanzung von 30×30 cm mit neun Pflanzen pro Quadratmeter. Allgemein remontiert der Sommersalbei sehr gut und schnell, wenn man ihn kurz vor dem Abblühen bis zum Erdboden zurückschneidet. In voller Sonne und auf einem kalkhaltigen Boden ist schon nach drei Wochen ein zweiter Flor zu erwarten. Auf warmen und frischen Böden, in der Nachbarschaft von *Papaver orientale, Delphinium*-Belladonna-Hybriden oder *Eremurus*-Arten läßt sich der Nachflor bis in den Oktober ausdehnen. Bei einfacher Pflege, leichten Düngergaben (50 g/m²) und gelegentlichem Wässern sind die Sorten mit die dankbarsten Dauerblüher.
'Blauhügel' hat einen sehr kompakten Habitus mit helleren Blättern. Die 50 cm hohen Stengel tragen von Juni bis September einen rein blauen Flor. Remontiert.

'Blaukönigin' blüht blauviolett, wird 40 cm hoch und bleibt dabei kompakt. Ist samenvermehrbar.
'Mainacht' ist eine 50 cm hohe, sehr frühblühende Sorte mit etwas größeren dunkleren Blüten als 'Ostfriesland'. Ihre schwarzblauen, leuchtenden Blüten öffnen sich bereits ab Mitte Mai bis Oktober. Remontiert gut.
'Negrito' ist eine 40 cm hohe, im Juni–Juli tief blauviolett blühende Sorte. Remontiert.
'Ostfriesland' ist eine 40 cm hohe, dicht buschig wachsende Sorte mit leuchtend dunkelvioletten Blüten auf rötlichen Tragblättern. Blüht von Juni bis Oktober und remontiert sehr gut.
'Rosea' wird 60 cm hoch und hat rosa Blüten. Samenvermehrbar.
'Primavera' wird 60 cm hoch, blüht blauviolett und ist starkwachsend.
'Rügen' wird 40 cm hoch, hat mittelblaue Blüten und schmale, spitz zulaufende Blätter. Blüht Juni–Juli. Remontiert.
'Viola Klose' erreicht eine Höhe von 40 cm und blüht dunkelblau schon ab Mai bis August.
'Wesuwe' übertrifft 'Mainacht' und alle anderen Sorten an Frühzeitigkeit. Trägt auf 40 cm hohen Stielen tiefviolette Scheinähren.

Zum Schnitt eignen sich alle *S. nemorosa*-Sorten. Ihre Haltbarkeit ist auf vier bis fünf Tage begrenzt. Der richtige Schnittzeitpunkt ist gekommen, wenn mindestens ein Viertel der Blütenähre geöffnet ist.

Alle Wildformen sowie die Sorten 'Blaukönigin' und 'Rosea' lassen sich aussäen. Im übrigen werden die *S. nemorosa*-Sorten durch Kopfstecklinge, Rißlinge und durch Teilung vermehrt. Man beerntet sie ab Anfang Mai.

Scabiosa caucasica, Kaukasus-Skabiose

Dipsacaceae

Die 70 bis 90 cm hohe Kaukasus-Skabiose ist eine gärtnerisch wichtige Art. Ihre vielen Blautöne sind ein dominierender Faktor auf der Staudenrabatte.

Empfehlenswerte Sorten	Blütenfarbe	Blütezeit (Juli–Sept.)	Höhe (cm)
'Ballerina'	hellblau	mittel	70
'Blauer Atlas'	dunkelblau	spät	80
'Clive Greaves'	hellblau	mittel	90
'Miss E. Willmott'	weiß	spät	90
'Nachtfalter'	dunkelblau	spät	90
'Prachtkerl'	mittelblau	mittel	90
'Stäfa'	dunkelblau	mittel	70

Mit den bunten Margeriten, weißen Chrysanthemen und violetten *Liatris* bringen sie Harmonie, Schönheit und Eleganz in den Garten. Auf sonnigen Staudenrabatten, in einem durchlässigen und humosen Gartenboden sind die Kaukasus-Skabiosen nur langlebig, wenn man sie im Frühjahr teilt, hin und wieder etwas Düngekalk gibt und jedes Jahr nicht mehr als 50 g/m² Mehrnährstoffdünger verabreicht. Im Frühjahr können wir mit einem sicheren Anwachsergebnis rechnen. Kleine Trupps von neun Pflanzen beanspruchen einen Quadratmeter. Wenn sie laufend ausgeschnitten werden, blühen sie von Juli bis zum ersten Frost.

Die Schnittreife der tellerartigen, gut haltbaren Blumen ist erreicht, sobald die Knospen Farbe zeigen. Die langen, straffen Stiele werden ziemlich tief an der Verzweigung geschnitten. Durch ständiges Nachschneiden läßt sich eine Samenbildung verhindern und die Remontierfähigkeit der Kaukasus-Skabiosen unterstützen. Halb geöffnet erblühen sie in der Vase sehr gut. Die Haltbarkeit im Wasser beträgt eine Woche, mit Blumenfrischhaltemitteln bis zu 14 Tage.

Die samenvermehrbaren Sorten 'Fama', 'Kompliment', 'Perfecta', 'Perfecta Alba' werden Mai–Juni ausgesät. Zwei bis drei Wochen später wird pikiert und im Juli getopft. Mutterpflanzen können von April bis Juni durch Auseinanderreißen sehr gut geteilt werden. Wenn das Blattwerk schon sehr stark entwickelt ist, werden die Austriebe zurückgeschnitten. Stecklinge schneidet man im Mai ziemlich tief. Wo sie etwas härter sind, wurzeln sie besonders gut in einem schattierten Kasten.

Die Sorten der Kaukasus-Skabiose sind charmante Begleiterinnen für jede Gelegenheit. Die Wiege der Scabiosa caucasica ist das Hochgebirge zwischen Schwarzem und Kaspischem Meer.

Stachys byzantina, Wollziest
Lamiaceae (Labiatae)

Der grauweiß-filzige Wollziest ist auf der Krim und vom Kaukasus bis Nordiran beheimatet. An vollbesonnten Hängen und Terrassen mit durchlässigem Boden ist *S. byzantina (S. lanata, S. olympica)* ein hervorragender Flächendecker. Wo wegen Sonnenbrand jede Raseneinsaat ausfällt, gibt es, was Wuchskraft und Anspruchslosigkeit anbelangt, kaum eine bessere Pflanze. Der Wollziest breitet sich rasch aus und verhält sich äußerst unduldsam gegenüber den Nachbarn. Bei dieser nässeempfindlichen *Stachys*-Art muß der Wasserabzug funktionieren, sonst droht Fäulnis.

Insbesondere als Beetstaudenbegleiter und Einfassungspflanze sollte man in nährstoffreichen und humosen Böden darauf achten, daß die Blüten, die sich von Juli bis September bilden, gleich nach ihrem Erscheinen abgeschnitten werden. Die Pflanzen sehen sonst sehr unordentlich aus, ihre Vitalität läßt nach, und sie sind nicht mehr in der Lage, unerwünschte Konkurrenten niederzuhalten. Die Sorte 'Silver Carpet' ist ein unsicherer Blüher. Für großflächige, silbergraue Teppichpflanzungen rechnet man mit 9 bis 12 Pflanzen pro Quadratmeter.

Der Wollziest läßt sich durch Teilung von April bis Mai leicht vermehren.

Veronica longifolia, Ehrenpreis

Scrophulariaceae

Die nord-, ost- und mitteleuropäische *V. longifolia* hat einen straff aufrechten Wuchs. Von Juli bis September trägt die 80 bis 100 cm hohe Staude lange Blütenähren mit einem weithin leuchtenden Blau. Ihre etwas kleineren, dafür in etwas kräftigeren Farben blühenden Sorten sind in Blattgröße und -form sehr vielfältig. Ihr Blau und Weiß verträgt sich mit allen gelb- und rotblühenden Stauden.

Empfehlenswerte Sorten	Blütenfarbe	Höhe (cm)
'Blaubündel'	blau	80
'Blauer Sommer'	tiefblau	60
'Blauriesin'	leuchtend blau	80
'Schneeriesin'	weiß	80

V. longifolia und ihre Sorten lieben wie viele ihrer Staudennachbarn die Wärme und einen feuchten Gartenboden. Wenn sie versagen, liegt es am Nährstoff- und Wassermangel. Deshalb sollte man sie in reichlich mit Nährstoffen versorgten Böden pflanzen. Auf der Prachtstaudenrabatte wird es zweckmäßig sein, den Ehrenpreis in kleinen Trupps von drei bis zehn Pflanzen zu setzen, wobei man von neun Pflanzen pro Quadratmeter ausgeht.

Von März bis Mai wird das schnellkeimende Saatgut bei gleichmäßiger Feuchtigkeit und Temperaturen um 20°C ausgesät. Die nicht samenvermehrbaren Sorten werden Mitte Mai durch Stecklinge vermehrt. Geteilt wird von April bis August.

Begleitstauden für halbschattige und schattige Lagen

Anemone

Ranunculaceae

Anemone apennina, A. blanda, A. × intermedia, A. nemorosa, A. ranunculoides, Windröschen

Die Windröschen nehmen vielfach eine Monopolstellung im Schattengarten ein. Sie gehören zu den schönsten Wildpflanzen, die vielen Kulturformen überlegen sind. Dabei breiten sie sich rasch aus, sofern sie einen schattigen Platz erhalten und in Ruhe gelassen werden.

Die südeuropäische *A. apennina* öffnet ihre himmelblauen Blüten von April bis Mai. Aus den knolligen Wurzelstöcken entwickeln sich die 15 bis 20 cm hohen Pflanzen, die über Generationen hinweg durch Auslesezüchtung verbessert wurden. Sie führte zur Entstehung der weißblühenden 'Alba', der gefülltblühenden 'Plena' und der rotviolettblühenden 'Purpurea'. Diese Sorten reichen aus zur Bepflanzung eines Schattengartens.

A. blanda fand erst in diesem Jahrhundert den Weg von Südosteuropa, dem Kaukasus und Vorderasien in unsere Gärten. Sie blüht am frühesten von allen Anemonen im März–April. Aus dem knolligen Wurzelstock entwickeln sie wie *A. apennina* strahlenförmige blaue Blumen von ungewöhnlicher Leuchtkraft. Heute wird *A. blanda* hauptsächlich durch folgende Sorten repräsentiert:

'Blue Star', leuchtend blau.
'Charmer', dunkelrosa.
'Fairy', reinweiß.
'Birdesmaid', ziemlich große, reinweiße Blüten.
'Pink Star', hellrosa.
'Radar', leuchtend karminrot, weiße Mitte.
'White Splendour', sehr große, schneeweiße Blüten.

In kleinsten Anlagen können wir *A. apennina* und *A. blanda* in Verbindung mit Rhododendron ansiedeln. In einem humosen Boden breiten sie sich ohne besonderen Pflegeaufwand über große Flächen aus. Im Garten ist für diese nicht überall winterharten Arten und ihre Sorten eine leichte Laubdecke empfehlenswert. Die Rhizomknollen von *A. apennina* und *A. blanda* werden im September–Oktober 6 bis 8 cm tief in den Boden gelegt.

A. nemorosa, das Buschwindröschen, kommt von Nordeuropa bis Westsibirien vor. Seine einfachen weißen, rosa überhauchten Blüten überziehen im März–April schattige Gartenpartien. In feuchten und humusreichen Böden breiten sie sich rhizombildend aus und erreichen eine Blütenhöhe von 15 bis 20 cm. Gegen Abend und bei trübem und regnerischem Wetter sind die Blüten in Schlafstellung geschlossen. Das Buschwindröschen ist sehr variabel. Bereits im 16. Jahrhundert sind zahlreiche Formen entstanden, von denen im Laufe der Jahre die folgenden Sorten in den Handel kamen:

'Alba Plena', weiß, gefüllt.
'Allenii', blau, großblumig.
'Blue Beauty', zartblau, Außenseite silbrig blau, großblumig.
'Blue Bonnet', blau, großblumig.
'Grandiflora', weiß, großblumig.
'Lychette', weiß, großblumig.
'Robinsoniana', lavendelblau.
'Rosea', rosa.
'Royal Blue', dunkelblau.
'Vindobenensis', hellcreme.

A. ranunculoides ist eine eng verwandte Art von *A. nemorosa* mit gelben Blüten. Das gelbe Windröschen gedeiht an den gleichen Standorten und spricht auf die gleichen Kulturbedingungen an.

Diese wunderschöne und in jeder Hinsicht bemerkenswerte Art ist in den Laubwäldern Europas, Westsibiriens und des Kaukasus beheimatet. Sie blüht nach dem weißen Buschwindröschen im April–Mai. Ihre gefüllte Form 'Flore Pleno' ist ebenso beliebt wie die Sorte 'Superba' mit großen, bronzegetönten Blättern.

Wenn *A. nemorosa* und *A. ranunculoides* nebeneinander wachsen, entsteht oft spontan ein Naturbastard mit schwefelgelben Blüten, die sich bereits im Februar entfalten. Diese Hybride wird als *A. × intermedia*, *A. × seemannii* und *A. × lipsiensis* geführt.

Die Wildformen lassen sich als Lichtkeimer leicht durch Samen vermehren. Sonst teilt man den knolligen Wurzelstock oder vermehrt über Rhizome.

Anemone hupehensis, A. hupehensis var. japonica, A.-Japonica-Hybriden, A. tomentosa, Japanische Anemonen, Herbstanemonen

Die Japanischen Anemonen gehören zu den schönsten Schattenstauden. Sie blühen vielfach bis zum ersten Frost.

A. hupehensis kam erst um 1900 aus West- und Zentralchina nach Europa. Ihre fünf, selten auch sechs abgerundeten Perigonblätter sind von klarem Rosa, deren Außenseiten rot glänzen. Die stark eingeschnittenen Blätter sind dreiteilig und grob gezähnt.

A. hupehensis var. *japonica* ist eine halbgefüllte Form, die im 17. Jahrhundert in Japan entstanden ist. Sie wurde von dem großen Pflanzensammler Robert Fortune 1843 auf einem Friedhof in Shanghai in voller Blüte gefunden. Ein Jahr später brachte er sie mit nach England. Wie *A. hupehensis* wird diese Varietät bis 1 m hoch. Sie blüht etwas später im September–Oktober; ihre rosa Blüten setzen sich aus etwa 20 kleinen Hüllblättern zusammen.

Die *Anemone*-Japonica-Hybriden *(A. × hybrida)* gehen auf eine Kreuzung (1848) von *A. vitifolia* mit *A. hupehensis* var. *japonica* zurück. Aus dieser rosa Herbstanemone sind zahlreiche Sorten in großer Vielfalt in Blütengröße, Füllung und Färbung entstanden.

A. tomentosa auf Nordchina ist die winterhärteste und robusteste unter den Herbstanemonen. Sie hat hellrosa Blütenhüllblätter.

Die zahlreichen Vertreter der Japanischen Anemonen sind zusammen mit den Silberkerzen, Astilben und dem Eisenhut wohl die schönsten Herbstblüher für halbschattige Lagen. Wenn ihr Fuß von benachbarten Pflanzen beschattet ist und an heißen Tagen durchdringend gegossen wird, wachsen sie auch in der Sonne.

Die Japanischen Anemonen sollten Anfang Mai gepflanzt werden. Wenn ein zusätzlicher Winterschutz möglich ist, können die Pflanzen im Herbst in die Erde kommen. In einem nährstoffreichen, humosen Lehmboden bilden sie die prächtigsten

Empfehlenswerte Sorten	Blütenfarbe und -füllung	Blütezeit (Aug.–Okt.)	Höhe (cm)
A. hupehensis			
'Praecox'	dunkelrosa, einfach	mittel	80
'September Charm'	hellrosa, einfach	mittel	80
'Splendens'	hellrot, einfach	spät	100
Anemone-Japonica-Hybriden			
'Honorine Jobert'	weiß, einfach	mittel	120
'Königin Charlotte'	silbrigrosa, halbgefüllt	spät	100
'Prinz Heinrich'	purpurrot, halbgefüllt	mittel	80
'Wirbelwind'	weiß, halbgefüllt	mittel	100
A. tomentosa 'Robustissima'	hellrosa, einfach	früh	100

Blütenhorste. Die Japanischen Anemonen sind gegen Trockenheit sehr empfindlich. An warmen Tagen ist deshalb ausgiebig zu wässern. Um Nährstoffmangelerscheinungen vorzubeugen, gibt man 50 g Mehrnährstoffdünger auf einen Quadratmeter.

Überalterte Japanische Anemonen, die mit der Blüte nachlassen, werden im Frühjahr geteilt und auf gut vorbereitete Beete gepflanzt. Dabei werden pro Quadratmeter fünf Pflanzen benötigt. Im ersten Jahr erhalten sie durch eine Laubauflage einen leichten Winterschutz. Dadurch wird das Hochfrieren und Auswintern der noch jungen Pflanzen verhindert.

Die Sorten 'Königin Charlotte' und 'Prinz Heinrich' sind in kahlfrostigen Gebieten besonders schutzbedürftig. Sie brauchen in schneelosen Wintern eine so hohe Laubauflage, daß die Blattschöpfe gerade noch herausragen.

In besonders ungünstigen Lagen eignet sich die frühblühende *A. tomentosa* 'Robustissima' am besten, die sich auch hervorragend als Schnittblume verwenden läßt.

Die Herbstanemonen lassen sich durch Rhizomschnittlinge und durch Teilung vermehren.

Aquilegia, Akelei
Ranunculaceae

Die 25 bis 100 cm hohen *Aquilegia*-Arten und ihre Sorten lassen sich als Rabattenpflanzen und vorzüglich auch zum Schnitt verwenden. Am Stengelgrund sind die Blätter meist doppelt-dreizählig, nach oben gehen sie in einfache dreizählige Laubblätter über. Die Blüten, die sich von Mai bis Juli entfalten, bestehen aus zwei Blattkreisen. Der äußere ist kronblattähnlich, der innere ist zu Nektarien umgebildet und in Spornen auslaufend. Von den 120 Arten ist das nachfolgende Standardsortiment weit verbreitet:

A. canadensis, Nordamerika, 30 bis 60 cm, Blätter lang gestielt, Büten scharlachrot mit gelb, Sporn hellrot, frühblühend.

A. chrysantha, New Mexico, Arizona, Höhe bis 1 m, Blüten breit, hell- bis goldgelb, von Mai bis August. 'Silver Queen', silberweiße Blüten. 'Yellow Queen', goldgelbe Blüten.

A. flabellata, Japan, Kurilen, Sachalin, Korea. Höhe bis 25 cm; Blüten lilablau, Honigblätter weiß. 'Nana Alba', mit wachsweißen Blüten. 'Ministar', bis 15 cm hoch, ist eine Sorte der Varietät *pumila*.

A. vulgaris 'Superba', Höhe bis 50 cm mit sehr großen, prächtig blauen Blüten, Honigblätter von hell graublau nach tief azur verfärbend.

A. caerulea, Nordamerika, Höhe 30 bis 50 cm; 5 cm breite, blaue, oft gelblich getönte Blüten im Juni–Juli.

Sorten meist Hybriden aus *A. chrysantha* und *A. canadensis:*

'Blue Star', Blüten groß, hellblau mit Weiß, 60 cm.
'McKana', sehr großblütige Mischung, 75 cm.
'Maxistar', leuchtend gelb, Sporne lang und weit nach außen geschwungen, riesenblumig, 75 cm, Juni–Juli.
'Musik-Blau-Weiß', schöne Farbkombination von blauviolett und weiß, wuchskräftige und reichblütige Sorte, 50 cm.
'Musik-Gelb', hellgelb, etwas schwächerer Wuchs und Farbe nicht auffällig, 50 cm.
'Musik-Rein-Weiß', reinweiß, reichblütig und wuchsstark, 50 cm.
'Musik-Rosa-Weiß', schön rosa mit Weiß, 50 cm.
'Musik-Rot-Gold', Farben auffällig leuchtend rotgoldgelb, 50 cm.
'Musik-Rot-Weiß', brauchbare Farbkombination, rot-weiß, 50 cm.
'Olympia-Blau-Weiß', blau, innen weiß, 70 cm.
'Olympia-Rot-Gold', scharlach, innen goldgelb, 75 cm.
'Rotstern', sternförmige, innen weiße, außen tiefrote Blüten, 60 cm.

Die einheimische *A. vulgaris* ist eine alte Bauerngartenpflanze. Besonders beliebt sind die langspornigen und vielfarbigen Hybriden. Diese zauberhaften Akelei vermehren sich rasch und

Akelei mit Blüten, die an die filigrane Schönheit von Orchideen erinnern. Oft sind es Kleinigkeiten, die einen Garten noch lebendiger machen. Im Sommer versteckt sich die Akelei unter benachbarten Gehölzen, und das Tränende Herz neigt sich mit seinen Pendelblüten nach unten.

säen sich selbst aus. Wenn man sie nicht von ihren Verwandten fernhält, entstehen oft spontane Kreuzungen. Das kann je nach Garten und Wunsch des Besitzers durchaus interessant sein.

Im Halbschatten von Mauern und Gehölzen halten die Blüten am längsten. Sie lassen sich bei entsprechender Bodenfeuchtigkeit auch in die volle Sonne pflanzen. Nach dem Frühsommerflor beginnen die Akelei zu ruhen. Als Nachbarn erhalten sie späte Astilben-Sorten, herbstblühende Japanische Anemonen und Eisenhut-Arten.

Beim Umpflanzen kann man die Aquilegien durch vorsichtiges Teilen vermehren. Dabei werden sie einzeln oder in Tuffs von höchstens 9 bis 12 Pflanzen pro Quadratmeter verwendet.

Die samenvermehrbaren Sorten sind F_1-Hybriden. Bei einer Direktsaat in Kisten oder in den Frühbeetkasten von Mitte März bis Mai vergehen bei 20 °C bis zur Keimung 5 bis 6 Wochen. Sie verläuft meist recht unregelmäßig. Nach der Blüte im Juli – August können die Pflanzen geteilt werden. Die fleischigen Wurzeln der Aquilegien reagieren auf Störungen sehr empfindlich. Die Teilstücke kommen in 9er-Töpfe.

Asarum europaeum, Haselwurz

Aristolochiaceae

Unsere europäische Haselwurz hat breit-nierenförmige, immergrüne Blätter von ledriger Textur. Die wenig auffälligen Blüten, die von April bis Juni erscheinen, sind unter den Blättern versteckt. Ihr

Perigon ist glockig und dreizipfelig, braunrot und mit Pfeffergeruch.

Als Mullbodenkriecher ist die Haselwurz eine überragende Schattenstaude zur Bodenbegrünung. Nach guter Bodenvorbereitung kriecht sie mit ihren kräftigen Rhizomen am oder flach in einem humusreichen Substrat und bildet einen immergrünen Teppich. Beim Auspflanzen ist darauf zu achten, daß nicht mehr als 16 *Asarum* auf den Quadratmeter kommen und daß nicht zu tief gepflanzt wird.

Vermehrung durch Aussaat, Teilung und Rhizomschnittlinge.

Astrantia major, Sterndolde

Apiaceae (Umbelliferae)

Die Sterndolde ist eine Staude der Fluchtwaldgesellschaften und Bergwiesen Mittel- und Osteuropas. Unter schattenspendenden Bäumen läßt sich diese Wildstaude in jedem guten Gartenboden und in gleichmäßig feuchten Lagen verwenden. In naturnahen Pflanzungen und als Rabattenstaude breiten sie sich zwischen Haselwurz, Kaukasus-Vergißmeinnicht, wilden Erdbeeren, Waldmeister, Leberblümchen, Christrose, Gedenkemein und Schaumblüte aus. Von Juni bis August werden ihre weißen bis rosaroten Blüten in knopfartigen, 2 bis 3 cm breiten Dolden gebildet. Sehr schön sind ihre Sorten 'Alba', weiß, 'Rosea', rosa, und 'Rosensinfonie', rosa und rote Farbtöne.

Wenn die Sterndolde zu Vegetationsbeginn mit 60 g Mehrnährstoffdünger pro Quadratmeter gedüngt wird, entwickelt sie sich zu einer 80 cm hohen Pflanze. In Wildgartenpartien beginnt die Sterndolde leicht zu versamen und sich im Laufe der Jahre auszubreiten.

A. major und ihre samenvermehrbare 'Rosensinfonie' sind vorzügliche Schnittstauden. Wenn sie bald nach der Ernte ausgesät werden, ist mit einem guten Keimergebnis zu rechnen. Im März ausgesät, kann drei Wochen danach pikiert werden. Eine Teilung ist nach der Blüte möglich.

Bergenia-Hybriden, Bergenien

Saxifragaceae

Die sieben oder acht *Bergenia*-Arten sind alle in Ostasien beheimatet. Als äußerst genügsame Stauden lassen sie sich in schattigen Vorgärten und in sonnenarmen Hinterhöfen verwenden. Ihr Wurzeldruck ist so groß, daß man schwächere Nachbarn in angemessenem Abstand hält. Es genügen sechs oder sieben Pflanzen pro Quadratmeter.

Man kann sie zur Unterpflanzung von Gehölzen und an jeder sonnenarmen Stelle verwenden. An einem Südhang bei genügender Bodenfeuchtigkeit vertragen sie sogar die volle Sonne. Bei den Bergenien, die lange Wurzelhälse bilden, ist im Winter ein Humusieren lebensnotwendig. Sie schließen dann ihre Blätter sehr dicht über der Erde zusammen und ersticken jedes Wildkraut. Das immergrüne Laub erspart uns einen jährlichen Rückschnitt.

Die großen wintergrünen Blätter, die sich vielfach im Herbst rotbraun verfärben, lassen sich das ganze Jahr als floristisches Beiwerk verwenden. Das Laub ist schnittreif, wenn es ausgereift zu verhärten beginnt. Wenn sich im Frühjahr die 30 bis 70 cm hohen Trugdolden entwickeln und die hängenden Blütenglocken zu etwa einem Drittel geöffnet sind, haben sie ihre Schnittreife erreicht.

Samenvermehrbar sind alle Arten sowie die Sorten 'Neue Hybriden' und 'Rotblum'. Im Dezember lassen sich wintergrüne Triebe bzw. Stammstecklinge mit dem Messer abschneiden. Es darf nicht zu tief geschnitten werden, es müssen noch alte, verholzte Triebstücke an der Mutterpflanze verbleiben. Sonst besteht die Gefahr, daß die schlafenden Augen entfernt werden, aus denen die Bergenien wieder neu austreiben. Bei älteren Mutterpflanzen mit bereits abgestorbenen Blättern sind an den Trieben die Blattringe gut erkennbar. Man kann sie dann in etwa 2 cm dicke Scheiben mit einem Blattring und schlafenden Augen zerteilen und auf ein Torf-Sand-Gemisch legen. Nach dem Einlegen werden die Triebschnittlinge mit 1 bis 2 cm Substrat abgedeckt.

Empfehlenswerte Sorten	Blütenfarbe/Blattfärbung im Winter	Blütezeit (April–Mai)	Höhe (cm)
'Abendglut'	purpurrot/braun	mittel	30
'Admiral'	rot/rot	spät	30
'Baby Doll'	hellrosa, später babyrosa	spät	40
'Ballawley'	karminrosa/rot	mittel	70
'Distinction'	babyrosa	spät	40
'Ernst Schmidt'	rosa	früh	20
'Glockenturm'	rosa	spät	30
'Margery Fish'	leuchtend rot/rot	mittel	60
'Morgenröte'	rosa, remontiert/leuchtend	spät	40
'Oeschberg'	frischrosa Glöckchen, innen etwas weiß/rot	spät	50
'Profusion'	lilarosa/frischgrün	spät	40
'Progress'	karminrot	spät	60
'Pugsleys Pink'	rosa mit braunen Kelchblättern/rote Rückseite	spät	50
'Purpurglocke'	karminrote Glöckchen/braun getönt	mittel	60
'Schneekissen'	zartrosa	mittel	50
'Schneekönigin'	weißlichrosa/grün mit Braunton	früh	45
'Silberlicht'	weiß mit rosa Schimmer	mittel	40
'Sunningdale'	karminrosa/rot, Rückseite pflaumenfarben	spät	50
'Sunshade'	lilarosa/grünbräunlich	spät	30
'Sunshine'	karminrote, nickende Blüten/bräunlich getönt	spät	40
'Walter Kienli'	purpurviolett/bräunlichpurpur	früh	40

Brunnera macrophylla, Kaukasus-Vergißmeinnicht

Boraginaceae

In den subalpinen Wäldern des westlichen Kaukasus wächst das Kaukasus-Vergißmeinnicht in humos-lehmigen Böden. Von April bis Mai erscheinen an rispigen Blütenständen blaue, vergißmeinnicht-ähnliche Blüten. Die Sorte 'Blaukuppel' bildet 40 cm hohe, noch straffere, aufrechtere und dichtere Blütenbüschel. In naturnahen Pflanzungen lassen sich diese schönen Stauden unter lichten Baumbeständen, auf Terrassenbeeten und im Steingarten ansiedeln. An Teichufern und als Bachbegleiter gedeihen sie auch in der vollen Sonne. Wenn die Erde ausreichend feucht ist, säen sie sich selbst aus und besiedeln ganze Wildgartenpartien. Vermehrung auch durch Teilung und Wurzelschnittlinge.

Buglossoides purpurocaerulea, Steinsame

Boraginaceae

B. purpurocaerulea (syn. *Lithospermum purpurocaeruleum*) ist die gärtnerisch wichtigste Art aus Süd- und Mitteleuropa, eine niederliegende, an den bogig überhängenden Blatttrieben wurzelnde Staude. Blütensprosse aufrecht, Wickeltrauben mit erst roten, später enzianblauen Blüten im Mai–Juni. Breitet sich aus einem Rhizom ausläuferartig aus, bis 30 cm hoch mit graugrünen, rauhhaarigen Blättern. Bevorzugt trockene, nährstoffreiche und kalkhaltige Böden. Staude für den Gehölzrand, verträgt unter lichten Baumbeständen auch den Wurzeldruck. Vermehrung durch Stecklinge von April bis Juli.

Campanula, Glockenblume
Campanulaceae

Campanula glomerata, Knäuelglockenblume

Beheimatet in Europa, im Kaukasus und in Iran. Ist horstbildend, polsterartig, im Juli mit großen, dunkelvioletten, glockenartigen Einzelblüten, die schopfartig als Knäuel am oberen Stielende angeordnet sind. Wird bis 60 cm hoch.
'Acaulis', 15 cm hoch, blüht dunkelviolett von Juni bis August.
'Alba', 80 cm hoch, blüht weiß von Juni bis August.
'Dahurica', 60 cm hoch, blüht dunkelviolett von Juni bis August.
'Joan Elliott', 40 cm hoch, blüht tiefviolett im Mai–Juni.
'Schneekrone', 50 cm hoch, blüht reinweiß im Juli–August.
'Superba', 60 cm hoch, blüht dunkelviolett im Juli. Wichtigste Schnittsorte.
   C. glomerata und ihre Sorten lassen sich vielseitig verwenden. Eine Beet- und Gehölzrandstaude für sonnige bis halbschattige, nährstoffreiche Böden. Läßt sich auch im Steingarten und auf die Trockenmauer pflanzen. 6 bis 12 Stück pro Quadratmeter.
   Vermehrung durch Aussaat: In der Zeit von April bis Juni wird ausgesät. Das Saatgut ist nicht so fein wie bei anderen *Campanula*-Arten. Teilung: Die Mutterpflanzen der *C. glomerata*-Sorten werden in kleine Teilpflanzen zerlegt. Wenn sie

genügend Wurzeln besitzen, kann gleich getopft werden.

Campanula lactiflora, Weißblühende Glockenblume

Im Kaukasus und in Westasien beheimatet. Breit- und starkwüchsig, 150 cm hoch, blüht milchighellblau bis lilablau im Juni–Juli.

'Alba', 150 cm, reinweiß, Juni bis August.
'Loddon Anna', 90 cm lilarosa, Juni bis August.
'Prichards Varietät', 50 cm, amethyst-violett.
'Pouffe', 30 cm, lichtblau.
'Rosea', 150 cm, zart rosa, Juni bis August.

   Empfehlenswert für den naturnahen Garten. Samenvermehrbare Sorten 'Alba' und 'Rosea' Mitte Mai aussäen. Kopfstecklinge von Februar bis Mai, Teilen im August–September.

Campanula latifolia, Breitblättrige Waldglockenblume

Horstig wachsende Art Europas, Sibiriens, des Iran und Asiens. Große Glockenblüten in den Achseln der kräftigen Stiele. Blüht im Juni–Juli violettblau.

'Alba', weiß, 80 bis 100 cm hoch, blüht im Juni–Juli.
'Macrantha', violettblau, 80 bis 100 cm hoch, blüht im Juni–Juli.

   Wildnishafte Staude, die sich für humose Böden in schattiger Lage eignet. Ein fakultativer Kaltkeimer, der im Frühjahr zur Aussaat kommt. Unter normalen Bedingungen erfolgt die Keimung nach 3 bis 4 Wochen.

Campanula persicifolia, Pfirsichblättrige Glockenblume

Vom Balkan bis Sibirien beheimatet. Mit großen, hellblauen Blütenglocken an 60 bis 100 cm hohen Stielen. Erscheinen im Juni–Juli in breitglockigen, lockeren Trauben. Grundachse kriechend und

Eine blau-gelbe Blütenlandschaft bilden Campanula lactiflora 'Prichards Varietät' und Verbascum-Hybriden. Mit ihren zarten Formen und dezenten Farben lockern sie jede naturnahe Pflanzung auf.

dichte Horste bildend. Eine der prächtigsten Wildpflanzen für naturnahe Pflanzungen, die am Gehölzrand und auf halbschattigen Rabatten Verwendung findet. Wünscht einen kalkhaltigen und humosen Boden.

Einfachblühende Sorten:
'Grandiflora Alba', weiß.
'Grandiflora Coerulea', hellblau, großblumig.
'Highcliff Variety', violettblau.
'Porzellan', porzellanblau.

'Telham Beauty', blau, großblumig.
Gefülltblühende Sorten:
'Blaukehlchen', blau.
'Moerheimii', weiß.

Normalkeimer, die im Frühjahr bei 20 °C zur Aussaat kommen. Teilung im März–April oder nach der Blüte im September von gut bestockten Pflanzen mit 6 bis 8 jungen Trieben.

Centaurea montana, Berg-Flockenblume

Asteraceae (Compositae)

In den Berg- und Schluchtwäldern der Ardennen und Karpaten bis zu den Pyrenäen, Mittelitaliens und Mitteljugoslawiens beheimatet.

Die 30 bis 40 cm hohe Staude blüht im Mai–Juni mit 6 bis 8 cm breiten Blüten, die in ihrer Form und Färbung an Kornblumen erinnern. Begehrte Sorten sind:
'Alba', weiß.
'Grandiflora', blau.
'Parham', lavendelblau.
'Rosea', rosa.
'Violetta', dunkelviolett.

In einem humosen Boden breitet sich die Berg-Flockenblume durch Wurzeltriebe aus. Zu Vegetationsbeginn werden 60 bis 80 g eines Mehrnährstoffdüngers pro Quadratmeter ausgebracht. In nicht zu schweren und trockenen Erden erträgt C. montana die volle Sonne.

Vermehrung durch Aussaat Anfang April, Teilung von April bis September und Rhizomschnittlinge.

Cimicifuga, Silberkerze

Ranunculaceae

Von den zehn Cimicifuga-Arten gehören die in der Übersicht (Seite 181) zusammengestellten zu den auffallendsten Silberkerzen.

In unseren Garten- und Parkanlagen läßt sich diese lebenskräftige Pflanzengattung vielseitig verwenden. Der süße Duft vieler Silberkerzen lockt ungezählte Insekten an. Sie überragen mit ihren Blütentrauben Astilben, Japanische Anemonen, Salomonssiegel und Eisenhut. Die Silberkerzen dürfen nicht zwischen zu hohen Stauden stehen. Niedere, immergrüne, bodenbedeckende Pflanzen bringen die »goldene« Herbstfärbung des Laubes und die weißen Blütenkerzen über dem dunklen Laub zur Geltung. In Gemeinschaft mit *Epimedium*- und Lilien-Arten, Rodgersien und *Podophyllum* zeigen sie in halbschattigen Lagen eine optimale Entwicklung. Wenn für eine ausreichende Bodenfeuchtigkeit gesorgt wird, gedeihen sie auch in sonnigen Lagen. Bei großer Trockenheit kann durch eine Laub- und Rindenkompostauflage die Wasserverdunstung eingeschränkt werden.

Die *Cimicifugen* lieben einen feuchten, humosen Gartenboden. Silberkerzen, die mit ihren Wurzeln in Konkurrenz zu stark zehrenden Stauden und Gehölzen stehen, werden regelmäßig humusiert. Auch Nährstoffgaben mit 50 g pro Qua-

	Stückzahl pro m²	Geselligkeit
C. acerina 'Compacta'	7	in größeren Gruppen von 10–20 Pfl.
C. dahurica	3	einzeln oder in kleinen Tuffs
C. japonica	7	in größeren Gruppen von 10–20 Pfl.
C. racemosa var. cordifolia	3	in kleinen Trupps von 3–10 Pflanzen
C. racemosa var. racemosa	5	in kleinen Trupps von 3–10 Pflanzen
C. ramosa	3	in kleinen Trupps von etwa 3–10 Pfl.
C. simplex	5	in kleinen Trupps von etwa 3–10 Pfl.

Empfehlenswerte Arten und Sorten von *Cimicifuga*	Blütezeit	Höhe (m)	Vermehrung	Bemerkungen	Heimat
C. acerina (*C. japonica* var. *acerina*) 'Compacta'	August	0,8	Teilung	kleinste Sorte, Blütenstand straff aufrecht, wenig verzweigt	Japan
C. dahurica August- oder Kandelaber-Silberkerze	Aug.–Sept.	2,0	Teilung, Aussaat	Blütenstände rispig verzweigt, zweihäusig, männliche Pflanzen wegen Blütenverzweigung bevorzugt, schönster Spätsommerblüher, schneeweiße, duftende Blütenstände	Südostsibirien, Amur, Japan
C. foetida (*C. europaea*) Wanzenkraut	Juli–Aug.	2,0	Teilung, Aussaat	Blüten riechen nach Holunder, gelblichweiß, geringer Gartenwert	Osteuropa, Sibirien
C. japonica	August	1,5	Teilung, Aussaat	zierliche Blätter, Blüten kerzenartig, schneeweiß, nicht für rauhe Lagen geeignet	Japan
C. racemosa var. *cordifolia* (*C. cordifolia*) Lanzen-Silberkerze	August	2,0	Teilung, Aussaat	Blütenstand straff aufrecht, gelblichweiße bis bräunliche Trauben, verträgt etwas Sonne	Ost-USA
C. racemosa var. *racemosa* Juli-Silberkerze	Juli	2,0	Teilung, Aussaat	Blütenstand nur wenig verzweigt, leicht überhängend, weiß, unangenehm duftend, frühste und wertvollste sommerblühende Art	Nordamerika
C. ramosa September-Silberkerze	Sept.–Okt.	2,0	Teilung, Aussaat	Blütentrauben 40 cm lang, aufrecht oder geneigt, cremeweiß, schönste Art	Kamtschatka
– 'Atropurpurea'	Sept.–Okt.	2,0	Teilung	rotbraunes Laub	
C. simplex Oktober-Silberkerze	Sept.–Okt.	1,5	Teilung, Aussaat	leicht überhängende Trauben, zuweilen frostgefährdet	Japan, Sachalin, Kurilen, Kamtschatka, Mandschurei
– 'Armleuchter'	Sept.–Okt.	1,5	Teilung	stark verzweigter Blütenstand	
– 'Braunlaub'	Sept.–Okt.	1,5	Teilung	dunkles Laub	
– 'White Pearl'	Sept.–Okt.	1,5	Teilung	hellgrünes Laub	

dratmeter eines kali- und phosphorbetonten Mehrnährstoffdüngers tragen wesentlich zur Blütenbildung bei.

Überalterte Silberkerzen werden geteilt und wieder aufgepflanzt. Über Pflanzenbedarf und Geselligkeit gibt die Tabelle (Seite 180) Auskunft.

Frisch gepflanzte *Cimicifugen* zeigen im ersten Jahr noch nicht den erhofften Blütenflor. Meist dauert es zwei bis drei Jahre, ehe vegetativ durch Teilung vermehrte Pflanzen fünf bis sieben Blütenkerzen hervorbringen.

Geranium, Storchschnabel

Geraniaceae

G. endressii von den Westpyrenäen ist eine hervorragende Waldsaumpflanze, die zwischen und vor Gehölzen bei wechselnder Besonnung wächst. Sie bildet kräftige Rhizome, die niederliegend bis 80 cm Länge erreichen. In wintermilden Lagen sind die fünflappigen Blätter immergrün. Die etwa 30 cm hohe, trockenheitsverträgliche Art wird be-

Geranium für die Sonne und den Schatten;
Beet 6,50 m lang,
3 bis 4 m breit

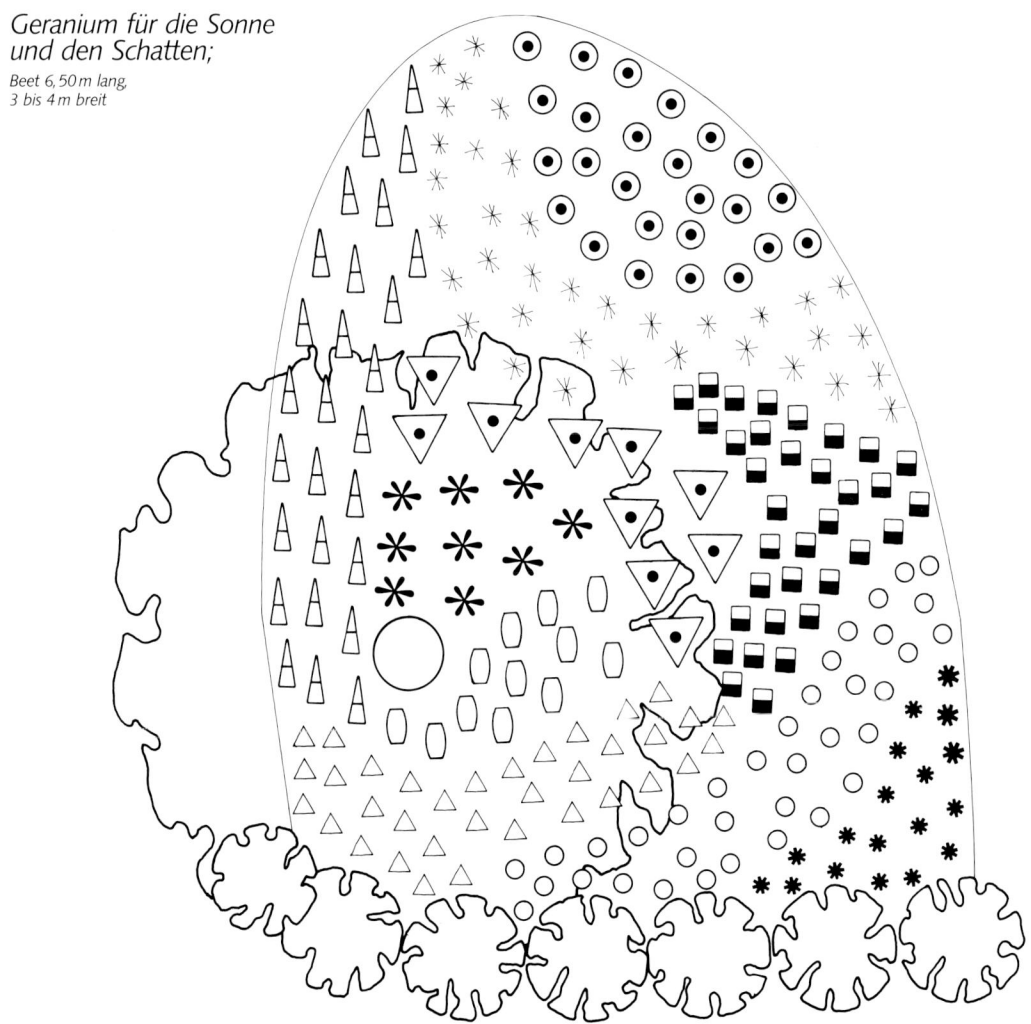

Die Leuchtkraft der Geum-Hybride 'Red Wings' erscheint im Sommergarten wie ein bunter Tupfer aus dem Malkasten der Natur. Ins rechte Licht gerückt, gewinnen die Blüten noch an Ausstrahlung.

vorzugt bei starkem Wurzeldruck verwendet. Von Mai bis August entfaltet sie meist zwei rosa Blüten pro Stiel. Ebenso läßt sich die stark wuchernde, lachsrosa Sorte 'Wargrave Pink' verwenden. Sie ist niedriger und kleinblütiger als die Art und 'Rose Clair' mit intensiver gefärbten Blüten. Die Stückzahl pro Quadratmeter beträgt bei *G. endressii* 6 bis 9 Pflanzen. Vermehrung durch Teilung und Rhizomschnittlinge.

G. himalayense ist ein ausläufertreibender, bis 40 cm hoher Bodendecker, mit leuchtend violettblauen Blüten und purpurroten Augen (Juni–Juli). Die herrliche 'Johnsons Blue' hat blaue Blüten mit fast farblosen Adern, 'Gravetye' rötlich getönte Blüten um eine weiße Mitte, 'Plenum' ist eine heller blühende gefüllte Form.

Eignet sich für den Gehölzrand wechselsonniger Lagen. In einem nährstoffreichen, durchlässigen, trockenen bis mäßig feuchten Boden zeigt sie eine auffallende Herbstfärbung. Vermehrung wie *G. endressii*.

G. sylvaticum. Der europäische und nordasiatische Storchschnabel wird im blühenden Zustand 60 cm hoch, sein lichtblauer Flor erstreckt sich von Mai bis August. Staude mit kurzem Rhizom, aufrecht, etwas kantig und oft rotbraun gefleckt. Läßt sich als Waldsaumpflanze in einen nährstoffreichen, nicht zu trockenen Boden oder in eine Fettwiese pflanzen. 'Album', reinweiß mit rosa Knospen, 'Mayflower' hellblau. Vermehrung durch Wurzelschnittlinge.

Geum-Hybriden, Nelkenwurz

Rosaceae

Hierher gehören alle, zum Teil aus Kreuzungen zwischen dem auf der chilenischen Insel Chiloe beheimateten *G. chiloense* und dem auf dem Balkan und in Kleinasien verbreiteten *G. coccineum* entstandenen Sorten. Die 40 bis 50 cm ho-

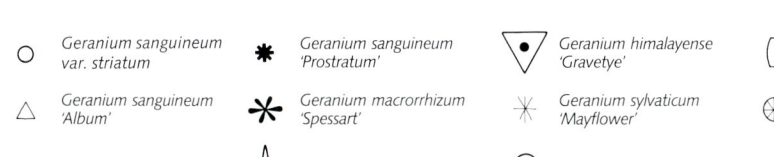

hen, sommerblühenden Stauden müssen wiederholt geteilt werden. Wenn man sie im Frühjahr oder Spätsommer nicht hochnimmt und zerlegt, haben sie nur eine kurze Lebensdauer. Im Schatten lichtkroniger Gehölze und in einem kaum durchwurzelten, feuchten und nährstoffreichen Boden entwickeln sich die Abkömmlinge von *G. chiloense* und *G. coccineum* zu niederen bis mittelhohen Halbrosettenstauden.

Geum chiloense-Hybriden:
'Bernstein', goldgelb, halbgefüllt.
'Dolly North', orange, halbgefüllt.
'Feuerball', karminrot, halbgefüllt, als Schnittsorte besonders empfehlenswert.
'Fire Opal', rotorange, halbgefüllt.
'Goldball', goldgelb, gefüllt.
'Princess Juliana', orangegelb, halbgefüllt.
'Rubin', dunkelkarminrot, halbgefüllt.

Geum coccineum-Hybriden:
'Feuermeer', 30 cm, leuchtend orangerot.
'Werner Arends', 25 cm, orangerot, halbgefüllt.

Die Sorten 'Feuerball' und 'Goldball' sind samenvermehrbar. Vegetativ vermehrt man durch Teilen und Rißlinge von April bis September.

Helleborus, Nieswurz, Schneerose, Christrose

Ranunculaceae

Helleborus niger ist eine Pflanze der südlichen und stellenweise der nördlichen Kalkalpen, des Apennin und Jugoslawiens. Ihre atlasweißen Blüten erscheinen schon im November, manchmal im Dezember oder Januar. Sie blühen dann bis März–April. Ihre Blütenteller werden aus fünf Kelchblättern gebildet, während die eigentlichen Blütenblätter zu röhrig-trichterförmigen Honigblättern umgebildet sind. In Kultur entstanden die Sorten:
'Altifolius', rosa getönt, Dezember.
'Grandiflorus', großblumig, Nachwinter.
'Praecox', rosa getönt, Oktober–November.
'Van Keesen', großblumig, gute Treibsorte.

H. niger ssp. *macranthus* ist eine besonders großblütige Unterart von den Süd- und Südostalpen. Den ganzen Winter wartet sie in den Knospen und beginnt im Frühling zu blühen.

Unter den *Helleborus*-Hybriden, die heute in den Gärten immer beliebter werden, faßt man eine ganze Reihe von weißen, rosaroten und purpurfarbenen Frühlingsschneerosen zusammen.

Die Christrosen lieben den lichten und warmen Schatten. Sie stehen in enger Beziehung zu Gehölzen und fühlen sich in der Atmosphäre einer absonnigen Hauswand oder Mauer wohl. In der Nähe von Farnen und Japanischen Anemonen, Kandelaber-Primeln und Tränendem Herz entwickeln sie große Horste.

Alle Arten und Sorten können nach der Blüte gesetzt werden. Die günstigste Pflanzzeit ist im August. Beim Setzen müssen die Topfballen senkrecht in den Boden kommen. Eingekürzte Wurzeln werden sehr leicht von Fäulnispilzen befallen. In einem kalkhaltigen, lehmdurchsetzten Humusboden ist ein reicher Blütenflor zu erwarten. Vor dem Pflanzen sind die tieferen Bodenschichten gut mit Humus zu versorgen. Pflanzen, die viel Laub, aber keine Blüten hervorbringen, leiden unter Kalkmangel. Besonders *H. niger* ssp. *macranthus* ist für gelegentliche Kalkgaben sehr dankbar. Abgeblühte Christrosen sollten im Frühjahr bis zu 80 g Mehrnährstoffdünger pro Quadratmeter erhalten.

Christrosen können an einem ruhigen Platz jahrelang im Garten stehen. Wenn sie umgepflanzt werden sollen, nimmt man sie im August aus dem Boden und teilt die Wurzelstöcke.

Die Christrosen sind hervorragende Schnittblumen. Wenn ein bis zwei Staubblattkreise offen sind, wird geschnitten. Die wachsüberzogenen Blütenschäfte stoßen jegliche Feuchtigkeit von ihrer Oberfläche ab. Man schneidet deshalb die Stiele von unten kreuzweise ein, bohrt sie mit einem spitzen Draht in einer Länge von wenigen Zentimetern an oder ritzt sie an den Seiten mit einer Nadel ein. Die Haltbarkeit im Wasser beträgt 10 bis 12, mit Blumenfrischhaltemitteln 15 bis 17 Tage.

Hepatica nobilis, Leberblümchen

Ranunculaceae

Die Gattung besteht aus drei Arten der nördlich-gemäßigten Zone. Unser heimisches Leberblümchen (*H. nobilis*, syn. *Anemone hepatica*) kommt in den Laubwäldern Europas bis Ostasien vor. Im März–April bringt es zwischen dem vorjährigen Laub seinen reichen Blütenflor zur Entfaltung. Erst wenn dieser seinen Höhepunkt überschritten hat, entwickeln sich die neuen Blätter.

Um üppig blühende Leberblümchen zu erhalten, ist ein lockerer Laubhumusboden unerläßlich. Wenn sie ungeschützt den Unbilden des Winters preisgegeben sind, leidet das Laub, wird schwarzfleckig oder geht ganz zugrunde. Durch eingestreutes Laub oder hoch gelegte Nadelreiser erhalten die Pflanzen eine Schutzdecke. Beim Abdecken im Frühjahr ist darauf zu achten, daß die Blütenknospen nicht beschädigt werden. Die frostigen Knospen sind sehr spröde und knicken sehr leicht ab.

Die Perigonblätter sind himmelblau gefärbt, zuweilen auch rosa und weiß. Während der Blütezeit verdoppelt sich die Länge der Perigonblätter. Bei Nacht und bei Regenwetter schließen sie sich. Der Mechanismus wird durch einen Wachstumsprozeß bewirkt: Beim Öffnen verlängert sich die Oberseite, beim Schließen die Unterseite der Blütenblätter. Nach etwa acht Tagen fallen die Blüten ab, die Stengel erschlaffen, und die reifenden Samenstände liegen auf dem Erdboden. Wenn man die Samen nicht zum richtigen Zeitpunkt im August–September erntet, werden die Samen meist durch Ameisen verschleppt. Anders als bei dem einfachblühenden Leberblümchen lassen sich die heute sehr selten gewordenen gefüllten Sorten 'Plena' und 'Rubra Plena' nur durch Teilung größerer Klumpen vermehren.

H. nobilis bietet sich für naturnahe Gärten an. Wenn sie im Wanderschatten von Gehölzen stehen, werden sie in kleinen Gruppen von drei bis zehn Pflanzen eingebracht. Mehr als 20 Leberblümchen pro Quadratmeter sollte man jedoch nicht setzen. Wo sie einmal in einem Laubhumusboden mit hohem Lehmanteil angesiedelt wurden, da halten sie aus und vermehren sich. Sie lassen sich im Schattengarten gut mit Immergrün, weißen und blauen Buschwindröschen, Christrosen und Gedenkemein verwenden. Man kann das Leberblümchen auch auf halbschattigen Rabatten in Verbindung mit Kissenprimeln und Veilchen zusammenpflanzen.

Heuchera-Hybriden, Purpurglöckchen

Saxifragaceae

Von den 27 Arten, die im atlantischen und pazifischen Nordamerika beheimatet sind, werden alle Sorten unter der Sammelbezeichnung *Heuchera*-Hybriden zusammengefaßt. Hierher gehört auch *H.* × *brizoides*, die aus einer Kreuzung von *H. americana* × *H. sanguinea* und nicht bekannter Eltern hervorgegangen sind.

In den luftfeuchten Küstengebieten ertragen die Purpurglöckchen die volle Sonne. Im kontinentalen Süddeutschland fühlen sie sich im Wanderschatten von Bäumen und Sträuchern, zwischen hohen Stauden und im Schutz von Mauern ausgesprochen wohl. Sie lassen sich zusammen mit Rhododendron und Astilben pflanzen. In der bunten Gesellschaft von Moorbeetpflanzen lieben sie eine sorgfältig vorbereitete, leicht saure Humuserde. Eine einmalige Düngung zu Vegetationsbeginn mit 40 bis 50 g Mehrnährstoffdünger pro Quadratmeter ist ausreichend. Bei zu trockenen Standorten ist darauf zu achten, daß im Sommer ausreichend gewässert wird. An dünnen, straffen Stielen tragen sie von Mai bis Juli zierliche Rispen. Zum Ende der Blütezeit entfernt man die Blütenstiele, damit die Pflanzen nicht unnötig durch die Samenbildung geschwächt werden.

Die immergrünen Laubhorste der Purpurglöckchen sollten in strengen und schneelosen Wintern (Barfröste) einen Reisigschutz erhalten. Man kann auch etwas Rindenkompost oder einen humusreichen Boden um die Pflanzen streuen. Dadurch erhält die verholzte Triebbasis, die in die Höhe wächst, einen Frostschutz. Die Purpurglöckchen können dann jahrelang unverpflanzt im Garten stehen. Neben den vielen Sorten ist aus *Heuchera* und *Tiarella* der Gattungsbastard × *Heucherella* entstanden.

Empfehlenswerte Sorten	Blütenfarbe	Höhe (cm)
'Carmen'	dunkelrot	50
'Coral Cloud'	korallenrosa	60
'Firebird'	scharlach	60
'Gracillima'	weiß (hellrosa)	50
'Jubilee'	hellrosa	50
'Lady Romney'	zartrosa	60
'Pruhoniciana'	tief rosarot	70
'Rakete'	leuchtend rot	50
'Red Pimpernel'	scharlach-korallenrot	60
'Red Spangles'	leuchtend rot	50
'Scintillation'	karminrosa	50
'Silberregen'	weiß (zartrosa)	70
'Snowflakes'	weiß	60
'Weserlachs'	rosarot	50
'Widar'	scharlachrot	80
H. sanguinea 'Bressingham Hybrids'	tiefrot (anerk. Samensorte)	60
H. sanguinea 'Feuerregen'	leuchtend rot, Schnittsorte (anerk. Samensorte)	60
H. sanguinea 'Splendens Leuchtkäfer'	dunkelscharlach (anerk. Samensorte)	60
× *Heucherella tiarelloides*	rosa	40
×*Heucherella alba* 'Bridget Bloom'	hellrosa	30

Die genannten *H. sanguinea*-Sorten sind samenvermehrbar, die übrigen werden durch Teilung vermehrt.

× *Heucherella alba. Die schöne Sorte 'Bridget Bloom' entstand wahrscheinlich aus einer Heuchera-Hybride und Tiarella wherryi auf dem Beet eines Staudengärtners.*

Hosta, Funkie, Herzblattlilie
Liliaceae

Mehr als 40 Arten sind in Japan, zum Teil auch in China und Korea beheimatet. Sie wachsen wie an ihren Wildstandorten im Schatten von Bäumen und in lichten Gebüschen, als Bachbegleiter und in feuchten Niederungen. Solitär und in Gruppen, als Einfassungspflanzen und im Schattenbereich von Gebäuden lassen sie sich zusammen mit Geißbart, Silberkerzen und Japanischen Anemonen verwenden. Die Vorgartenbeete können mit den buntlaubigen Sorten recht abwechslungsreich gestaltet

Stimmungsvolles Grün in Grün: Vor einer Kulisse aus Laubgehölzen ein Traum für Liebhaber. Breite Bänder von blühenden Astilben rücken Blattschmuckstauden in den Mittelpunkt. Hosta und Farne zählen zu den eindrucksvollsten Schattenpflanzen.

Empfehlenswerte Arten und Sorten	Laubblätter	Blüten
H. crispula Riesen-Weißrandfunkie	langgespitzt, mit weißem, stark gewelltem Rand, 7–9 Paar Blattnerven	hellviolett
H. decorata	stumpf-oval, am Blattstiel breit herablaufend, weiß gerandet, 5–6 Paar Blattnerven	violett, leicht glockenförmig erweitert
H. decorata 'Normalis'	grünblättrige Form	
H. elata Grüne Riesenfunkie	lang zugespitzt, mit gewelltem Rand, schwach bereift, oberseits auch unbereift, 8–10 Paar Blattnerven	violett, trichterförmig, Deckblätter grün, länglich, Blütentraube lang, ragt weit über die Laubblätter empor
H. fortunei Graublattfunkie	leicht herzförmig oder am Grunde gerundet, oberseits leicht bereift, 8–10 Paar Blattnerven	dunkelviolett
H. fortunei 'Viridis' Frühgrüne Schmalblattfunkie	kaum bereift, grünlaubig	dunkelviolett
H. fortunei 'Stenantha' Runzelblattfunkie	9–10 Paar Blattnerven, deutlich runzelig, auf der Unterseite leicht bereift, hellgrün	dunkelviolett, dicht über den Blättern
H. fortunei 'Rugosa' Runzelblattfunkie	stark runzelig, dunkelgrün, etwas bereift	hell rötlich-violett
H. fortunei 'Hyacinthina' Hyazinthenfunkie	stark blau bereift, glatt, 8–9 Paar Blattnerven	dunkelviolett, Blütenschaft stark bereift
H. fortunei 'Obscura' Schattenfunkie	dunkelgrün, waagrecht stehend und den Boden deckend	dunkelviolett auf hohem Blütenschaft, purpurn bereift
H. fortunei 'Aureomaculata' Weiße Grünrandfunkie	im Frühjahr hell gelblich mit grünem Rand, später grün	dunkelviolett
H. fortunei 'Aurea' Frühlingsgoldfunkie	im Frühjahr einheitlich gelb, später hellgrün	dunkelviolett
H. fortunei 'Marginato-Alba' Große Weißrandfunkie	großes, breites Laubblatt mit unregelmäßig breitem weißem Rand	dunkelviolett
H. fortunei 'Aureomarginata' Grüne Goldrandfunkie	dunkelgrün mit gelbem Rand	dunkelviolett auf hohem Blütenschaft, purpurn bereift

Empfehlenswerte Arten und Sorten	Laubblätter	Blüten
H. lancifolia Lanzenfunkie	lanzettlich, am Stielgrund rot gepunktet	dunkelviolett, Schaft über 40 cm hoch, blüht erst im August
H. longissima Schmalblattfunkie	schmal-linealisch, nahe der Spitze 2 cm breit, 3–4 Paar Blattnerven, Blattstiel ohne Punkte, breit geflügelt	violett, Blütenschaft bis 50 cm hoch
H. plantaginea	herzförmig mit 7–9 Paar Blattnerven, kurz zugespitzt, beiderseits stark glänzend, zart und hellgrün	reinweiß, duftend, an der Spitze dicht gehäuft, beinahe kopfartige Traube, 10 cm lang
H. plantaginea 'Grandiflora'	länglicher als bei der Art	sehr groß, über 10 cm lang mit schmäleren und mehr zugespitzten Blütenabschnitten
H. rectifolia	lanzettlich, spitz, am breitesten nahe der Mitte, bis 30 cm hoch, 3–7 Paar Blattnerven, Blattstiel nicht gepunktet, breit geflügelt	kobaltviolett, glockenförmig erweitert, Blütenschaft 40–90 cm hoch
H. sieboldiana Blaublattfunkie	länglich-herzförmig, beinahe glatt, beidseitig stark bläulich bereift, 10–14 Paar Blattnerven, Blattstiele zusammengedrückt, mit sehr enger Furche	5,5 cm lang, regelmäßig trichterförmig mit halb aufrechten, nicht ausgebreiteten, hellvioletten Abschnitten, Griffel weit abstehend
H. sieboldiana 'Elegans' Große Blaublattfunkie	breit-herzförmig, deutlich gerunzelt, beidseitig stark bläulich bereift, 10–14 Paar Blattnerven	4,5–5 cm lang mit deutlich ausgebreiteten Abschnitten, hellviolett bis nahezu weiß
H. sieboldii 'Albomarginata'	breit-lanzettlich, leicht herablaufend, 4–5 Paar Blattnerven, schmal, weiß gerandet	violett, trichterförmig, mit stark zurückgebogenen Abschnitten
H. sieboldii 'Alba' Zwergfunkie	sehr zierlich, anfangs hellgrün	reinweiß
H. sieboldii 'Spathulata'	sehr zierlich, anfangs hellgrün	lila
H. tardiflora	klein lanzettlich, langgespitzt, fast lederig, dichter, niedriger Wuchs	blaßlila, Blütenstand sehr breit, fast halbkugelig, untere Blüten (September–Oktober) mit sehr langen Stielen

Empfehlenswerte Arten und Sorten	Laubblätter	Blüten
H. tokudama Blaue Löffelblattfunkie	niederer Wuchs, Laubblätter rundlich mit herzförmiger Basis, 10–12 Paar Blattnerven, Ränder nach oben gewölbt, kurzgespitzt, stark graublau bereift	weißlich, 4 cm lang in kurzer Traube
H. tokudama 'Variegata'	Laubblätter unregelmäßig gelblich gefleckt	weißlich, 4 cm lang in kurzer Traube
H. undulata 'Undulata' Weißgrüne Wellblattfunkie	stark gewellt mit großem, weißem, unregelmäßig begrenztem Mittelfeld	hellviolett
H. undulata 'Univittata' Schneefederfunkie	stärkerer Wuchs, breiteres Laubblatt mit schmalerem, zur Spitze hin begrenztem, weißem Mittelstreifen	hellviolett
H. undulata 'Erromena' Grüne Wellblattfunkie	grünes, gewelltes Laubblatt	hellviolett auf 70–100 cm hohem Schaft
H. undulata 'Albomarginata' Weißrandige Wellblattfunkie	weiß gerandetes, gewelltes Laubblatt	hellviolett mit bunt belaubtem Blütenschaft
H. ventricosa Glockenfunkie	herzförmig gerundet bis rundoval, dunkelgrün, auf der Unterseite stark glänzend, 7–9 Paar Blattnerven	dunkelviolett, unvermittelt in den glockenförmigen Rand erweitert, Deckblätter grün mit weißem Grund
H. ventricosa 'Aureomaculata'	mit großem, gelblichweißem Mittelfleck	

werden. Auf breite Rabatten gehören die stahlblauen, weiß- und gelbrandigen Funkien. Die buntblättrigen Funkien eignen sich besonders gut zur Belebung dunkler und halbschattiger Gartenpartien. Die *Hosta*-Arten und -Sorten sind nicht nur außergewöhnlich schöne Blattschmuckstauden, die meisten Arten erfreuen uns auch mit weißen, hellila bis violettblauen Blüten zwischen Juni und August. Ihre enorme Lebenskraft erlaubt es den stärker bereiften Arten, unter den schwierigsten Bedingungen auch noch an zeitweilig trockenen Standorten und im Wurzeldruck von Gehölzen auszuhalten. An feuchten Standorten gedeihen die goldgelben Sorten und Funkien mit fester Blattsubstanz an Stellen, wo die Sonne scheint.

Im Herbst ziehen die *Hosta*-Arten und ihre Sorten ein. Dabei ist zu berücksichtigen, daß sie ziemlich spät im Frühjahr austreiben. Ehe die jungen Blätter im April–Mai erscheinen, blühen im offenen Boden frühjahrsblühende Knollen- und Zwiebelgewächse wie Winterling, Lerchensporn, Krokusse oder Schneeglöckchen. Von den starkwüchsigen *Hosta*-Arten und ihren Sorten werden deshalb nur drei, von den mittelstarkwüchsigen neun und von den schwachwüchsigen sechzehn Pflanzen pro Quadratmeter ausgebracht.

Die Samen der Arten sind schnellkeimend. Nach der Aussaat im Frühjahr werden die Samen dünn abgedeckt, gleichmäßig feucht und bei 20 °C gehalten. Teilung: Ausgewachsene Mutterpflanzen werden im Frühjahr hochgenommen und die Augen freigelegt. Die Erde läßt sich aus dem Wurzelballen schütteln oder waschen. Durch geschickte Schnittführung erhält man Teilstücke, die jeweils aus einer Knospe und einigen Wurzeln bestehen. Nach dem Einkürzen der Wurzeln werden die Teilstücke in Töpfe gepflanzt.

Lysimachia punctata, Goldfelberich

Primulaceae

Wildstaude mit unterirdischen Ausläufern, die in Süd- und Mitteleuropa bis zum Kaukasus und Kleinasien an feuchten Stellen wächst. Die 60 bis 100 cm hohe Pflanze ist ein wertvoller Dauerblüher. Von Juni bis August erscheinen in den Blattachseln bis zu vier zitronengelbe Blüten (siehe Farbfoto Seite 92).

Seine Genügsamkeit läßt den Goldfelberich in humosen, nicht zu trockenen Gartenböden mehrere Generationen ausdauern. Damit er mit seinen unterirdischen Ausläufern nicht zu stark wuchert, wird er mit Stauden mit starkem Ausbreitungsdrang wie Bergenien oder *Physalis alkekengi* var. *franchetii* vergesellschaftet. Auch im Wurzeldruck der Gehölze wird *L. punctata* stark gebremst. Beim Goldfelberich wird zumeist die flächige Pflanzweise verwendet. Wo er benachbarte Pflanzen zu sehr bedrängt, nimmt man ihn heraus und pflanzt ihn unter Bäume und Sträucher, wo er die Kühle und den zeitweiligen Schatten bevorzugt. Bei einem Pflanzabstand von 40 cm beträgt der Bedarf sechs Pflanzen pro Quadratmeter.

Frisches Saatgut, das im Sommer ausgesät wird, ist gut keimfähig. Vegetativ vermehrt wird durch Teilung von April bis Juni oder durch Stecklinge.

Der Goldfelberich ist ein wertvoller Dauerblüher. Wenn er als Schnittblume angebaut wird, hat er eine Nutzungsdauer von 2 bis 4 Jahren. Die Haltbarkeit in der Vase beträgt 5 bis 8 Tage. Einzelne Blüten beginnen schon sehr früh zu rieseln. Die Kurzlebigkeit der Einzelblüte wird durch eine stete Blütenfolge ausgeglichen.

Wie Feuer und Flamme: Polygonum affine, ein Dauerblüher, soll in einem Schattengarten nicht fehlen.

Omphalodes verna, Gedenkemein

Boraginaceae

Eine ursprünglich südeuropäische Kleinstaude mit blauen, an Vergißmeinnicht erinnernden Blüten. Das Gedenkemein hat sich inzwischen auch in Mitteleuropa eingebürgert. Die bis 15 cm hohe Pflanze kann mit ihren etwa 40 cm langen Ausläufern konkurrenzschwachen Nachbarn gefährlich werden. An einem absonnigen bis schattigen Standort bildet sie bei einer Stückzahl von 16 Pflanzen pro Quadratmeter einen dichten Teppich. Der Boden sollte frühjahrsfeucht und humusreich sein. Von März bis Mai sitzen die himmelblauen Blüten mit ihrer weißen Mitte in lockeren Trauben. Reinweiß ist die Sorte 'Alba', besonders großblumig die gärtnerisch wichtige Auslese 'Grandiflora'.

Aussaat der Wildformen sofort nach der Ernte (Same kaum ein Jahr keimfähig). Die Sorten vermehrt man durch Teilung im März. Rißlinge steckt man in Multitopfplatten.

Physalis alkekengi var. franchetii, Lampionblume

Solanaceae

Von den etwa 100 Arten ist nur *P. alkekengi* var. *franchetii* gärtnerisch von Bedeutung. Auf großen Staudenrabatten und im Schatten lichtkroniger Bäume wirkt ihr leuchtender Fruchtschmuck besonders dekorativ. Auch zur Begrünung kahler Böschungen sind die Lampionblumen gut geeignet. Ihr starkes Wurzelwerk hält in rutschgefährdeten Lagen die Erde zurück. Bei ausgesprochen flächiger Anpflanzung rechnet man mit 4 bis 6 *Physalis* pro Quadratmeter.

Im Garten lieben sie einen durchlässigen Boden, der ausreichend mit Kalk versorgt ist. An ungeschützten Stellen ist mit Winterschäden zu rechnen. Das ständige Auf- und Zugefrieren des Bodens verhindert man durch eine Laubauflage. Die Streudecke schützt nicht nur das Wurzelwerk vor dem Frost, sie reichert auch den Humusgehalt an.

Die Fruchtzweige der Lampionblumen sind im August–September ein wirkungsvoller Gartenschmuck. Aus den gelblichweißen Blüten entwickeln sich die hochroten Kelchhüllen. Sie haben der Gattung die Namen Lampionblume und Judenkirsche eingetragen. Die Form des Kelches erinnert an die mittelalterliche Kopfbedeckung der jüdischen Mitbürger.

Die Fruchtzweige der Lampionblume liefern eine dauerhafte Vasenfüllung und wertvolle Trokkenblumen für Gestecke. Man schneidet die Zweige erst ab, wenn sich die hochroten Ballonhüllen gut eingefärbt haben.

Anfang April werden die wärmebedürftigen Samen bei 20 bis 25 °C ausgesät. Teilung im Mai. Mitte Mai können die Sämlinge pikiert werden.

Polygonum affine, Schneckenknöterich

Polygonaceae

Das nepalesische *P. affine* (Farbbild Seite 191) wird bis 30 cm hoch. Über dem dunkelgrünen Laub erscheinen von Mai bis Oktober die Blütenähren. Das Wechselspiel der Farben wandelt sich vom Aufblühen bis zum Verblühen von Weiß über Rosa bis Dunkelrot. In kleinen bunten Sträußen zeigen sie geschnitten eine lange Haltbarkeit.

Der Schneckenknöterich ist eine zuverlässige Einfassungspflanze, ein guter Bodendecker und ein sicherer Hangbegrüner. Ihm gefällt jeder Standort, der in den Mittagsstunden beschattet wird. Nur bei einer sehr hohen Bodenfeuchtigkeit behauptet er sich auch in brennend heißen Lagen. Unter lichtkronigen Gehölzen hat man in *P. affine* eine gute Rasenersatzpflanze, die Wildkräuter nur schwer aufkommen läßt. Im landschaftlichen Garten breitet sich dieser Staudenzwerg rasenartig aus. Ein nährstoffreicher und feuchter Boden erleichtert das Weiterstreichen. Bei einfachster Pflege kommt den ganzen Sommer ein herrliches Farbenspiel zur Wirkung. Das dunkelgrüne Laub beginnt sich im Herbst rosarot zu verfärben. Extreme Winterfröste übersteht der Schneckenknöterich ohne Schaden. Das gebräunte Laub macht im Frühjahr einen enttäuschenden Eindruck. Mit der Blütenbildung beginnen sich die Pflanzen aber rasch wieder zu begrünen.

In sonnigen Lagen muß *P. affine* alle drei Jahre, an absonnigen Stellen alle fünf bis sieben Jahre hochgenommen, ausgeputzt, geteilt und neu aufgepflanzt werden. Die vegetative Vermehrung ist auch durch Stecklinge im September–Oktober oder durch Teilung von Mutterpflanzen möglich.

Empfehlenswerte Sorten	Blütenfarbe	Blütezeit	Höhe (cm)	Eigenschaften
'Darjeeling Red'	tiefrosa	Juli–Sept.	20	schlanke Ähren
'Donald Lowndes'	leuchtend rosa	Juni–Okt.	25	breite Ähren
'Superbum'	rosa	Juni–Sept.	25	wüchsig

Primula, Schlüsselblume

Primulaceae

Heimische Arten, die entsprechend ihrem Naturstandort von einem gewissen Maß an Feuchtigkeit abhängig sind.

Primula elatior, Wiesenschlüsselblume

P. elatior wird 30 cm hoch und hat duftlose, in einer Dolde zusammenstehende schwefelgelbe Blüten. Die Wiesenschlüsselblume ist eine sehr veränderliche Art, die man züchterisch verbessert hat. Ihre Abkömmlinge wurden wechselnd als Grandiflora-, Gigantea-, Colossea-, Pacific- und Vierländer-Primeln in den Handel gebracht. Neuerdings hat man sich auf den viel zutreffenderen Namen *Primula*-Elatior-Hybriden geeinigt. Von den Züchtern werden auch gefüllte Formen in weißen und gelben, rosa, scharlachroten, braunen und blauen Farben angeboten.

Wenn die Pflanzen überaltert sind, läßt sich ihre Lebenszeit durch Umpflanzen und Teilen verlängern. Auf die Dauer ist es nicht sicher, daß sie durch jeden Winter kommen.

Die Sorten 'Grandiflora', 'Gigantea', 'Colossea' oder 'Pacific-Riesen' sind auf Langstieligkeit gezüchtet. Sie überstehen tiefe Temperaturen unter −3 °C nicht ohne Frostschäden. Die *Primula*-Elatior-Hybriden sind schnittreif, wenn die Blumen zur Hälfte geöffnet sind. In der Vase halten sie bis zu zwei Wochen.

Primula veris, Schlüsselblume

P. veris (*P. officinalis*) unterscheidet sich von *P. elatior* durch die kleineren, dottergelben Blüten, die im Schlund fünf orangefarbene Flecken haben und im Gegensatz zu *P. elatior* duften.

Aus dieser formenreichen Art sind rote und kupferfarbene Sorten hervorgegangen. Hierher gehören auch die englischen und holländischen »Garden Polyanthas«. Ihre köstlich duftenden Blüten haben sich bereits im April zwischen den Blättern entwickelt. Nach einer Herbstaussaat verwildern die lebenskräftigen *P. veris* auf jeder Magerwiese, breiten sich unter Gehölzen und im lockeren Rasen aus.

Die Sonne kann diesen Staudenprimeln sehr gefährlich werden. Bei fehlender Wassernachhilfe finden sie einen Platz im Schutz von Bäumen und Sträuchern, im Schatten einer Garagen- oder Hauswand. Schneelose Winter überstehen sie unter einer Reisigdecke ohne Schaden.

Etliche Primeln beginnen sehr früh, »Kindel« zu bilden. Die Pflanzen werden – ehe sie sich gegenseitig ersticken – nach der Blüte herausgenommen und mit den Händen geteilt. In einer lehmig-humosen Erde geht das Wachstum ohne Unterbrechung weiter.

Pulmonaria, Lungenkraut

Boraginaceae

Die Gattung umfaßt etwa zehn Arten, die nicht immer leicht zu unterscheiden sind. In Europa treten sie in Gebieten mit gemäßigtem Klima auf. Die *Pulmonaria*-Arten lieben einen lockeren, humusreichen Boden. Aus ihrem kriechenden Wurzelstock entwickeln sie rosettige Grundblätter, die einen schönen bunten Teppich bilden. Ihre trichterförmigen Blüten erscheinen in endständigen Wikkeltrauben. Sie tragen mit ihren roten, violetten, blauen und weißen Farben zur Belebung halbschattiger Gartenpartien und Gehölzgruppen bei.

P. angustifolia aus dem nordöstlichen und östlichen Mitteleuropa und dem Kaukasus wird bis zu 30 cm hoch. Ihre anfangs karminroten, später kobalt- bis azurblauen Blüten erscheinen im April–Mai und sind bei der Sorte 'Alba' weiß. 'Azurea' mit herrlicher enzianblauer Farbe ist ausdauernd, flächendeckend und mit ihren länglichen Blättern sehr wirkungsvoll. 'Munstead Blue' blüht mit ihrem leuchtend blauen Flor sehr lange. Die Blätter sind leicht gefleckt und halten lange. In größeren Gruppen verwendet, werden 16 Pflanzen pro Quadratmeter benötigt.

P. rubra von den Karpaten und den Gebirgen des Balkans wird bis 30 cm hoch. Die Art ist sehr reich- und langblühend. Von März bis April erscheint ihr mattroter Flor. Die Pflanzen sind locker im Aufbau, robust, anspruchslos, ihre hellgrünen Blätter weich behaart.

P. saccharata aus Südostfrankreich, vom Nord- und Mittelapennin wird bis 30 cm hoch. Ihre violetten Blüten erscheinen im April–Mai. In größeren Gruppen von über 20 Pflanzen wird von einer Stückzahl von 9 bis 12 Pflanzen pro Quadratmeter ausgegangen.

'Mrs. Moon' mit ihrem leuchtend roten, bläulich verblühenden Flor kreuzt sich gern mit anderen Arten. Durch die starke Versamung variieren die Sämlinge. Ihre silbrig-gefleckten Blätter sind in Schattenlagen besonders wirksam.

'Pink Dawn' mit karmin-rosaroten Blüten hat silbrig-geflecktes, schönes Laub.

'Sissinghurst White' mit attraktivem Laub und auffallend schönen weißen Blüten ist eine wertvolle Wildstaude für den Pflanzenliebhaber.

Zur Vermehrung werden *P. angustifolia*, *P. rubra* und *P. saccharata* hochgenommen und geteilt. Die Pflanzen können von Mai bis September mit einer Grabegabel oder mit dem Spaten ausgegraben werden. Nach dem Ausschütteln der Erde kürzt man die Wurzeln und das Blattwerk ein. Anschließend werden die Pflanzen in Stücke mit drei bis vier Augen geschnitten. Die Teilstücke kommen gleich in 8er-Töpfe und werden im Freiland schattig aufgestellt.

Junges Saatgut von *P. angustifolia* ist bei guter Feuchtigkeit und Wärme stets keimbereit.

Hohe Bäume, breite Rasenwege und ein perfektes Szenario mit Rodgersia podophylla. Ein Bilderbuchgarten mit imposanten Prachtexemplaren. Ihre Robustheit verleiht ihnen eine enorme Lebenskraft.

Rodgersia-Arten und -Sorten	Blätter	Blüten-farbe	Höhe (cm)	Blütezeit	Heimat
R. aesculifolia	roßkastanien-ähnlich, meist 7teilig, Stengel und Blattadern braun behaart	grünlich-weiß	70–100	Juni–Juli	Mittelchina
R. pinnata	6- bis 9teilig, hand-förmig, mittlere 3 Blät-ter langer gestielt und meist zusammengefaßt	rötlich	50–100	Juni–Juli	China (Jünnan)
– 'Alba'	–	gelblich-weiß	–	–	
– 'Rubra'	–	tiefrot	–	–	
– 'Superba'	–	hellrosa	–	–	
R. podophylla	sehr groß, handteilig und am Rand tief ge-buchtet-gelappt, meist 5teilig, glänzend	grünlich-weiß	80–100	Juni–Juli	Japan, Korea
– 'Pagode'	dunkelgrün	weiß, später vergrü-nend	80–300	–	
– 'Rotlaub'	im Austrieb bräunlich-rot, später vergrünend	gelblich-weiß	60–80	–	
– 'Smaragd'	hellsmaragdgrün	cremeweiß	50–70	–	
R. purdomii	im Austrieb rotbraun, handteilig, 6- bis 7zäh-lig, Einzelblätter sehr lang, schmäler als bei R. pinnata	reinweiß	80–100	Juni–Juli	China
R. sambucifolia	meist 5teilig gefiedert, Einzelblätter kleiner als bei anderen Arten, glanzlos	weiß	50–100	Juni–Juli	China (Jünnan, Szechuan)
– 'Rothaut'	braunroter Austrieb, kräftiger Wuchs	–	–	–	

Rodgersia, Schaublatt

(Liste Seite 195)

Saxifragaceae

Die Heimat der fünf *Rodgersia*-Arten ist Mittelchina mit Ausstrahlungen nach Korea und Japan. Die stattlichen Stauden besitzen einen schuppigen Erdstamm und große handförmige oder zusammengesetzte Blätter. Ihre vielblumigen Rispen bestehen aus kleinen Einzelblüten. Die Rodgersien lassen sich an ihrem Laub gut voneinander unterscheiden.

Rodgersien sind sehr wirkungsvolle Pflanzen. Mit ihrem imposanten Laubwerk und den dekorativen Blütenständen erregen sie große Aufmerksamkeit. Als pflegeleichte Stauden stehen die Rodgersien meist im Schatten von Gehölzen, werden in Verbindung mit mittelhohen Sträuchern und niederen Farnen verwendet. An Bachläufen und Teichufern finden sie ideale Bedingungen und ertragen, wenn sie feucht genug stehen, die volle Sonne. Auf keinen Fall dürfen ihre flach kriechenden Rhizome überflutet werden. Eine optimale Entwicklung zeigen sie in einem tiefgründigen, humosen und nährstoffreichen Boden. Drei Pflanzen genügen für einen Quadratmeter.

Vermehrung im Spätherbst durch Rhizomschnittlinge, im April–Mai und September durch Teilung. Frisches Saatgut keimt gut.

staude, wird bis 30 cm hoch und bildet von April bis Juni weiße Blütentrauben über den Blättern. Nach der Blüte entwickeln sie dünne Ausläufer, die schnell flächendeckend sind. Die Blätter sind breit-eiförmig bis rundlich mit drei bis fünf rundlichen Lappen. Im Herbst und im Winter haben sie eine schöne, rötlichbronze Färbung, die bei der Sorte 'Purpurea' purpurn gezeichnet sind. Unter dem Namen 'Moorhexe' wird eine samenvermehrbare Sorte angeboten, die sich als deutlich robuster erweist. 'Moorgrün' ist eine Neuheit mit starker Ausläuferbildung, die sich in feuchten und humusreichen Böden schnell ausbreitet.

T. polyphylla aus Ostasien, China und dem Himalaja mit dreilappig gezähnten Blättern und 30 cm hohen weißen Blütentrauben bildet wie *T. cordifolia* Ausläufer.

T. wherryi aus den USA wird bis 35 cm hoch und bildet keine Ausläufer. Die Blätter sind herzeiförmig, größer als die von *T. cordifolia* (Farbbild Seite 198), 3- bis 9lappig, smaragdgrün und am Grunde braun gefleckt und im Herbst rötlich gefärbt. Die Blüten sind weiß, rosa überhaucht und duftend. Sie erscheinen im Mai–Juni.

T. cordifolia und *T. polyphylla* lassen sich durch Ausläufer-Teilung von Oktober bis April, gegebenenfalls auch von August bis Oktober vermehren. Ein Teilen der Mutterpflanzen ist bei *T. wherryi* möglich, ebenso Rißlinge oder Stecklinge und Stengelschnittlinge.

Tiarella, Schaumblüte

Saxifragaceae

Die Gattung umfaßt sieben Arten, die in Ostasien und Nordamerika beheimatet sind. Ausgezeichnete Kleinstauden des Lebensbereiches Gehölz und Gehölzrand mit meist grundständigen Blättern, langgestielt und einfach oder dreiteilig. Die weißen bis hellrosa Blüten erscheinen von April bis Juni in lockeren Traubenrispen. Großflächig werden pro Quadratmeter 16 *Tiarella* gepflanzt.

T. cordifolia, eine nordamerikanische Klein-

Vinca, Immergrün

Apocynaceae

Die Gattung umfaßt zwölf Arten. Für uns von Bedeutung sind die halbstrauchigen *V. major* und *V. minor*. Sie bringen lange, am Boden liegende Triebe mit immergrünen, etwas lederigen Blättern. Die achselständigen tellerartigen Blüten sind blau, weiß oder rot. Zur flächigen Begrünung halbschattiger und schattiger Gehölzpartien breiten sie sich als Mullbodenpflanzen in lockeren Laubhumusböden aus. Sie gedeihen bei ausreichender Feuchtigkeit und in einem kräftigen Erdreich auch in der vollen Sonne.

V. major, das Große Immergrün, ist im westlichen, südlichen Mittel- und Südosteuropa beheimatet. Die meterlangen Triebe wachsen zunächst aufrecht bis 50 cm hoch und senken sich dann zu Boden. Wenn sie der Erde aufliegen, wurzeln sie an den Knoten. Die 4 cm breiten, hellblauen Blüten erscheinen im April–Mai. Diese Art ist im Weinbauklima unter einer leichten Reisigdecke winterhart. Großflächig verwendet benötigt man pro Quadratmeter zwölf Pflanzen. 'Variegata' hat weiß bis gelblich gerandete, auch gescheckte Blätter.

V. minor, unser heimisches Immergrün, ist in Südwest- und Mitteleuropa beheimatet. Die 10 bis 15 cm hohe Art hat lange, niederliegende am Boden hinlaufende Triebe. Meist an den Blattknoten wurzelnd. Blühende Zweige aufgerichtet, die Blumen sind hell- bis mittelblau, 2 bis 3 cm breit, April bis Mai. Ein völlig winterharter Bodendekker, der sehr dicht schließt. Die Stückzahl pro Quadratmeter liegt bei sechzehn.
'Alba' ist eine wüchsige, weißblühende Sorte mit einem mittleren Bodendeckungseffekt.
'Argenteo-Variegata' hat weißbunte Blätter, ist schwachwüchsig und deshalb mehr für Tröge geeignet.
'Bowles' hat tiefblaue große Blüten, wächst kompakt und dicht mit geringer Ausbreitung.
'Gertrude Jekyll' bildet eine dichte Bodendecke mit zahlreichen weißen Blüten über den Blättern.
'Grüner Teppich' hat einen guten Bodendeckungseffekt, ist sehr dicht und großblättrig. Abweichend von der Art werden die hellblauen Blüten sehr spärlich gebildet.
'Rubra' ist mit seinen purpurroten Blüten farblich sehr interessant. Als Bodendecker zeigt die Sorte einen mittleren Bedeckungsgrad.

Vermehrung vegetativ durch Teilung ab März bis September, durch Ausläufer oder Stecklinge. Stecklinge werden von März bis Mai oder im November–Dezember unterhalb eines Nodiums mit zwei Paar Blättern geschnitten. Man entfernt das untere Laub und bringt die Stecklinge in einem Torf-Sand-Gemisch (6:1) zur Bewurzelung.

Viola odorata, Duftveilchen

Violaceae

Das Märzen- oder Duftveilchen ist ein bemerkenswerter Frühjahrsblüher aus dem Mittelmeergebiet, den Südalpen und dem atlantischen Europa. Als Kulturbegleiter hat es sich auf nährstoffhaltigen, kalkreichen und -armen, humosen, sandigen und lehmigen Böden in der Nähe menschlicher Siedlungen eingebürgert. Es wächst zwischen und vor Gehölzen, an schattigen Wegrainen und auf mäßig feuchten Grasplätzen. Als Waldsaumpflanze mit zumeist wechselnder Besonnung findet das Duftveilchen nach der Laubentfaltung den nötigen Schutz. Seinem Ausbreitungswillen kann man im Schatten von Gehölzen freien Lauf lassen. Unter den Bäumen und zwischen den Sträuchern kann es in einem humosen und nicht zu trockenen Boden nach Belieben wuchern. Am Fuß von Parkrosen beginnt es sich ebenso auszubreiten wie unter Hecken. Es erstickt Wildkräuter und bildet dunkelpurpurviolette Blumenteppiche. Vielfach tritt dieses Veilchen in so großen Massen auf, daß von den Polstern köstliche Duftwolken aufsteigen.

Mit seiner Ausläuferbildung kann das Duftveilchen auf der Staudenrabatte auch sehr unangenehm werden. Es drängt sich zwischen den Prachtstauden hindurch, kriecht unter Blattpflanzen und nistet sich in den Wurzelstöcken ein. Schon zur Schneeglöckchenzeit erscheinen die Veilchenblüten. Sobald sie ein wärmender Sonnenstrahl im Frühlingsgarten trifft, öffnen sich die schützenden Knospen und geben den Insekten die Blüten frei.

Es empfiehlt sich, immer einige andere Stauden zusammen mit dem Duftveilchen zu verwenden. Zu seinem Lebensbereich gehören die Schlüsselblume *(Primula veris),* der Lerchensporn *(Corydalis cava* und *C. solida),* der Günsel *(Ajuga reptans),* das Lungenkraut *(Pulmonaria angustifolia)* sowie *Waldsteinia geoides* und *W. ternata.* Es lassen sich auch die sehr kraftvolle *Astilbe chinensis* var. *taquetii* 'Superba', etliche *Heuchera*-Hybriden sowie *Geranium × magnificum, G. platype-*

Tiarella cordifolia und Tellima grandiflora, ein Blickfang im Schattengarten. Im sanften Licht warmer Frühsommertage wird die zarte Schönheit ihrer verschwenderischen Blütenfülle sichtbar. Kleine Blüten und zierlicher Wuchs sind der neue Trend zwischen Licht und Schatten.

talum und *G. renardii* dem Duftveilchen zuordnen.

Die Duftveilchen lieben einen kühlen Stand und eine hohe Luftfeuchtigkeit. Wo ein leichter Schatten fehlt, werden sie erst gar nicht aushalten. Die Erde darf in sonnigen Lagen über längere Zeit nicht austrocknen. Wenn die Duftveilchen dem Wurzeldruck von Gehölzen und Staudennachbarn ausgesetzt sind, wird im März daumenstark Kompost- oder eine gut gedüngte Gartenerde gestreut.

Wie bei allen Vorfrühlingsblühern werden die Knospen schon im Herbst angelegt. Mitunter entfaltet sich ein Teil der Blüten schon im September–Oktober.

Das sogenannte Monatsveilchen (*V. odorata* 'Semperflorens') war bereits um 1862 als Frühjahrs- und Herbstblüher weit verbreitet. Die zahllosen Duftveilchen ließen sich früher kaum unterscheiden. Von ihnen sind in den Katalogen der Staudengärtner lediglich die samenechten 'Königin Charlotte', 'Rubra' (rotpurpurn) und 'Sulphurea' (aprikosenfarben) übriggeblieben. In der Staudenliteratur findet man noch weitere Sorten verzeichnet:
'Alba Grandiflora', großblütig und reinweiß.
'Augusta', tiefviolett.
'Bechtels Ideal', groß, kräftig und wüchsig, läßt sich gut treiben.
'Irish Elegance', cremegelb.
'Meißener Mädel' ist eine Verbesserung von 'Schwabenmädchen', tief dunkelblau.
'Red Charm', rotpurpurn.
'Schwabenmädchen' ist eine Verbesserung von 'Königin Charlotte'. Sie hat sehr große Blumen, ist langgestielt und reichblühend.
'Triumph' ist besonders großblumig, sehr langstielig, dunkelviolett und läßt sich gut treiben.

Zur Zeit unserer Großeltern waren die gefüllten Baumveilchen (*V. odorata* 'Semperflorens Arborescens') weit verbreitet. Sie blühten besonders reichlich, wenn man die wurzelnden Ausläufer nicht entfernte.

Auf nährstoffreichen und feuchten Böden breitet sich das Duftveilchen durch Selbstaussaat aus. Ihre Bienenblumen können im März–April nicht immer mit einem Insektenbesuch rechnen. Deshalb sind sie vielfach nur durch Selbstbestäubung (Kleistogamie) fruchtbar.

Die Duftveilchen lassen sich im Frühbeetkasten leicht verfrühen. Wenn man sie unter Glas hält, beginnen sie schon ab Ende Dezember zu blühen. Die Temperatur darf jedoch nicht über 12 °C ansteigen. Die getriebenen Veilchen duften bei weitem nicht so stark wie die vom Freiland. Wenn man sie in Sträuße bindet, beginnt die starke Duftwirkung bei allen Veilchen leider sehr schnell zu schwinden.

Mit Ausnahme der samenechten 'Königin Charlotte', 'Rubra' und 'Sulphurea' lassen sich die Sorten nur durch Teilung vermehren.

Bodenbedecker

Acaena, Stachelnüßchen

Rosaceae

Von den 100 *Acaena*-Arten, die zumeist in den Gebirgen der südlichen Halbkugel beheimatet sind, haben bislang etwa sechs Arten Eingang in unsere Gärten gefunden. Diese Gattung setzt sich aus Stauden, selten aus Halbsträuchern zusammen. Die kriechenden Stengel bilden mit ihren unpaarig gefiederten Blättern große, flache Teppiche. Ihre wenig auffallenden Blüten sind ohne Kronblätter in kugeligen Köpfchen oder zylindrischen Ährchen zusammengefaßt, aus denen sich im Sommer stachelige Fruchtstände bilden. Diese bleiben wie Kletten an den Kleidern hängen.

A. anserinifolia (syn. *A. sanguisorbae*) von den Büschelgrasformationen Neuseelands und Südaustraliens liebt einen warmen Standort. Ihre Fiederblättchen sind bräunlichgrün mit hell- bis dunkelbraunen oder gelblichgrünen Fruchtständen.

A. buchananii ist ein sehr ausdauernder Bodenbedecker aus den montanen Büschelgrasformationen Neuseelands. Sie bildet einen sehr dichten Rasen mit zum Teil unterirdischen Trieben, bläulichgrünen Blättchen und zuerst gelblichgrünen, später bräunlichgelben stacheligen Nüßchen.

A. caesiiglauca (syn. *A. glauca*) von den montanen und subalpinen Wiesen Neuseelands hat bläulichgrüne Blättchen und braun bestachelte Köpfe.

A. magellanica (syn. *A. glaucophylla*) aus Patagonien und Feuerland hat bläuliche Fiederblättchen.

A. microphylla von den Wiesen und Bachbetten Neuseelands hat olivgrüne bis braune Blättchen und leuchtendrote bis purpurrote Fruchtstände. Eine auffallende Form ist ihre braunrot belaubte Sorte 'Kupferteppich'.

A. novae-zelandiae aus den Büschelgrasformationen Neuseelands hat verhältnismäßig große, grüne Blätter und dunkelpurpurrote Fruchtstände.

In der Blattfärbung der *Acaena*-Arten liegt die größte Schmuckwirkung. Sie lassen sich wie ein Teppich ausbreiten. Für eine derartige Flächenbepflanzung werden zwölf Pflanzen pro Quadratmeter benötigt. Um eine lebendige Farbwirkung zu erzielen, greifen wir bei einer großflächigen Verwendung zu verschiedenen Arten. Als Steinbesiedler sind sie fehl am Platze, es sei denn, es handelt sich um ein Terrassenbeet oder eine geographisch ausgerichtete Steinanlage.

Die ebenso schönen wie brauchbaren *Acaena*-Arten bedecken den Boden so dicht, daß sie konkurrenzschwachen Begleitstauden und Zwerggehölzen das Leben schwer machen. Das zeigten in den letzten Jahren auch zahlreiche Anpflanzungen zusammen mit Rosen und Zwiebelgewächsen. Die ober- und zum Teil unterirdisch wuchernden *Acaena*-Triebe bilden ein dichtes und undurchdringliches Geflecht. Rhizombildende Wildkräuter wie die Quecken werden jedoch nicht ganz unterdrückt.

Will man eine *Acaena*-Fläche durch Gehölze auflockern, so empfehlen sich kleinere Gehölze wie *Berberis-*, *Callicarpa-*, *Caryopteris-* und *Ceanothus*-Arten, Zierquitten (*Choenomeles*), Scheinhasel (*Corylopsis*), Deutzien und Mahonien, Feuerdorn (*Pyracantha*), Spiersträucher (*Spiraea*) und Mönchspfeffer (*Vitex agnus-castus*).

Eine überragende Frosthärte zeigen *Acaena*, die an gut dränierten Standorten stehen. An weniger günstigen Plätzen bringen schon veränderte Erdzusammensetzungen mit einem hohen Sandanteil die erhoffte Winterhärte.

Vermehrung durch Stecklinge oder Ausläufer ist nicht schwierig.

Cerastium, Hornkraut

Caryophyllaceae

Die Gattung umfaßt etwa 110 Arten, die hauptsächlich in der nördlichen Hemisphäre beheimatet sind. Zumeist handelt es sich um behaarte Kräuter, von denen einige weißfilzige Arten in Gartenkultur verbreitet sind.

C. biebersteinii ist benannt nach Friedrich August Freiherr v. Bieberstein (1768–1826), Verfasser der »Flora Taurico-Caucasica«. 10 bis 30 cm hohes, weißfilziges Kraut. Stengel niederliegend, reich verzweigt mit aufgerichteten, blühenden Trieben. Drei- bis 15blütig, weiß, Blütenstiele mehr als zweimal so lang wie der Kelch.

C. tomentosum ist ein 15 bis 20 cm hohes, dicht weißfilziges Kraut, das blühende und nichtblühende Sprosse treibt. Sieben- bis 15blütig, weiß, 12 bis 18 mm im Durchmesser.

C. arvense ist ein 5 bis 15 cm hohes, lockerrasiges Kraut mit nichtblühenden und aufsteigenden Blütensprossen. Blätter behaart bis grauflaumig. Fünf- bis 15blütig, Kronblätter weiß.

Bereits im Jahre 1820 kam das Silber-Hornkraut *(C. biebersteinii)* von der Halbinsel Krim in unsere Gärten. Die zierliche Gestalt dieser Pflanze verleitet dazu, sie in Steingärten oder Trockenmauern zu setzen. Dort richtet sie viel Unheil an. Die Nachbarn werden von diesem wuchernden Hornkraut geradezu erdrückt. Breitet sich dieses oft als Verlegenheitspflanze verwendete Hornkraut im Steingarten aus, so gibt das silberne Laub der ganzen Anlage ein uniformes Aussehen. Auf Freiflächen, also üblichen Beeten und Rabatten wird *C. biebersteinii* weniger lästig. Um das Einheitsbild aufzulockern, gesellen wir die graugrünen Blattpolster der Garten-Gänsekresse *(Arabis caucasica),* das Blaukissen *(Aubrieta*-Hybriden), den Moosphlox *(Phlox subulata),* den Rosenwaldmeister *(Phuopsis stylosa)* oder das Polster-Seifenkraut *(Saponaria ocymoides)* dazu.

Als Bodendecker erweist sich das Silber-Hornkraut vorwiegend in der Jugend als unduldsame Pflanze, die durch ihr schnelles Wachstum die Nachbarn bedroht. Während dieser Zeit muß sie unter Kontrolle gehalten werden. Konkurrenzstarke Nachbarn wie *Bergenia*-Hybriden oder *Alchemilla mollis* halten es im Zaum. Nach einiger Zeit beginnen die *Cerastium*-Polster vom Zentrum her zu vergreisen. Nach fünf bis sechs Jahren setzt ein spürbares Nachlassen des Wachstums ein, und die alternden Pflanzen verlieren die Fähigkeit, unerwünschte Eindringlinge niederzuhalten. Solche Kahlstellen beginnen dann bald zu verunkrauten; deshalb hat das Silber-Hornkraut einen nur zweifelhaften Wert als Bodendecker. Das rasche Vergreisen der Polster mag auch mit einer Nährstoffverarmung des Bodens zusammenhängen. Es ist zu vermuten, daß gelegentliche Düngergaben einen vorzeitigen Zusammenbruch verhindern.

Dort, wo der Ausbreitungsdrang von *C. biebersteinii* zum Problem wird, empfiehlt sich an seiner Stelle das weißfilzige *C. tomentosum*. In Trockenmauern und Steingärten, aber auch auf Rabatten breitet sich diese Staude weniger aus. Das südosteuropäische *C. tomentosum* läßt sich seit 1620 als Gartenpflanze nachweisen. Das 1913 von Sündermann, Lindau, aus Süditalien eingeführte *C. tomentosum* var. *columnae* wächst noch gedrungener und zeigt ein helleres Weiß. Mit dem Schutz der dicht weißfilzig behaarten Blätter besiedelt *C. tomentosum* selbst heiße Südwände und trockene Geröllhalden.

Das heimische Acker-Hornkraut *(C. arvense)* ist nur in der Sorte 'Compactum' als Gartenpflanze verbreitet. Von den Wegrändern beginnt es sich schnell im Trockenrasen einzunisten. Vom Acker-Hornkraut haben sich zahlreiche, in Unterarten zusammengefaßte Populationen entwickelt. *C. arvense* ssp. *commune* dringt bis in die Mähwiesen vor, während sich *C. arvense* ssp. *strictum* zum Überziehen von Steinen, Trockenmauern, Böschungen und steilen Hängen eignet.

Stecklinge lassen sich im Sommer schneiden. Eine intensive Vermehrung kann man von September bis November durch Teilung der Polster und durch bewurzelte Rißlinge durchführen. Aussaat von Januar bis März oder im Juli bei gleichmäßiger Feuchtigkeit und Temperatur um 20 °C.

*Ob Alpinum oder Trockenmauer, der Charme von
Cerastium tomentosum var. columnae steht jedem
Teil des Gartens gut.*

*Herbstschönheit: Mit kupfrig gefärbten
Blättern und enzianblauen Blüten schmückt sich
Ceratostigma plumbaginoides.*

Ceratostigma plumbaginoides, Chinesische Bleiwurz

Plumbaginaceae

Zur Gattung *Ceratostigma* gehören so unterschiedliche Arten wie *C. griffithii* vom Osthimalaja, *C. minus* und *C. willmottianum* aus Westchina, die einer Kalthausüberwinterung bedürfen, sowie *C. plumbaginoides* aus Westchina. Der Name Bleiwurz ist eher für die beliebte Kübelpflanze *Plumbago auriculata* gebräuchlich.

Aus dem Kreis der herbstblühenden Stauden ragt das besonders schöne und fremdartige *C. plumbaginoides* hervor, die Chinesische Bleiwurz. Ein Höhepunkt im Staudengarten ist es, wenn über dem kupfern verfärbten Herbstlaub die enzianblauen Blüten stehen.

C. plumbaginoides hat eine weitere Besonderheit zu bieten: Kaum eine der vielen ostasiatischen Stauden unserer Gärten besitzt eine solche Konkurrenzkraft. Mit seinen kriechenden Trieben bildet es geschlossene Flächen. Dabei setzt es sich allerdings auch über die zugedachten Arealgrenzen hinweg. Konkurrenzschwache Nachbarn dürfen sich nicht in der Nähe von *Ceratostigma* befinden. Unaufhaltsam bilden die stricknadeldicken Ausläufer ein dichtes Geflecht. Bald reagieren die Nachbarn mit nachlassendem Wachstum und Dahinvegetieren.

Ausgangsbasis für diese »Wucherpflanze« müssen zunächst einmal Flächen in trockenen Lagen mit kalkhaltigem, durchlässigem Boden sein. In größeren Gruppen bis ausgesprochen flächig pflanzt man sie in einer Zahl von 16 Stück pro Quadratmeter. Als Partner halten sich ungeachtet gewisser Anlaufschwierigkeiten in den Folgejahren *Acaena*-Arten und *Bergenia*-Hybriden, *Hypericum calycinum*, *Coreopsis verticillata* und *Sedum sexangulare* hartnäckig gegen den Eindringling.

Mehr und mehr wird *C. plumbaginoides* bei der Unterpflanzung lichtkroniger Gehölzgruppen eine Rolle spielen. Ob es die Wurzelkonkurrenz erträgt, hängt entscheidend von der Ernährung und Humusversorgung ab. Trotzdem beweist es eine größere Ausdauer als andere Bodendecker, deren Lebenskraft nach wenigen Jahren schwindet. Damit die Beständigkeit gesichert ist, empfiehlt sich im Winter das Ausbringen von aufgedüngter Erde. Garteneigener Kompost, gut verrotteter Stalldung oder eine Mischung aus Laub- und Landerde wird etwa fingerstark über die Pflanzfläche verteilt. Im Frühjahr können zusätzlich 30 bis 50 g/m² eines Mehrnährstoffdüngers ausgestreut werden.

Aus dem späten Austrieb von *Ceratostigma* erklärt sich seine geringe Empfindlichkeit bei Spätfrösten. Die 20 bis 40 cm hohen Triebe werden vor Einbruch des Winters bis zum Erdboden zurückgeschnitten und erhalten zur Nährstoffbevorratung und als Frostschutz die oben genannte Erdabdeckung.

Früher galt *Ceratostigma* als Steingartenpflanze. Neben der Verwendung im Alpinum und auf der Trockenmauer suchten die Gestalter nach neuen Standorten. Vom Alpinum ausstrahlend hat es im Garten eine Renaissance erfahren. Wie problemlos diese Staude ist, zeigen großangelegte Pflanzungen selbst in heißen und trockenen Südlagen.

Eine Teilung ist leicht im Frühjahr durchzuführen. Kopfstecklinge lassen sich von April bis August schneiden.

Convallaria majalis, Maiblume, Maiglöckchen
Liliaceae

Die bekannte Wildstaude unserer Laubwälder ist in den gemäßigten Breiten der nördlichen Hemi-

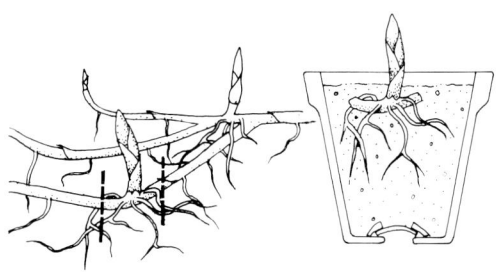

Maiglöckchen lassen sich durch Teilung der Rhizome vermehren. Dreijährige Ausläufer, im Herbst in 9er-Töpfen ausgelegt, kommen im nächsten Jahr in Blüte.

sphäre weit verbreitet. Sie wächst bevorzugt unter Bäumen und Sträuchern. Bei vorwiegend großflächiger Bepflanzung rechnet man mit 20 Stück pro Quadratmeter. In einem sandigen und humusreichen Mullboden sorgen die kräftigen Rhizome für die Ausbreitung. Die jährlich gebildeten neuen Ausläufer bringen dünne, spitze Keime, die erst im zweiten oder dritten Jahr blühen. Im Frühjahr bedecken die Blätter den Boden mit einem dichten Teppich, die im August anfangen zu vergilben und im Oktober absterben. Im Mai öffnen sich die duftenden Blüten, nickend in Trauben angeordnet.

Aus den wildnishaften Maiglöckchen sind mehrere Kulturformen hervorgegangen, von denen am häufigsten die großblumige 'Grandiflora' verbreitet ist. Andere Sorten sind heute in unseren Gärten nur noch sehr selten vertreten. Ende des 16. Jahrhunderts wurden bereits schwach rosafarbene Formen gezüchtet, die zusammenfassend als 'Rosea' bezeichnet werden. Nicht mehr in unseren Sortimenten sind die gefüllte rosenrote 'Rosea Plena' und die kraftvolle 'Robusta' vertreten. Der hellgestreiften 'Variegata' begegnet man gelegentlich noch als Einfassungspflanze.

Wenn die untersten Glöckchen der Blütentrauben geöffnet sind, können die Stiele für die Vase gepflückt werden. Vorsicht, der Pflanzensaft ist giftig! Beliebt und unvergleichlich wohlriechend ist der Duft der Maiglöckchen. Die Haltbarkeit in der Vase beträgt bis zu einer Woche.

Alle Sorten lassen sich problemlos vor dem Frühjahrsaustrieb der Blätter oder von Juni bis September durch Teilung der Rhizome vermehren. Aussortierte dreijährige Ausläufer mit Blütentrieben werden im Herbst in 9er-Töpfen in ein humoses Substrat ausgelegt. Sie kommen dann im Mai nächsten Jahres in Blüte.

Cotula, Fiederpolster
Asteraceae (Compositae)

Die 70 Cotula-Arten gehören zur Flora der südlichen Halbkugel. Bei den röhrenblütigen Cotula sind die gestielten Blütenköpfe klein und gelb. Diese rasig wachsenden ein- und zweijährigen oder ausdauernden Kräuter haben wechselständige, mehr oder weniger fiederschnittige Blätter, die bei C. dioica tief eingeschnitten und 2,5 bis 5 cm lang, bei C. potentilloides tief gefiedert und 5 bis 12 cm lang, bei C. pyrethrifolia gefiedert und 1 bis 3 cm lang und bei C. squalida tief gefiedert und 2,5 bis 5 cm lang sind. Die gleichgeschlechtlichen Blütenköpfchen von C. dioica sind blaß gelblich, klein, auf dünnen Schäften von der gleichen Länge wie die Blätter. Bei C. potentilloides sind die Blütenköpfe ungefähr einen ¼ cm im Durchmesser, wobei die Stiele kürzer als die Blätter sind. Die Blütenköpfe von C. pyrethrifolia sind eingeschlechtlich und bis zu 2 cm im Durchmesser. Auch die grünlichen Blütenköpfe von C. squalida sind eingeschlechtlich. Die männlichen Köpfe messen ungefähr 0,40 cm, die weiblichen 0,80 cm im Durchmesser. Die Blütezeiten liegen durchgehend im Juli und August.

Die zwergenhaften C. atrata, C. dioica, C. potentilloides, C. pyrethrifolia und C. squalida erheben ihre fiederschnittigen Blätter nur wenige Zentimeter über den Boden. In Kultur sind uns bislang nur diese neuseeländischen Herkünfte bekannt. In anderen Ländern der südlichen Halbkugel dürften unter den vielen Cotula-Arten noch ungehobene Schätze ruhen. Flächig gepflanzt (20 Stück pro Quadratmeter), bilden sie mit ihren ausläufertreibenden Rhizomen dichte, mattenartige Rasenpolster.

Mit Cotula gelingt der Versuch, den Wassergarten mit dem Alpinum zu verbinden. Wenn man weiß, daß C. squalida von der Küste Neuseelands bis auf 1 300 m Höhe steigt, sind sie in ihrer Funktion als Teichbegleiter und Steingartenpflanze keineswegs verfremdet. Ein Cotula-Teppich ist für eine »Parklandschaft« von gehobenem Gartenwert. Der Begrünungserfolg mit dieser dezenten Kleinstaude trägt viel dazu bei, daß jede Gartenpartie mit bestimmten Cotula-Arten durchsetzt werden kann. Gleich an mehreren Plätzen – im Uferbereich, als grüner Teppich auf der Terrasse, als Rasenersatz im Vorgarten, auf mattenähnlichen Flächen und in Steinfugen – tritt sie uns in fünf verschiedenen Funktionen entgegen. Gleichwohl wirkt eine Cotula-Fläche im Vergleich zu einem Acaena- oder Epimedium-Teppich unauffällig, fast bescheiden. Wer einmal solch ein »Dauergrün« angelegt hat, genießt einen weitgehenden Schutz vor ungebetenen Pflanzen, wobei nur Rhizomkräuter nicht ganz zu verhindern sind.

C. dioica und C. squalida sind es gewohnt, auf vorwiegend frischen bis feuchten Böden neben dem Purpurgünsel (Ajuga reptans 'Purpurea') und dem Pfennigkraut (Lysimachia nummularia) die Uferbereiche zu begrünen. Sie sind für die Sonne und den Halbschatten geeignet. In zu nährstoffreichen Böden geht das feste »Rasenpolster« in ein lockeres Wachstum über. Sie lieben den Humus, jedoch keinen trockenen Sandboden. Die Flächen lösen sich sonst auf, und die Cotula-Teppiche werden von konkurrenzstarken Nachbarn überwuchert.

C. potentilloides bevorzugt offene, warme und sonnige Plätze. An bodenfeuchten Standorten erträgt sie auf Terrassenbeeten und an steilen Böschungen das volle Licht. Sie ist so bodendeckend, daß sie am Ende den konkrrenzschwachen Herbst-Alpenveilchen (Cyclamen hederifolium, syn. C. neapolitanum, C. linearifolium) oder den Herbst-Krokussen die Luft wegnimmt.

Eine Begleitflora sollte nie fehlen. Denn für den Gartenbesitzer, der seine Ansprüche noch nicht auf die Grünflächen reduziert hat, geht es um die alles verbindenden Stauden- und Gehölzgruppen. Mal ist es das Flexible aus Knollen- und Zwiebelgewächsen, mal ist es die Blattstruktur von Stauden oder das Geäst der Ziergehölze. Die *Cotula*-Gesellschaft setzt sich aus vielen konkurrenzstarken Pflanzen ohne Ausbreitungsdrang zusammen. Zu den bevorzugten Nachbarn gehören: *Tulipa kaufmanniana* und *T. eichleri, Allium karataviense* und *A. caeruleum*, Gartenkrokusse in weißen, gelben, hell- und dunkelblauen, violetten und gestreiften Farben, Vorfrühlings-Zwiebeliris *(Iris reticulata)*, Schneestolz *(Chionodoxa gigantea)* und das Großblütige Schneeglöckchen *(Galanthus elwesii)*, Amur-Adonisröschen *(Adonis amurensis)*, Lavendel *(Lavandula angustifolia)*, Salbei *(Salvia officinalis)*, Heiligenpflanze *(Santolina chamaecyparissus)*, Wollziest *(Stachys byzantina)*, Prachtscharte *(Liatris spicata), Sedum telephium* 'Herbstfreude', *Euphorbia polychroma* und die Junkerlilie *(Asphodeline lutea)*.

Wo die Grenzen des Wachstums liegen, erfahren wir erst, wenn *Cotula* auf konkurrenzstarke Nachbarn treffen. Die Harmonie wird gestört, wenn sie unter den immergrünen Blättern von Bergenien ersticken.

Das grüne Zimmer vor der Tür ist begehrt wie nie zuvor. Statt des arbeitsaufwendigen Rasens empfiehlt sich eine *Cotula*-»Dauerwiese«, die sich mit Stauden und Gehölzen durchsetzen läßt. Ein Rasen, der ohne Schnitt für jeden Vorgarten verfügbar ist, kann den bodenbedeckenden *Cotula* einen wahren Boom bescheren. Für diese »domestizierte« Natur sind dezente Nachbarn erwünscht. Wenn es gilt, die Flächen durch die Gehölze aufzulockern, denken wir an die herbst- und winterblühenden Bartblumen *(Caryopteris)*, Säckelblume *(Ceanothus)*, Winterblüte *(Chimonanthus praecox)*, Losbaum *(Clerodendrum)*, Seidelbast *(Daphne mezereum)*, Chinesische Kamminze *(Elsholtzia stauntonii)*, Zaubernuß *(Hamamelis)*, Buschklee *(Lespedeza thunbergii)* oder an den Mönchspfeffer *(Vitex agnus-castus)*. Der Einfluß der *Cotula* auf die Durchgrünung des Vorgartens ist unbestritten. Und wenn die braunrote *C. atrata*,

die frischgrüne *C. dioica*, die olivgrüne *C. potentilloides*, die sattgrüne *C. pyrethrifolia* oder die braungrüne *C. squalida* ausgesprochen flächig zur Anpflanzung kommen, entsteht ein mehrfarbiges Bild.

Der Steingarten mit seinen differenzierten Standorten bietet *C. atrata* und *C. dioica* in den Fugen und auf mattenähnlichen Flächen, in Verbindung mit Stufen und Plattenbelägen kleinräumige Ausbreitungsmöglichkeiten. Auch *C. potentilloides, C. pyrethrifolia* und *C. squalida* gehören zu den Felsenbesiedlern, obgleich sie nicht an den Stein gebunden sind. An bodenfrischen, nicht zu trockenen Stellen halten sie in der Sonne aus, wobei durchgehend die absonnigen, kühlen Standorte bevorzugt werden. Ein biologischer Vorteil ist ihr Zwergwuchs. Durch die dicht am Boden aufliegenden und damit den starken Winden entzogenen Blätter werden starke Bindungen an den Stein gefördert. Zuweilen bringen schon veränderte Bodenverhältnisse die gewünschte Winterhärte, wobei Tannen- oder Fichtenzweige etwas Schutz geben. Unter extremen Bedingungen, wenn etwa bei Barfrösten die austrocknende Sonne den Blättern zu viel Wasser entzieht, sind ohne eine zusätzliche Beschattung Trockenschäden zu befürchten.

Ab Februar kann durch Teilung fast das ganze Jahr vermehrt werden.

Dryas, Silberwurz

Rosaceae

Immergrüne Spaliersträucher der nördlichen Regionen. Die kriechenden Zwergsträucher bedecken mattenförmig den Boden und werden etwa 10 cm hoch. Ihre ovalen, ledrig-runzeligen Blätter sind oben sattgrün, unten weißfilzig. Die einzelstehenden Blüten erscheinen im Mai – Juni. Bei *D. octopetala* sind sie schalenförmig, weiß. Bei der starkwüchsigen *D.* × *suendermannii*, einer Hybride, die um 1910 bei Sündermann in Lindau aus *D. drummondii* × *D. octopetala* entstanden ist, sind die Blütenknospen gelblichweiß, weiß erblühend und halb nickend. Die grünen Samenschöpfe sind bei der Fruchtreife spiralig aufgedreht.

Dryas brauchen kalkhaltige und humose, frische bis trockene Böden. Geröll- und Kiesflächen in voller Sonne lassen sich in größeren Gruppen von 10 bis 20 Stück mit 12 bis 16 Pflanzen pro Quadratmeter mattenförmig begrünen. Sie wachsen nur mit guten Topfballen ohne größere Verluste an.

Grundständige Stecklinge werden im Juni und Kopfstecklinge von Juli bis November gesteckt. Nach einer etwa vierwöchigen Bewurzelungsdauer im Vermehrungsbeet kommen die jungen Stecklingspflanzen in 9er-Töpfe.

Duchesnea indica, Indische Erdbeere

Rosaceae

Die Indische Erdbeere wurde von den Gebirgen Japans, Chinas und Indiens schon zu Beginn des 19. Jahrhunderts in den östlichen und mittleren USA und in den Tälern der Südalpen eingebürgert. *D. indica* wurde bisher als Freilandstaude weitgehend übersehen. Sie tritt im Alpengarten und als immergrüne Bodendecke auf. Man findet sie zwischen Steinen und in Mauerfugen, sie läßt ihre ausläuferartigen Stengel über Wandflächen hängen und schafft große »Rasenteppiche«. Als Halbrosettenstaude bildet *D. indica* niederliegende Stengel von 50 cm Länge, die an den Knoten wurzeln. Großflächig verwendet werden 16 Pflanzen pro Quadratmeter gesetzt. In dieses Netz von Blättern und ausläuferartig verlängerten Stengeln lassen sich alle Stauden des offenen Gehölzrandes einbauen.

Auf nährstoffreichen, durchlässigen und mäßig feuchten Böden gedeihen neben ihr zahlreiche Knollen- und Zwiebelgewächse, wie *Crocus tommasinianus*, der Winterling (*Eranthis hyemalis*), der Hundszahn (*Erythronium dens-canis*), das Schneeglöckchen (*Galanthus nivalis*), die Freilandgloxinie (*Incarvillea delavayi*), *Scilla hispanica* und *S. non-scripta*.

Ein größerer Kontrast ist kaum denkbar: hier die Indische Erdbeere und dort ein Feldahorn (*Acer campestre*). Aus dem Wurzelbereich der Gehölze sind konkurrenzschwache Nachbarn fernzuhalten. Die Unterpflanzung wird auf *Astilbe chinensis* var. *pumila* und *A. chinensis* var. *taquetii*, die *Campanula glomerata*-Sorten, *Ceratostigma plumbaginoides*, *Digitalis ferruginea* und *D. grandiflora*, *Meconopsis cambrica*, *Pulmonaria angustifolia* und auf das Duftveilchen (*Viola odorata*) beschränkt. Man hat damit begonnen, die Indische Erdbeere zusammen mit den *Cyclamen*-Arten, der Götterblume (*Dodecatheon meadia*), etlichen *Geranium*- und *Polygonum*-Arten, der Schlüsselblume (*Primula veris*), *Sedum hybridum* und *Viola sororia* in den Steingarten zu holen.

Der erdbeerähnliche, aber goldgelbe Flor von *Duchesnea* dauert von Juni bis September. Die Blüten werden von Fliegen bestäubt, und die reifen Sammelfrüchte sind leuchtend rot, kegel- bis eiförmig. Die große Ähnlichkeit von Walderdbeere und Indischer Erdbeere verführt zum Naschen. Nach dem ersten Versuch wird aber jeder davon abgehalten, sich an den schwammigen und fast saftlosen, faden, jedoch etwas süßlichen Früchten gütlich zu tun.

Eine dauerhafte Anpflanzung läßt sich nur dort verwirklichen, wo die Indische Erdbeere im Wurzelbereich von Gehölzen im Humus wurzelt. Wo sich das Nährstoffangebot nicht beibehalten läßt, ist zu befürchten, daß die *Duchesnea*-Decke mehr und mehr dahinschwindet. Im Spätherbst oder Winter wird deshalb eine aufgedüngte Erde fingerstark zwischen den Pflanzen verteilt. Man kann dazu garteneigenen Kompost oder einen humosen Gartenboden verwenden. Unter 10 l Erde werden 30 g eines minerealischen Mehrnährstoffdüngers oder 100 g eines organischen Volldüngers gemischt.

In vorwiegend halbschattiger Lage hat sich *D. indica* erstaunlich schnell unserem wechselnden Klima angepaßt. Sie wird bis −10°C mit jedem Kälteeinbruch fertig. Wenn die Pflanzen nicht ausgereift in den Winter gehen oder die bei Barfrösten einwirkende Sonne den Blättern zuviel Wasser

Die erdbeerähnlichen Früchte von Duchesnea indica sind für Vögel harmlos, uns schmecken sie fade.

entzieht, überleben nur noch die Kindel. Ein Winterschutz mit Fichtenreisig ist in jedem Fall angebracht.

Zur Vermehrung werden von April bis zum Spätsommer von den oberirdischen Ausläufern die Ableger abgetrennt und in Töpfe gesetzt.

Epimedium, Elfenblume, Sockenblume
Berberidaceae

Die etwas mehr als 200 *Epimedium*-Arten sind über die Alte Welt verbreitet. Unser heutiges Sortiment ist aus wenigen Arten hervorgegangen, von denen durch Kreuzung folgende Hybriden entstanden sind: *E. × perralchicum = E. pinnatum* ssp. *colchicum × E. perralderanum*, *E. × rubrum = E. alpinum × E. grandiflorum*, *E. × versicolor = E. grandiflorum × E. pinnatum*, *E. × warleyense = E. alpinum × E. pinnatum* ssp. *colchicum*, *E. × youngianum = E. diphyllum × E. grandiflorum*.

Die Epimedien sind Stauden mit unterirdisch kriechendem Wurzelstock und grundständigen Blättern. Die ein- bis mehrmals dreizähligen, mitunter gefiederten Blätter werden nicht höher als 25 cm. Die Blüten stehen in traubig angeordneten Trug- oder Scheindolden oder in einfachen Trauben. Sie können weiß, gelb, rot oder violett sein und sich aus acht bis zehn Kelchblättern, vier Blütenblättern mit einem mehr oder weniger langen Nektarsporn zusammensetzen.

Vor 300 Jahren wurden die Epimedien für den Garten entdeckt. Maßgeblich für die frühe Einführung von *E. alpinum* von den dinarischen Gebirgen, den Südalpen und Piemont war zur Zeit Ludwigs XIV. der wachsende Pflanzenbedarf für die Bürgergärten und Parkanlagen. 1830 folgte *E. grandiflorum* aus Japan, 1831 *E. pinnatum* aus den feuchten Wäldern und Gebirgen Nordpersiens und des südlichen Kaukasusvorlandes, 1834 *E. pubigerum* von Transkaukasien und Nordanatolien bis ins Strandza-Gebirge in Thrazien, 1858 *E. diphyllum* aus Japan, 1862 *E. perralderanum* aus Algerien und 1928 *E. pinnatum* ssp. *colchicum* aus West-Transkaukasien.

Die Elfenblumen sind hervorragende Bodendecker für alle mehr oder weniger beschatteten Bereiche des Gartens. Sie zehren zwischen dem versponnenen Wurzelwerk der Bäume vom herbstlichen Laubfall, und der humusreiche Moderboden bietet vielerlei Kleintieren Unterschlupf und Nahrung.

Viele Epimedien gelten als Schrittmacher einer Gesellschaft, die sich unbehelligt von Bäumen im Schatten durchzusetzen versucht. Als Flächendecker sind *E. pinnatum* 'Elegans', *E. pubigerum* und *E. × warleyense* wenig verträglich mit ihrer Begleitflora.

Sicher im Gehölzschatten gedeihen auch *E. diphyllum*, *E. grandiflorum* und seine Sorten, *E. × versicolor* 'Sulphureum' und 'Cupreum', *E. × youngianum* 'Niveum', 'Roseum' und 'Lilacinum'. Bis in den innerstädtischen Bereich lassen sie sich mit fremdländischen Wildpflanzen vergesellschaften. Eine pflegeleichte Begleitflora für den mehr oder weniger sauren Moder ist das Schneebeeren-Christophskraut (*Actaea pachypoda*), das Blaue Buschwindröschen (*Anemone apennina*), das

Balkan-Windröschen *(Anemone blanda)*, das Blauglöckchen *(Mertensia virginica)*, die Salomonssiegel-Arten *Polygonatum commutatum* und *P. verticillatum*, die Duftsiegel-Arten *Smilacina racemosa* und *S. stellata*, die Hänge-Goldglocke *(Uvularia grandiflora)*, die Eisenhut-Arten *Aconitum carmichaelii* var. *wilsonii* und *A. napellus* 'Bicolor', die Silberkerzen *Cimicifuga racemosa* und *C. simplex* 'Armleuchter' sowie der Maiapfel *(Podophyllum hexandrum)*.

Am Gehölzsaum, dort, wo mehr Licht hingelangt, verträgt sich *E.* × *rubrum* mit *Astilbe chinensis* var. *pumila*, dem Kaukasus-Vergißmeinnicht *(Brunnera macrophylla)*, den Japanischen Anemonen *(Anemone hupehensis* und *A.*-Japonica-Hybriden)*, dem Ysander *(Pachysandra terminalis)* und der Kaukasus-Wallwurz *(Symphytum grandiflorum)*. *E.* × *rubrum* ist durch sein horstiges Wachstum gekennzeichnet, breitet sich somit weniger stark aus. Dagegen verdrängt *E. perralderanum* 'Frohnleiten' jeden Nachbarn und erstickt Wildkräuter unter einem Schirm von wintergrünen Blättern. In seiner Gesellschaft halten sich allenfalls unduldsame und wenig verträgliche Flächendecker wie die Bergenien.

Wer mit den ausbreitungswilligen *E.* × *perralchicum* und *E. perralderanum* im lichten Schatten sogenanntes Dauergrün angelegt hat, genießt weitgehend Schutz vor ungebetenen Gästen. Der Boden wird von den Ausläufern so stark durchdrungen, daß es zu einem frühen Bestandsschluß kommt. Diese rhizombildenden Epimedien sind ständig bereit, neue Partien ihres Lebensraumes zu erobern.

Ein problemloser Rollenwechsel zwischen *E.* × *cantabrigiense*, *E. pinnatum* ssp. *colchicum* und den *Astilbe*-Arendsii-, -Simplicifolia- und -Thunbergii-Hybriden ist in jedem leicht beschatteten Bereich des Gartens möglich. Eine Vergesellschaftung der Epimedien mit Astilben kann bei genügend hoher Luft- und Bodenfeuchtigkeit auch in der vollen Sonne gelingen.

Die wintergrünen *E. perralderanum* und ihre besonders hohe wintergrüne Sorte 'Frohnleiten', *E. pinnatum* 'Elegans', *E. pinnatum* ssp. *colchi-*

cum und *E. pubigerum* sind durch ihre leuchtend gelben Blüten und durch ihre kräftige Ausläuferbildung die wertvollsten Arten und Sorten. Nur an geschützter Stelle oder unter einer Schneedecke ist das orange blühende *E.* × *warleyense* bedingt wintergrün. Andere Epimedien sorgen für farbliche Abwechslung im Garten. Ein wenig Rot mischen die bronzefarbenen Austriebe von *E. perralderanum* in das Grün. Im jungen Zustand ist das Laub von *E.* × *rubrum* zuweilen purpurrot und grünlich geadert. *E.* × *versicolor* ist beim Austrieb rötlich, im Winter bronzefarben, *E.* × *warleyense* kupferfarben, der Blattaustrieb von *E.* × *youngianum* kräftig rot.

Unter Kastanien und Linden, Buchen und Eichen, Spitz- und Bergahorn ist der Boden total durchwurzelt. Mit Hilfe des Fallaubs und nach zusätzlichem Aufbringen von Humus lassen sich dennoch Epimedien ansiedeln. Um pflanzenfreundliche Schattenpartien zu gestalten, genügt vielfach schon eine 10 cm hohe Laub- oder Rindenkompostauflage. Es gibt keinen geeigneteren Pflanzstoff als das halbverrottete Fallaub unserer Gartengehölze, die anfallende Laub- oder Nadelholzrinde sowie zerkleinerte Obstbaum-, Fichten-, Tannen- oder Kiefernzweige. Rinde und Holz bewahren die Lauberde vor einer zu starken Verdichtung. Sie werden unter das halbverrottete Laub im Verhältnis 1:6 gemischt. Vor dem Ausbreiten des Pflanzstoffs erhält das Substrat eine Langzeitdüngung in Höhe von 3 kg oder 10 kg eines organischen Stickstoffdüngers je Kubikmeter Pflanzstoff. Zur Behebung von Spurenelementmangel werden Mikronährstoffdünger wie Fetrilon Combi (75–100 g/m^3) oder Radigen (100 g pro m^3) in das Substrat eingemischt oder mit 1 bis 2 l Gabi Micro T/m^3 übergossen und eingemischt.

Bei der Pflanzung sind die Wuchseigenschaften zu berücksichtigen. Alle Arten, die keine Ausläufer bilden, setzen wir in Trupps von drei bis zehn Pflanzen. Hierzu zählen *E. diphyllum* und *E. diphyllum* 'Roseum' – die nur Sammlerwert haben – sowie *E. grandiflorum* (mit 3 bis 4 cm großen, weißen Blüten und waagrecht abstehendem Sporn). Nicht so elegant ist die sehr starkwüch-

Schattige Gehölzpartien lassen sich mit Epimedium pinnatum ausdrucksvoll begrünen. Tausende von Elfenblumen bilden mit ihrem wunderschönen, herzförmigen Laub geschlossene Teppiche. Sie bevölkern feucht-humose Plätze unter Blütensträuchern und Bäumen.

sige, karminrote *E. grandiflorum* 'Rose Queen'. Kaum im Handel sind *E. grandiflorum* 'Flavescens' (gelblichweiß), 'Normale' (rotviolett) und 'Violaceum' (violett). Auch *E. × youngianum* 'Niveum' (weiß), 'Roseum' (rosa) und 'Lilacina' (rosalila) bilden keine Ausläufer.

Horstig wachsende Arten wie *E. × rubrum* oder solche mit schwachen Ausläufern wie *E. × versicolor* 'Sulphureum' (schwefelgelb) und 'Cupreum' (kupfrige Blüten) werden bei einer Stückzahl von zwölf pro Quadratmeter in Gruppen von 10 bis 20 Pflanzen gesetzt. Diese laubabwerfenden Epimedien haben keinen so hohen Gartenwert wie die wintergrünen.

Arten mit starker Ausläuferbildung verwendet man ausgesprochen flächig. Mit zwölf Pflanzen pro Quadratmeter rechnet man bei *E. alpinum, E. perralderanum, E. pinnatum* und *E. × warleyense. E. alpinum* bedeckt recht schnell größere Flächen. Trotz einer starken Ausläuferbildung ist mit *E. × warleyense* nicht so rasch eine geschlossene Laubdecke zu erreichen.

Das Wachstum läßt nach, wenn kein Humus nachgeliefert wird. Vor allem in Konkurrenz mit starkwachsenden Gehölzen erhalten die Epimedien im Herbst oder Winter eine Zusatznahrung in Form einer fingerstarken Schicht aufgedüngter Lauberde oder Rindenkompost.

Epimedium wird in der Gärtnerei überwiegend durch Rhizomschnittlinge vermehrt. Arten wie *E.* × *rubrum* und *E.* × *youngianum*, die keine Ausläufer bilden, werden geteilt.

Geranium macrorrhizum, Storchschnabel

Geraniaceae

Die Heimat dieser Storchschnabelart sind die Südostalpen, der Balkan, die Südostkarpaten und der Apennin. Die 30 cm hohe staudige bis halbstrauchige Pflanze hat ein kräftiges Rhizom und eignet sich hervorragend als Bodenbedecker, der in der Nachbarschaft von Gehölzen rohe Böden und zeitweilige Dürre erträgt.

An einem nährstoffreichen und durchlässigen Standort läßt sie durch ihre gute Bodenbedeckung keine unerwünschten Eindringlinge aufkommen. Die drüsenhaarigen Stengel, Stiele und Blätter duften streng aromatisch, das runde, siebenlappige Laub färbt sich im Herbst rot, und die jungen Triebe bilden immergrüne Rosetten an den Spitzen. In einem doldigen Blütenstand erscheinen von Mai bis Juli hellrote Blüten mit lang gestielten Staubgefäßen.
Bekannteste Sorten:
'Album', Blüten weiß, Kelch und Staubblätter rosa.
'Bevans Variety', Kelchblätter tiefrot, Kronblätter tief magentarot.
'Czakor', Blüten purpurrot, schwachwachsend, lebhafte Herbstfarbe.
'Grandiflorum', große Blüten.
'Ingwersens Variety', Blüten blaßrosa.
'Spessart', Blüten weiß mit rosa Kelch, wintergrün, robust.

'Variegatum', panaschierte Blätter und purpurrosa Blüten.

Man kann von *G. macrorrhizum* fast alle Teile zur vegetativen Vermehrung verwenden: Rhizomschnittlinge und Stecklinge.

Hypericum calycinum, Johanniskraut

Hypericaceae (Guttiferae)

Von den etwa 200 *Hypericum*-Arten ist *H. calycinum* ein wertvoller Bodenbedecker für Sonne und Halbschatten. Der 20 bis 40 cm hohe Halbstrauch ist in Südostbulgarien, der Türkei und Nordanatolien beheimatet. Auf nicht zu feuchten und in durchlässigen Böden breitet sich dieser immergrüne Bodenbedecker rasenartig aus und bildet von Juli bis September dichte Blütenteppiche. Die 7 bis 8 cm breiten, goldgelben Blüten besitzen zahlreiche, strahlige Staubfäden.

Leichte Böden fördern das Weiterstreichen der unterirdischen Sprossen. Vorwiegend großflächig werden pro Quadratmeter acht bis zwölf Pflanzen benötigt. Ihre Rhizome breiten sich nach allen Seiten aus und bilden geschlossene Bestände. Die alten Triebe sterben nach zwei Jahren ab und werden so unansehnlich, daß sie im Frühjahr mit der Schere entfernt werden müssen. Man kann sie auch im Herbst mit dem Sichelmäher zurücknehmen und humusieren.

Vermehrung durch Teilung im Frühjahr, Rhizomschnittlinge im April, Stecklinge von Frühjahr bis Herbst.

Lamiastrum galeobdolon, Goldnessel

Lamiaceae (Labiatae)

Die Gattung besteht nur aus dieser Art. Synonyme sind *Galeobdolon luteum, G. vulgare, G. galeopsis, Lamium galeobdolon, L. luteum, Galeopsis galeobdolon, Leonurus galeobdolon, Cardiaca silvatica* und *Pollichia galeobdolon*.

Die Stengelstücke, welche zwischen den Ansatzstellen der Blätter liegen, erreichen eine Länge von 10 bis 20 cm. Die frischgrünen Laubblätter sitzen auf 1 bis 3 cm langen Stielen. Sie sind am Grund abgerundet bis schwach herzförmig, nesselartig lang zugespitzt, 3 bis 8 bis 12 cm lang und 2 bis 4 bis 7 cm breit, grob gesägt und leicht gefleckt. Die Stengelglieder der Blütensprosse sind 5 bis 10 cm lang. Ihre lebhaft gelben, 1½ bis 2½ cm langen Lippenblüten sitzen in sechs- bis zehnblütigen, zu zweit bis fünft übereinanderstehenden Scheinquirlen. Die Kronröhre ist so weit, daß selbst die Honigbienen an den Nektar gelangen. Nach der Befruchtung bildet die Goldnessel 3 mm lange, schwarze Nüßchen mit besonders nährstoffreichen Gewebeanhängseln, die von der Großen Roten Waldameise und der Schwarzen Wiesenameise aufgesucht werden, die dabei die Samen verbreiten.

Unabhängig vom Standort und der Jahreszeit zeigt L. galeobdolon ein so verschiedenes Aussehen, daß man nicht umhin kann, einzelne Unterarten zu bilden:

L. galeobdolon ssp. *flavidum:* Pflanzen ohne Ausläufer, Blüten mehr blaßgelb, bis 17 mm lang. Eine alpine und voralpine Sippe. Besiedelt mit Vorliebe Roh- und Schotterböden.

L. galeobdolon ssp. *galeobdolon:* Scheinquirle meist ein- bis dreiblütig, überwinternd, vor allem in Tieflagen. Im Norden vorherrschend, fehlt in den höheren Gebirgen und in den Alpen.

L. galeobdolon ssp. *glabrescens:* Stengel kahl.

L. galeobdolon ssp. *montanum:* Ausläufer oft schon zur Blütezeit vorhanden, Scheinquirle vier- bis achtblütig und 4 bis 7 cm große, lang zugespitzte Laubblätter. In den Alpen, Voralpen und den Mittelgebirgen.

L. galeobdolon ssp. *puberulum:* Obere Stengelteile kurz und weich behaart.

L. galeobdolon ssp. *tatrae:* Stärker steifhaarig. Die netznervigen, dunkelgrünen »Nesselblätter« haben meist im Winter eine unregelmäßige, weiße Zeichnung von verschiedener Form und Ausdehnung. Vom Spätherbst bis Frühling sind die Blätter unterseits rotviolett gefärbt.

In den krautreichen Laub- und Nadelmischwäldern, in Auenwäldern und im Hochstaudengebüsch der montanen bis subalpinen Stufe ist die Goldnessel ein häufiger Vertreter des mitteleuropäischen Florenelements. Im Norden und Süden deckt sich das Verbreitungsgebiet ungefähr mit dem der Buche, nach Osten reicht es bis zum südwestlichen Teil Asiens. Als Mullbodenkriecher kommt L. galeobdolon auf wenig sauren Standorten vor.

Aus den Achselknospen der einjährigen Sprosse werden nur Blütenstengel gebildet. Nach dem Abblühen beginnen sie an den Knoten zu wurzeln, und aus den unteren Achselknospen gehen im Herbst meist wintergrüne Ausläufer hervor, die im folgenden Jahr neue Blütensprosse bilden. Bei starker Beschattung gelangt die Goldnessel oft nicht zur Blüte.

Seit Menschen damit begonnen haben, Zierpflanzen nach erwünschten Merkmalen auszulesen, sind die buntblättrigen Goldnesseln in Kultur. Von den verschiedenen Sorten sind nur die immergrünen Typen wichtig.

Die bekannteste Auslese ist die Florentiner Goldnessel, L. galeobdolon 'Florentinum', mit silberweiß gefleckter Belaubung, die sich im Winter rötlichbraun verfärbt. Die langen Ranken blühen kaum, überwuchern alle Nachbarn und verdrängen Unkräuter. Zwischen einer Sauerklee- und Waldmeister-Bodendecke wirken die Schattenpartien weit und leicht, kahle Bodenflächen sind nach dem Ansiedeln der Florentiner Goldnessel durchgrünt. Bei einer Stückzahl von neun Pflanzen pro Quadratmeter bildet diese Sorte wohl die geschlossenste Bodendecke. Auch unter dichten Bäumen und im Unterholz versinken manche bis dahin kahle Flächen unter ihren Blattranken.

'Silberteppich' ist eine anspruchsvolle, schwachwüchsige und winterkahle Form mit intensiv silbrig gezeichnetem Laub und mit von grünen Adern durchzogenen Blättern. Durch sorgfältige Jungpflanzenwahl verhindert man eine negative Auslese. Bei der Entnahme bewurzelter Ausläufer ist einheitliches Material zu erwarten.

'Variegatum' hat silbrig gezeichnete, rundlich-

Lamiastrum galeobdolon 'Florentinum' verbindet die Schattenpartien zu einem aparten Mosaik.

herzförmige Blätter. Ähnlich ist der 'Typ Rons-dorf' mit kleineren, rundlichen, gefleckten Blät-tern. Durch ihren mäßig starken Wuchs lassen sich die Sorten 'Silberteppich', 'Variegatum' und 'Typ Ronsdorf' auch mit anderen Stauden und in Verbindung mit kleineren Ziergehölzen verwen-den.

Es ist schwer zu sagen, was an der Goldnessel mehr lockt: der flächendeckende Bodenkriecher, die Wildkrautfeindlichkeit oder die schöne Blatt-zeichnung. Reine und intensive Pflanzungen der Goldnessel mögen im Unterholz von Bäumen und Sträuchern eine unerwünschte Bodenflora fernhal-ten; aber eine Monotonie ist unvermeidbar, je län-ger die Goldnessel steht und je größer die Fläche wird.

Obwohl diese Art, ihre Unterarten und Sorten als extrem anpassungsfähig und wüchsig gelten, zeigen sie mancherorts keinen Ausbreitungswil-len. Insbesondere bei großer Trockenheit ist mit

Wachstumsstörungen zu rechnen. In solchen Fäl-len werden sich dann auch unerwünschte Ein-dringlinge ansiedeln. Wenn sich der Giersch ein-mal eingenistet hat, reicht selbst die Sorte 'Flo-rentinum' nicht mehr aus, diese Rhizompflanze niederzuhalten.

Zur Vermehrung nimmt man Kopf- und Teil-stecklinge oder Ausläufer.

Pachysandra terminalis, Ysander

Buxaceae

Staudiger Halbstrauch aus den sommergrünen Laubwäldern Japans. Die immergrünen, ledrigen *Pachysandra*-Blätter sind ausgesprochen robust. In einem lockeren Laubhumusboden erreicht die-ser Bodenbedecker 15 bis 20 cm Höhe. Die flei-schigen Stämme verholzen über dem Erdboden. Großflächig werden 10 bis 15 Pflanzen pro Qua-dratmeter verwendet. Mit ihren unterirdischen Ausläufern durchziehen sie nach allen Richtungen den Boden und bilden einen dichten Teppich. Wenn unter dichtkronigen Gehölzen kein Rasen wächst, hat man in *P. terminalis* einen der besten Bodenbegrüner. Er wächst unter den Schattenbäu-men bis an den Stamm heran. Die Rhizome ertra-gen die Wurzelkonkurrenz benachbarter Gehölze in nicht zu trockenen Lagen. In einer Rohhumus-auflage und wenn jedes Frühjahr etwas Humus-erde zwischen die Pflanzen gestreut wird, fühlt sich der Ysander besonders wohl. Bei einem zu hohen Kalkgehalt des Bodens werden die Blätter chlorotisch, und die Pflanzen zeigen einen gerin-gen Zuwachs. Die extremsten Winterfröste wer-den von *Pachysandra* ohne Schaden überstanden. Höchstens in sonnigen und schneelosen Lagen zei-gen die Blätter eine leichte Bräunung.

Wo das Sonnenlicht nur spärlich in das Dickicht dringt, knüpft Pachysandra termi-nalis einen dichten Blatteppich. An abseits gelegenen Plätzen durchwurzelt der Ysander bald ringsumher den Boden.

Die weißlichgrünen, schwach duftenden Ähren erscheinen im Frühjahr am Ende der Triebe. Den *Pachysandra*-Blüten fehlen die Kronblätter. Sie zeigen nur ihre weißen Staubfäden mit braunen Staubbeuteln. Dem unscheinbaren Frühjahrsflor folgen unscheinbare, weiße, beerenartige Früchte.

Die panaschierte 'Variegata' weist, bis auf einen schwächeren Wuchs, alle Eigenschaften der grünen Stammart auf. Die Blattränder und Blattflächen sind weiß gestreift. 'Green Carpet' ist eine niedere, schwachwüchsige Sorte mit kleineren Blättern.

Die Vermehrung ist durch Stecklinge, Rhizomschnittlinge und durch Teilung möglich.

Sedum, Fettblatt, Fetthenne
Crassulaceae

Die etwa 500 *Sedum*-Arten sind blattsukkulente Pflanzen, staudig und immergrün. Einige werfen die Blätter ab oder ziehen im Winter ein. Das Verbreitungsgebiet erstreckt sich über die nördliche Halbkugel. Die Blüten sind in mehr oder weniger großen Trugdolden angeordnet. Ihre Farbe ist weiß, seltener gelb oder rosa bis karmin.

Die niedrigen, polsterbilden Arten eignen sich gut als Bodendecker und für Einfassungen.

Fast alle winterharten *Sedum*-Arten sind auf durchlässigem Boden leicht zu kultivieren. Ihre Bodenansprüche sind gering, und eine Düngung ist nur in extremen Lagen erforderlich. Schon auf einer Substratschicht ab 2 cm (extensive Flachdachbegrünung) sind mit flächig wachsenden Arten wie *S. sexangulare* und *S. album* Pflanzungen möglich. Mit zunehmender Vegetationsschicht und erhöhter Wasserkapazität des Bodens können anspruchslose Arten wie *S. floriferum* 'Weihenstephaner Gold' eingesetzt werden.

Wenn sie in Schotter- und Steinlagen, zur Dachbegrünung und im Steingarten Verwendung finden, erhalten sie im Mai und Juni leichte Düngergaben. Einen dichten *Sedum*-Rasen erhält man bei folgender Stückzahl pro Quadratmeter:

S. acre	25
S. album	25
S. floriferum	12
S. hybridum	16
S. reflexum	25
S. sexangulare	25
S. spathulifolium	25
S. spurium	16

Arten und Sorten	Eigenschaften	Blüte	Blütezeit	Höhe (cm)	Bemerkungen	Vermehrung
S. acre	Blätter 4- bis 6zeilig angeordnet, eiförmig fleischig, grün, von scharfem Geschmack	gelb	Juni–Aug.	5–10	als Bodendecker an sandigen, trockenen Stellen, starkwüchsig	Stecklinge und Aussaat
S. album 'Coral Carpet'	Blätter dick walzlich, im Sommer grün, im Winter bronzerot	weiß	Juni–Aug.	10–15	dichter Bodendecker	Stecklinge
S. floriferum 'Weihenstephaner Gold'	Wurzelstock verholzend, Triebe rötlich, 20–25 cm, niederliegend, in der oberen Hälfte verzweigt, Blätter sitzend, spatelig-lanzettlich, kerbzähnig, dunkelgrün	goldgelb	Juli	10	guter Bodendecker	Stecklinge

Arten und Sorten	Eigenschaften	Blüte	Blütezeit	Höhe (cm)	Bemerkungen	Vermehrung
S. hybridum 'Immer-grünchen'	Triebe nieder-liegend-aufstrebend rötlich, Blätter wech-selständig, im Som-mer grün, im Winter rötlich, spatelförmig	gelb	Juni–Aug.	10	wertvoll für Einfassungen und Bodenbegrünung	Stecklinge und Aussaat
S. reflexum	Stengel leicht ver-holzend, niederlie-gend bis aufsteigend, verzweigt, schmale, aufwärtsstehende Blätter, blaugrün	gelb	Juli	15–30	lockere Rasen bildend	Stecklinge und Aussaat
S. sexangulare	Blätter 6zeilig ange-ordnet, ohne bitteren Geschmack, ähnlich *S. acre*	zitronen-gelb	Juni–Juli	5–10	dichten Rasen bildend	Stecklinge und Aussaat
S. spathulifolium	flache Rosetten mit Nebensprossen, Blät-ter breit-spatel-förmig, fleischig-glatt graugrün	gelb	Mai–Juli	5–7	wintergrüner Bodendecker	Stecklinge
'Purpureum'	Blätter dunkelrot, weiß bereift	gelb	Mai–Juli	5–7	wintergrüner Bodendecker	Stecklinge
'Cape Blanco'	dick silberweiß be-mehlte Blattrosetten, fälschlich als 'Capa Blanca' verbreitet	gelb	Mai–Juli	5–7	wintergrüner Bodendecker	Stecklinge
S. spurium	Triebe kriechend, Blätter gegenständig, kurzgestielt, ei-förmig, Blattrand ge-kerbt und fein be-haart	rosa	Juli–Aug.	10–15	wintergrün, sattgrüner Bodendecker	Stecklinge
'Album Superbum'	Blätter grün, Blüten selten	weiß	Juli–Aug.	10–15	wintergrün, sattgrüner Bodendecker	Stecklinge
'Fuldaglut'	Blätter dunkelrot	rot	Juli–Aug.	10–15	wintergrün, sattgrüner Bodendecker	Stecklinge
'Purpurteppich'	Blätter dunkelrot	rot	Juli–Aug.	10–15	wintergrün, sattgrüner Bodendecker	Stecklinge
'Schorbuser Blut'	dunkelblättrig	rot	Juli–Aug.	10–15	wintergrün, sattgrüner Bodendecker	Stecklinge

Klein, bescheiden, aber wirkungsvoll: Sedum floriferum 'Weihenstephaner Gold' wird zum idealen Partner von Artemisia ludoviciana var. albula. Ein dichter Sedum-Rasen überzieht trocken-warme Plätze. Der Standort darf jedoch nicht schattig sein.

Sedum-Samen ist sehr fein. Bei einer Direktsaat (ohne späteres Pikieren) empfiehlt es sich daher, das Saatgut gemischt mit Sand auszusäen und die Saat mit einem Zerstäuber zu wässern. Die meisten *Sedum*-Arten lassen sich von April bis August sehr leicht durch Stecklinge vermehren. Bei wenig Pflanzenmaterial wählt man die Vermehrung über die Blätter. Von kleinlaubigen Arten und ihren Sorten streut man die Blätter auf das Substrat und hält sie feucht.

Eine Vermehrung durch Sprossenaussaat (Ausstreuen von Sproßteilen) wird besonders bei den rasenbildenden *S. acre, S. sexangulare, S. reflexum* oder *S. album* praktiziert. Das Sprossenmaterial sollte nicht von überdüngten Pflanzen oder weichen Triebspitzen stammen. Die Länge der Sprosse liegt bei 2 bis 5 cm. In der Zeit zwischen Mitte April und Ende September wird die Sprossenbegrünung auf reinen Sedumdächern durchgeführt. Die Sprosse lassen sich direkt ausstreuen und werden leicht angedrückt. Für eine schnell schließende Sedumbegrünung benötigt man etwa 55 bis 65 g/m².

Symphytum grandiflorum, Wallwurz, Beinwell

Boraginaceae

Die Gattung umfaßt etwa 25 Arten, von denen *S. grandiflorum* im Kaukasus verbreitet ist. Die Art eignet sich mit ihren kriechenden Ausläufern als Bodendecker im Wurzelbereich von Gehölzen. Bei einer Stückzahl von neun Pflanzen pro Quadratmeter bildet die Wallwurz dichte, ausgesprochen großflächige Gruppen.

Unter stark schattenden Gehölzgruppen hat sich dieser Bodendecker vielfach bewährt. Er widersteht längeren Trockenperioden im Sommer und Kahlfrösten im Winter. *S. grandiflorum* und seine Sorten lassen keine rhizombildende Bodenkräuter hochkommen. Innerhalb kürzester Zeit bedecken sie mit ihrem Laub den Boden und verhindern die Ausbreitung unerwünschter Nachbarn. Ihre Unduldsamkeit bereitet vielen Kleinstauden Probleme. Ebenbürtige Partner sind die Goldnessel und zahlreiche *Epimedium*-Arten.

Zwischen den spitz-eiförmigen Blättern von *S. grandiflorum* erscheinen im Mai 30 cm hohe, rahmgelbe, röhrig-nickende Blüten. In den vergangenen Jahren ist eine ganze Farbpalette empfehlenswerter Sorten entstanden:

'Hidcote Blue', zartblau, im Verblühen hellblau, wird etwas hoch.

'Wisley Blue', starke Blautöne.

'Hidcote Pink', schwaches Hellrosa.

'Indigo', blau.

'Blaue Glocken', tiefes Himmelblau.

'Goldsmith', rahmgelb mit gelbgerandeten Blättern.

Vermehrung durch Rhizomschnittlinge im Winter oder zeitigen Frühjahr sowie durch Teilung im Januar oder nach dem Rückschnitt im Juni.

Waldsteinia, Golderdbeere

Rosaceae

Von den fünf *Waldsteinia*-Arten sind die in Mitteleuropa beheimatete *W. geoides* und die von Mitteleuropa bis Nordasien verbreitete *W. ternata* gute Bodendecker für Sonnen- und Schattenlagen. Sie eignen sich für steile Böschungen, für den Gehölzrand und als Unterpflanzung von Bäumen. Die Waldsteinien vertragen Tropfen- und Laubfall und sind gut trockenheitsverträglich.

W. geoides wächst horstartig, wird bis 25 cm hoch, kriecht nicht unterirdisch und hat keine oberirdischen Ausläufer. Die Blätter sind herz-nierenförmig, 3- bis 5zählig und tief gezähnt. Die gelben Blüten sitzen zu fünf bis neun auf einem Stengel. Sie erscheinen von Mai bis Juni.

W. ternata zählt zu den wertvollsten Bodenbedeckern, die dank ihrer Ausläufer dichte Teppiche bildet. Sie wird nur 10 cm hoch, die Blätter sind wintergrün, dreiteilig und bis zum Stengel geschlitzt. Blüten gelb, in lockerem Blütenstand mit bis zu sieben Einzelblüten, die im April–Mai erscheinen.

Zur Vermehrung von *W. geoides* können im Mai die kurzen Rhizome mit ihren Seitentrieben verwendet werden. Sie sind bereits ausreichend bewurzelt und zeigen im Topf bald neue Austriebe. Die Vemehrung durch Wurzelschnittlinge ist nicht immer erfolgreich und dauert sehr lange. *W. ternata* treibt viele kriechende Ausläufer. Sie können während des ganzen Jahres abgenommen und weiterkultiviert werden.

Knollen- und Zwiebelgewächse

Allium, Blumenlauch

Liliaceae

Von den etwa 280 Arten werden die Küchenzwiebeln *(A. cepa)*, der Porree *(A. porrum)* und der Schnittlauch *(A. schoenoprasum)* als Nutzpflanzen gezogen.

Als Zierpflanzen finden sie ihren Platz zumeist an trockenen und sonnigen Plätzen, am Haus, auf den Terrassenbeeten oder im Steingarten. Als Zwiebelgewächse sind viele *Allium*-Arten trockenheitsverträgliche Steppen- und Felssteppenpflanzen.

Entsprechend ihren Lebensformen kann man grob zwei Gruppen unterscheiden: Zur ersten Gruppe gehören Arten wie der Schnittlauch, die vielzwiebelige Horste bilden und mit ihren Blättern nahe der Erdoberfläche überwintern. Arten der zweiten Gruppe ziehen gänzlich ein und überdauern mit ihren Zwiebeln. Dabei sollten sie möglichst trocken liegen.

Zu den horstbildenden Laucharten gehört der Blaulauch, *A. caeruleum* (syn. *A. azureum*). Er stammt aus den Steppen östlich des Urals und trägt über seinen schmalen, dreikantigen Blättern himmelblaue, kugelige Dolden, die von 30 bis 50 cm hohen Stengeln getragen werden. Der Blaulauch liebt warme, durchlässige Böden. Graziöser ist der China-Lauch, *A. cyaneum,* aus Westchina mit himmelblauen, kleineren Blütendolden. Sie stehen 15 bis 25 cm über einem grünen, grasartigen Laubhorst. Er wird bevorzugt im Steingarten verwendet. Eine liebliche Art und unverkennbar ist *A. narcissiflorum* aus dem südlichen Europa. Seine auffallend großen, rosaroten Blüten sind in hängenden Dolden auf 15 bis 30 cm hohen Stielen zusammengefaßt. Im Halbschatten und auf nicht zu trockenen Böden findet dieser Lauch bevorzugt im Steingarten Verwendung.

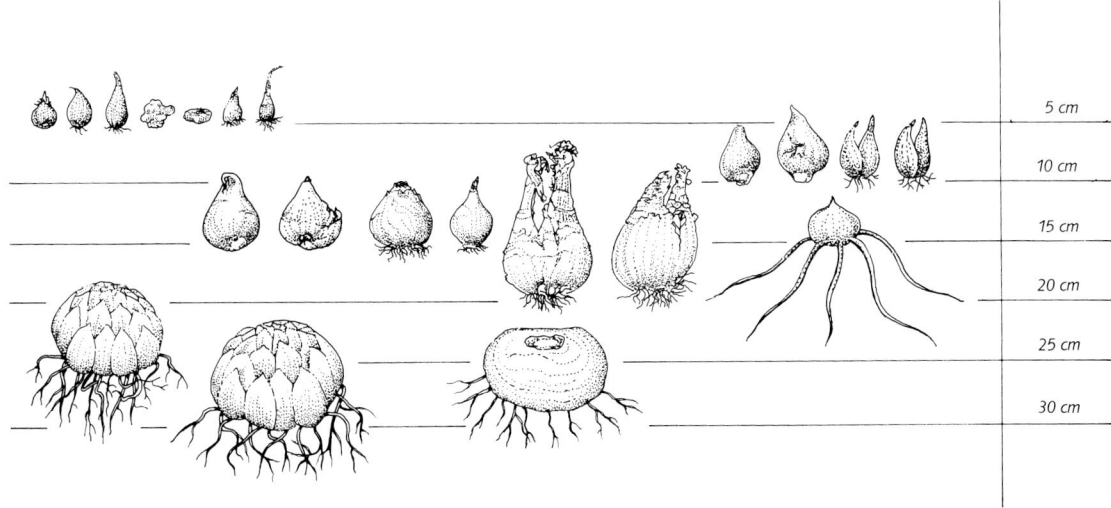

Pflanztiefe von Zwiebel- und Knollengewächsen. Je dicker das unterirdische Speicherorgan, desto tiefer muß es in den Boden.

Von den einziehenden Laucharten steht der Sternkugellauch, *A. christophii* (syn. *A. albopilosum*), an erster Stelle. Von Juni bis Juli erscheinen seine lila Blütenkugeln auf etwa 40 cm hohen Stengeln. Die großen, graugrünen Blätter beginnen bald einzuziehen. Nach der Samenreife sind die Fruchtstände noch lange wirksam. Auf warmen, leichten Böden versamt diese Art aus den Felssteppen Kleinasiens und Persiens auch in unseren Gärten. Beim maiblühenden Blauzungenlauch, *A. karataviense,* aus Turkestan sitzen die grauweißen, kugeligen Dolden auf 20 bis 25 cm langen Schäften. Von den sommerblühenden Arten überragt mit 150 cm Höhe der Riesenlauch, *A. giganteum,* aus dem Himalaja alle anderen Arten. Wachstum und die Blüte von *A. giganteum* lassen sich dadurch verbessern, daß man sie nach dem Absterben rodet und warm (bei 20 bis 23 °C), trocken und luftig aufbewahrt, bis sie Mitte November wieder gepflanzt werden. *A. aflatunense* aus Mittelasien hält hervorragend im Garten aus und verbreitet sich oft durch Selbstaussaat. Ende Mai erscheinen auf 1 m hohen Schäften runde Dolden mit hellvioletten, purpurn gestreiften Blüten. Eignet sich gut als Schnittblume.

Oft leiden diese hohen *Allium*-Arten unter stauender Nässe. In Gemeinschaft mit der Steppenkerze, Hohen Bartiris, Edeldisteln, Federgräsern und Blaustrahlhafer kommt der Blumenlauch am besten zur Entfaltung. Die hohen *Allium* lassen sich auch hervorragend als Schnittblumen und für Trockensträuße verwenden.

Chionodoxa, Schneeglanz

Liliaceae

Frühjahrsblühende Zwiebelgewächse aus Kleinasien. Bevorzugen sonnige und warme Plätze am Gehölzrand, die im Frühjahr feucht und im Sommer trocken sind. Versamen sich reichlich in einem offenen oder schütter mit Gräsern bedeckten Boden. Außerdem ist eine Vermehrung durch Brutzwiebeln möglich.

C. gigantea ist wohl die größte und bekannteste Art mit einem hellen Blauviolett und kleinem weißem Auge. Die Sorte 'Alba' hat reinweiße Blüten.

C. luciliae hat einen traubigen, lockeren Blütenstand mit himmelblauen, etwas nickenden Blütensternen mit großer weißer Mitte. 'Alba' reinweiß, 'Pink Giant', altrosa.

C. sardensis unterscheidet sich von *C. gigantea* und *C. luciliae* durch einen später beginnenden Flor im April. Ihre Trauben setzen sich aus etwas kleineren, einzianblauen Blüten ohne weißen Grund zusammen.

Colchicum, Zeitlose

Liliaceae

Die Gattung umfaßt 50 bis 60 Arten mit zwiebelförmiger, trockenhäutiger Knolle. Die Entwicklung der Knollen beginnt mit einer sehr kleinen Knospe, die seitlich der Knolle unten sitzt. Ab Herbst entwickelt sie sich zu einer neuen Knolle, während die alte ihre Reservestoffe abgibt und schrumpft. Übrig bleibt dann die Schale, sie kann für Jahre als Hülle dienen.

Die Blütezeit der *Colchicum*-Arten erstreckt sich zeitlos (Name!) über das ganze Jahr. An geschützten Stellen brechen die tief geschlitzten rosaroten Blüten der Frühlingslichtblume *(Bulbocodium vernum)* unter dem schmelzenden Schnee hervor, *Colchicum hydrophyllum* steht Ende Februar mit seinen zartlila Blüten vor dem Aufblühen, zaghaft folgen *C. atticum* und *C. doerfleri*. Sie warten auf den ersten milden Tag, um mit ihren reizenden Blüten zu erfreuen.

Wenn der Sommer zu Ende geht, ergießt sich ein lilablauer *Colchicum*-Flor über viele Gärten. Unter den Zeitlosen gebührt unserer einheimischen Herbstzeitlose, *C. autumnale,* ein bevorzugter Platz. Mit ihren lila Blüten ist sie oft in großer Zahl auf feuchten Wiesen anzutreffen. Wer die Herbstzeitlose ansiedeln will, wähle eine der schönen Kulturformen, zum Beispiel die weiße 'Album', mit gefüllten weißen Blüten 'Album

Zeitlos blühende Colchicum-Hybride 'Disraeli'. Ins rechte Licht gerückt, gewinnen auch Allium tuberosum und Festuca novae-zelandiae an Ausstrahlungskraft.

Plenum', tief malvenfarben bis violettpurpurn 'Atropurpureum' und rosa mit gefüllen Blüten 'Plenum'.

Weniger bekannt ist die große Zahl der außereuropäischen Zeitlosen. Der Gattungsname *Colchicum* weist auf ihre Heimat hin. Colchis, einst die Bezeichnung für eine Landschaft um das heutige Batum und Kutais an der Ostküste des Schwarzen Meeres, ist das Hauptverbreitungsgebiet vieler Arten.

Die unverwüstlichen *C. speciosum* var. *bornmuelleri,* var. *speciosum* und *C. variegatum* beginnen bereits gegen Ende August zu blühen. An sonnigen Standorten ist eine beständige Zunahme ihrer Blütenhorste zu beobachten. Selbst im Bereich von Gehölzen widersteht *C. speciosum* var. *bornmuelleri* dem Wurzeldruck.

Bis zum Einbruch des Winters gibt es keinen Monat ohne Zeitlose. Im September öffnen *C. agrippinum, C. arenarium* und *C. byzantinum* ihre Knospen. Etwas später, im Oktober, folgt *C. haussknechtii.* Es ist für den Steingarten mit seinen rosenroten Blüten eine der schönsten Arten. Der lilablaue, hellviolette, rosarote oder weiße *Colchicum*-Flor geht im November – Dezember mit *C. decaisnei* zu Ende. Von den Zeitlosen kommt auch ein reiches Sortiment von großblütigen Gartenformen zum Angebot.

Rustikale Holzmauer, passend zum Gelben Lerchensporn (Corydalis lutea), zum Großblütigen Fingerhut (Digitalis grandiflora) und zum Zimbelkraut (Cymbalaria muralis).

Die nuß- bis faustgroßen Knollen der Zeitlosen werden während ihrer Ruhezeit von Juli bis September ausgelegt. Die Pflanztiefe liegt, der Größe der Knollen entsprechend, bei 10 bis 20 cm. Ihre Anspruchslosigkeit und Gartenhärte läßt eine vielseitige Verwendung zu. Auf Rasenplätzen, im Wurzelbereich von Stauden und Gehölzen, in lehmigen, jedoch durchlässigen Böden werden die Horste von Jahr zu Jahr größer und schöner. Die Knollen der Zeitlosen können verstreut über die ganze Fläche oder in Gruppen von 5 bis 15 Stück gepflanzt werden.

Beim Auslegen der herbstblühenden *Colchicum*-Arten ist auf kleine Nachbarpflanzen zu achten.

Im Frühjahr entwickeln sie bis zu einem Meter hohe Blätter, die nicht vor dem Vergilben im Frühsommer abgeschnitten werden dürfen.

Corydalis, Lerchensporn

Papaveraceae

Die Gattung umfaßt etwa 200 bis 300 Arten. Sie sind vorwiegend auf der nördlichen gemäßigten Zone verbreitet. An zusagenden Plätzen samen sie gut aus. Die Blätter sind meist zierlich und mehrfach geteilt, die Blüten besitzen einen Sporn und sind in Form und Farbe sehr variabel. Der Standort sollte halbschattig bis schattig, etwas frisch bis feucht und humos sein. Einige Arten wachsen in feuchten und schattigen Felsritzen. Im Lebensbereich Gehölz und Gehölzrand, an absonnigen Mauern und im Alpinum werden sie meist in größeren Gruppen (etwa zwölf Pflanzen pro Quadratmeter), zusammen mit anderen Schattenstauden und Felsritzenbewohnern gepflanzt.

C. cashmeriana vom Himalaja blüht leuchtendblau im April und Mai. Sehr schöne, aber etwas empfindliche Art. Sie liebt einen kalkfreien, lockeren, humosen Boden an kühlen und luftfeuchten Standorten. Die Wuchshöhe beträgt 10 bis 15 cm.

C. cava, eine einheimische Wildstaude, besitzt eine hohle Knolle und blüht im Frühjahr violettrot oder weiß. Ihre Blütentrauben werden etwa 30 cm hoch. Das zarte Laub zieht bald nach der Blüte ein. Unter Gehölzen in einem frischen, humosen und relativ nährstoffreichen Boden läßt sie sich zusammen mit *Anemone nemorosa, Hepatica nobilis,* den frühblühenden Knollen- und Zwiebelgewächsen verwenden.

C. cheilanthifolia, eine Staude Westchinas, blüht gelb in aufrechten Trauben von Mai bis Juni. Die Blätter sind farnartig und rosettig angeordnet, Höhe bis 30 cm. Verwendung wie *C. lutea*.

C. lutea stammt von den südlichen Alpen und ist bei uns häufig verwildert. Eine anspruchslose und schöne Staude, die sehr häufig verwendet wird. Sie breitet sich durch Selbstaussaat sehr stark aus. Die Blüten sind goldgelb und blühen von Mai bis September in dichten Trauben. Die zierlichen, gefiederten Blätter sind blaugrün und bei geschützten Bedingungen wintergrün. Die Wuchshöhe beträgt 20 bis 40 cm. Geeignete Standorte sind etwas feuchte, halbschattige bis schattige Standorte. Auch feuchte, und schattige Mauerritzen sind zusagende Plätze. Findet zusammen mit anderen Schattenstauden und Felsspaltenbewohnern wie *Cymbalaria muralis* oder *Campanula carpatica* Verwendung.

C. nobilis aus Persien und Zentralasien ist eine schöne und stattliche Staude, die seit längerer Zeit in Kultur, aber kaum im Handel ist. Sie blüht im

Mai mit hellgelben, schwarzgepunkteten Blüten. Das Laub zieht bald nach der Blüte ein, die Wuchshöhe beträgt bis 50 cm. Verwendung wie *C. cava*.

C. ochroleuca, eine südeuropäische Art, die in Gestalt und Ansprüchen *C. lutea* sehr ähnlich ist. Sie besitzt jedoch hellgelbe Blüten und erträgt etwas mehr Trockenheit.

C. scouleri aus Nordamerika ist eine üppig wachsende Art mit langspornigen, rosa Blüten. Blütezeit Mai. Ansprüche und Verwendung wie *C. cava*.

C. solida, eine einheimische Wildstaude, ist im Habitus und in ihren Ansprüchen ähnlich wie *C. cava*. Sie besitzt jedoch eine feste Knolle. Die Auslese 'Transsylvanica', lachsorangerot, fällt nicht immer echt aus Samen.

Die *Corydalis* werden durch Aussaat vermehrt. Eine Ausnahme macht *C. cashmeriana,* die nach der Blüte geteilt wird. *C. lutea* breitet sich sehr stark durch Selbstaussaat aus. Der Boden rund um die aufgepflanzten Mutterpflanzen wird offen und krautfrei gehalten. Im Laufe des Sommers fallen die Samen aus und keimen im nächsten Frühjahr. Rund um die Mutterpflanzen erscheinen dann ungezählte Sämlinge. Im Mai, wenn die Jungpflanzen das Dreiblattstadium erreicht haben, werden sie samt dem Oberboden mit einer Kelle abgehoben und in Multitöpfe pikiert. Im Juli sind die Pflanzen genügend groß zum Austopfen. Unbedingt wichtig ist ein schattiger Standort und ein ständig feuchtes Anzuchtsubstrat.

Crocosmia × crocosmiiflora, Garten-Montbretie

Iridaceae

Die unverwüstlichen Garten-Montbretien sind um 1880 bei dem berühmten französischen Gärtner Lemoine in Nancy aus einer Kreuzung zwischen den südafrikanischen *Crocosmia pottsii* und *C. aurea* entstanden. Bis zu fünfzehn Montbretien-Sorten weist ein guter Blumenzwiebelkatalog auf. Angesichts der unendlich vielen Gladiolen- und Iris-Züchtungen ist das noch eine überschaubare Zahl.

Die *Crocosmia*-Züchtungen lassen sich mit allerlei Stauden (siehe Farbbild Seite 224) zusammenpflanzen. In Gruppen von 50 bis 100 Stück kommen sie neben den sommerblühenden Tigerblumen *(Tigridia pavonia)*, den Chincherinchees *(Ornithogalum thyrsoides)* und der Sterngladiole *(Acidanthera bicolor* var. *murielae)* erst richtig zur Wirkung. Auch in Gemeinschaft mit der leuchtend tiefblauen *Salvia nemorosa* 'Mainacht' und der dunkelvioletten 'Ostfriesland' sowie der lavendelblauen Katzenminze *(Nepeta × faassenii)* sind sie am richtigen Platz. In einer Dauerpflanzung fühlen sie sich neben Gräsern, Grasnelken *(Armeria maritima)*, Fackellilien *(Kniphofia*-Hybriden) und Schwertlilien recht wohl.

Einmal angepflanzt, braucht man sich in klimatisch günstigen Lagen kaum noch um die Garten-Montbretien zu kümmern. Sie bringen von Juli bis zum ersten Frost Blütenähren hervor. Dabei liefern sie vorzügliche Schnittblumen, die in der Vase alle Knopsen öffnen.

Ihre Knollen dürfen erst in die Erde, wenn der Boden frostfrei ist. Man pflanzt sie im Abstand von etwa 10 cm und läßt sie dicht zusammenwachsen. Die Legetiefe richtet sich nach dem Boden. In leichten Erden können sie 8 cm und tiefer liegen, in sehr schwerem Lehm genügen 5 cm. Sie benötigen einen Winterschutz. Wenn sie ins Wachstum kommen, erhalten sie pro Quadratmeter 50 g eines Mehrnährstoffdüngers. Die kleinen, platten, zwiebelförmigen Knollen, die von netzfaserigen Häuten umhüllt sind, entwickeln an dünnen Ausläufern ihre Brut. In extrem kalten Lagen nimmt man im Herbst ihre Knollen aus dem Boden und überwintert sie in einem nicht zu trockenen und frostfreien Raum. Das Herausnehmen stört nicht nur die Entwicklung der Brut, sondern auch den Blütenflor. Damit das Wachstum der *Crocosmia* nicht zu sehr unterbrochen wird, lassen wir sie in der Erde und decken sie gegen die Barfröste im Herbst ab. Die Winterschutzdecke muß in sehr kalten Lagen mindestens 20 bis 25 cm Höhe betragen, wodurch nicht nur der

Frost, sondern auch die Feuchtigkeit abgehalten wird.

Wenn sich die Garten-Monbretien nach drei bis vier Jahren gegenseitig bedrängen und mit dem Blühen nachlassen, werden ihre Knollen im Frühjahr hochgenommen und wieder frisch gepflanzt.

Crocus, Krokus
Iridaceae

Die etwa 90 Arten kommen von der Iberischen Halbinsel bis zum Altai-Gebirge und zum Mittelmeer vor.

Frühlingskrokusse

C. ancyrensis, der Ankara-Krokus ist der früheste, beheimatet in Anatolien. Seine orangegelben Blüten brechen oft durch den schmelzenden Schnee und zeigen einen lang anhaltenden Flor. Knollen aus Wildherkünften sind sehr blühfaul. Die blühwilligsten Auslesen bringen ganze Blütenbüschel zur Entfaltung. Zusammen mit dem Flor erscheint das schmale, zierlich wirkende Laub. Der Ankara-Krokus breitet sich in unseren Gärten kaum aus. Er vermehrt sich an sonnigen, warmen Plätzen durch Knollenbrut.

Der goldgelbe, außen bronzefarbene *C. korolkowii* ist ein weiterer Frühblüher, beheimatet in Afghanistan und Turkestan. Er liebt sonnige, geschützte Lagen und durchlässige Böden.

Sehr früh im März kommt auch mit ihren zartblauen Blüten auf gelbem Grund *C. sieberi* in Blüte. Diese Art aus Griechenland und Kreta ist sehr variabel und bietet einige empfehlenswerte Sorten. *C. sieberi* verwildert kaum und bildet an sonnigen Plätzen reichlich Brutknollen.

Von den Frühblühern setzt *C. tommasinianus* aus Dalmatien reichlich Samen an und verwildert in den Gärten. Schon im Februar bricht er mit seinen schlanken Knospen durch den winterfeuchten Boden und öffnet seine blaßlavendelblauen Blüten. Im Schatten lichter Gehölze entwickelt sich *C. tommasinianus* ungestört von der Hacke,

Stauden in Hülle und Fülle: Feuerrote Garten-Montbretie (Crocosmia × crocosmiiflora).
Ein eigenwilliges, aber ausdrucksstarkes Irisgewächs mit Sedum spectabile. Wenn es Sommer wird im Garten,
ein Blickfang, der jede Anlage verzaubert.

im schütteren Rasen und auf sonnigen Gartenbee-
ten. Aus *C. tommasinianus* entstanden meist
großblumige und farbenprächtige Sorten.

    Der Goldkrokus, *C. flavus* (syn. *C. aureus*) ver-
mehrt sich gut durch Selbstaussaat. Sein Verbreitungsgebiet liegt in der westlichen Türkei, in Bul-
garien, Griechenland und Jugoslawien. Die hellgelben bis satt orangefarbenen Blüten sind sehr
grazil. Sie erscheinen zusammen mit dem Laub im
März an warmen, sonnigen Standorten. Der etwas

später blühende Gartenkrokus 'Großer Gelber'
stammt von *C. flavus* ab. Diese blühwillige Züchtung ist steril, sie vermehrt sich durch Brutknollen
und bildet mächtige Horste.

    Einer der schönsten Krokusse kommt von der
Bergwelt Süditaliens. Er wurde nach dem italieni-
schen Botaniker Ferrante Imperato *C. imperati* benannt. Die weitgeöffneten Blüten sind innen röt-
lichlila, und die drei äußeren Kronblätter braun-
gelb getönt mit auffallend purpurfarbenen Strei-

fen. *C. imperati* ist eine sehr variable Art mit zahlreichen Sorten.

C. chrysanthus, eine sehr veränderliche Herkunft aus Südosteuropa und Kleinasien ist sehr gartenwürdig. Durch die züchterische Bearbeitung entstanden Sorten mit gelben, blauen und weißen Blüten. Ihre Blüte setzt bei guter Witterung schon Anfang Februar ein und dauert bis März. Gleichzeitig erscheinen die schmalen, graugrünen Blätter. Dieser Krokus beansprucht sommertrockene Standorte. In der Sonne vermehrt er sich durch Brutknollen.

Diese frühblühenden Krokusarten und ihre Sorten gehören auf sonnige Rabatten, in die Nähe des Hauses, auf die Terrasse oder in einen Innenhof. Zusammen mit Zwerggehölzen und Kleinstauden, anderen Knollen- und Zwiebelgewächsen kommen sie in naturnahen Anlagen und im Steingarten, in Trögen, auf dem Dachgarten oder Balkon gut zur Geltung. Ideal sind sonnige Südlagen mit einer hohen Frühjahrsfeuchtigkeit. Im Sommer lieben sie dagegen Trockenheit und viel Wärme. Während einer ausgeprägten Ruheperiode können die Knollen gut ausreifen. In einem durchlässigen, nach Möglichkeit alkalischen Boden wachsen sie am besten; sie vertragen aber durchaus auch eine schwachsaure Reaktion. Wenn die Krokus-Standorte im Sommer viel gewässert werden, ist es empfehlenswert, die Knollen nach dem Einziehen im Juni aus dem Boden zu nehmen. Im Sommer werden sie trocken, warm und luftig bei Temperaturen von 20 bis 25 °C gelagert. Bei niedrigen Temperaturen beginnen die Krokusknollen vorzeitig zu treiben.

Ende März kommt der bekannte Gartenkrokus ‚Großer Gelber' in Blüte. Seit dem 16. Jahrhundert wird dieser starkwüchsigste aller Krokusse in den Gärten gezogen. Die Sorte verträgt den Wurzeldruck von Stauden und Gehölzen sehr gut, ja sie kann sogar mitten in den Rasen gepflanzt werden. Erspart man diesem gelben Gartenkrokus jedoch den Konkurrenzkampf mit dem Rasen, den Stauden- und Gehölzwurzeln, dann entwickelt er im Laufe der Jahre ein dichtes, herrlich anzuschauendes Blütenpolster.

Mit Crocus speciosus in den Herbst. Ein Blütenwunder im Gehölzbereich.

Das Bild einer Krokuswiese mit den gelben und tiefblauen, den weißen und gestreiften Sorten ist uns aus vielen Gärten und Parks vertraut. Solch ein buntes Durcheinander der Farben läßt sich durch Mischen der Sorten sehr leicht erreichen. Eine Handvoll Knollen wird locker über den Rasen gestreut und dort gesetzt, wo sie liegen. Die Krokusknollen werden von August bis Ende September etwa 5 bis 10 cm tief gepflanzt. Wenn der Standort den Krokussen zusagt, dann setzen sie auch Samen an und tragen so zur Ausbreitung ihrer Art bei. Erst wenn die Blätter gelb werden, können die Krokuswiesen geschnitten werden. Selbst wenn der Gartenrasen so stark entwickelt ist, daß die Gräser in Blüte kommen, muß mit dem Mähen gewartet werden, damit die Entwicklung der neuen Knollen nicht jäh unterbrochen wird.

Herbstkrokusse

Die Wahl der Nachbarn ist für die Herbstblüher nicht sehr einfach. Wenn man an die Konkurrenz starkwachsender Stauden und Gehölze denkt, muß man darauf achten, daß die Krokusse unter dem Wurzeldruck ihrer Umgebung nicht zugrunde gehen. Unter einer geschlossenen Rasendecke haben sie nicht die Kraft durchzubrechen. Sie wollen einen offenen, warmen, humosen Boden. Die bunten Herbstkrokus-Horste sind zwischen Stauden und Gehölzen zu zerbrechlich. Man sollte es im Stein-, Alpen-, oder Heidegarten versuchen. Für alle Fälle fühlen sie sich in der Sonne sehr wohl. Auf der Südseite entwickeln sie ganze Blütenhorste.

Wenn der Garten im Schatten liegt, hat es keinen Zweck, Herbstkrokusse auszulegen. Zu lehmige oder extrem sandige Böden lassen sich mit Humus verbessern. Ausnahmen bestätigen die Regel. *C. banaticus* gedeiht in der Gesellschaft von Rhododendron und Farnen im Halbschatten.

Die Herbstkrokusse wachsen auf die Dauer nur, wenn sie genügend Nährstoffe im Boden vorfinden. Deshalb gibt man vor dem Auslegen der Krokusknollen, etwas Dünger auf Vorrat. Alle Herbstblüher sind am besten im Juli—August frostsicher in 10 bis 15 cm Tiefe zu legen.

Ihr größter Feind sind nicht die Fröste, sondern die Mäuse. Man sollte deshalb im Winter durch eine Laubschutzdecke die Mäuse nicht auch noch anziehen.

Es ist einfach, Herbstkrokusse aus kleinen Knöllchen heranzuziehen. Wenn sie erst einmal im Garten stehen, beginnen sie seitlich Knollenbrut zu bilden, wobei sich *C. nudiflorus* durch ausläuferartige Triebe besonders rasch vermehrt. Zu große Horste graben wir im Sommer heraus, reinigen sie von der Wurzelbrut und legen sie nach Größen geordnet im August wieder aus. Es dauert seine Zeit, bis die jungen Knöllchen blühen. Ein ständiges Abnehmen der Brut bringt die Krokusse dazu, immer mehr Kindel zu bilden. Die Lust, Brut zu produzieren, ist beim Safran-Krokus so ergiebig, daß der komplizierte Vorgang der Samenvermehrung fast völlig außer Kraft gesetzt ist. Bei den eigentlichen Kulturformen auf den Feldern des Mittelmeerraumes wartet man ohnehin vergebens auf Samen.

Erstaunlicherweise ist es noch nicht gelungen, die aromatischen Inhaltsstoffe und das farbkräftige Gelb des Safrans in gleichwertiger Form künstlich hervorzubringen. Dieses Geschmackskorrigens und Färbemittel wird aus den getrockneten Blütennarben des herbstblühenden *C. sativus* gewonnen. Viele kennen den alten Kindervers: »Und Safran macht den Kuchen gel.« Wie zu alten Zeiten unserer Großmütter ist er auch heute ein häufig benutztes Färbemittel für feine Back- und Teigwaren. Der Safran macht nicht nur den Kuchen gel (also gelb), er darf auch in einem guten Reisgericht, zu Schaffleisch und in Fischsuppen nicht fehlen. Um ein Kilo getrockneten Safran zu gewinnen, sind etwa 80 000 bis 100 000 Narben erforderlich. Schon an seinem hohen Preis kann man ablesen, daß die offenen Blüten von Hand gesammelt, die Blütennarben gepflückt und in der Sonne getrocknet werden müssen. Ein Ersatz für Safran sind die künstlich gefärbten Randblütenblätter der Ringelblume, der Saflor oder Färberdistel und nicht zuletzt die künstlich aufgefärbten Griffel des Safrans.

Der Safran-Krokus des Orients, *C. sativus,* ist als Wildpflanze nicht mehr bekannt. Von September bis November entfaltet er seine schieferblauen, dunkelgeaderten Blüten, aus denen die langen, orangefarbenen Narben heraushängen. Die Safranernte fällt in Spanien und Südfrankreich, Sizilien und Persien in den Herbst.

C. banaticus (syn. *C. byzantinus, C. iridiflorus*) unterscheidet sich von allen anderen Krokussen durch seine äußeren Blütenblätter, die zweimal so lang wie die inneren sind. Diese rumänische Art blüht zartblau im Oktober—November.

C. kotschyanus (syn. *C. zonatus*) aus dem Kaukasus und der Türkei ist in einem humushaltigen Boden sehr langlebig. Er hat große blaßlila Blüten mit kleiner goldgelber Mitte. Mit seinem Flor, der im September—Oktober erscheint, sieht er eigentlich schon mehr wie eine Herbstzeitlose aus.

C. kotschyanus var. *leucopharynx* ist eine sehr schöne Form mit großen, blaß lavendelfarben bis rosa Blüten und einem großen weißen Schlund. Diese Varietät stammt aus der südlichen und östlichen Türkei, dem Libanon, dem Irak und Syrien.

C. laevigatus var. *fontenayi* ist eine ausgesprochen winterharte und kräftig wachsende Varietät aus Griechenland. Ihre zart ageratum-violetten Blüten mit bräunlichen Fiedernerven blühen knapp über dem Gefrierpunkt von November bis Januar.

C. speciosus ist ein harter und sehr schöner Prachtkrokus mit hell lilablauen Blüten. Sein Flor setzt in den ersten Herbsttagen ein und kann bis gegen Weihnachten anhalten. Dieser Herbstblüher aus Nordpersien, Kleinasien und Südrußland hat zahlreiche Gartenformen in verschiedenen Farben hervorgebracht.

Cyclamen, Alpenveilchen

Primulaceae

Die Alpenveilchen sind so bekannte Blütenpflanzen der Gärtner, daß man ihre botanische Bezeichnung *Cyclamen* in den allgemeinen Sprachgebrauch übernommen hat. Die 14 *Cyclamen*-Arten wechseln sich in der Blüte, nur von einer kurzen Sommerruhe unterbrochen, vom frühen Frühjahr bis zum späten Herbst ab. Nach dem Abfallen der Krone rollen sich die Blütenstiele spiralig ein und drücken die Fruchtkapseln gegen die Erde. Nach der Reife werden die Samen von Ameisen verschleppt. Nach etwas mehr als drei Monaten erscheinen im Umkreis von mehreren Metern die jungen *Cyclamen*-Sämlinge. Die meisten Freilandalpenveilchen beschränken sich auf eine Blattbildung vor, während oder nach der Blüte. Dank ihrer scheibenförmigen Knollen überstehen sie die Ruhezeit.

Mit diesen Knollen können viele Freilandalpenveilchen nur überleben, wenn sie unter einer sicheren Frostdecke liegen. Die Gefahr ist sonst groß, daß sie in Ausnahmewintern (−20°C) erfrieren.

Es kann also nicht schaden, wenn sie im Frühjahr oder Herbst in 5, 8, 10 oder gar 15 cm Tiefe gelegt werden. In einem humosen Substrat haben sich die Knollen bald bewurzelt.

Viele Erdempfehlungen sprechen von kalkhaltigem Humusboden mit Lehmzusatz. Dabei ist es fraglich, ob die natürlichen Bodenverhältnisse, wie wir sie von den Wildstandorten kennen, den *Cyclamen* optimale Wachstumsbedingungen bieten. Es ist in jedem Fall besser, sie in einem leicht sauren als in einem überkalkten Boden zu halten. Die sogenannten kalkliebenden Alpenveilchen benötigen kein alkalisches Substrat, sondern einen warmen und optimal durchlüfteten Boden. Sie fühlen sich also in einem leicht sauren Substrat sichtlich besser.

Die Gefahr, daß sie in einem humosen Pflanzstoff nicht alle Nährstoffe finden, ist sehr groß. Deshalb geben wir von den spurenelementhaltigen Mehrnährstoffdüngern auf 10 Liter Lauberde oder Rindenkompost einen gestrichenen Eßlöffel Nährsalz (= 10 bis 20 g).

Was die Wildcyclamen dagegen nicht mögen, sind dauernd nasse Füße. Gefährlich wird es zum Beispiel, wenn das Niederschlagswasser nicht abziehen kann. Wo zuviel gewässert wird, kann es zu Wurzelerkrankungen, Blatt- und Knollenfäule kommen.

Damit die Wildcyclamen nicht zu sehr ins Gedränge mit anderen Pflanzen kommen, sollte man Nachbarn mit großem Ausdehnungsdrang fernhalten. Die Wildcyclamen gedeihen im Alpinum und in der Frühjahrsecke, kurz, überall dort, wo sie sich ungestört entwickeln können. Nicht zu vergessen sind dabei die erforderlichen Wintervorbereitungen: eine Fichtenreisigauflage oder eine leichte Laub- oder Kiefernnadelabdeckung. Im Alpinum und in der Frühjahrsecke bringt man jeden Herbst eine fingerstarke »Dünge«-Humusschicht auf. Vor dem Abdecken der Pflanzen werden 70 bis 100 g eines organischen Mehrnährstoffdüngers unter 10 Liter Lauberde oder Rindenkompost gemischt. Nach einem sehr strengen Winter treiben viele frostempfindliche Arten nicht mehr aus. Völlig winterhart ist unser heimisches *C. purpu-*

rascens. Unter einer dünnen Decke lassen *C. coum* und *C. hederifolium* jeden Bodenfrost über sich ergehen. Einen stärkeren Schutz brauchen *C. cilicicum, C. mirabile, C. pseudoibericum.* Dagegen darf bei der Pflege von *C. africanum, C. cyprium, C. graecum, C. libanoticum, C. persicum* und *C. rohlfsianum* ein Gewächshaus nicht fehlen. Man muß diese Arten in Töpfen halten und in einem Alpinenhaus überwintern. Wenn sie im Winter zu wachsen beginnen, wollen sie mäßig feucht stehen. Während der sommerlichen Ruhe lassen wir das Wasser weg. Man sollte also auf die Klimagewohnheiten der Wildcyclamen Rücksicht nehmen und nur jene Arten auswählen, die Kälte und Wärme in ihren Grenzen vertragen.

Frühjahrsblühende Wildcyclamen

Das Vorfrühlings-Alpenveilchen, *C. coum,* setzt nach der Schneeschmelze knallrote Punkte in den Garten. In milden Wintern beginnen sich die vorgebildeten Blüten bereits um Mitte Februar zu entfalten. Ihre breitgebauten, gedrungenen Blüten variieren von Karminrot über Rosa bis Weiß, aber stets mit dunklem Auge. Von diesem *C. coum,* das in Ostbulgarien, in Kleinasien und im Kaukasus vorkommt, gibt es eine Unterart *alpinum* aus dem südlichen Verbreitungsgebiet, eine Unterart *caucasicum* aus dem östlichen Verbreitungsgebiet und eine Unterart *hiemale* aus dem westlichen Verbreitungsgebiet.

Über Wochen hinweg dürfen wir uns zusammen mit seinen Blütenpartnern, den Schneeglöckchen, Vorfrühlingskrokussen und Winterlingen, an diesen liebenswürdigen Kleinoden freuen. Wenn man ihre Horste in Ruhe läßt, vermehren sie sich schnell und sicher. Wo sie sich im Garten freiwillig ausgebreitet haben, sollte man stets für eine dünne Humusabdeckung sorgen. Nicht nur der Flor, auch die Blätter sind sehr variabel. Das rundliche bis nierenförmige Laub ist einfarbig grün oder gefleckt mit glattem Saum. Die Wahl des Standortes stellt uns vor keine großen Schwierigkeiten. *C. coum* liebt kühlfeuchte Winter und trockenwarme Sommer. Die Blätter sterben ab und die

Knollen ruhen während der warmen Jahreszeit. Man sieht es dem *C. coum* an, daß es den lichten Schatten und eine kalkarme Rohhumuserde bevorzugt. Beim Auslegen der flachkugeligen Knollen ist die Unterseite leicht an einem Wurzelbüschel zu erkennen.

C. pseudoibericum aus dem Amanus-Gebirge, einem Teil des Osttaurus, der Türkei und dem Antitaurus (Kleinasien) erscheint in einem geschützten Gartenwinkel im März. Die karminroten Blüten, die an einem weißgesäumten dunklen Grundfleck leicht zu erkennen sind, bewahren ihre Frische und den zarten Duft viele Wochen lang. Auch die Blätter sind von keinem langweiligen Grün, sondern dekorativ graugefleckt mit buchtig gekerbtem Rand. Es ist bei dieser bemerkenswerten Wildart darauf zu achten, daß die Pflanzen nicht im Wurzelfilz von Gehölzen ersticken, sie von unduldsamen Nachbarn nicht erdrückt werden und daß die nicht ganz winterharten Knollen im Herbst eine gute Winterdecke aus Laub oder Nadelstreu erhalten.

In der Übergangszeit zwischen Herbst und Winter blüht *C. libanoticum* aus dem Amanus-Gebirge und dem Libanon. Seine rundlich-fünfeckigen, grob gesprenkelten Blätter erscheinen zwar im Herbst, die ziemlich großen, von weiß bis hellpurpur wechselnden Blüten mit purpurnem Fleck am Blütenmund warten aber auf den Frühling. Diese seltene und schöne Art eignet sich nur für das Alpinenhaus.

Herbstblühende Wildcyclamen

Unser heimisches Alpenveilchen, das von Südostfrankreich, den Alpen bis Wien eine Zierde der Wälder ist, hat sich unter dem Namen *C. europaeum* eingebürgert. Neuerdings gilt die Artbezeichnung *C. purpurascens.* Neben dem leuchtenden Rot der Blüten ist der zarte Duft dieses *Cyclamen* zu rühmen. Die gleißende Sonne ist ihm ebenso zuwider wie der tiefe Schatten. Im Wanderschatten von Bäumen übersteht unser heimisches Alpenveilchen selbst die wärmsten Tage. Auf nährstoffreichem, durchlässigem und mäßig

Erster Blumengruß im März: Cyclamen coum in leuchtenden Farben. Schnee und Kälte zum Trotz blühen sie manchmal schon im Februar. Eine Kostbarkeit im Laubmulm von Gehölzen und in der kalkarmen Rohhumuserde von Steingartenanlagen.

feuchtem Boden läßt sich in Gemeinschaft mit *C. purpurascens* die Götterblume verwenden.

C. purpurascens ruht bis Ende Juni, dann erscheinen die nieren- bis herzförmigen, schwach gekerbten, silbergrau gezeichneten Blätter und bald danach die Blüten. Nach der Reife des Samens wird sofort ausgesät – so wie auch in der Natur neben den Mutterpflanzen junge *C. purpurascens* heranwachsen. Manchmal dauert es etliche Jahre, bis sich die Sämlinge zum Blühen entschließen. Es genügt, wenn die kugeligen Knollen nur 1 cm mit Erde bedeckt sind. Wenn sie dann noch genügend Bodenfeuchtigkeit und Nährstoffe vorfinden, behalten sie das ganze Jahr ihre Blätter.

Das efeublättrige Alpenveilchen, *C. hederifolium,* das man in den Staudenkatalogen unter den Namen *C. neapolitanum* und *C. linearifolium* suchen muß, ist im Mittelmeergebiet, auf dem Balkan und in Kleinasien zu Hause. Diese aparte Kleinstaude ist eine wertvolle Gartenpflanze. Sie ist so unproblematisch und willig wie unsere heimische Art. Die Ruhezeit ist eine der Voraussetzungen, damit ihre Blüten im August–Oktober noch vor den Blättern erscheinen. Ihre blaßrosa, karminrot geäugten und duftlosen Blüten sehen aus, als würden kleine Öhrchen rund um den Kronensaum sitzen. Wo der Standort locker, warm und nicht zu feucht, humos und etwas beschattet ist, braucht man sich um das weitere Fortkommen von *C. hederifolium* nicht mehr zu sorgen. Sie versammeln ihre Nachkommenschaft um sich. Meist fängt es mit wenigen Sämlingen an; am Ende sind es so viele, daß sie einen ganzen Quadratmeter beanspruchen. Nach der Blüte beginnt ihr wunderschönes Blattwerk zu wachsen. Wenn ihre Blüten im November verwelkt sind, hält das efeuartige, herz- bis spießförmige Laub bis zum Frühjahr aus und bringt durch silbergraue Zeichnung Farbe in das Grün.

Damit ihnen die Wintersonne nicht gefährlich werden kann, legt man die handgroßen, flachen Knollen an einen leicht beschatteten Standort. Dabei ist darauf zu achten, daß ihre Knollen auf der Unterseite oft kahl und oben bewurzelt sind. Deshalb nicht verkehrtherum pflanzen! Die Oberseite

erkennt man vielfach an den langen Triebhälsen, die nicht aus der Erde herausragen dürfen. Deshalb pflanzt man *C. hederifolium* 5 bis 10 cm tief in die Erde.

C. cilicicum, ein wildwachsendes Kleinod vom Kilikischen Taurus, dem Bithynischen Olymp und von Südwestanatolien, ist nur in sehr milden Gegenden bedingt winterhart. Es besitzt so wenige Kälteresistenz, daß man es im allgemeinen besser in einem Kalt- oder Alpinenhaus hält. Wenn es im September seine Sommerruhe beendet hat, treibt es auf kurzen Stielen rosa Blüten mit roten Augen. Mit den Blüten entwickeln sich schön marmorierte Blättchen. *C. cilicicum* läßt an seinem silbergrau gezeichneten Laub erkennen, daß es die Sonne sucht. Im Freien gedeiht es in sehr warmen Steingärten, und im Gewächshaus geht es darum, ihm so viel Licht wie möglich zu geben. Sogar stechende Sonnenstrahlen sind ihm recht, denn seine Blätter wirken wie ein Sonnenschutz.

C. graecum aus dem südlichen Griechenland, dem Peloponnes, den meisten ägäischen Inseln, Kreta, Zypern und dem kilikischen Teil Kleinasiens hat fast die gleichen Blüten wie *C. linearifolium,* die rund um die Krone öhrchenförmige Ausstülpungen tragen. Der Austrieb der verkehrtherzförmigen Blätter und der ziemlich großen, rosa, im Kronenschlund karminrot gefleckten Blüten erfolgt ziemlich gleichzeitig ab Ende August. Im Alpinenhaus werden die kugelrunden Knollen bis zur Entfaltung der ersten Blüten fast völlig trocken gehalten.

C. africanum ist eines der größten Alpenveilchen. Es wächst in Algier und blüht im September. Die ziemlich großen, rosenroten Blumen haben einen gezähnten Blütenschlund in der Form eines Krönchens. Seine Blätter sind wohl die größten von allen Alpenveilchen. Dazu sind sie weiß gezeichnet und unterseits rot. Nach der Sommerruhe wird *C. africanum* verpflanzt. Seine Knollen sind ringsum bewurzelt.

C. rohlfsianum ist ein sehr seltenes Alpenveilchen aus der Cyrenaika (Libyen). Seine Blätter sind stark gezackt, die Blüten langschäftig und rosa.

C. cyprium von der Insel Zypern hat geöhrte weiße Blüten mit roter Basis. Sein Laub ist herzförmig und leicht marmoriert.

C. mirabile stammt aus Kleinasien. Die Blüten haben Farbtöne von zartrosa bis reinweiß.

C. persicum ist die Stammmutter unseres Zimmer-Alpenveilchens, das im östlichen Mittelmeerraum beheimatet ist. Der köstliche Duft und die grazile Blütenform sind Eigenschaften, die wir bei der Kulturform vermissen.

Eranthis, Winterling
Ranunculaceae

Ein Garten ist nie zu klein, um irgendwo unter Sträuchern und an Gehölzstreifen, im Magerrasen, in Vor- und Steingärten Winterlinge anzusiedeln. Es empfiehlt sich, immer eine größere Anzahl der kleinen Knöllchen in Gruppen zu pflanzen. Die beste Legezeit ist im September–Oktober. Dabei fühlen sie sich in 3 bis 5 cm Tiefe recht wohl, sofern ihre Knollen nicht durch Graben und Hakken gestört werden.

Noch ehe der Frühling angebrochen ist, schieben die Winterlinge ihre gebeugten Blumenkelche durch den Boden. Oft können sie ihre Blütezeit gar nicht erwarten und erscheinen schon zwischen dem schmelzenden Schnee. Bei klirrender Kälte erstarren sie zu »Glasperlen« und springen bei jeder unsanften Berührung ab. Wenn sie ein wärmender Sonnenstrahl trifft, öffnen sich die schützenden Kelchblätter und geben den Insektenbesuchern die Blüte frei.

Ein erster Kontrollgang im Februar läßt uns den südeuropäischen Winterling, *E. hyemalis,* entdekken. Sein leuchtendes Frühlingsgelb ist von einer auffallenden Signalwirkung. Nur wenig später erblüht im März der Taurus-Winterling, *E. cilicica.* Seine dunkelgelben Blüten stehen über einer feingeschnittenen Halskrause.

In der einschlägigen Literatur werden acht *Eranthis*-Arten beschrieben, von denen nur *E. hyemalis* und *E. cilicica* im Handel erhältlich sind.

Der Holländer Hoog, ein Gärtner aus Haarlem, erzielte 1922 durch künstliche Pollenübertragung aus einer Kombination von *E. cilicica* × *E. hyemalis* einen überaus großblütigen Winterling, der nach der Haarlemer Blumenzwiebelfirma Tubergen benannt wurde. Diese *E.* × *tubergenii* hat goldgelbe Blüten, die zusammen mit *E. cilicica* im März erscheinen. *E.* × *tubergenii* ist unfruchtbar, was sich auf ihre Blütenlänge sehr günstig auswirkt – gute Gründe, entweder die Knollen zu teilen oder immer wieder durch Kreuzungen den Bastard heranzuziehen. Im Gegensatz zu *E. hyemalis* und *E. cilicica* lassen diese Kreuzungsprodukte im Garten keinen großen Ausdehnungsdrang erwarten.

E. hyemalis und *E. cilicica* ist es selbst überlassen, ihren Platz im Garten zu suchen. Nach der Bestäubung durch blütensuchende Insekten entstehen kleine Balgfrüchte, die im Mai–Juni ihre Samen nach allen Seiten streuen. Spätestens in drei bis vier Jahren erscheinen die ersten Blüten. Wir finden die jungen Winterlinge an vielen Plätzen, wobei sie den feuchten Boden schattiger und halbschattiger Gartenpartien bevorzugen. Wenn man also die jungen Sämlinge in Ruhe läßt (Vorsicht mit dem Laubrechen, Harken und Graben), verdoppelt und verdreifacht sich die gelbe Pracht. Nach der Blattentfaltung unserer Bäume und Sträucher ziehen die *Eranthis* ein und verschwinden bis zum kommenden Jahr von der Erdoberfläche.

E. hyemalis versamt sich reicher als die später blühende *E. cilicica.* Sofort nach der Ernte in Schalen oder an Ort und Stelle aussäen. Horste lassen sich auch durch Teilung vermehren.

Eremurus, Steppenkerze
Liliaceae

Etwa 20 Arten sind in West- und Mittelasien beheimatet. Sie erscheinen wie ein Geschlecht von Riesen und Zwergen. Steppenlilie, Lilienschweif und Kleopatranadel sind weitere Volksnamen.

Keine Staude bringt es fertig, so schnell zu wachsen und in kurzer Zeit gigantische Blütenkerzen zu entfalten. Ungeheuer kraftvoll durchbrechen sie wie Riesenspargel die Erde. Im Mai beginnt bereits die weiße *E. himalaicus* zu blühen. Gewaltig sind die zartrosa, aufgeblüht fast weißen Blütenkerzen von *E. robustus.* Sie haben die Standfestigkeit und die Höhe von ausgewachsenen Sonnenblumen. Die Frühjahrssonne erwärmt den Boden und regt ihre Kerzen im Mai – Juni zum Blühen an.

Erklärte Lieblinge aller *Eremurus*-Sammler sind die Ruiter- und Shelford (*E. × isabellinus*)-Hybriden. Im Gegensatz zu den Wildformen zeigen sie bezaubernd schöne Pastellfarben in Cremeweiß, Gelb, Bronze, Orange, Rosa und Rot. Während die Ruiter-Hybriden von Ende Mai bis Ende Juli etwa 200 cm hohe Blütenkerzen tragen, geben sich die Shelford-Hybriden etwas bescheidener. Sie entfalten ihre farbenfrohen Blüten im Juni–Juli an 60 bis 120 cm hohen Kerzen.

In rechter Einschätzung ihrer Solitärstellung erregen diese »Lilienriesen« auf Steinterrassen und vor Mauern, auf der Staudenrabatte und im landschaftlichen Garten großes Aufsehen. Man muß bei schmalen Rabatten aufpassen, daß ihre Blattschöpfe nicht zu sehr in die Wege hängen.

Viele Steppenkerzen richten sich schon im Sommer auf den Winter ein. Bei *E. robustus* beginnen die Blätter bereits während der Blüte abzusterben. Weitere *Eremurus*-Arten folgen im Sommer. Sie ziehen ihre Nährstoffe in Wurzelstöcke zurück und ruhen. Damit der Boden im Sommer trocken bleibt, empfiehlt sich eine Benachbarung mit *Yucca* und *Kniphofia, Asphodelus* und *Asphodeline.*

Wenn die *Eremurus*-Blätter total vertrocknet sind, besteht die Möglichkeit, die seesternförmigen Wurzelstöcke zu verpflanzen. Beim Herausnehmen sind sie möglichst schonend zu behandeln. Sie dürfen auf keinen Fall verletzt werden.

Edel, stattlich und ausdauernd: Eremurus stenophyllus ssp. stenophyllus (E. bungei). Mit seinen meterhohen Blütenkerzen ist er im Juni–Juli eine Kostbarkeit im Garten.

Jede Beschädigung kann zu Fäulnis und damit zum Verlust der Pflanze führen. Im August – September tauchen sie im Verkaufssortiment der Staudengärtnereien und der Samenfachgeschäfte auf. Bei einem Abstand von 60 bis 100 cm können bis zu fünf Pflanzen zusammenstehen. Vor dem Auslegen der Rhizome wird in undurchlässigen Böden und bei hohem Grundwasserstand durch den Einbau einer Schotterschicht in 40 cm Tiefe für eine gute Dränage gesorgt. Viele Steppenkerzen, die im Frühjahr nicht mehr erscheinen, zeigen bei der Kontrolle Fäulniserscheinungen. Bei einer Pflanztiefe von 15 bis 25 cm sind sie vor der Winterkälte geschützt. Vorsichtshalber kann man eine dünne Laub- oder Stalldungauflage geben.

Wenn die *Eremurus* absolut trocken in den Winter gehen, brechen sie im Frühjahr kraftvoll durch den Boden. Gegen die Maifröste hilft nur das Überdecken mit großen Blumentöpfen, Kisten oder Tüchern. Eine Nachhilfe mit dem Gartenschlauch und wiederholte Düngergaben fördern das Wachstum. Auf die Dauer können sie auf zusätzliche Nährstoffe nicht verzichten, sei es, daß man jeden Herbst eine Stalldungauflage gibt oder im Frühjahr 50 bis 100 g Mehrnährstoffdünger über einen Quadratmeter großen *Eremurus*-Horst verteilt. Ein ständig fließender Nährstoffstrom erspart ein Umpflanzen des Lilienschweifs; seine Horste breiten sich dann aus und liefern so reichlich Blütenkerzen, daß es selbst für hohe Bodenvasen reicht.

Erythronium, Hundszahn

Liliaceae

Von den 15 Arten ist *E. dens-canis* ein auffallender Vorfrühlingsblüher. Südlich der Alpen, auf dem Balkan, in Spanien und in Zentralfrankreich ist sein Verbreitungsgebiet. Nördlich der Alpen läßt sich der Hundszahn in jeder Garten- und Parkanlage ansiedeln. Von Mitte März bis April erscheinen seine zartlila Blüten. Es gibt daneben auch Formen mit weißen bis violetten Blüten. Die lilienartig zurückgeschlagenen Blütenblätter und die nickende Haltung von *E. dens-canis* erinnern an eine Cyclamenblüte.

Der Hundszahn stellt Bedingungen, die ohne vorherige Bodenverbesserung nicht erfüllbar sind. Er verlangt einen kalkfreien, tiefgründigen Humusboden, der sich aus Rindenkompost, Laub- oder Heideerde zusammensetzt. In einer natürlichen Rohhumusdecke, unter lichten Bäumen und Sträuchern vertragen die Erythronien einen mehr oder weniger starken Gehölzwurzeldruck. Selbst in Gemeinschaft mit Gräsern und Farnen läßt sich der Hundszahn an sonnigen, halbschattigen und schattigen Stellen ansiedeln. Völlig ungeeignet sind flachwurzelnde und rhizombildende Pflanzen, die in Konkurrenz zum Hundszahn treten. Wie das Schneeglöckchen, den Blaustern, den Winterling, die Wildkrokusse oder die Zwiebeliris pflanzt man den Hundszahn in kleinen Gruppen.

Der deutsche Name »Hundszahn« ist recht zutreffend gewählt. Er weist auf die zahnartig längliche Form der Zwiebeln hin. Die Zwiebeln sollten frühzeitig eingekauft oder bestellt werden. Die kleinen Bulben wachsen leicht und sicher, wenn man sie sofort nach dem Eintreffen der Sendung auspackt und pflanzt. Damit sie nicht zu spät in den Boden kommen, legt man sie im Spätsommer bis Herbst in 10 bis 20 cm Tiefe. Vielfach dauert es zwei bis drei Jahre, ehe sie sich zum Blühen entschließen. Ihre grünen, braungefleckten Blätter ersetzen uns während dieser Wartezeit den Blütenschmuck. Mancher Kenner unserer einheimischen Orchideenflora stellt im Erythronien-Blatt eine überraschende Ähnlichkeit mit den Knabenkräutern *(Orchis)* fest. Blühen sie erst einmal, dann werden sie jedes Jahr einen reichen Flor hervorbringen und stattliche Horste bilden.

Für den Liebhaber der Vorfrühlingsflora hält die Gattung *Erythronium* noch weitere Arten bereit. Neben dem europäischen Hundszahn finden wir in der nordamerikanischen Flora eine ganze Reihe gartenwilliger Arten, zum Beispiel das gelbblühende *E. grandiflorum* aus den Rocky Mountains. Diese schöne Pflanze hebt ihre Blütenstiele bis zu 50 cm über die glänzenden grünen Blätter.

Sehr robust und deshalb als Gartenpflanze gut geeignet sind auch das leuchtend gelbe *E. tuolumnense* und der rosa-weiße Hundszahn *E. revolutum*, dessen Blütenfarbe im Verblühen dunkler wird. Große weiße Hängeblüten mit gelbem Kelch hat dagegen die sehr reizvolle Gartenzüchtung *E. revolutum* 'White Beauty'. An weiteren gartenwilligen, aber seltenen nordamerikanischen *Erythronium*-Arten sind noch das lila *E. hendersonii* und das gelbe *E. americanum* zu nennen.

Fritillaria, Fritillarie

Liliaceae

Die etwa 100 *Fritillaria*-Arten sind ausdauernde Zwiebelgewächse. Das Hauptverbreitungsgebiet liegt in den gemäßigten Zonen der Nordhalbkugel, es umfaßt das gesamte Mittelmeergebiet. Europa, weite Teile Asiens und die Pazifikküste Nordamerikas bis in die Breitengrade Kaliforniens. In diesen Regionen sind sie an ihren montanen Standorten mit ausgeprägter sommerlicher Trockenheit zu finden. Blätter und Blüten erscheinen im Frühjahr, der Same reift im Sommer. Dann setzt die sommerliche Ruhezeit ein.

F. meleagris, die Schachbrettblume oder Kiebitzblume, ist eine heimische Staude mit fast kugeligen Zwiebeln. Die bauchig-glockigen, überhängenden Blüten sind schachbrettartig gezeichnet, rotbraun, selten ganz weiß. Sie erscheinen im April–Mai und werden 15 bis 30 cm hoch. Die Schachbrettblume behauptet an einem sonnigen, nicht zu trockenen Standort, zuammen mit *Gladiolus palustris*, *Iris sibirica* und Trollblumen, ihren Platz im Garten. Die Zwiebeln werden im September in 8 bis 10 cm Tiefe gelegt.

F. imperialis, die Kaiserkrone, eine Pflanze aus Afghanistan, dem Nordwesthimalaja und dem Iran, läßt sich im Garten vielseitig verwenden. Man kann sie auf die Staudenrabatte und vor Gehölzgruppen, in Frühlingsecken und an jeden leicht beschatteten Platz pflanzen. Sie sollten immer in kleinen Trupps von drei bis zehn Pflanzen stehen, wobei nicht mehr als neun Kaiserkronen auf einen Quadratmeter passen. Die Kaiserkronen durchbrechen schon im zeitigen Frühjahr den Boden. Unter einem Blätterschopf bringen sie im April–Mai ihre ziegelroten Blütenglocken zur Entfaltung. Auch gelbe Sorten ('Lutea' und 'Lutea Maxima'), orangerote ('Aurora'), orangebraune ('Orange Brillant') und rotbraune ('Rubra Maxima') tragen zum Schmuck des Frühlingsgartens bei. Nach der Blüte ziehen die Kaiserkronen ein. Damit die Zwiebeln gut ausreifen, müssen sie völlig trocken liegen. Ein Winterschutz ist nicht erforderlich. Wenn die Zwiebeln vier bis fünf Jahre im Boden liegen bleiben, bilden sie stattliche Horste. Ist die Zeit zum Verpflanzen gekommen, kann man sie während ihrer kurzen Ruhezeit im Juni–Juli hochnehmen. Vor dem Auslegen der Zwiebeln ist die Brut zu entfernen. In wenigen Jahren sind auch die kleinen Zwiebelchen blühreif.

Die Pflanzzeit der Kaiserkronen darf nicht zu lange hinausgezögert werden. Die großen gelben Zwiebeln müssen schon im Juli–August in den Boden. Eine späte Herbstpflanzung führt zu Störungen und damit zu schlechten Anwachsergebnissen. Die Kaiserkronen nehmen außerdem ein Austrocknen der Zwiebeln sehr übel. Am besten gedeihen sie bei einer Pflanztiefe von 25 bis 30 cm. Sichtlich gut behagt ihnen ein nahrhafter alter Gartenboden. Die feuchte Kühle wirkt sich besonders günstig auf die Blütenbildung aus. In schweren und lehmigen Böden gehen die Zwiebeln bald zugrunde. Die Pflanzstelle muß in solchen Lagen ausgehoben und durch eine sandige Garten- oder Komposterde ersetzt werden. Die Kaiserkronen werden häufig zum Abschrecken von Wühlmäusen empfohlen. Der durchdringende Geruch der Zwiebel hält diese gefährlichen Nager offenbar aus der Umgebung der Pflanzen fern.

Die Samen der Fritillarien werden in Kapseln gebildet, in denen sie bis zum Ende der sommerlichen Trockenheit verbleiben. Kapsel und Same sind häufig leicht geflügelt. Das erleichtert die Windverbreitung.

Die Vermehrung ist durch Aussaat und durch Brutzwiebeln möglich. Dabei kann es vorkommen, daß nur Brutzwiebeln oder nur Samen gebildet werden. Findet man im Freiland eine Pflanze an schwer zugänglichen Stellen, an Abhängen oder im Gestrüpp, so wird in der Regel Same gebildet. An leichter zugänglichen Stellen ist die Pflanze so stark von Tierfraß bedroht, daß sich oft nur noch Brutzwiebeln bilden.

Nach der Samenreife im Mai–Juni erfolgt die Aussaat in Tontöpfen in einem Gemisch aus gleichen Teilen Torf, grobem Sand und Lehm. Die Saat keimt im Winter und bleibt die ersten drei Jahre im Saatbett.

Sehr wichtig ist es bei *Fritillaria,* die Zwiebeln ausreichend zu ernähren. Im Anschluß an die ersten vorsichtigen Nährstoffgaben im Frühjahr nach der Keimung erhalten die Pflanzen alle zwei bis drei Wochen eine stickstoffarme Mehrnährstoffdüngung in Höhe von 1 bis 3 g pro Liter Wasser. Die Düngung wird während der Blütezeit eingestellt und nach der Blüte bis zum Einziehen der Blätter fortgesetzt.

Brutzwiebeln werden während der Ruhezeit nach dem Einziehen der Blätter abgenommen und wie die Sämlinge kultiviert. Die Pflanzen aus Brutzwiebeln kommen ein Jahr früher zur Blüte.

Galanthus, Schneeglöckchen

Amaryllidaceae

Die 15 *Galanthus*-Arten sind im östlichen Mittelmeergebiet beheimatet. Nur unser heimisches Schneeglöckchen, *G. nivalis,* kommt nördlich der Alpen vor. Am Naturstandort steht es einzeln oder in kleinen Trupps. Das Schneeglöckchen unserer Gärten ist außerordentlich wuchsfreudig und bildet große Horste. Der Samen hat ein ölhaltiges Anhängsel und wird von Ameisen ausgebreitet.

Ein wüchsiges Schneeglöckchen mit hohem Gartenwert ist *G. elwesii* aus den Gebirgen Kleinasiens. Es blüht etwa 15 Tage vor *G. nivalis,* wobei die Blüten in milden Wintern oft schon im Januar erscheinen. Die großen Blüten weisen auf den inneren Blütenblättern jeweils zwei grüne

Die zarten Blüten von Galanthus nivalis haben im Frühling ihren großen Auftritt.
Ein Schneeglöckchen kommt selten allein. Tausende von Blüten, charmante Begleiter von Haselsträuchern,
beleben im Februar–März den noch winterkahlen Boden.

Flecken auf, einer als Basalfleck und der andere – wie bei *G. nivalis* – an der Spitze.

Von den Schneeglöckchen werden im Handel weit über 100 Sorten angeboten, von denen aber nicht mehr als zehn besonders hervorzuheben sind. Mit der Belaubung der Gehölze im Frühjahr beginnen die Schneeglöckchen zu vergilben, und die Blätter ziehen ein. Im Wurzelbereich von Bäumen und Sträuchern finden sie während der Ruheperiode im Sommer die notwendige Trockenheit. Die Zwiebeln der Schneeglöckchen haben keine ausgeprägte Schutzhaut wie die Tulpen, Narzissen oder Hyazinthen. Bei unsachgemäßer Lagerung beginnen sie zu schrumpfen. Kräftige Horste werden gleich nach der Blüte ausgegraben und zerteilt. Die Blätter, Zwiebeln und Wurzeln sind dabei zu schonen und wieder in der gleichen tiefen Lage zu pflanzen. Am günstigsten ist eine Regenperiode, andernfalls muß bei Trockenheit durch-dringend gegossen werden. Schneeglöckchen, die im Einzelstand stehen und nur wenige Blüten tragen, versamen sich gut. »Klumpen« aus Gartenherkünften zeigen eine starke Brutzwiebelbildung. Damit die Samen nicht von Ameisen aufgenommen und im Garten verteilt werden, drückt man die Samenkapseln einfach in den Boden.

Kaum ist das Schmelzwasser zu den haselnußgroßen Zwiebeln vorgedrungen, brechen die harten Spitzen der Laubblätter durch den Boden und schieben die Blütentriebe nach. Bei milder Witterung öffnen sich die Schneeglöckchen schon im Februar und blühen in Gemeinschaft mit dem gelben Winterling, *Crocus ancyrensis,* den blauen *C. sieberi* und *C. tommasinianus.*

Schöne Stimmungsbilder lassen sich im Vorfrühlingsgarten mit dem Schneeglöckchen unter dem roten Seidelbast, den gelben Forsythien, Kornelkirschen, Haselbüschen und den Salweiden erzielen. Unter lockerem Baumbestand, wo der Boden die größte Humusdichte aufweist, gedeiht *G. nivalis* am besten. In unseren Gärten und Parkanlagen sollte deshalb zur Erhaltung natürlicher Humusquellen auf die Entfernung des Laubes bewußt verzichtet werden. Besonders in den innerstädtischen Hausgärten sollte man durch Laubauflage für einen lockeren Humusboden sorgen.

Zum Verwildern in Gemeinschaft mit Buschwindröschen, Leberblümchen und verschiedenen Primelarten ist das Schneeglöckchen sehr gut geeignet. Zwischen diesen Bodenbedeckungsstauden können auch andere Frühlingszwiebelarten angesiedelt werden. Hier dürfen der große Bruder unseres Schneeglöckchens, der Märzbecher sowie Narzissen und Krokusse, Blaustern und Traubenhyazinthen nicht fehlen.

Schneeglöckchen können in jedem humosen Gartenboden gezogen werden. Ihre Zwiebeln werden im Spätsommer in 10 cm Tiefe gesteckt. Eine üppige Vermehrung und Horstbildung der Schneeglöckchen ist um so besser möglich, je mehr auf Graben, Harken und Laubentfernen verzichtet wird. Eine Laubauflage gibt den Pflanzen Schutz gegen starke Bodenaustrocknung im Sommer und Frost im Winter.

Galtonia candicans, Riesenhyazinthe

Liliaceae

Die Riesenhyazinthe ist keine Neueinführung unserer Gärtner. Schon vor über 100 Jahren erhielt sie das Gastrecht in unseren Anlagen. Bereits in der zweiten Hälfte des 19. Jahrhunderts war die *Galtonia* auf vielen Blütenrabatten vertreten.

Die Heimat der Galtonie ist das Kapgebiet. Der Volksmund hat für *G. candicans* auch die Namen Sommerhyazinthe und Kaphyazinthe geprägt. Sie gehört wie die Hyazinthe zur großen Familie der Liliengewächse. Mit der Gattung *Hyacinthus* hat die *Galtonia* allerdings wenig gemeinsam. Sie blüht im Hochsommer und kann mit ihrem Blütenstand über einen Meter hoch werden.

Selten in unseren Gärten: die Blüten der Riesenhyazinthe. Die weißen Lichter leuchten von Juli bis September.

Die Riesenhyazinthe bildet, wie viele Liliengewächse, verhältnismäßig große, gelblichweiße Zwiebeln, die in der Gartenkultur wie Dahlien oder Gladiolen behandelt werden. Im Frühjahr kommen sie 10 bis 20 cm tief in den Boden, im Herbst werden sie wieder aus der Erde genommen und im Keller überwintert. In geschützten Lagen sind die Galtonien trotz ihrer südafrikanischen Herkunft auch in unserem Klima unter einer Laub- oder Rindenkompostdecke frosthart. Winterschädigungen an den Zwiebeln treten gelegentlich in lehmigen, stark vernäßten Böden auf. Der Boden für die Riesenhyazinthen sollte deshalb durchlässig, humos und nicht zu nährstoffarm sein. Wenn es möglich ist, die Pflanzen unter einer Frostschutzdecke mehrere Jahre im Freien zu überwintern, dann entwickeln die Galtonien ein Nest von Zwiebeln und einen auffallend schönen Blütenflor. In guten Böden bringen die Pflanzen aus einer Zwiebel meist zwei Schäfte mit 10 bis 30 Blütenglocken. Die Farbe der Glocken ist ein zartes Weiß mit grünlichem Überzug.

Aus überwinternden Zwiebeln sind schon im Juli–August die Kandelaber zu erwarten. Bei der Frühjahrspflanzung setzt der Blütenflor dagegen erst im August–September ein. Eine wesentliche Verfrühung der Riesenhyazinthen kann durch eine Vorkultur in Töpfen erreicht werden. Man legt im Spätwinter die Zwiebeln zu zwei bis vier Stück in Töpfe von 12 bis 14 cm Durchmesser und pflanzt sie später, nach den Eisheiligen, an Ort und Stelle aus. Bis zum Hochsommer beherrschen sie dann mit ihren weißen überhängenden Blütenglocken das Gartenbild.

In trockenen Sommern kommen die Fruchtstände zur Reife und streuen ihre Samen in unmittelbarer Nähe der Mutterpflanzen aus. Die erste Saat, die im Herbst schon gekeimt hat, muß frostfrei überwintert werden. Samen, der vor Eintritt der ersten Nachtfröste noch nicht aufgelaufen ist, kann an Ort und Stelle überwintern. Die Sämlingspflanzen kommen dann nach zwei bis drei Jahren in Blüte.

Auf Schmuckpflanzenbeeten wird *G. candicans* zwischen *Begonia*-Semperflorens-Hybriden, *Tagetes,* Heliotrop, *Salvia splendens* und *Calceolaria integrifolia* verwendet. Als hervorragender Sommerblüher eignet sich die Galtonie auch in Verbindung mit Stauden, zur Belebung von Treppenaufgängen und niederen Mäuerchen, vor einer Gehölzgruppe sowie als Schnittblume in Bodenvasen.

Hyacinthus orientalis, Hyazinthe

Liliaceae

Die Gattung besteht nur aus einer Art. Unsere Gartenhyazinthen sind in der Gegend von Aleppo und Bagdad beheimatet. Die ersten Zwiebeln gelangten um 1550 in unsere Gärten. *H. orientalis* hat fast kugelige, ausdauernde Zwiebeln. Die weißlichen, rosalila oder nahezu violetten Schalen sind sortentypisch. Ihre Färbung hängt nicht unbedingt

mit der Blütenfarbe zusammen. Mit dem Blütenschaft im Frühling erscheinen sechs bis neun längliche, frisch grüne Blätter. Das etwas fleischige Laub wird 20 bis 35 cm lang und 1 bis 1,5 cm breit. Der kräftige Blütenschaft bringt eine dichte Traube mit glöckchenförmigen Blüten. Die köstlich duftenden Blüten sind weiß, rosa, blau und gelb. Nach dem Maiflor ist das Kraut bis Ende Juni verwelkt.

Die Hyazinthen haben einen runden Zwiebelboden mit einem leicht erhöhten Wurzelkranz. Die Wurzeln verzweigen sich nicht. Wenn sie abbrechen, wachsen keine neuen mehr nach. Schneidet man im Herbst eine Zwiebel durch, sieht man im Zentrum die fertig ausgebildete Blütentraube. Am Grunde des Blütenschaftes sitzt die noch sehr kleine Blütenknospe für das übernächste Jahr. Zwischen den Niederblättern können sich auch Nebenknospen bilden, die durch die Erneuerung durch Zwiebelschuppen im Zentrum und dem Vergehen an der Peripherie nach außen geschoben und als Brutzwiebeln frei werden.

Diese Vermehrungsart ist nur bei wenigen Hyazinthen-Sorten in stärkerem Maße zu beobachten. Der Gärtner ist deshalb gezwungen, die Bulben zur Bildung von Brutzwiebeln anzuregen. Nach der Ernte wird hierfür mittelgroße Ware ausgelesen und der Zwiebelboden mit einem scharfen Messer in vier Teile gespalten. Die Einschnitte werden bis kurz unter die Zwiebelschuppen geführt. An den Wundflächen entwickeln sich etwa 15 bis 20 Brutzwiebeln, die nach drei bis vier Jahren blühfähig sind. Im Gegensatz zur Kreuzschnittmethode erhalten wir durch das Aushöhlen der Bulben 25 bis 30 Brutzwiebeln. Nach der Ernte, Ende Juli, wird der Zwiebelboden mit einem Spezialmesser bis kurz unter die Niederblätter ausgeschnitten, so daß die Ersatz- und Nebenknospen vernichtet werden. Das Teilungsgewebe zwischen dem Zwiebelteller und den Zwiebelschuppen beginnt sich dabei zu erneuern und an den Wundflächen kleine Bulben auszubilden.

Der jährliche Zuwachs der Zwiebeln beträgt vier Zentimeter. Bei optimaler Kultur ist eine 16-cm-Zwiebel vier bis fünf Jahre, eine 18-cm-Zwiebel und größer fünf bis sechs Jahre alt. Schwere Hyazinthenzwiebeln bilden manchmal platte anstelle der runden Blütenstiele. Diese Erscheinung nennt man in der Pflanzenkunde Fasziation; das heißt eine bandartige Abflachung von Sprossen.

Die Hyazinthen lieben humusreichen und durchlässigen Boden mit neutraler Reaktion. Hyazinthen, die als Dauerpflanzen im Garten stehen, werden wie Tulpen mit 60 bis 80 g/m² Nährsalz gedüngt.

Iris, Schwertlilien

Iridaceae

Die umfangreiche Gattung besteht aus rund 200 Arten. Sie treten nur auf der nördlichen Halbkugel auf, haben Zwiebeln oder knollige oder langgestreckte Rhizome.

Wenn Schneeglöckchen und Winterlinge bereits in voller Blüte stehen, dann erleben die Zwiebeliris ihr Blütenfest im März. Von den zahlreichen Arten ist hier nur *I. reticulata* zu empfehlen. Ihr Name kommt von der netzartigen Haut, mit der die Zwiebeln versehen sind. Wenn die Sonnenwärme durch Steine, Mauern und Hanglagen eingefangen wird, brechen sie schon mit Beginn der Schneeschmelze aus der Erde hervor. Von der unberührten Frische ihrer kaukasischen Bergheimat leuchten ihre Blüten in einem violetten Purpur. Die Hängeblätter zeigen ein schmales, leuchtend orangefarbenes Saftmal. Das feine Farbenspiel der Blüten hat durch die gärtnerische Züchtung verschiedene Abwandlungen von Lichtblau bis zum dunkelsten Purpur erfahren.

Von den empfehlenswerten Arten blüht *I. histrioides* 'Major' noch etwas früher. Die Knospen erscheinen oft schon im Februar vor der Schneeschmelze. An Sonnentagen entfalten sich die großen, ultramarinblauen Blüten. Sie schließen sich bei Frost nicht mehr. Die vierkantigen Blätter erscheinen nach der Blüte. Die Pflanzen vermehren sich durch Samen.

Auch *I. danfordiae* ist ein Frühblüher. Die Hängeblätter der hellgelben Blüten tragen einen oran-

gegelben Streifen. Am heimatlichen Standort, im Kilikischen Taurus, wächst sie in Höhenlagen bis 3000 m. An sommertrockenen Standorten vermehrt sich *I. danfordiae* gut durch Brutzwiebeln, die aufgenommen und neu gepflanzt werden. Im kommenden Jahr kräftigen sich die Zwiebeln, und ein Jahr darauf sind sie wieder in voller Blüte. Auch bei *I. reticulata* sind die Brutzwiebeln in den nächsten zwei Jahren nicht blühfähig.

Leucojum, Knotenblume

Amaryllidaceae

Die neun *Leucojum*-Arten sind in Mitteleuropa und im Mittelmeerraum verbreitet. Sie haben rundlich-eiförmige, bis 4,5 cm breite Zwiebeln mit einer bräunlichen Schale. *Leucojum* besitzen nur wenige, ziemlich lange Blätter. Die weißen Blüten sind hängend. Ihre sechs gleichlangen Perigonsegmente sitzen am Fruchtknoten, die inneren Perigonblätter haben an ihren Zipfeln einen grünen oder gelben Fleck.

L. aestivum, das Sommertürchen oder die Sommerknotenblume, wächst auf den feuchten Wiesen Mitteleuropas, Kleinasiens und des Kaukasus. Die Blüten überragen die Blätter. Drei bis acht Blüten sind in einer Dolde zusammengefaßt, die im Mai–Juni erscheint. Die Samen werden gleich nach der Ernte ausgesät oder beim Gelbwerden der Kapseln in den Boden gedrückt. Dadurch wird einem Verschleppen der Samen durch Ameisen vorgebeugt. Alte Horste werden im zeitigen Frühjahr geteilt.

L. autumnale blüht im Herbst. Von Portugal bis Marokko und zu den Ionischen Inseln ist es beheimatet. Das fadenförmige Laub erscheint nach der Blüte. Der Flor sitzt mit ein bis drei Blumen auf schlanken Schäften. Er ist weiß mit rötlichem Anhauch.

L. vernum, der heimische Märzbecher, ist die härteste Art. Ihre bis 20 cm hohen Blütenschäfte bringen im zeitigen Frühjahr zusammen mit *Galanthus nivalis* auf jedem Stengel eine reinweiße, breit-glockige Blüte mit grünen Tupfen zur Entfal-

Auf feuchten, abseits gelegenen Wiesen fühlt sich die Knotenblume (Leucojum aestivum) so wohl, daß sie sich selbst durch Aussaat vermehrt. Tausende von Blüten erscheinen im Mai–Juni.

tung. Die wüchsige Unterart *L. vernum* ssp. *carpaticum* entfaltet in der Regel zwei Blüten je Stengel mit gelben bis gelbgrünen Flecken am Zipfel der Blütenblätter.

Ein Teilen der *Leucojum*-Horste in der Phase des Abblühens ist günstiger als eine Herbstpflanzung. *L. aestivum* liebt einen nicht zu leichten, tiefgründigen Boden. Es verträgt den Halbschatten. In kalten Lagen ist ein Frostschutz angebracht. Die Zwiebeln legt man im Herbst in 10 bis 20 cm Tiefe und in einem Abstand von 20 cm. *L. aestivum* eignet sich für feuchte Lagen. *L. autumnale* erhält bei Barfrost einen Winterschutz. In nassen Böden ist eine Dränage angebracht. *L. vernum* wächst in jedem Gartenboden und erträgt den lichten Schatten. Seine Wuchskraft läßt sich durch Kompost und leichte Düngergaben steigern. Die Zwiebeln können dann mehrere Jahre im Boden bleiben. Sie sind nur von Zeit zu Zeit aufzunehmen und die Horste zu teilen. Die Zwiebeln haben eine ziemlich feste Schale. Trotzdem sollte man sie kühl lagern. Nur von *L. autumnale* sind die Zwiebeln nach dem Aufnehmen im Sommer bald wieder zu pflanzen.

Lilium, Lilie

Liliaceae

Viele Lilien sind auf abenteuerlichen Wegen zu uns gekommen. Die Entdeckung der Königslilie, *L. regale,* gehört zu den aufregendsten Geschichten aus der Sammlerzeit. Im Jahre 1903 fand der nordamerikanische Botaniker Ernest Henry Wilson (1876 bis 1930) im tief eingeschnittenen Tal des Min in Szetschuan (China) eine weiße Trompetenlilie. Im August 1910 kam er mit 50 Maultieren und ihren Treibern zurück in dieses Tal und sammelte 7000 Lilienzwiebeln. Das Unglück wollte es, daß ihm auf dem Heimweg durch einen Felsbrocken ein Bein zweimal gebrochen wurde. Hilflos lag er auf dem schmalen, vom Steinschlag bedrohten Karawanenweg. Trotz des zerschmetterten Beines ließ er die Maultiere und seine Helfer über sich hinwegsteigen. Auf das letzte Saumtier geschnallt, erreichte er dann erst nach drei Tagen ärztliche Hilfe.

Die Madonnenlilie, *L. candidum,* haben wahrscheinlich die Kreuzfahrer aus der Türkei, aus Syrien und dem Heiligen Land nach Mitteleuropa gebracht.

Aus dem Anbau der Tigerlilie, *L. lancifolium* (syn. *L. tigrinum),* zogen die Japaner schon zu Zeiten des deutschen Arztes und Forschungsreisenden Engelbert Kämpfer (1651 bis 1716) Nutzen. Damals wie heute werden ihre Zwiebeln in China und Japan gekocht und gegessen. Der erste Tigerlilien-Import hat im Jahre 1804 zu dem berühmten Botanischen Garten Kew bei London stattgefunden.

Unser trockenes Klima und einige Krankheiten und Schädlinge sind dafür verantwortlich, daß unsere Gärten nicht von Lilien aus Ostasien und den USA überquellen. Dennoch: Der amerikanische »Lilienkönig« Jan de Graaff und seine Züchterkollegen haben mit ihren neuen Hybridlilien dafür gesorgt, daß heute viele Sorten im mitteleuropäischen Klima gedeihen können. Schon der Versuch, aus der Fülle der rund 2000 Hybriden die besten und schönsten Sorten aufzuführen, muß

scheitern. Der Handel und die Spezialgärtnereien bieten ohnehin nur die zuverlässigsten Züchtungen an. Die Sorten 'Enchantment' (orangerot), 'Tabasco' (kastanienrot mit dunklen Punkten), 'Harmony' (orangerot), 'Croesus' (goldgelb), 'Prosperity' (zitronengelb) und 'Hallmark Strain' (weiß mit schwarzen Punkten) sind nur einige von unzähligen. Eine große Palette von Elfenbein über Zartlila bis zu Violett bieten die Harlekin-Hybriden; die organgefarbene 'Shuksan' ist aus den Bellingham-Hybriden hervorgegangen. Von unserer alten Dolden-Feuerlilie, *L. hollandicum,* die im Juni–Juli in vielen Gärten blüht, gehört die orangerote 'Erectum' zu den bekanntesten Sorten.

Ehe die Lilienzüchtungen in unseren Blickpunkt gerückt sind, hat man sich Jahrzehnte mit den sogenannten Wildformen abgemüht. Die schönste aller Lilien, die Goldbandlilie, *L. auratum,* ist so empfindlich, daß sie es selten länger als drei Jahre in unseren Gärten aushält. Nur in den luftfeuchten Küstengebieten dürfte die Goldbandlilie auf die Dauer zum Blühen kommen. Die Schönheit ihrer weißen Blüten, die Farbigkeit der gelbgestreiften und dunkel punktierten Blütenschalen ist bei dieser »Japanerin« in der Zeit von Juni bis August nicht zu übersehen. In der Kultur entstanden die großblütige 'Platyphyllum', die reinweiße 'Album' und die rote 'Rubrum'.

Die heimische Feuerlilie, *L. bulbiferum,* hat Dauergastrecht in unseren Gärten. Diese anspruchslose Lilie bringt im Mai–Juni auf straffen Stengeln leuchtend rote, schwarz punktierte Blüten zur Entfaltung.

Die Madonnenlilie, *L. candidum,* erscheint im Juni–Juli mit stark duftenden, blendend weißen Trichterblüten.

Die Davidslilie, *L. davidii* var. *willmottiae,* hat sich in ihrer robusten Art als dankbare Gartenpflanze erwiesen. Im Juli–August bringt diese »Chinesin« orangerote Blüten mit feinen Sprenkeln an elegant abwärts gebogenen Stielen hervor.

Der aus Japan stammende Goldtürkenbund, *L. hansonii,* gehört mit zu den dauerhaftesten Lilien. Im Juni tragen seine Stengel safrangelbe Blüten mit braunen Tupfen.

Hart und unverwüstlich ist auch die zentral-chinesische Mandarinenlilie, *L. henryi*. Im August–September trägt sie in Türkenbundform orangefarbene Blüten mit vielen fleischigen Warzen.

Im August bis Anfang September entfaltet die Tigerlilie, *L. lancifolium* (syn. *L. tigrinum)*, ihre leuchtend orangeroten, mit schokoladebrauner Sprenkelung versehenen Blüten. Die Blütenblätter dieser ursprünglich japanischen Lilie sind wie bei unserem einheimischen Türkenbund zurückgeschlagen.

Die einheimische Türkenbundlilie, *L. martagon,* die ihren Namen den turbanähnlichen Blüten verdankt, blüht schon gegen Ende Mai. Von dieser weinpurpurroten Lilie gibt es die Sorten 'Albiflora' (weiß) und 'Purpureum' (dunkelviolett).

Wenn in der Nähe von Lilienpflanzungen die Luft von einem starken Duft erfüllt ist, kann es sich nur um die Königslilie, *L. regale,* aus China handeln. Die trichterförmigen Blüten öffnen sich im Juli. Ihr glänzendes Weiß ist außen rosa angelaufen und im Schlund kanariengelb. Wundervoll goldgelb und wahrhaft eine königliche Pracht ist 'Royal Gold'.

Die Prachtlilie, *L. speciosum,* zeichnet sich durch die rote Punktierung ihrer weißen Blüten aus, die stellenweise rosa überlaufen sind. Leider ist der Blütezeitpunkt im August–September so spät, daß sie unter dem Regen und Herbstnebel sehr stark leiden. Diese japanische Prachtlilie hat viele Gartenformen, wie 'Rubrum' (karminfarben), 'Gloriosoides' (scharlachrot), 'Album' und 'Kraetzeri' (weiß).

Beim Einkauf sollten wir nicht immer nach den größten Zwiebeln greifen. Die mastigen Zwiebeln blühen vielfach nur zwei oder drei Jahre. Wer mit Lilien mehr Erfolg haben will, besorge sich Zwiebeln der wesentlich härter und fester gebauten Mittelklasse. Vorzüglich gedeihen in unserem Klima Madonnenlilie *(L. candidum),* Königslilie *(L. regale)*, Tigerlilie *(L. lancifolium),* Feuerlilie *(L. bulbiferum)* und Davidslilie *(L. davidii* var. *willmottiae).*

Den Lilienzwiebeln tut ein langes Herumliegen in trockener Luft nicht gut. Nach dem Einkauf sollten die Zwiebeln möglichst gleich in den Boden kommen. Sofern noch keine Pflanzmöglichkeit besteht, schlagen wir die Zwiebeln in ein feuchtes Rohhumussubstrat ein. Wenn es im Herbst zu spät ist, legen wir sie in einen kühlen Keller. Bei Temperaturen von 2 bis 5 °C überstehen sie den Winter ohne Schaden.

Bei Pflanzung ist auf die Bodenansprüche der Lilien zu achten. Während die sehr gartenwilligen Feuerlilien und Doldenfeuerlilien, die Türkenbund- und Tigerlilien in einem gut durchlässigen, mehr oder weniger kalkhaltigen Boden wachsen, gedeihen andere Arten nur in kalkfreien Erden. Zu den ausgesprochenen Kalkfliehern gehören die Goldband- und die Prachtlilien. Wenn ihre Zwiebeln ausgelegt werden, sollte man mit dem Boden sehr wählerisch sein, zumindest die Gartenerde mit viel Rindenkompost, Laub- oder Moorerde durchmischen. Besser ist es natürlich immer, wenn man sie in eine reine Rohhumuserde setzen kann. Auch die kalkverträglichen Lilien können ein saures Substrat vertragen. Besonders in lehmigen Böden ist es ratsam, die Erde mit viel Kompost oder Lauberde zu verbessern. Stalldünger oder frischer Kompost darf auf gar keinen Fall in die Nähe der Zwiebeln kommen. Dafür erhalten sie jedes Jahr im April pro Quadratmeter etwa 30 g eines stickstoffreichen Mehrnährstoffdüngers. Vier Wochen später wird die Düngung mit einem phosphor- und kalireichen Nährsalz in Höhe von 50 g abgeschlossen.

Unsere Lilien wollen mit ihren Wurzeln trocken und dabei einigermaßen kühl (beschattet) stehen. Um einen guten Wasserabzug zu erreichen, kommen unten in das Pflanzloch Reisig, Schlacke, Steine oder grober Sand. Die Zwiebeln können auch direkt auf einen kleinen Kies- oder Schlakkenhügel gesetzt werden. Dadurch ist ein schneller Wasserabzug gegeben. Nichts ist schädlicher für Lilien als Staunässe.

Man sollte für Lilienzwiebeln immer die günstigste Pflanzzeit wählen. Die frühblühenden Goldband-, Madonnen-, Königs- und Feuerlilien kommen im August–September in den Boden. Bei

Lilium auratum, ein lieblich duftender, weiß-gelber Blütentraum von August bis September.
Die Goldbandlilie wird zu einem kostbaren Erlebnis in einem Japan-Garten und zu einem dankbaren Begleiter
von Rhododendron und Farnen.

den spätblühenden Tiger-, Davids-, Mandarinen- und Prachtlilien gibt man der Frühjahrspflanzung den Vorzug. Wenn sie im Frühjahr zu spät ausgelegt werden oder die jungen Triebe abbrechen, beginnen die Zwiebeln erst im zweiten Jahr auszutreiben.

Vielfach kommen die Lilien zu flach in den Boden. Sie frieren dann im Winter hoch und finden beim Austrieb nur ungenügend Halt für ihre Blütentriebe. In der Regel bedeckt man die Königslilien, die Tigerlilien, die Feuerlilien und die Davidslilien 20 cm mit Erde. Zum Schutz gegen die Winterkälte wollen die Goldbandlilien noch tiefer, bei 25 bis 30 cm, liegen. Dadurch haben die Pflanzen die Möglichkeiten, an den Stengeln zu wurzeln. Die Wurzeln verankern die Lilien fester im Boden und führen den Blättern Nährstoffe zu. Eine Ausnahme machen lediglich die Madonnenlilien. Ihre Zwiebeln sind nur einen Fingerbreit unter die Erde zu legen. Generell sind die Lilienzwiebeln in schweren Böden höher, in leichten Böden entsprechend tiefer zu setzen. Dabei faßt man immer Gruppen von drei bis fünf Zwiebeln in einem Abstand von 10 bis 30 cm zusammen.

Viele Lilien lieben die Gesellschaft von Gehölzen. Schon im Frühjahr schieben sie ihre Blütenschäfte durch das Gestrüpp. Ihre langen, schmalen Triebe erhalten dadurch eine gute Standfestigkeit. Zwischen Sträuchern fühlen sich die Feuerlilien und Doldenfeuerlilien, Davids- und Mandarinenlilien besonders wohl. Goldband- und Prachtlilien wirken in Verbindung mit niederen Bodendeckern, Japanahorn und dessen Begleitstauden am schönsten. Alle Lilien haben den Fuß gerne im Schatten und den Kopf in der Sonne. Zur Beschattung der unteren Stengelteile wird man sie deshalb zwischen Kleinstauden und niedere Sträucher pflanzen. Halbverrottetes Herbstlaub gibt den Zwiebeln Schutz gegen den Winterfrost und verhindert eine starke Bodenaustrocknung im Sommer. Zum Schutz gegen die gleißenden Sonnenstrahlen kann um die Lilien auch Rindenkompost gestreut werden. An heißen Sommertagen ,wird zusätzlich gegossen.

Viele Lilien bilden samengefüllte Fruchtkapseln. Manche Arten entwickeln im Boden eine Fülle von Wurzelbrut. Die Madonnen- und Königslilien verdichten sich dabei zu großen Horsten. Die Feuerlilie verdoppelt ihre Zwiebeln jedes Jahr. Wenn sie sich nach etwa drei Jahren gegenseitig bedrängen, lassen sie sich teilen. Die Horste zerfallen beim Hochheben förmlich in ihre Einzelzwiebeln. Die Tiger- und Feuerlilien setzen in den Blattachseln kleine Bulben an. Man kann sie sammeln und im August in die Erde drücken. Nach wenigen Jahren haben sich dann pflanzfähige Zwiebeln gebildet.

Wenn im Garten Feld- und Wühlmäuse vorkommen, wartet man im Frühjahr vergebens auf seine Lilien. Ein wirksamer Schutz sind engmaschige Drahtkörbe, in denen die Zwiebeln in die Erde eingegraben werden.

Muscari, Traubenhyazinthe

Liliaceae

Es gibt etwa 50 Arten, vornehmlich im Mittelmeerraum beheimatet. Die Traubenhyazinthen gehören zu den blühfreudigsten Frühlingszwiebelpflanzen. Sie haben runde bis länglichrunde Zwiebeln mit meist grauen Häuten und wenige grundständige, linealische, oft etwas fleischige Blätter. Die Traubenhyazinthen breiten sich an sonnigen bis halbschattigen Stellen durch Selbstaussaat und Brutzwiebeln aus. Manche Arten, wie *M. neglectum*, können dadurch zur Plage werden. Die dünnschaligen *Muscari*-Zwiebeln (die übrigens von den Mäusen verschmäht werden) dürfen nicht zu lange an der Luft liegen. Nach dem Eintreffen im September müssen sie sofort gepflanzt werden, und zwar immer zu mehreren in größeren Gruppen.

Die beste Traubenhyazinthe ist wohl die kleine *M. botryoides* aus Mitteleuropa und Kleinasien, die 15 bis 20 cm hoch wird. Ihre kurzen, geruchlosen Trauben tragen im April–Mai krugförmige, himmelblaue Blütchen mit weißen »Zähnchen«. Sehr hübsch ist auch die weiß blühende Sorte 'Album'.

Die schopfige Traubenhyazinthe, *M. comosum*, ist im Mittelmeergebiet weit verbreitet. Sie wurde schon im Altertum in den Gärten gehalten. Sowohl die blaue Stammform als auch die weiße Form, die beide im Mai–Juni blühen, lieben einen heißen, trockenen Standort. Eine als 'Monstrosum' bezeichnete Sorte mit pyramidaler Traube und 'Plumosum' mit breit-walzenförmiger Traube sehen einem Staubwedel ähnlich. Aus den nur teilweise fruchtbaren Blüten der Art, die kaum noch in Kultur ist, hat sich bei den Sorten ein steriler, fadenartiger »Flor« entwickelt.

M. armeniacum, in Mazedonien, Rumänien, Kleinasien und dem Kaukasus beheimatet, hat kurze Blütentrauben, die in 20 bis 25 cm Höhe auf kräftigen Stengeln stehen. Die strahlend kobaltblauen Blüten mit kleinem weißem Saum sind duftend. Sie blühen zusammen mit ihren zahlreichen Sorten im April bis Anfang Mai.

Narcissus, Narzisse

Amaryllidaceae

Die Gattung umfaßt etwa 30 Arten, die nur auf der nördlichen Halbkugel vorkommen. Ihr heimatliches Zentrum liegt in Spanien und Portugal, von wo sie bis nach Marokko und Südfrankreich ausstrahlen. Die Trompetennarzisse, *N. pseudonarcissus,* ist bis Großbritannien, auf die Westseite der Vogesen, bis Belgien, Deutschland, Schweiz und Norditalien vorgedrungen. *N. poeticus,* die Dichternarzisse, blüht auf den Bergwiesen bei Montreux, im Salzkammergut und von Spanien bis Griechenland.

Die Narzissen haben in eine Spitze auslaufende Zwiebeln. Ihre runden, leicht eingezogenen Zwiebelböden bilden bis zu 40 cm lange Wurzeln. Die Blüten stehen einzeln oder in mehrblumigen Büscheln auf runden Stengeln. Narzissen bilden mit Ausnahme der kleinen Nebenzwiebeln meistens eine Blüte pro »Nase«. Sehr große Blüten ergeben auch hier wieder reichblühende Pflanzen. Man unterscheidet trompeten-, schalen-, becher- und napfförmige Nebenkronen. Die nächstjährige Blüte wird während der Wachstumsperiode, im Anschluß an den Flor, gebildet. In den gerodeten Zwiebeln sind die Blüten bereits angelegt.

Die Gartennarzissen wachsen in jedem tiefgründigen, feuchten und durchlässigen Boden. Sommerliche Trockenheit ist bei den Narzissen nicht so wichtig wie bei den Tulpen. Die günstigste Pflanzzeit liegt in der zweiten Septemberwoche. Später als Ende Oktober sollten die Zwiebeln nicht mehr ausgelegt werden. Sie haben keine so ausgedehnte Ruhezeit wie die Tulpen. Bei allen Zwiebelgewächsen, die im Herbst sehr früh mit der Wurzelbildung einsetzen, führen späte Pflanztermine zu Mißerfolgen. Die Narzissen entwickeln dann im Frühjahr verkrüppelte Blätter und unterschiedlich lange Schäfte, wobei die Blüten nur knapp über dem Boden erscheinen.

Narzissen, die jahrelang unverpflanzt im Garten stehen, unter Nährstoffmangel leiden oder ungünstigen Bodenverhältnissen ausgesetzt sind, haben keine Kraft mehr, ihre Blüten zu öffnen. Die Knospen trocknen ein und sterben ab. Auch wenn die Blätter anfangen vorzeitig gelb zu werden, der Blütenreichtum nachläßt, die Pflanzen kleinere Blumen hervorbringen oder in der Blütenfarbe verblassen, kann nur ein Umpflanzen oder Düngen helfen. Auch hier ist ein Mehrnährstoffdünger empfehlenswert. Für einen Quadratmeter genügen Gaben von 30 bis 35 g. Man sollte den Dünger frühzeitig, am besten vor oder während der Blüte verabreichen. Kurz danach können die Nährsalzgaben wiederholt werden. Eine spätere Düngung verzögert das Ausreifen der Zwiebeln.

Die hochgezüchteten Sorten müssen alle drei bis vier Jahre umgesetzt werden. Der günstigste Zeitpunkt zum sogenannten Roden der Zwiebeln ist gekommen, wenn die Blätter gelb werden. Nach dem Herausnehmen läßt man die Zwiebeln abtrocknen; im Laufe der Sommermonate werden sie gereinigt, luftig und kühl gelagert und im September wieder ausgelegt. Leichte Sandböden werden durch Zugabe von Lehm bindiger gemacht. Schwere Böden lockert man mit Hilfe von gut verrottetem Kompost auf. Auf keinen Fall darf frischer Stalldung in die Nähe der Zwiebeln kommen. Bei der Pflanzung von Narzissen in Mähwiesen muß bis Mitte Juni mit dem ersten Schnitt gewartet werden. Nach dem Vergilben der Narzissenblätter kann ihnen der Schnitt nichts mehr ausmachen. Die Narzissenzwiebeln werden von den Wühlmäusen gemieden, und sie erkranken in feuchten Sommern auch nicht so leicht wie die Tulpen.

Die Narzissen werden in Klassen eingeteilt. Die Gruppe der Trompetennarzissen *(N. pseudonarcissus)* bringt auf ihren Schäften jeweils nur eine Blüte zur Entfaltung. Die Trompete oder Krone ist mindestens so lang wie ein Perianthsegment. Neben dem vorherrschenden Gelb der Trompetennarzissen gibt es auch zitronen- bis schwefelgelbe Sorten. Unter den Neuheiten werden ebenso Züchtungen mit mehr oder weniger roten Trompeten, mit einem weißen Perianth und farbiger Krone oder mit weißem Perianth und weißer Trompete im Handel angeboten.

Narzissen sind dekorativer Mittelpunkt von Haus- und Naturgärten. Wie alle Sorten kommt die großkronige Narcissus × incomparabilis 'Ninth Lancer' in Gruppen oder in guter Nachbarschaft mit Blütengehölzen zur Geltung.

Bei den einblütigen Großkronigen Narzissen *(N. × incomparabilis),* die aus *N. poeticus × N. pseudonarcissus* hervorgegangen sind, sind die Kronen mehr als ein Drittel so lang wie ein Perianthsegment. Man findet Sorten mit lebhaften roten Kronen, Großkronige Narzissen mit weißem Perianth und farbiger Krone, mit gelben, orange bis roten Kronen. Die rosa Farbe ist bei den meisten Sorten erst nach ein paar Tagen des Erblühens voll ausgebildet. Großkronige Narzissen mit weißem Perianth oder weißer Krone gelangen erst in Verbindung mit anderen Farben zu ihrer vollen Wirkung. Auch die kleinkronigen Sorten *(N. × incomparabilis)* sind einblütig. Sie stehen *N. poeticus* sehr nahe. Ihre Kronen sind kürzer als ein Drittel eines Perianthsegments. Darunter gibt es einige bemerkenswerte, fast unentbehrliche Sorten mit farbigem Perianth und blaßcremegelber Krone, weißem Perianth und einer farbigen Krone, mit weißem Perianth und weißer Krone.

Die Alpenveilchen-Narzissen, *N. cyclamineus,* blühen sehr früh im März. Sie tragen in der Regel je Stengel nur eine Blüte. Ihre Größe reicht von Miniatursorten bis an die Größe der Trompetennarzissen heran. Das mehr oder weniger zurückgeneigte Perianth erinnert an *N. cyclamineus.*

Die Jonquillen und ihre Sorten gehören zu den am intensivsten duftenden Narzissen. Manche Sorten haben von *N. jonquilla* die Eigenschaft geerbt, ihre Blätter besonders früh zu entwickeln. Die Blüten erscheinen spät bis sehr spät. Dabei sind sie unterschiedlich groß und tragen mehr als eine Blüte je Stiel.

N. tazetta und seine Unterarten sind nicht ausreichend winterhart. Erst die Kreuzungen der echten Tazetten mit *N. poeticus* brachten eine wesentlich bessere Winterhärte. Ihre Sorten kommen unter dem Namen Poetaz-Narzissen *(N. × medioluteus)* in den Handel.

Die Dichternarzisse, *N. poeticus,* ist als sehr spät – erst im Mai – blühende, stark duftende, robuste und dauerhafte Narzisse bekannt. Von den Poeticus-Narzissen ist lediglich die Sorte 'Actaea' weit verbreitet. Diese großblumige Dichternarzisse ist ebenso als Treibsorte wie auch als Garten- und Wiesenpflanze geeignet.

N. asturiensis (syn. *N. minimus)* blüht an warmen und trockenen Plätzen schon im März–April. Die Blütezeit überschneidet sich mit der von *N. minor.* Die Art vermehrt sich so stark, daß die Zwiebeln nach wenigen Jahren geteilt werden müssen.

N. triandrus, die Engelstränen-Narzissen, kommen in bleichen, weißen Farben mit nickenden Blüten vor. Sie bevorzugen durchlässige Böden mit genügender Feuchtigkeit. Die ziemlich stark wachsenden Horste müssen nach einigen Jahren geteilt werden.

Bei den Reifrock-Narzissen, *N. bulbocodium* (syn. *Corbularia bulbocodium),* sind die Perianthzipfel reduziert. Die Blütenkronen erinnern an die Reifröcke der Rokokodamen.

Narzissensorten, die den strengsten Wintern gewachsen sind, eignen sich für viele Zwecke im Garten. Die Zwiebeln werden im Abstand von 15×15 cm bis 20×20 cm ausgelegt. Bei einer Legetiefe von 12 bis 15 cm überstehen sie auch Kahl-

fröste. Die Narzissen entwickeln mehr Laub als andere Blumenzwiebeln. Es stirbt auch später ab und entzieht dem Erdreich mehr Wasser. Ein Grundwasserstand von 60 bis 80 cm ist deshalb ideal.

Die kleinblütigen Narzissen passen am besten in den Stein- und Wildstaudengarten. Viele Gartensorten setzen sich im Rasen durch und reagieren sehr gut auf zusätzliche Nährstoffgaben. Man sollte sie immer in größeren Gruppen ausbringen. Dabei werden die Zwiebeln nach Klassen, Sorten und Farben getrennt. Nach dem Einziehen der Blätter entstehen kahle Stellen, die sich im Sommer durch konkurrenzschwache bodenbeckende Stauden oder Sommerblumen verdecken lassen.

Die Narzissen lassen sich sortenecht nur durch Brutzwiebeln vermehren. Einen reichen Ansatz zeigen »Doppelnasen« von bester Qualität. Die Narzissen stoßen ihre Wurzeln bei Eintritt der Ruhezeit ab und bilden ziemlich früh wieder neue. Wenn sie beim Pflanzen im September bereits Wurzeln getrieben haben, ist größte Vorsicht geboten. Abgebrochene Wurzeln verzweigen sich nicht mehr; sie sind für die betreffende Pflanze verloren und bilden Faulstellen.

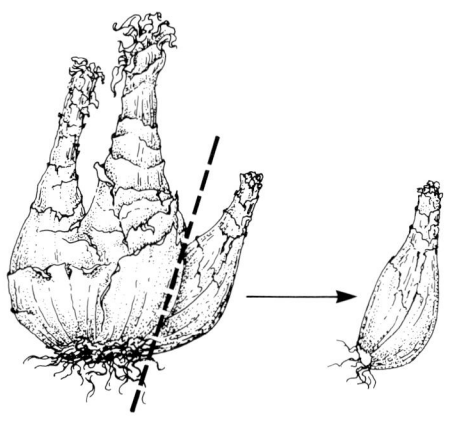

Die Nebenzwiebeln der Narzissen müssen fast von allein abfallen. Man darf sie nicht abbrechen.

Puschkinia scilloides var. libanotica, Puschkinie

Liliaceae

Die Puschkinie kommt im Libanon auf Gebirgswiesen und unter Buschwerk vor. Sie ist in der Farbe *Scilla mischtschenkoana* sehr ähnlich. Ihre Blüten sind jedoch kleiner und zahlreicher. Außerdem blüht sie etwas später im März. Bevorzugt sonnige und warme Plätze am Gehölzrand, die im Sommer recht trocken und im Frühjahr feucht sind. Die Puschkinien versamen sich reichlich in offenem oder schütter mit Gräser bedecktem Boden. Vermehrung durch Brutzwiebeln ist möglich.

Scilla, Blaustern

Liliaceae

Frühjahrsblühende Zwiebelgewächse mit etwa 90 Arten, die im Mittelmeerraum, teilweise auch in Zentraleuropa und Asien beheimatet sind.

Auf den eben ergrünten Rasenflächen und unter Haselbüschen, Seidelbast und Kornelkirsche breiten die Blütensterne von *S. bifolia* ihren blauen Blütenteppich aus. Einen großartigen Zusammenklang mit dem Goldgelb der Forsythien ergeben die leuchtend himmelblauen Glöckchen der *S. sibirica.* Durch Selbstaussaat und durch Jungzwiebeln breiten sie sich immer weiter aus und schmücken den Wildgarten, säumen die Blumenbeete und geben alten, vermoosten Schattenrasen einen letzten Glanz. Auch zu roten Primeln und gelben Trompeten-Narzissen stehen die blauen *Scilla*-Arten in prachtvollem Kontrast.

S. mischtschenkoana aus Nordpersien hat lichtblaue, große, breitglockige Blüten mit dunklerem Mittelnerv. Sie beginnt schon im Februar ganz niedrig zu blühen und wächst im Laufe von 4 bis 5 Wochen bis auf 20 cm Höhe empor. Sie bestockt sich sehr stark und bildet dichte Blatthorste.

Im Mai–Juni, wenn der erste Frühjahrsflor vorüber ist, trägt *S. hispanica* (syn. *S. campanulata)* an 20 bis 30 cm hohen Blütenstielen mattblaue Glöckchen. Auf der Trockenmauer, unter Gehölzen, im Heidegarten und auf schmalen Rabatten läßt sich der Spanische Blaustern verwenden. An den Boden stellt er keine besonderen Ansprüche.

S. non-scripta ist *S. hispanica* sehr ähnlich. Die 20 bis 30 cm hohen Pflanzen sind klein- und armblütiger, mit einseitswendiger dunkelblauer Traube.

Wenn *Scilla* nicht gestört werden, entwickeln sie reichblühende Horste, die unverpflanzt jedes Jahr neu im Garten erscheinen.

Die beste Legezeit für die *Scilla*-Zwiebeln ist von Mitte September bis Ende Oktober. Die Zwiebeln darf man nicht zu lange an der offenen Luft liegen lassen. Wenn man sie nicht sofort in den Boden bringen kann, werden sie mit Humus oder Sand abgedeckt. Die frühjahrsblühende *S. hispanica* verlangt einen tiefgründigen Boden, den man mit Lauberde verbessert. In einer natürlichen Humusdecke unter lichten Bäumen und Sträuchern vertragen sie den Wurzeldruck der Gehölze. Selbst in Gemeinschaft mit Gräsern und Farnen läßt sich dieser Vorsommerblüher verwenden.

Völlig ungeeignet als Partner sind flachwurzelnde und rhizombildende Pflanzen, die in Kokurrenz zu den Zwiebeln treten. Nahe dem Weg, wo sie gut sichtbar sind, legt man sie mit Schneeglöckchen und Märzbecher, Schneestolz, Milchstern, Traubenhyazinthen und Hundszahn aus. Um größere Farbeffekte zu erzielen, verwendet man die Zwiebeln immer in kleinen Gruppen.

Tulipa, Tulpe

Liliaceae

Die Gattung besteht aus etwa 100 Arten. Ihr Hauptverbreitungsgebiet umfaßt ein Areal um das Kaspische und das Schwarze Meer, Kleinasien und Mittelasien, Süd- und Mitteleuropa. Die birnenbis eiförmigen Zwiebeln setzen sich aus Niederblättern und einem Zwiebelboden mit Wurzelkranz zusammen.

In der zweiten Hälfte des 16. Jahrhunderts gelangten sie durch Busbeq, den Gesandten Ferdinands I. in Konstantinopel, aus Kleinasien nach Europa. Schon früher müssen von ihr Gartenformen den Weg nach dem Westen gefunden haben. Die erste Beschreibung einer blühenden Tulpe lieferte der Schweizer Botaniker Conrad Gesner (1515 bis 1565), und Linné nannte sie *Tulipa gesneriana*. Zu den Eltern unserer Gartentulpe gehören Zwiebeln aus der Sendung Busbeqs.

Von den hochgezüchteten Sorten beginnen die Einfachen Frühen Tulpen Mitte April zu blühen. Sie erreichen eine Höhe von 30 bis 40 cm, haben kräftige Stiele und sind besonders als Beetpflanzen geeignet.

Die Gefüllte Frühen Tulpen erscheinen etwas später mit ihrem Flor. Ihre pfingstrosenähnlichen Blumen halten länger als die der Einfachen Tulpen. Sie werden 25 bis 30 cm hoch und sind sehr gut für schmale Beete geeignet.

Eine altbekannte Tulpenklasse zum Schnitt und für die Beetbepflanzung sind die Darwin-Tulpen. Ihre Blüte beginnt Mitte Mai, sie werden 60 bis 70 cm hoch und bringen mittelgroße Blumen hervor. Die Darwin-Tulpen werden in der Höhe, Blütengröße und im Farbenspiel von den Ideal-Darwin-Tulpen übertroffen. Die großen Blüten dieser Klasse zeigen eine außergewöhnlich lange Haltbarkeit. Heiße Sonne und ungünstiges Wetter können diese Tulpen bedeutend besser vertragen als alle anderen.

Die Darwin-Hybrid-Tulpen entstanden aus einer Kreuzung von Darwin-Tulpen mit *T. fosteriana*. Diese Tulpenklasse kann als größte und beste aller Tulpen bezeichnet werden. Die hierher gehörenden Sorten blühen Mitte April und bringen sehr große Blumen auf kräftigen Stielen hervor.

Die Mendel-Tulpen sind aus den Darwin-Tulpen hervorgegangen. Ihre Blüte beginnt um den 25. April. Die Mendel-Tulpen sind nicht so haltbar wie die Darwin-Tulpen, und sie werden nur 35 bis 45 cm hoch.

Die Triumph-Tulpen sind aus einer Kreuzung von Einfachen Frühen Tulpen mit Darwin-Tulpen

hervorgegangen. Sie blühen nach den Frühen Tulpen, etwa Anfang Mai, und werden 40 bis 60 cm hoch. Diese Klasse zeichnet sich durch alle möglichen Farbschattierungen aus.

Die Rembrandt-Tulpen werden kaum mehr gezogen. Sie haben eine große Ähnlichkeit mit den Tulpenblüten auf den Gemälden der alten holländischen Meister. Die Blüten dieser Tulpen sind in ihrer Größe und Form den Darwin-Tulpen sehr ähnlich. Sie sind gestreift und gefleckt und deshalb sehr wirkungsvoll als Beet- und Einzeltulpen.

Die Breeder-Tulpen zeichnen sich durch ihre eigenartigen Farben aus. Sie bringen große Blüten und Töne in Braun, Purpur, Orange und Mattrosa hervor. Bei den Gartenliebhabern sind die Breeder-Tulpen aufgrund ihres Farbenspiels ganz besonders beliebt. Sie blühen ab Mitte Mai und erreichen eine Höhe von 65 bis 75 cm.

Die Einfachen Späten Gartentulpen oder Maiblühenden Tulpen kommen ab 10. Mai in Blüte. Sie eignen sich ausgezeichnet als Garten- und Schnittblumen. Auf schlanken, 65 bis 75 cm hohen Stielen tragen sie edelgeformte Blüten mit etwas zurückgebogenen Blumenblättern. Sie weisen jede nur denkbare Farbe auf.

Die Lilienblütigen Tulpen mit ihren nach außen zurückgebogenen Blumenblättern sind äußerst elegant und graziös. Sie werden 55 bis 65 cm hoch und blühen ab Mitte Mai. Die Lilienblütigen Tulpen lassen sich in Gruppen und einzeln auf Rabatten pflanzen. Als Schnittblumen sind sie sehr haltbar.

Die Papagei-Tulpen haben eigenartig gefranste, eingeschnittene und geränderte Blumenblätter. Sie sind leider etwas schwachstengelig, jedoch von langer Blühdauer. Ihre Höhe kann bis zu 70 cm betragen. Die Blütezeit beginnt Anfang Mai. Alle Papagei-Tulpen-Sorten sind für den Garten vorzüglich geeignet und vielseitig verwendbar, ganz besonders für den Vasenschmuck und für Dekorationszwecke.

Die Mehrblütigen Tulpen sind ebenfalls sehr wirkungsvoll. Ihre Blütenstiele teilen sich in etwa 30 cm Höhe und tragen bis zu fünf mittelgroße Blüten.

Tulipa clusiana, die reizenden Zwerge, öffnen im Frühjahr als erste ihre Knospen. Sie blühen lange vor der Laubentfaltung der Gehölze. Der kühle Schatten erwärmt sich an ihren Blüten, sie hellen das Halbdunkel von Gartenecken auf, und vor der Terrasse reihen sie sich in eine bunte Zwiebelblumengesellschaft ein.

Die Chamäleon-Tulpen sind im Aufblühen weiß und zeigen einen kaum sichtbaren rosa oder roten Rand. Die Farbe ändert sich nach und nach. Wenn die Chamäleon-Tulpen in voller Blüte stehen, ist die ganze Blume rosa oder rot gefärbt. Diese Tulpenklasse ist in Form und Blütezeit den Darwin-Tulpen sehr ähnlich.

Von Ende September bis Ende Oktober ist die günstigste Tulpenpflanzzeit. Bei einer durchschnittlichen Legetiefe von 15 bis 20 cm werden die jungen Austriebe durch die Bodendecke vor den Frühjahrsfrösten geschützt. Je früher die Zwiebeln gepflanzt werden, um so tiefer müssen sie in den Boden. Vor dem Auslegen läßt sich die Erde mit Nährhumus in Form von Rindenkompost, Komposterde oder verrottetem Stalldung verbessern.

Bei warmem Frühlingswetter beginnen die Tulpen bald zu verblühen. Am besten eignen sich für diese Zeit Frühe Tulpen. Es ist noch ziemlich kühl, und die Blüten fangen nicht an, schon früh abzufallen. Umgekehrt fällt bei den Maitulpen oder den Gefüllten Späten Tulpen der Flor in die wärmsten Wochen des Frühsommers. Bei sortenreiner Pflanzung läßt sich eine sehr frühe Tulpe neben eine mittelfrühe Tulpe auslegen. Eine gute Kombination bildet zum Beispiel *T. fosteriana* 'Orange Emperor' und die Darwin-Hybrid-Tulpe 'Golden Apeldoorn'. Damit läßt sich die Blütezeit verlängern. Selbst in kühlen Jahren wird der Flor gegen Ende April vorüber sein. Durch Unterpflanzung von Vergißmeinnicht oder Stiefmütterchen erhält man bis zur Sommerbepflanzung Mitte Mai einen fortlaufenden Blütenflor.

Man braucht die Tulpenzwiebeln nicht jeden Sommer aus dem Boden zu nehmen. Sie können bis zehn Jahre in der Erde bleiben. Dabei entwickeln sie sich zu gesunden, vielblütigen Horsten. Es ist dafür zu sorgen, daß die Pflanzen im Frühjahr genügend Nährstoffe im Boden vorfinden. Die Steingartentulpen erhalten 20 g, Tulpen auf der Terrasse, auf der Frühlingsblumenrabatte, in der Wildpflanzenecke und an Böschungen 40 g, für ihre Sorten 60 g und für die hochgezüchteten Gartentulpen 80 g Mehrnährstoffdünger pro Quadratmeter. Wo Tulpen in einer Staudenpflanzung stehen, können sie den Sommer über im Boden bleiben. Sie vermehren sich mit den Jahren und bilden ganze Horste, wobei die Blüten zwar zahlreicher, dafür kleiner werden. Nach drei bis vier Jahren müssen die Zwiebeln ausgegraben und frisch gepflanzt werden. Die Tulpen perennieren nicht wie die Hyazinthen und Narzissen durch mehrjährige Zwiebeln. Ihre Zwiebeln gehen im Laufe des Frühlings zugrunde. Es werden Ersatz- und Brutzwiebeln gebildet.

Beim Schneiden von Tulpen ist das Laub zu schonen. Wenn beim Blumenschnitt zu viele Blätter verloren gehen, können sich die Blumenzwiebeln nicht erholen. Im folgenden Jahr ist dann keine oder nur eine schwache Blüte zu erwarten. Von den verblühten Tulpen sind zur Verhinderung

eines Samenansatzes auch die »Köpfe« abzuschneiden. Die Entwicklung der Zwiebelbrut würde sonst stark beeinträchtigt.

Wenn auf der Sommerblumenrabatte die abgeblühten Tulpen stören, nimmt man die Zwiebeln noch vor dem Vergilben der Blätter heraus und pflanzt sie an eine abgelegene Stelle des Gartens. Sie lassen sich auch auf einem sonnigen Gartenbeet oder in Kisten zum Nachreifen einschlagen. Nach dem Vergilben der Blätter putzt man die Zwiebeln. Sie werden von allen anhaftenden Resten gereinigt. Man lagert sie dann kühl und trocken in flachen Kisten. Während der Zeit der Sommerruhe erfolgt im Inneren der Tulpen die Blütenknospenbildung. Es darf keinesfalls durch dichtes Lagern zu einer Selbsterwärmung der Zwiebeln kommen. Man muß sie bis zum Auspflanzen im Herbst in einem luftigen, trockenen und schattigen Raum aufbewahren.

Die Wildtulpen oder »Botanischen Tulpen« eignen sich für naturhafte Gärten. *T. sylvestris*, die Weinbergtulpe, kommt in Deutschland wildwachsend oder verwildert vor. Sie vermehrt sich durch Ausläuferbrut und bildet dabei oft riesige Blattrasen mit nur wenigen Blüten. Die von der Firma van Tubergen aus Persien eingeführte *T. sylvestris* 'Täbris' eignet sich vorzüglich zum Bepflanzen steppenheide-ähnlicher Flächen. Ihre sternförmigen, zitronengelben Blüten erscheinen im Mai auf 30 cm hohen Stielen.

1904 wurde von Josef Haberbauer im Samarkand-Gebirge auf 2000 m Höhe *T. fosteriana* gesammelt. Die von van Tubergen unter den Bezeichnungen 'Red Emperor' mit bis 15 cm großen Blüten und 'Cantata' geführten Sorten sind Auslesen der schönsten Typen dieses Fundes.

Gräser im Staudengarten

Die Gräser bieten hervorragende, sehr vielseitige Möglichkeiten der Gartengestaltung. Äußerlich besteht eine große Ähnlichkeit zwischen den Gattungen, die in die Familien

1. Süßgräser oder Echten Gräser (Poaceae)
2. Sauer- oder Riedgrasgewächse (Cyperaceae)
3. Binsengewächse (Juncaceae)

eingereiht sind.

Ein typisches Merkmal der Süßgräser sind die kahlen, knotig gegliederten Stengel. Bei den Riedgrasgewächsen besitzen die meist dreikantigen, markhaltigen Stengel keine Knoten. Ein Kennzeichen der Binsengewächse sind die runden, seltener oval zusammengedrückten Stengel, ohne Knoten und mit Mark gefüllt.

Eine weitere Familie, die Rohrkolbengewächse (Typhaceae), wird mit ihren bekannten Vertretern in den Lebensbereichen Bachrand, Teich sowie Moor und Sumpf angesprochen.

Die grasartigen Pflanzen feuchter Standorte besitzen ein Aerenchym, das bei den Riedgras- und Binsengewächsen an dem fächerartig unterbrochenen Mark der Stengel zu erkennen ist. Es dient der Durchlüftung und der Luftspeicherung.

Die Gräser finden als Staudenbegleiter und Solitärs, an Bachrändern und in Verbindung mit Gehölzen höchst vielseitige Verwendung. Sie wachsen an sonnigen und trockenen ebenso wie an wechselfeuchten Standorten, in feuchten Wiesen, am Teich und im Wasser. Wir können Gräser auswählen mit verschiedenen grünen, gelben, braunen, rötlichen, bläulichen oder buntstreifigen Blättern, die uns nicht nur mit ihren Farben, sondern auch mit ihrem schönen Wuchs erfreuen. Gräser geben dem Garten oder bestimmten Gartenteilen ein charakteristisches Gepräge. Nicht selten bilden sie sogar das Gerüst, nach dem sich die Gehölz- und Staudenpflanzung richtet.

Gräser als Leit- und Begleitstauden

Achnatherum arundinaceum var. brachytricha, Diamantgras

In Europa bis Ostasien beheimatet. Das horstig wachsende Diamantgras wird im Laub 50 bis 60 cm, in Blüte etwa 100 cm hoch. Die zierlichen, graurosa Rispen halten von Ende August bis Oktober. Es wächst in voll sonniger Lage auf durchlässigem, trockenem Boden. Verwendung solitär oder in kleinen Gruppen als Gerüstbildner wärmeliebender Stauden.

Achnatherum calamagrostis, Silberhaariges Rauhgras, Ränkgras, Straußengras, Föhngras, Goldährengras (syn. *Lasiagrostis calamagrostis, Stipa calamagrostis*)

Kommt in den Alpen und Gebirgen Südeuropas auf Felsabhängen vor. Der Wuchs ist horstig und dicht rasig ohne Ausläufer. Die 60 bis 80 cm hohen Halme sind locker überhängend, mit auffallend fein gegliederten Rispen. Ährchen zuerst silbrigweiß glänzend, später im Herbst gelblichbraun gefärbt. Blütezeit ab Juni. Läßt sich solitär und in Gruppen in naturhaften Pflanzungen wie Steppenheide oder Steinanlagen, an warmen Böschungen und auf sonnigen Terrassen, auf kalkhaltigen und trockenen Böden verwenden.

'Lemperg' mit kompaktem Wuchs und blaugrüner Belaubung. Haltbare Ährchen, gelbweiß, 60 cm hoch.

Agropyron magellanicum, Magellan-Blaugras

Wächst in Feuerland an sandig-humosen Standorten der Küste. Als völlig winterhartes Gras ist es für windexponierte Lagen geeignet. Man soll es nur nicht in trockenen Lagen oder an Stellen mit stauender Nässe oder Tropfenfall verwenden. Rückschnitt erst im Frühjahr. Bildet einen 50 bis 100 bis 120 cm hohen ausläuferlosen Horst. Die überhängenden Blätter sind bläulichweiß, bereift ab Mai und stumpfgrün im Herbst und Winter, 60 bis 70 cm lang. Blüten im Juni – Juli in ährigen Blütenständen, die dem Riesenstrandhafer ähnlich sehen. Blütenstände nach der Blüte nicht entfernen. Vereinzelt Selbstaussaat.

Andropogon gerardii, Bartgras

Locker horstiges, graziles Bartgras aus Nordamerika. Wird etwa 90 cm hoch. Blütenähren etwa 150 cm in bogig geneigten, rot getönten Halmen. Stehen in auffallendem Kontrast zu den bräunlichgrünen Blattscheiden. Die silbrigen Blütenstände erscheinen von August bis Oktober in Traubenähren. Das Gras läßt sich solitär in Steinanlagen und auf Terrassenbeeten in voll sonniger Lage auf kalkhaltigem Boden verwenden.

Andropogon scoparius, Bartgras

In Nordamerika und Mexiko beheimatet. Wuchs im Laub etwa 80 cm, in der Blüte 120 cm hoch. Die Blätter sind im Sommer blaugrün, im Herbst rötlichbraun. Die silbrigen Traubenähren erscheinen von August bis Oktober. Paßt zusammen mit wärmeliebenden Stauden an trockenen, vollsonnigen Standorten.

Calamagrostis × acutiflora 'Karl Foerster', Gartensandrohr

Früher Austrieb von Anfang bis Mitte März. Frischgrünes Laub mit gelber Herbstfärbung, im Winter dunkelbrauner Halmschmuck. Ab Mitte Juni bildet das Gartensandrohr lockere, steil aufrechte, etwa 170 bis 180 cm lange Blütenhalme mit weitgefächerten, dunklen Rispen. Sie färben sich nach der Blüte gelb und legen sich zusammen, öffnen sich aber wieder zur Reife und bleiben dann bis in den Winter erhalten. Diese Wildhybride aus *C. arundinacea* × *C. epigeios* ist nicht wuchernd. Sie läßt sich in der Sonne, im Halbschatten und in Schattenlagen an Standorten von trocken bis feucht verwenden. Unter lichtkronigen Gehölzen verträgt das Gartensandrohr den Wurzeldruck von Bäumen und Sträuchern und harmoniert mit blau- oder rotblühenden Stauden.

Neben der Sorte 'Karl Foerster' wird auch die Sorte 'Overdam' mit weiß gerandeten Blättern angeboten. Sie wuchert nicht, blüht von Juli bis September und erreicht bis 150 cm Höhe. Die Sorte 'Stricta' wird ebenfalls 150 cm hoch, ist straff aufrecht und kommt im Juli – August in Blüte. Diese Sorte kann im Garten sowohl solitär als auch zusammen mit niedrigen und halbhohen Stauden verwendet werden.

Carex muskingumensis, Palmwedel-Segge

Kommt in Nordamerika auf nassen Wiesen und im Gebüsch vor. Wächst in der Sonne und im Halbschatten, in allen feuchten Gartenböden, die bei Trockenheit gewässert werden. Bildet etwa 70 cm hohe, dichte Gräserbüsche. Die Halme sind bis oben palmwedelartig beblättert. Im Juli – August erscheinen knapp über den Blättern die Blütenstände aus knopfigen, braunen Blütenähren.

Die Sorte 'Wachtposten' ist eine Auslese mit besserem Standvermögen.

Dactylis glomerata 'Variegata', Weißbuntes Knaulgras, Silbersprudelgras

Die Art ist in ganz Europa auf nährstoffreichen und frischen, alkalischen bis schwach sauren Böden zu finden. Im Mai – Juni erscheint der 100 cm hohe Blütenstand in Rispen, die ohne Schmuckwirkung sind. Rückschnitt muß erfolgen, um Versamung zu verhindern. Die Blätter sind schmal und weißbunt längsgestreift. Dieses alte Bauerngartengras bildet bis 40 cm hohe, horstige, ausläuferlose, dichte und kräftige Büsche. Verwendung findet es zusammen mit anderen halbhohen Stauden.

Zu den schönsten Großgräsern zählt das Diamantgras. Achnatherum arundinaceum var. brachytricha schmückt sich im August mit wehenden Rispen. Die graurosa Blüten schaffen optische Weite und verleihen dem Garten im Abendlicht etwas Geheimnisvolles.

Deschampsia cespitosa, Rasenschmiele, Blüten-schmiele (syn. *Aira caespitosa*)

An ihrem Naturstandort kommt die Rasen-schmiele in Europa in Auwäldern, an Quellen, in feuchten Wiesen, Ufern und Gräben vor. Vom Blühbeginn im Juli hält die locker ausgebreitete pyramidale Rispe bis in den Winter. *D. cespitosa* ist sehr formenreich. Die Ährchen sind vielfarbig violett, braun und grün gescheckt. Die dunkelgrü-nen Blätter stehen vom Halm steif ab, bis 60 cm lang mit hellen Längsstreifen, bei Trockenheit ein-rollend, die Halme im Spätherbst strohgelb. Die 120 bis 150 cm hohen Horste wuchern nicht.

Immer elegant und ausdauernd ist die Rasenschmiele. Deschampsia cespitosa hat ihre große Zeit mit Beginn der Gelbfärbung im September.

'Bronzeschleier', Blüte Mai bis Juli, 30/120 cm hoch, goldbraune Rispen, kompakte Horste.

'Goldgehänge', in Blüten nur etwa 100 cm hoch, Rispen und Halme goldgelb getönt.

'Goldschleier', bis 100 cm hoch, aufrechte, silbergrüne Blütenstände, die sich später goldgelb färben.

'Goldstaub' wie 'Goldgehänge', blüht nach 'Goldschleier'.

'Goldtau', bis 50 cm hohe Horste und gelbe Blütenrispen von 130 cm Höhe.

'Tardiflora', Blüte Juni bis August, hellgrün; Blätter elegant überhängend, früh austreibend, feste, 20/80 cm hohe Horste.

'Tauträger', graziles Halmwerk und zierlich verzweigte Ährenrispen, die ab Ende August erscheinen. Sie bleiben bis in den Winter erhalten und sind dann eine besonders schöne Zierde im Garten. Höhe im Laub 50 cm, in Blüte 100 cm.

'Waldschatt', Blüte ab Juli, dunkelbraune Rispen; Blätter in schönen, runden und kompakten Horsten; 30/120 cm hoch.

In humos-lehmigen und tonigen Böden wollen diese Gräser feucht bis naß in kleinen Gruppen oder als Einzelhorste zusammen mit Stauden und Gehölzen auf den Rabatten stehen. Sie meiden lediglich Rohhumus. Sie vertragen die volle Sonne und den tiefen Schatten.

Festuca gigantea, Riesenschwingel

Am Naturstandort kommt *F. gigantea* in Europa in Auen-, Laubmisch- und Erlenwäldern unter Eschenbeständen, in feuchten Waldsäumen und Lichtungen vor. Er blüht im Juli – August in bis 50 cm langen Rispen, schlaff überhängend mit blaßgrünen Ährchen. Bildet bis 150 cm hohe, sommergrüne Horste ohne Ausläufer. Liebt sandig-humose oder humos-lehmige, frisch-feuchte, sicker- oder staunasse Standorte. Der Riesenschwingel sollte bevorzugt an schattigen Stellen unter dichtlaubigen Bäumen und Sträuchern Verwendung finden. An lichten Stellen kann er unter Umständen zu einer starken Konkurrenz für Stauden werden.

Festuca mairei, Atlasschwingel

In Marokko, an Bachrändern des Atlasgebirges bis 2300 m Höhe vorkommend. Kräftiges Horstgras, im Laub bis 60 cm, in Blüte bis 120 cm hoch und breit ausladend. Das graugrüne Laub ist nur 5 mm breit und scharf gesägt, ziemlich flach, jedoch straff. Die steifen Halme sind bis 120 cm lang mit wenig verzweigten, schlanken Rispen. Blüht im Juni – Juli, die Rispenhalme vertrocknen im Sommer und sollten dann entfernt werden. Als Solitärpflanze in vollsonnigen Lagen ein guter Rosenbegleiter.

Hakonechloa macra, Japangras, Waldbambus

In Japan beheimatet. Bildet bis zu 40 cm hohe Blattschöpfe mit leichter Ausläuferbildung. Bläulichgraues Laub mit rötlicher Herbstfärbung, von Juli bis September 60 cm hohe, lockere Blütenrispen. Läßt sich ausgesprochen flächig am Gehölzrand in durchlässigen, frischen bis feuchten Böden verwenden. In rauhen Lagen Winterschutz.

'Aureola', gelbbronze gestreifte Blätter, 30 cm hoch, Blüten goldgelb im August – September.

'Nana', grüne Blätter, 20 cm, kompakte Form, gelbgrüne Blüten. Guter Bodendecker.

Helictotrichon sempervirens, Blaustrahlhafer
(syn. *Avena candida*)

Ein 30 bis 50 cm hohes, dichtes Horstgras der Südwestalpen mit starren, zusammengerollten, immergrünen, bläulich-graugrünen Blättern. Die Blütenrispen erscheinen im Juni/Juli, werden bis 120 cm hoch und schweben über den strahligen Horsten. Der Blaustrahlhafer ist eines der beliebtesten Schmuckgräser für Steppenheiden, Felssteppen und Terrassen, ebenso einer der schönsten Rosenbegleiter. Er verlangt durchlässigen Humusboden und einen sonnigen Standort.

'Pendula', schön überhängende Blütenstände.

'Saphirsprudel', grüne Blätter und leicht überhängende Ähren. Blütezeit Juli – August, Höhe in Blüte 100 cm.

Hystrix patula, Flaschenbürstengras
(syn. *Asperella hystrix*)

Von den Prärien Nordamerikas. Bringt im Juni bis Juli flaschenbürstenförmige Ähren hervor, locker auseinandergehend, zuerst weißlichgrün, dann braun werdend. Die Blätter sind schilfartig überhängend, die Pflanzen werden 50 bis 60 cm hoch und bilden ausläuferlose Horste. In sandig-humosen oder humos-lehmigen Böden werden sie einzeln oder in kleinen Gruppen zusammen mit spätblühenden Kleinstauden vor Gehölzen oder im lichten Schatten verwendet. Diese nicht sehr langlebige Art sät sich selbst aus.

Melica altissima 'Atropurpurea', Riesenperlgras

Der Naturstandort ist in Südosteuropa, der südlichen UdSSR und in Mittelasien. Ab Mai erscheinen bis zu 15 cm lange, silbergraue Ährenrispen. Die saftiggrünen Blätter sind bis 20 cm lang. Die etwa 100 bis 150 cm hohe, horstige Art hat in 'Atropurpurea' eine Sorte mit einem dunkelpurpurbraunen Blütenstand von etwa 100 cm Höhe hervorgebracht. In einem sandig-humosen Boden liebt das Riesenperlgras trockene bis mäßig trockene Standorte. Geeignet für den lichten Gehölzrand.

Molinia caerulea, Blaues Pfeifengras, Besenried, Benthalm

Am Naturstandort kommt das Blaue Pfeifengras in Europa und Westsibirien gesellig in moderigen-torfigen und kalkhaltigen Böden vor. Vorwiegend werden nur die Sorten gepflanzt.
'Dauerstrahl', bräunliche Blütenähren, bis 120 cm hoch. Schöne Herbstfärbung, Blüten- und Blattschmuck von August bis März.
'Heidebraut', etwa 130 cm hoch mit hellen Ähren.
'Moorhexe', lange Blüte der starr dunkelschwarzbraunen, dicht anliegenden Rispen auf schönen gelben Halmbüschen, nur etwa 20/80 cm hoch.
'Rotschopf', rotbraune Horste und Ähren, 70 cm hoch, Blütezeit August bis Oktober.

'Strahlenquelle', Blütenhalme ertragen Schneedruck, bis 120 cm hoch.
'Variegata', gelblichweiß panaschierte Form mit schönem Austrieb. Dunkelbraune Blütenähren nur bis 50 cm hoch. Blüht von August bis Oktober. Auch im Alter schön. Frostempfindlich (Winterschutz). Läßt sich mit Beetstauden vergesellschaften.

Von Juli bis Oktober erscheinen die Blüten in aufrechten Rispen mit blauvioletten Ährchen, die im Schatten blaßgrün gefärbt sind. Die graublaugrünen Blätter verfärben sich im Herbst gelb. Die 30 bis 120 cm großen Horste mit kurzen Rhizomen wuchern kaum und treiben spät aus. Die genannten Sorten von *M. caerulea* passen vorzüglich in Heide- und Naturgärten, in kleinere Anlagen oder wachsen im lichten Gehölzbereich in einem nährstoffarmen, humos-lehmigen oder torfhaltigen Boden, der frisch-feucht ist.

Pennisetum alopecuroides, Lampenputzergras

Das als *Pennisetum compressum* eingeführte »Australische Lampenputzergras« zeigt sich im Gegensatz zu dem aus Ostasien stammenden *P. japonicum* (beide werden in *P. alopecuroides* vereint) auch in rauhen Gebieten winterhart genug und kommt auch mit wenig Sommerwärme zum Blühen. Ein ausgezeichnetes Gras für Einzel- oder Gruppenpflanzungen an voll sonnigen Standorten, zwischen Steinen, in Wassernähe und auf Rabatten. Ab Ende August bis Oktober flaumige Blütenähren in Grau-Rot-Braun, walzenförmig bis 25 cm lang, lampenputzerähnlich mit gewimperten Borsten. Die kniehohen, kompakten Büsche sind in Blüte bis 80 cm hoch. Das weniger auffallende Laub ist lang und elegant überhängend. Auch im Winter reizvoller Schmuck, kann nach drei bis vier Jahren blühfaul werden. Nach einigen Standjahren sind die dichten Horste zu teilen und neu aufzupflanzen. Junge Pflanzen gut wässern und im ersten Jahr mit leichter Laubdecke schützen. Rückschnitt handhoch im Frühjahr.
'Compressum', vermutlich identisch mit *Pennisetum compressum*.

'Hameln', kommt früher und reicher zum Blühen. Ausgewogenes Verhältnis zwischen Laubbusch und Blüte ab Juli bis zum Frühherbst. Horst nur 30/60 cm hoch und Blätter im Spätherbst rostbraun.

'Herbstzauber', Auslese aus 'Hameln', mit 40/50 cm etwas kleiner und frühblühender.

'Japonicum', vermutlich *Pennisetum japonicum*.

'Variegatum', Form mit gelben Halmen.

'Weserbergland', mit 25/40 cm sehr niedrig.

Phalaris arundinacea 'Picta', Buntes Glanzgras, Bandgras, Brautgras

P. arundinacea, das Rohrglanzgras kommt in Europa, Nordamerika und Ostasien im Uferbereich und in Auwäldern vor. Im Mai – Juni erscheint der Blütenstand in ausgebreiteten, ährenförmigen Rispen. Die schilfartigen, rötlichvioletten und weiß gestreiften Blätter eignen sich für Schnittzwecke. Die jungen Austriebe sind oft rosa getönt. Das bis 100 cm hohe Bunte Glanzgras ist buschig, robust und ausdauernd mit Rhizomen. In humos-lehmigen, nährstoffreichen Böden ist es besser, es an frischen als an zu feuchten Standorten zu verwenden. Dadurch wird die Wucherneigung etwas gemildert. Bei Blattschäden durch Trockenheit hilft ein Rückschnitt. Es treibt dann wieder durch. An buntlaubigen Sorten sind ferner zu verwenden:

'Feeseys Form', Sport von 'Picta', mit höherem Weißanteil und blaßgrünen Zwischenstreifen. Rhizom kürzer, Wuchs horstiger und wesentlich besser geeignet für Garten und Schnitt.

'Luteo Picta', gelbe Längsstreifen auf dem Laub, jedoch weniger auffallend als bei den übrigen Sorten. Bis 100 cm hoch, wuchernd.

'Picta' = 'Elegantissima', 'Tricolor' und 'Superba-Elegantissima'.

'Variegata', Blätter weiß gestreift und 70 cm lang, starker Wucherer.

Sesleria heuffleriana, Grünes Kopfgras

In Südosteuropa beheimatet. Wird etwa 50 cm, in Blüte 70 cm hoch. Die Form 'Ungarica' bildet dichtere Horste. Das Laub ist etwa 5 mm breit und im jungen Stadium stark bläulich bereift. Schon ab April erscheinen ihre schmalen, 3 cm langen, schwarzen Rispenäste. Läßt sich auf kalkhaltigem Boden am Gehölzrand, im Stein-, Heide- oder Steppengarten verwenden. Bei genügender Bodenfeuchtigkeit werden die Blätter breiter und bleiben bis tief in den Winter grün.

Sesleria nitida, Nestkopfgras

Kommt vom Balkan und aus Italien. Läßt sich solitär zwischen graulaubigen Stauden wie dem Wollziest oder *Sedum*-Arten in einem sandig-humosen Boden verwenden. Die Blätter sind hart und steif stehend, metallisch grau. Wird etwa 40 cm hoch und wächst horstig. Im April – Mai erscheinen weißgraue Blütenähren, die mit 80 cm deutlich höher als die Horste sind.

Sorghastrum nutans, Goldbartgras, Indianergras
(syn. *Sorghastrum avenaceum, Chrysopogon nutans*)

Zählt zu den schönsten Schmuckgräsern des östlichen und mittleren Nordamerikas. Seine dichten Horste sind von schmaler und straffer Gestalt, mit 80 cm im Laub und in Blüte von 150 cm Höhe. Spät austreibend, Blätter graugrün und etwa 1 cm breit. Die violettbraunen, rispenartig überhängenden Blütenähren entfalten sich von August bis Oktober. Blüten und die spät austreibenden graugrünen Blätter passen gut zu sommerblühenden Beetstauden.

Spodiopogon sibiricus, Zotten-Rauhgras
(syn. *Andropogon sibiricus*)

Asiatisches Steppengras. Läßt sich solitär oder mit anderen Prachtstauden zusammen in allen guten Gartenböden verwenden. Wird 150 bis 170 cm hoch, wächst horstig mit steif wirkendem Halmwurf und schilfartigem Aufbau. Die grünen Blätter verfärben sich im Herbst rötlichbraun. Blüht von Juli bis September mit starr aufwärts gerichtetem

Phalaris arundinacea 'Picta' und Cotinus coggygria 'Royal Purple' *– apartes Stillleben mit kontrastierenden Farben. Buntes Glanzgras und Perückenstrauch effektvoll kombiniert. Der Vorliebe für den sonnigen Süden kommt der spezielle Lebensraum vor einer Mauer entgegen.*

Blütenstand. Entwickelt sich vor allem in warmen, feuchten Sommern gut.

Stipa capillata, Büschelhaargras, Pfriemgras

Vom Mittelmeergebiet über das südliche Europa bis Sibirien beheimatet. Die graugrünen Laubhorste sind etwa 50 cm, in Blüte bis 120 cm hoch, mit schmal eingerollten Blättern. Im Juli – August Blütenrispen mit etwa 20 cm langen, hellgrauen und fadenförmigen Grannen. Das wärme- und kalklie-

bende Büschelgras wird einzeln oder in kleinen Gruppen im sonnigen Heide- und Steppengarten verwendet.

Stipa gigantea, Riesen-, Pyrenäen-Federgras
(syn. *S. lagascae, Macrachloa arenaria*)

Beheimatet in Portugal, Mittel- und Südspanien. Bildet dichte, 50 bis 70 cm hohe Horste und bis 200 cm hohe Blütenstände mit bis 50 cm langen Blütenrispen auf straff aufrechten Halmen. Grannen golden, bis 20 cm lang und leicht hängend. Blüten von Juli bis zum Frühwinter schmückend. Findet an warmen und trockenen Plätzen Verwendung.

Stipa pulcherrima, Prachtfedergras
(syn. *S. grafiana*)

An ihrem Naturstandort in Mittel- und Südosteuropa, der Türkei und im Iran kommt das Prachtfedergras als kalkliebende Pflanze auf Muschelkalk und Gips vor. Von Mai bis Juli erscheint der Blütenstand mit langschweifig-federigen Grannen. Die Blätter sind graugrün und überhängend, der Wuchs 50 bis 70 cm hoch und horstig. Schönstes Federgras, das acht bis zehn Jahre alt wird. Bevorzugt die volle Sonne und einen sandig-humosen Boden.

Uniola latifolia, Plattährengras

In Mittel-Nordamerika und im östlichen Nordamerika/Kansas sowie Florida beheimatet. Blüht von August bis Oktober mit graubraunen, überhängenden, flachgedrückten Ährenrispen, die kleine blaue Zeichnungen aufweisen. Die dunkelgrünen Blätter bilden etwa 100 cm hohe Büsche mit Wildstaudencharakter, stehen straff aufrecht. Bevorzugt sonnige Standorte und humos-lehmige, gute Gartenböden, die frisch-feucht sind. Läßt sich einzeln oder in kleinen Gruppen verwenden.

Gräser für Schattenbereiche

Brachypodium sylvaticum, Waldzwenke

In feuchten Auen, Laubmisch- und Buchenwäldern Europas beheimatet. Sollte möglichst nur in größeren Gärten Verwendung finden. Vermehrt sich stark durch Selbstaussaat. Verträgt unter starkwüchsigen Bäumen den Wurzeldruck der Gehölze. Ein 30 bis 60/90 bis 120 cm hohes Horst- und Waldgras ohne Ausläufer. Die locker überhängenden Blätter sind grün bis hellgrün mit wei-

chen Haaren besetzt. Von Juni bis Oktober erscheinen die Blüten in leicht überhängenden, lockeren Scheinähren, hellgrün.

Bromus ramosus ssp. ramosus, Waldtrespe, Rauhe Trespe (syn. *B. asper*)

Am Naturstandort in Europa in krautreichen Laub- und Nadelmischwäldern. Unter Gehölzen in humusreichen, durchlässigen Böden bis 190 cm hoch ohne Ausläufer in lockeren Horsten. Blüte im Juli – August in schlaff-überhängenden lockeren Rispen, 15 bis 45 cm lang. Häufig Selbstaussaat.

Carex digitata, Fingersegge

In den Wäldern Europas beheimatet. Im dichten Gehölzbereich und in humos-lehmigen Böden mit genügender Humusauflage breitet sich die Fingersegge rasenbildend aus. Wird 10/30 cm hoch und bildet dichte Horste. Die Blätter sind derb, an den Rändern rauh, hellgrün und später dunkelgrün. Blühen von März bis Mai. Die bräunlichen Ähren stehen fingerartig zusammen. Samen wird durch Ameisen verbreitet.

Carex elongata, Walzensegge

Kommt in den Erlenbrüchen Nord- und Mitteleuropas vor. Im Gehölzbereich in sandig-humosen oder humos-lehmigen Böden wachsen sie im tiefen Baumschatten. Bis 100 cm hoch in dichten Horsten ohne Ausläufer. Wintergrün mit aufrechten oder bogenförmig überhängenden Stengeln. Blätter schlaff hängend, an den Rändern stark rauh, gelblichgrün, Blattscheiden hellbraun. Blüht im Mai – Juni in eiförmig-länglichen Ähren.

Carex grayi, Morgensternsegge

Im atlantischen Nordamerika beheimatet. Wächst unter allen Lichtverhältnissen, in allen Gartenböden unter allen Feuchtigkeitsgraden an dunklen Stellen bei einer Humusauflage von 20 cm. Wird 50/60 cm hoch, ist horstbildend und lange grün bleibend. Blüht von Juni bis August. Blüten und Fruchtstand wie ein mittelalterlicher Morgenstern.

Carex hachijoensis 'Evergold'
(syn. *C. morrowii* 'Ingwersen')

Stammart in Japan beheimatet. Horstiger Wuchs, 20 cm Höhe. Blütezeit April – Mai, 30 cm hoch. 'Evergold' hat immergrüne und lebhaft goldgelb und weiß gestreifte Blätter mit grünem Randstreifen. Läßt sich im Schatten und Halbschatten von Mauern verwenden. Ein Winterschutz ist empfehlenswert.

Carex morrowii 'Variegata', Weißbunte Japansegge

Die Weißbunte Japansegge ist seit 100 Jahren in Kultur. Die dunkelgrünen Blätter mit einem helleren Randstreifen sind immergrün. Wird 20 bis 40 cm hoch und bildet fast 100 cm breite Horste. Blüht je nach Standort von März bis Mai. In einem humoslehmigen Boden und an einem frisch-feuchten Standort erträgt *C. morrowii* die Sonne. Pflanzung unbedingt mit Topfballen. Auch wertvoll für Gehölzunterpflanzungen und am Gehölzrand. *C. morrowii* 'Variegata' ist eine der schönsten immergrünen Sorten, die in kleinen Gruppen oder als Solitär gepflanzt wird. Die Sorte 'Aureovariegata' hat nach unten gebogene, gelblich gerandete, gestreifte Blätter auf grünem Grund. Beide Sorten erhalten leichten Winterschutz.

Carex pendula, Hängende Segge, Große Segge, Riesensegge (syn. *C. maxima*)

In Europa an Bach- und quelligen Stellen, an schattigen Standorten und in Waldböschungen beheimatet. Läßt sich gut unter Erlen, Eschen, Ahorn, Tannen und Buchen, am Teichrand, zwischen Sträuchern und zusammen mit Rodgersien, Funkien und großen Farnen verwenden. Liebt jeden kalkarmen, sandig-humosen, humos-lehmigen oder moorigen Boden. Wird bis zu 180 cm hoch, ist fast wintergrün und bildet dichte, ausdauernde

Horste ohne Ausläufer. Die steif aufrechten Stengel sind schräg stehend, scharf dreikantig und bis unterhalb des Blütenstandes beblättert. Blütenstand erscheint im Mai – Juni, ist bis 50 cm lang und schwebend oder pendelnd überhängend.

Carex plantaginea, Breitblattsegge
(syn. *C. latifolia*)

Aus Nordamerika; für den tiefsten Gehölzbereich oder lichten Gehölzrand. Ein wintergrüner, dauerhafter Bodendecker für voll schattige Lagen. Wird gesellig zusammengepflanzt in kleinen oder teppichartig in größeren Mengen mit Vorfrühlingsblühern. 25 bis 40 cm hoch in flachen Horsten. Blätter frischgrün und bis 2 cm breit. Die Blüten erscheinen von April bis Juni in borstig-gelben Ähren.

Carex sylvatica, Waldsegge

In Europa häufig in krautreichen Laub- und Nadelmischwäldern. Wächst gut unter dichtlaubigen Bäumen zusammen mit Farnen, Waldmeister, Haselwurz und Leberblümchen. Der Boden sollte humos, humos-lehmig, nährstoff- und basenreich sein. Wird bis 70 cm, selten 150 cm hoch, ist wintergrün und bildet als Horstgras dichte Bestände ohne Ausläufer. Die aufrechten Stengel sind zur Fruchtzeit an der Spitze überhängend. Im Juni – Juli während der Blüte hängen zwei bis vier Ährenäste an den gebogenen Stengeln ampelartig nach unten. Selbstaussaat ohne lästig zu werden.

Carex umbrosa, Schattensegge

Wächst im Kaukasus in schattigen bis halb schattigen Laubmischwäldern. Hervorragend zur Unterpflanzung älterer Gehölze geeignet. Wird einzeln, zu mehreren oder flächig als Bodendecker zusammen mit Schattenstauden verwendet. In einem kalkfreien Humusboden vertragen sie den Wurzeldruck der Gehölze. Die 10 bis 30 cm hohen immergrünen Horste wuchern nicht. Beim Austrieb sind die Blätter hellgrün, sonst dunkelgrün mit rauhen, scharfen Rändern. Blüht von April bis Juni und bildet etwas keulige, rotbraune bis grauschwarzbraune Ähren.

Elymus caninus, Hundsquecke
(syn. *Agropyron caninum*)

Kommt im dichten Gehölzbereich als Stickstoffzeiger an feuchten und sickernassen Stellen vor. Unter Bäumen und Sträuchern mit hoher Fallaub-Produktion verträgt die Hundsquecke den Wurzeldruck der Gehölze sehr gut. Wuchs 50/150 cm hoch in lockeren Horsten ohne Ausläufer. Die Blätter sind beiderseits rauh, obere Seite graugrün, untere Seite glänzend dunkelgrün, schlaff hängend, bis 30 cm lang, sommergrün. Blüten im Juni bis Juli in schlanken Ähren, etwas schlaff überhängend. Vermehrung durch Selbstaussaat.

Festuca altissima, Waldschwingel
(syn. *F. sylvatica*)

Kommt in Buchen-, Tannen- und Laubmischwäldern, oft zusammen mit *Milium effusum* und *Calamagrostis arundinacea* im dunkelsten Gehölzbereich vor. Bevorzugt kühle und feuchte Lagen, humos-saure Böden bei wenig Lichteinfall. Wuchs 120 bis 200 cm Höhe, bildet dichte Horste ohne Ausläufer, zusammenhängende Rasen und ist wintergrün. Blätter am Grund oft breit und wellig, bis 60 cm lang, oberseits blaugrün bis blaßgrün, unten lebhafter grün und meist nach oben gedreht. Blüht im Juni – Juli in großen Rispen, leicht nikkend, nach der Blüte überhängend, grünviolett. Selbstaussaat bei entsprechendem Standort.

Luzula luzuloides, Weiße Hainsimse
(syn. *L. albida, L. nemorosa*)

In weiten Gebieten Europas verbreitet. Im tiefen Baum- und Strauchschatten zur flächigen Unterpflanzung von Gehölzen geeignet. Bei starkem Wurzeldruck mit einer 20 cm hohen Humusauflage. Wuchs 30/70 cm hoch, lockere Rasen mit kriechender Grundachse bildend. Die Stengel sind aufsteigend, glatt und bis zum Blütenstand beblättert. Blütenstand im Mai – Juni, endständig mit doldenförmiger Rispe, weißrötlich.

Luzula nivea, Schneemarbel

Diese europäische Art wird 30/60 cm hoch, bildet lockere Rasen mit kriechender Grundachse und ist wintergrün. Die Pflanze braucht den Schatten der Gehölze. Läßt sich unter jedem Baum und Strauch in einem sandig-humosen, humos-lehmigen Boden oder im Moder ansiedeln. Der aufrecht aufsteigende Stengel ist glatt und bis zum Blütenstand beblättert. Blattspreiten maximal 30×0,5 cm, nach oben schmaler werdend und oft eingerollt, an den Rändern dicht mit Haaren bewimpert. Blüten bilden von Juni bis August doldenförmige Rispen mit 6 bis 20 Blütenknäueln.
'Arctic Hair', silbrigweiß bewimperte Blätter, weiße Blüten, 40 cm hoch.
'Schneehäschen', 40 cm hoch, im Mai – Juni blühend.

Luzula pilosa, Behaarte Hainsimse, Haarmarbel, Immergrüne Zwergmarbel

In Europa häufig in krautreichen Laub- und Nadelwäldern. Dieses wurzeldruckfeste Gras eignet sich vorzüglich zur Unterpflanzung dichtlaubiger Gehölze in tief schattiger Lage. Der Boden kann sandig-humos, humos, humos-lehmig und mäßig sauer sein. Die Pflanzung sollte im Sommer erfolgen. Wuchs 30 bis 40 cm hoch, Horste in locker dichten Beständen, wintergrün. Die Stengel sind aufrecht oder schwach gebogen, unten dicht und oben locker beblättert. Blüht von März bis Mai, eventuell remontierend im Herbst, Blütenstand bräunlich. 'Grünfink', 20 cm hoch, breites, grünes Laub, blüht im April – Mai.

Luzula sylvatica, Wald-Hainsimse, Große Hainsimse, Waldmarbel, Waldsimse (syn. *L. maxima*)

In fast ganz Europa verbreitet. Ausgezeichnet zur Gehölzunterpflanzung geeignet. Verträgt den

Wurzeldruck, ist im Winter grün und läßt keine andere Schattenstaude aufkommen. Liebt sandig-humose, humos-lehmige, saure bis mäßig saure Böden. Wuchs 30 bis 80 cm, dichte Horste, selten mit Ausläufern. Stengel aufrecht bis 3 mm dick. Blätter glänzend dunkelgrün, Ränder spärlich langhaarig bewimpert. Blüten von April bis Juni in reich verzweigtem Blütenstand.

'Aurea-Marginata', gelb gerandete Blätter, Höhe bis 30 cm, Blütezeit Mai – Juni.

'Auslese', Blüte im Mai – Juni, etwa 30 cm hoch, gleichmäßig blühend, nicht ganz so wurzeldruck-verträglich, wintergrün.

'Farnfreund', zierlich, kompakt, läßt sich zusammen mit Farnen verwenden.

'Hohe Tatra', Blätter breit, frischgrün, stark bewimpert in aufrechten Rosetten. Kräftiger und höher als die Art.

'Marginata', Silberrandmarbel, Blüte im Juni – Juli, silbrig. Blätter mit elegant abgesetztem Rand, zuerst gelb, dann weiß, etwa 40 cm hoch, nicht so wintersonnenempfindlich wie die Art.

'Schattenkind', schöner wintergrüner Auslesetyp. Ähren bräunlich im Mai – Juni, etwa 40 cm hoch, bildet schöne Horste, nicht ganz so wurzeldruck-verträglich.

'Silberhaar', Blätter silbrig behaart, Höhe 15 cm, Blüte im Juni – Juli, 40 cm hoch.

'Tauernpaß', immergrüne Bergwaldpflanze, Wildfindling aus den Hohen Tauern mit breiten, frisch-grünen, gegen Wintersonne wenig empfindlichen Blättern in flachen, großen Rosetten. Durch starke Bestockung bald breite Horste bildend. Höhe 20 cm, Blüte im Juni – Juli, 40 cm hoch.

Melica altissima, Sibirisches Perlgras

Von der mittleren Tschechoslowakei bis Nordbulgarien und Mittelrußland, Sibirien und Nordamerika verbreitet. Im Laub etwa 80 cm, in Blüte bis 120 cm hoch. Die bis 30 cm langen Blätter bilden einen dichten und saftgrünen Blattschopf. Blüten im Mai – Juni in 15 cm langen Rispen, silbergrau auf hohen, nicht immer windsicheren Halmen. Versamt sich gerne. Für den lichten Gehölzrand.

'Atropurpurea', purpurbraune, elegant überhängende Rispen. Leider nicht immer standfest. Am besten aufbinden, geeignet für den sonnigen Waldsaum.

Melica nutans, Nickendes Perlgras

Weit verbreitet in gras- und krautreichen Laub- und Nadelmischwäldern. Anspruchsloses und dauerhaftes Gras für Schattenlagen. Guter Bodendecker. Bildet 20 bis 60 cm hohe, sommergrüne, lockere Rasen, unterirdisch weit kriechende Rhizome. Die Blätter sind hell- bis grasgrün, etwa 20 cm lang und oben meist kurz behaart. Blüht im Mai – Juni, Blütenstand besteht aus eiförmigen, nickenden purpurbraunen Ährchen, etwa 10 cm lang.

'Variegata', zart weißbunte Blätter, schwarze Blütenähren.

Milium effusum, Flattergras, Waldhirse

In Buchen-, Eichen-, Hainbuchen- und Auenwäldern sowie an Bachrändern. Für große Gärten mit Baumbestand geeignet, verträgt ausgezeichnet den Wurzeldruck der Gehölze. Liebt nährstoffreiche, sandig-humose Mullböden. Bei Stickstoffmangel verfärben sich die Blätter gelb. Bildet lockere Horste mit unterirdisch kriechenden kurzen Rhizomen und sommergrünen Halmen, die bald nach der Samenreife absterben. Wird bis 180 cm hoch. Die Blätter sind schlaff herabhängend, an den Rändern rauh, hell-graugrün. Blüht im Mai – Juni in locker ausgebreiteten Rispen, an der Spitze überhängend.

'Aureum', im Austrieb leuchtend grüngelb, Blütenrispe goldgelb. Schwächer wachsend als die Art und leicht versamend, Höhe etwa 40 bis 50 cm.

Poa chaixii, Berg- oder Waldrispengras

Kommt vor allem in den Mittelgebirgslagen in lichten Laubmischwäldern vor. Wird in naturhaften Gartenanlagen, an halbschattigen Standorten verwendet. Wächst in mäßig nährstoff- und basenreichen oder auch mäßig sauren, mull- und moderartigen Humusböden. Wird 60/120 bis 150 cm hoch, ist sommergrün und bildet dichte, blütenförmige Horste. Die Blätter mit hervorstehender Doppelrippe sind oft rötlich oder bräunlich gefärbt. Von Mai bis Juli erscheinen die Blüten in aufrechten bis einseitig überhängenden lockeren Rispen. Die Ährchen sind blaßgrün, seltener violettbraun.

Niedrige Gräser

Arrhenatherum elatius ssp. bulbosum 'Variegatum', Weißbunter Knollenglatthafer

Die Art ist in Westeuropa, Sibirien, zum Teil auch Iran und Nordafrika beheimatet. Blüht von Mai bis Juli in aufrechten oder etwas überhängenden Doldentrauben. Laub weißbunt, bandartig gestreift und am schönsten im frühen Austrieb Anfang April. Im Laub 25 cm und in der Blüte bis 50 cm hoch mit straff-graziler Form und knollig verdickten, unterirdischen Stengelgliedern. Nicht wuchernd. Relativ kleines Gras, das sich in der Sonne und im Halbschatten, in frisch-feuchten Böden des Bauerngartens verwenden läßt. Spätfrostgefährdet! Deshalb nie in sehr trockene oder sehr feuchte Böden pflanzen. Pflanzung solitär oder in kleinen Gruppen auf der Kleinstaudenrabatte.

Briza media, Herzzittergras

In ganz Europa und Nordwestasien, in Deutschland alpin bis 1870 m Höhe. Blüht von Juni bis August mit rundlichen, herzförmig zusammengedrückten, purpurfarbigen Ährchen. Die frischgrünen, 15 cm hohen Blätter bilden lockere Horste mit unterirdischen kurzen Rhizomen. Pflanze in Blüte bis 60 cm Höhe. Locker ausgebreitete, pyramidenförmige Rispen mit bis zu 50 Ährchen, die beim geringsten Lufthauch zittern. In sandig bis humosen, trockenen bis frischen Böden sollte *B. media* möglichst in sonnigen Bereichen stehen. Läßt sich auf kalkreichen Mager- und Heidewiesen, im Steingarten, Blumenwiesen oder an offe-

nen Gartenplätzen ansiedeln. Nicht düngen und unansehnliche Blütenstände zurückschneiden.

Beim Goldzittergras, *B. media* 'Lutescens', sind die Blütenstände hellgelb.

Carex firma, Zwergpolstersegge

Kommt in Felsfugen und im Steinschutt der Kalkgebiete Europas vor. Bildet glänzend dunkelgrüne Matten von 3 bis 8 cm Höhe. Immergrüne Blätter, die im Polster trocken werden. Blütenhalme bis 10 cm hoch mit 1 cm langen Ährchen von Mai bis Ende Juli. Verwendung als Steingartenpflanze für sonnige und kalkhaltige Standorte.
'Variegata', weiß-gelb gestreift, wächst stark.

Carex fraseri, Frühlingsschneesegge

Heimat Nordamerika. Wird etwa 10 cm, in Blüte 30 cm hoch. Das dunkelgrüne und überhängende Laub ist immergrün. Die kopfigen, schneeweißen Ähren sind unten weiblich, oben männlich. Frühblühend im April – Mai zusammen mit Knollen- und Zwiebelgewächsen. Gilt als die schönste weißblühende Segge. Liebt saure Humusböden an hellen, jedoch kühlen Standorten. Verträgt keine Trockenheit und keinen Schatten.

Carex humilis, Erdsegge

Kommt nur in Kalkgebieten Europas vor. Wächst gesellig in trockenen und steinigen Böden, in warmen und sonnigen Lagen. Wird 15 bis 25 cm hoch, mit kräftigem Wurzelstock. Bildet dichte Rasen mit frischgrünen, später im Alter graugrünen Blättern. Blüht von März bis Mai in verschiedenährigen Blütenständen. Hat dünne, dreikantige Stengel, die oben dicht mit Ährchen besetzt sind.

Carex montana, Bergsegge

In Mittel- und Osteuropa gesellig dichte Rasen bildend. Unter lichtkronigen Bäumen und in der Sonne in einem sandig-humosen, kalkhaltigen Boden verwendbar. Bildet bis 40 cm hohe, flach wirkende Horste ohne Ausläufer. Blätter hellgrün, im Herbst hellkupferfarben, Tönung rotbraun und bronze, bogig überhängend. Von März bis Mai verschiedenähriger Blütenstand. Häufig Selbstaussaat, Samenverbreitung durch Ameisen.

Carex ornithopoda, Vogelfußsegge

Kommt aus dem südlichen Zentral- und Südosteuropa, wird 5 bis 15 cm hoch und bildet dichte, ausläuferlose Horste. Die Sorte 'Variegata' mit schmal überhängenden, längs weiß gestreiften Blättern, ist ausläuferlos und wird 15 bis 20 cm hoch. Blüht ab Mai mit ährig-vogelfußähnlichem rotem oder gelbbraunem Blütenstand. 'Variegata' bevorzugt warme, sonnige Lagen. Der Boden kann kalkreich, sandig-humos oder humos-lehmig, trocken-frisch und durchlässig sein. Pflanzung mit Topfballen, im Winter Reisigabdeckung.

Carex plantaginea, Bogensegge, Immergrüne Breitblattsegge, Wegerichsegge (syn. *C. latifolia*)

In Nordamerika beheimatet. Wächst horstig, 20 bis 30 cm hoch mit lebhaft grünen, flachgestellten Blättern. Anfang April bis Mai erscheinen die horstig-gelben Blütenähren an 20 bis 30 cm langen Halmen. Verträgt trocken-schattige Plätze, läßt sich im Steingarten verwenden und als Nachbar von Vorfrühlingsblühern pflanzen.

Festuca, Schwingel

Die Gattung *Festuca* ist auf der ganzen Erde verbreitet. In Europa kommen etwa 170 Arten vor. Die meisten stammen von mageren Standorten. Auf nährstoffreichen Gartenböden verlieren sie ihr typisches Aussehen. Ihre stark entwickelten Horste werden durch die vielen abgestorbenen Blütenhalme und die vergilbten Winterblätter unansehnlich. Man sollte auch nicht mehrere Klonsorten einer Art zusammenpflanzen. Sie sind auf Fremdbestäubung angewiesen, und die aus Selbstaussaat entstehende Nachkommenschaft ist außerordentlich variabel.

Die Vermehrung der *Festuca*-Arten und ihrer Sorten erfolgt durch Teilung im Frühjahr und nach der Blüte von ausgegrabenen Mutterpflanzen. Bei immergrünen Arten kann die Teilung auch während des ganzen Sommers hindurch bis in den Frühherbst stattfinden. Die Erde wird aus den Wurzeln geschüttelt, die Zeigefinger und Daumen beider Hände werden am Vegetationspunkt angesetzt und die *Festuca*-Horste vorsichtig auseinandergezogen.

Festuca alpina, Alpenschwingel

Als Bewohner von Kalkfelsspalten und steinigen Matten in Kroatien beheimatet. Dichte, halbkugelige Polster mit 5 bis 10 cm Höhe. Die haarfeinen Blätter werden im Winter meist braun. Ab Juni Blüten in 15 cm hohen, grünen Ähren. Verwendung in Heide- und Steingärten.

Festuca amethystina, Regenbogenschwingel

Ist in Südosteuropa beheimatet, blüht von Mai bis Juli in lockeren, etwa 50 cm hohen Rispen. Halme überhängend, vergilbend. Die blaugrünen, vereinzelt auch kupferfarbenen oder violetten Blätter erreichen 30 cm Höhe. Die Horste sind polsterartig und wintergrün, flach, sich im Alter über einen Quadratmeter ausbreitend. In einem sandigen, sandig-humosen oder lockeren Boden, an trockenen, mäßig trockenen bis frischen Standorten ist *F. amethystina* überall in der Sonne und zwischen lichten Gehölzen mit ausreichender Humusauflage zu verwenden.

Festuca cinerea, Blauschwingel (syn. *F. glauca*)

In Zentralfrankreich beheimatet. Ein Horstgras, das geschlossene, halbkugelige Horste aus schmalen Blättern bildet. Bei stark gedüngten Flächen neigt der Blauschwingel zur Tonsurbildung. *F. cinerea* ist am stärksten züchterisch bearbeitet. Die Blaufärbung der Blätter variiert sehr stark. Sie ist abhängig von der Nährstoffversorgung des Bodens. Je sandiger der Standort, desto intensiver die Blaufärbung. Deshalb werden trockene, magere Standorte bevorzugt. Hier bildet sich ein dichter,

Gut gepolstert geht der Bärenfellschwingel (Festuca scoparia) in den Sommer. Ob Steingarten oder bunte Rabatte, der sanfte Charme seiner dichten Polster steht dem Garten gut. Hier der Blick in ein junges Staudenbeet, farblich abgestimmt mit Sonnenhut (Rudbeckia fulgida var. sullivantii 'Goldsturm'). Die Bergwelt der Pyrenäen begleitet den Bärenfellschwingel durch unsere Anlagen. Ein erstklassiger Gräserschatz, im Sommer ein Erlebnis, die grünen Tupfer aus dem großen Malkasten der Natur.

dauerhafter Rasenteppich. Der Blauschwingel ist überaus widerstandsfähig gegen Trockenheit. Er ist empfindlich gegen Schneedruck und sommerliche Nässe. Auf mageren, trockenen Böden haben die Halme einen wachsartigen Überzug von schöner blauer Farbe.

'Aprilgrün', zeitiger Austrieb, blaugrüne Blätter ab April, im Laub 25 cm, in Blüte bis 60 cm hoch.

'Azurit', tiefblaue Polster von 20 cm Höhe.

'Bergsilber', stahlblau und im Laub 15 cm hoch.

'Blaufink', blausilbrig bereift, 15/20 cm hoch.

'Blauglut', blausilbrig bereift, 15/50 cm hoch. Auffallend purpurn gefärbte Blütenstände.

'Blausilber' mit auffallend silberblau bereiften Blättern, 15/25 cm hoch.

'Blauspecht', tiefblau gefärbt, im Laub 15 cm hoch.

'Eisvogel', eisblaue Bereifung, 15 bis 20 cm hoch.

'Frühlingsblau', graublaue Blätter, besonders üppig wachsend, 10/20 cm hoch.

'Glaucantha', 10 bis 15 cm hoch.

'Harz', breite, meerblaue Horste mit 20/45 cm Höhe.

'Meerblau', blaue Blätter, 25/60 cm hoch.

'Palatinat', kompakter Wuchs.

'Pallens', stahlblau, 20 bis 30 cm hoch, Blüte Mai bis Juni.

'Silberreiher', nicht oder kaum blühend, 25 cm hoch.

'Silbersee', silbrig-weißes Laub, 15 bis 20 cm hoch.

Sehr dezent heben sich diese Sorten von ihrer Umgebung ab. Die Einzelhorste schließen sich zu 15 bis 20 cm hohen Rasenteppichen zusammen. Sehr wirkungsvoll sind einige Blauschwingel-Nester in Verbindung mit Rosen, Ginster und Geißklee. Wenn zwischen den blaugrünen Horsten Wildtulpen, Zeitlose, Frühjahrs- und Herbstkrokusse aus dem Boden brechen, findet der Blauschwingel durch die Form- und Farbkontraste der Nachbarpflanzen eine schöne Untermalung. Aus einer Blauschwingel-Decke steigen auch die feurigroten Blütenspeere der Fackellilien und zitronengelben Kerzen der Steppenlilie sehr wirkungsvoll empor. Eine gute Ergänzung findet diese sonnenliebende Steppenheide-Landschaft in den Zier-laucharten, Adonisröschen, Küchenschellen und Zwergiris-Arten.

Festuca glacialis, Gletscherschwingel

Hochgebirgspflanze der Pyrenäen. Bildet 5 bis 15 cm hohe, locker horstige und bläuliche Polster, die zu einem Teppich zusammenwachsen. Blüht im Juni. Empfindlicher Kalkflieher. Gut geeignet für Tröge. Muß aufgenommen und geteilt werden, wenn die flachen Polster lückig werden.
'Nana', niedrigere Auslese.

Festuca ovina, Schafschwingel

Auf Wiesen und Weiden, an Wegen und in den Wäldern Europas beheimatet. Ein halbkugeliges, wüchsiges Rasengras, das in Blüte bis 50 cm Höhe erreicht. Die gerollten, steif aufrechten Blätter sind graugrün, früh austreibend und sommergrün. Blüte im Mai bis Juli in aufrechten, wenig ver-zweigten Rispen von 3 bis 12 cm Länge. Der Schafschwingel läßt sich an trockenen bis wech-selfeuchten, sonnigen Standorten in saurem und nährstoffarmem Boden, im Heidegarten und auf Trockenrasen verwenden.
'Amethystina', lockerer, blaugrauer Horst, 40 bis 50 cm hoch, Blütezeit Juni – Juli.
'Blaufuchs', auffallend stahlblaue Polster, Höhe im Laub 15 cm, in Blüte 25 cm, Blütezeit Juni – Juli.
'Grünling', lockere, grüne Graspolster, Blütezeit Juni bis August, 15 cm hoch.
'Seeigel', meergrüne Polster, Höhe im Laub 20 cm, in Blüte 30 cm, Blütezeit Juni – Juli.
'Söhrewald', frischgrüne, silbrig schimmernde Blätter, Höhe im Laub 15 cm, in Blüte 25 cm, Blütezeit Mai – Juni.
'Solling', früher, blaugrüner Austrieb, Höhe im Laub 15 cm, in Blüte 25 cm, jedoch selten blühend (Juni bis Juli). Die Sorte läßt sich gut als Boden-decker verwenden.
'Superba', bläulichgrün, kaum blühend (Juni bis Juli), 20 bis 30 cm hoch.

Festuca scoparia, Bärenfellschwingel

Ist in den Pyrenäen beheimatet und breitet sich auf fast 1 m² großen Flächen aus. Dieses immer-grüne Gras mit seinen sehr feinen, fadenförmigen, etwas stechenden, dunkelgrünen Blättern bildet auf mageren Standorten dichte Polster. Bei groß-flächiger Verwendung und gutem Gartenboden ist in der Mitte ein Auskahlen festzustellen. Des-wegen muß der Bärenfellschwingel alle paar Jahre geteilt und neu gepflanzt werden. Bei der Auslese wird vor allem auf Blüharmut hin selektiert. In die Harmonie der Steingewächse fügt sich der be-scheidene Bärenfellschwingel sehr gut ein. Seine kriechenden Rasenpolster schließen sich über Felsblöcken zu festen Teppichen zusammen.
'Pic Carlit', eine kompakte niedere Auslese vom Naturstandort, etwa 10 cm hoch.

Festuca valesiaca, Walliser Schwingel, Zwerg-blauschwingel

Kommt im Trockenrasen vor. Bildet dichte, nie-dere Horste von 15 bis 30 cm Höhe. Das haar-dünne Laub ist blaugrau mit abwischbarer Berei-fung. Blüte im Juni – Juli in Rispen, 10 cm lang und dicht. Auf sonnigen, trockenen Heidestand-orten zu verwenden.
'Glaucantha', zwergig, nur 15 bis 20 cm hoch mit haarfeinen Halmen, noch blauer als die Art.
'Zwerg', noch niedriger im Wuchs.

Die Schwingel-Arten kommen mit nahezu allen Standorten zurecht. Sie gedeihen auf den alpinen Matten, in der Steppenheide und zwischen niede-ren Stauden und Gehölzen.

Koeleria glauca, Blaugrünes Schillergras, Blau-kammschmiele

Von Mitteleuropa bis Westsibirien beheimatet. Horstiges Staudengras von 15 bis 20 cm, in Blüte bis 40 cm Höhe. Halme am Grund durch alte Blattscheiden zwiebelartig verdickt. Das Laub ist grau- bis meergrün, schmal und rinnig. Attraktive Blütenstände in Juni – Juli. Blüht nicht jedes Jahr.

Verwendung an kalkarmen und mageren Standorten. In nährstoffreichen Böden erschöpft sich das Gras durch zu starkes Blühen.

Melica ciliata, Wimperperlgras

Heimisch auf sonnigen Berghängen und auf Kalkfelsen Europas und Nordafrikas. Horstbildend, Höhe im Laub etwa 30 cm, in Blüten bis 70 cm, mit über 10 cm langen Rhizomästen, die in ihrer ganzen Länge dicht mit Halmen und Blattbüscheln besetzt sind. Das graugrüne Laub ist meist gerollt, die zylindrischen Ährenrispen beim Austrieb grün, später in Reife fahlgelb gefärbt. Blütezeit Mai – Juni. Läßt sich für Heide- und Felssteppenpflanzungen an warmen und trocken-sonnigen Standorten verwenden.

Poa glauca, Hechtblaues Rispengras
(syn. *P. caesia*)

Kommt an trockenen und felsigen Gebirgsstandorten Nordeuropas und Südwestasiens vor. Der Wuchs ist polsterförmig, horstig, 10 bis 20 cm hoch. Das Laub ist starr, blaugrün mit abwischbarem Reif, etwa 15 cm lang. Bringt im Juni – Juli bläuliche, steif aufrechte Blütenhalme von 20 bis 30 cm Länge hervor. Findet bevorzugt im Alpinum, an vollsonnigen und sommertrockenen Plätzen Verwendung.

Sesleria albicans, Kalk-Blaugras, Blaugras, Blaues Kopfgras (*S. caerulea* ssp. *varia, S. caerulea* ssp. *calcarea*)

Am Naturstandort in Süd- und Mitteldeutschland kommt dieses Blaugras im Berg- und Hügelland, einzeln oder gesellig vor. Es blüht von März bis Mai in kopfig, violett-stahlblauen Scheinähren. Wintergrüne Blätter mit schmalen Spreiten und feiner Stachelspitze, unterseits dunkelgrün und glänzend, oberseits blaugraugrün, matt mit deutlicher Doppelrille. Bildet 10/50 cm hohe, lockere bis dichte, langlebige flache Horste und ein tiefgehendes Wurzelsystem mit kurzen dünnen Rhizo-

men. In sonnigen bis halbschattigen Lagen und sandigen, kalkreichen und lockeren Böden bevorzugen sie trockene und mäßig trockene Böden. Nicht düngen!

Sesleria autumnalis, Herbst-Kopfgras

Kommt in Nordjugoslawien und Slowenien vor allem im Karst vor. Findet in lichtschattigen Gehölzpartien und in der Sonne zusammen mit sommer- und herbstblühenden Stauden im sandig-humosen und kalkhaltigen Boden Verwendung. Die gelblichgrünen Blätter werden 20 bis 30 cm hoch und bilden einen buschigen Horst. Von Anfang September bis Ende Oktober erscheint der braun und gelb gepunktete, kopfartige Blütenstand.

Ornamentale Gräser

Arundo donax, Pfahlrohr

Das typische Pfahlrohr aus dem Mittelmeergebiet und dem südlichen Kaukasusvorland kommt in unserem mitteleuropäischen Klima höchst selten in Blüte. Die Ähren sitzen in einer 30 bis 40 cm großen, gedrungenen Rispe, die anfangs rötlich, später weiß gefärbt ist. Dafür entschädigt das Pfahlrohr durch einen eleganten Aufbau. In nassen und warmen Sommern erreicht die Pflanze eine Höhe bis zu 5 m. Die überdaumenstarken Halme gelangen auf jeder Staudenrabatte und in der Nähe von Wasserflächen zu ihrer tropischen Üppigkeit. *A. donax* ist das Gras mit dem jährlich größten Höhenzuwachs; die schilfartigen Blätter erreichen 30 bis 70 cm Länge und 5 bis 8 cm Breite.

Es wächst besonders gut, wenn es besonnte Standorte und eine feuchte Erde erwartet. Es gedeiht auch auf sandigen Böden, wenn in trockenen Sommern ausgiebig gewässert wird. Der kriechende Erdstamm kann an einem durchlässigen Standort im Herbst besser ausreifen und kommt gut durch den Winter. In unserem gemäßigten Klima gibt man den Pflanzen trotz guter Reife einen leichten Winterschutz. Damit der Frost die

Wurzelstöcke nicht erreicht, erhält die weißbunte Sorte 'Versicolor' ('Variegata') eine besonders hohe Laubaufschüttung oder Stalldungdecke. 'Versicolor' wird nur 2 m hoch und ist wesentlich frostempfindlicher als die Art. Die weißbunt gestreiften Blätter hängen an den Schäften nach unten. Erst im Frühjahr, nach dem Abräumen der Frostschutzdecke, schneidet man die Riesenhalme handbreit über der Erde ab. Mit ihrem kriechenden Erdstamm breitet sich *A. donax* nach den Seiten aus und gewinnt von Jahr zu Jahr an Schönheit.

Cortaderia selloana, Pampasgras

Die Gattung umfaßt etwa 15 Arten. *C. selloana* stammt von den Weidensteppen Argentiniens. Das 2 bis 3 m hohe Pampasgras hat sich in unseren Gärten auch unter dem Namen *Gynerium argenteum* eingebürgert. Die zahlreichen Blätter sind bis 2 m lang, bläulichgrün und mit scharfen, gezähnten Rändern besetzt. Deshalb Vorsicht! Lederhandschuhe benützen.

Die Blütezeit von *C. selloana* beginnt im September und dauert bis Ende Dezember. Die Pampasgräser sind zweihäusig, das heißt, die silberglänzenden Blütenstände sind nur männlich oder nur weiblich. Das männliche Pampasgras hat einen breit-pyramidalen Blütenstand in Grasähren, die auf den Deckspelzen fast kahl sind. Die Haltbarkeit der männlichen Rispen ist sehr begrenzt. Sowie der Blütenstaub vom Winde weggetragen ist, läßt der Glanz ihrer prächtigen Federbüsche nach. Fast unverwüstlich sind die schlanken weiblichen Blütenrispen. Selbst wenn die Blütenstengel schon abgestorben sind, behalten sie ihren Seidenglanz. Die Färbung ist auf die behaarte Spindel, die bewimperten Deckspelzen und die federigen Narben der Grasährchen zurückzuführen.

Blühfaule Sämlingspflanzen, die ungeprüft in den Handel kommen, bereiten den Gartenbesitzern meist eine herbe Enttäuschung. Beim Pflanzen von Pampasgräsern sollte man deshalb nur vegetativ vermehrte Cortaderien von blühfreudigen Exemplaren verwenden. Generativ vermehrte Pflanzen sollten solange auf den Anzuchtbeeten stehen, bis die blühfreudigen Pflanzen ausgelesen werden können. Die Blühfaulheit der Pampasgräser kann auch mit einer mangelhaften Pflege zusammenhängen. In trockenen Sommern verlangt *C. selloana* eine zusätzliche Bewässerung und wiederholte Mehrnährstoffdüngergaben in Höhe von 20 bis 40 g auf 10 l Wasser. Auch Wurzelerkrankungen in Folge hoher Bodenfeuchtigkeit im Winter kommen als eine der Ursachen des Nichtblühens in Frage. Um der Gefahr zu hoher Bodennässe vorzubeugen, sollte man die Pampasgräser in einen durchlässigen Boden pflanzen. Meistens erfrieren sie nicht, sondern sterben in kalten und nassen Böden ab.

'Argentea', elegant überhängende Blätter und silberweiße Blütenstände, 100 bis 200 cm. Verlangt guten Winterschutz und Frühjahrspflanzung.

'Compacta', Blütenhöhe 120 cm.

'Gold Banded', gelblich längsgestreifte Blätter und weiße Blütenstände, 100 bis 200 cm.

'Pumila', große, silberweiße Blütenstände, 80 bis 100 cm, sehr blühwillig mit Blütezeit September – Oktober.

'Rendatleri', sehr starkwüchsig, entwickelt im September – Oktober sehr große, zart- bis bräunlichrosa Blütenrispen, 200 cm.

'Rosea', empfindlicher, die Blütenrispen sind schmutzig rosenrot überlaufen, 100 bis 180 cm.

'Rosa Feder' und 'Weiße Feder', Sämlingssorten, von September bis November blühend, 180 cm.

'Sunningdale Silver', ein harter, viel- und starkhalmiger, weiblicher Klon, der besonders gut über dem Laub blüht. Die Blütenrispen sind groß, locker und silberweiß, 250 cm.

Das Pampasgras läßt sich als Solitär und in Gruppen von drei bis fünf Pflanzen verwenden. Am eindrucksvollsten wirkt es an einem Wasserbecken oder vor dunklen Gehölzen. Es sollte nur im Frühjahr gepflanzt werden. An einem sonnigen, geschützten Standort ohne Winternässe stellt *C. selloana* keine hohen Ansprüche. In jedem durchlässigen, humosen und nicht zu feuchten Gartenboden entwickeln sich die Pflanzen sehr gut. In trockenen Sommern verlangt das Pampas-

gras viel Wasser. Im Winter erhält es einen Frostschutz. Vor dem Eindecken werden die Blätter
nach oben zusammengebunden. Eine Decke aus
Stroh, Tannenzweigen, Blumen- oder Erbsenlaub,
eine Laubaufschüttung oder Stalldungdecke verhindern das Eindringen des Frostes in den Boden
und das Auffrieren des Wurzelstockes. Das
Wachstum des Pampasgrases beginnt sehr spät.
Mitte April, vor dem Durchtrieb der jungen Blätter, entfernt man die Winterhülle; das abgestorbene Laub wird sorgfältig abgeschnitten.

Erianthus ravennae

Eines der wertvollsten Ornamentalgräser aus Süd-
europa. Es wird bis 3 m hoch. Seine Blätter sind
schmal, überhängend und mit weißen Rippen ge-
ziert. Die pyramidenförmigen, bis 50 cm langen
Rispen entfalten sich im September – Oktober. Sie
sind anfangs violett, später verfärben sie sich silberweiß. Dieses Gras findet in nicht zu feuchten,
nahrhaften Böden in warmen und sonnigen Lagen
Verwendung. Im Winter ist ein Schutz vor über-
mäßiger Feuchte durch Dränage oder Überdecken
mit Folien und Kälte durch einen Laubschutz unbedingt notwendig.

Miscanthus, Chinaschilf

Die Gräser dieser Gattung umfassen etwa zehn
Arten, die vom Himalaja bis nach Nordchina und
Japan beheimatet sind. Das Chinaschilf bildet eindrucksvolle Pflanzenhorste auf der Staudenrabatte, im Rasen und in Ufergärten, im gebäude-
nahen Bereich und im öffentlichen Grün. Dabei
kommt ihm als Solitär zugute, daß es keine Kon-
kurrenz zu fürchten hat. Die übermannshohen
Miscanthus-Horste entfalten bis zu 30 cm lange
Ähren. Neben dem Spätsommerflor wird eine Wir-
kung der *Miscanthus*-Arten während des ganzen
Winters durch ihre Gestalt und Farbe, auch durch
ihre Bewegung und Geräusche im Wind erreicht.
Als Gestaltungselemente spielen die folgenden
Miscanthus-Arten und -Sorten eine bedeutende
Rolle in Gärten und Anlagen.

Miscanthus floridulus, Riesenmiscanthus, Rie-senchinaschilf (syn. *M. japonicus*, *M. sinensis* 'Giganteus')

Diese Art wird zwischen 2 und 4 m hoch. Die
Blätter erreichen bis 90 cm Länge, sind linealisch,
rinnig und 3 cm breit. Das leicht überhängende
Laub ist schilfartig mit schöner Herbstfärbung.
Die silbergrauen, federigen Rispen werden bis
30 cm lang. Von September bis Oktober erscheinen die Blüten nur in feuchten Böden und an sonniger Stelle nach langen und warmen Sommern.
Dieser riesige *Miscanthus* ist an feuchten Standorten vielseitig verwendbar. Er erträgt den Gehölzwurzeldruck, ist extrem winterhart und kann
über ein Jahrzehnt am gleichen Platz stehen.

Miscanthus oligostachys

Auf den Bergwiesen Japans beheimatet. Die
Pflanze hat einen lockerhorstigen Wuchs und eine
Höhe von 80 bis 120 cm. Die Halme sind dunkel
getönt. Das Laub ist elliptisch bis lanzettlich, etwa
2 cm breit und 30 cm lang. Der silbrige Blütenstand ist bis 20 cm lang, Blütezeit August – September. Werden in nicht zu trockenen Böden in
Verbindung mit sommer- und herbstblühenden
Stauden verwendet.

Miscanthus sacchariflorus 'Robustus', Silberfah-nengras (syn. *Imperata sacchariflora*)

Die straff aufrechten Halme erreichen eine Höhe
von 60 bis 200 cm. Ihre linealischen Blätter werden 1 bis 2 cm breit mit braunen Mittelstreifen.
Nur die Sorte 'Robustus' mit ihren mähnenartig,
seidigen Blütenähren ist für den Garten geeignet.
Sie sind rotbraun-silberweiß, bis 30 cm lang und
von Ende August bis Oktober in Blüte. Die Art ist
nicht zu empfehlen; ihre Halme beginnen bald
nach der Blüte stark zu verfasern. *M. sacchariflo-*
rus 'Robustus' liebt die volle Sonne und nicht zu
trockene, frische bis feuchte Böden. Man wird sie
zusammen mit anderen feuchtigkeitsliebenden
Stauden, wie z. B. Rauh- und Glattblattastern, ver-

Mit wehenden Fahnen, prächtig herausgeputzt: Miscanthus sinensis 'Goldfeder'.

gesellschaften. Die Sorte 'Robustus' kommt rechtzeitig vor den Herbstfrösten zur Blüte. Mit ihrer bräunlichen Herbstfärbung sind die Blätter ein schöner Winterschmuck.

'Sommerfeder' blüht früher und wird 120 cm hoch. Sie wuchert nicht so stark wie 'Robustus'.

Miscanthus sinensis, Chinaschilf
(syn. *Eulalia japonica*)

Blätter und Halme sind zu schilfartigen, dichten Halmbüschen vereint, die 180 bis 200 cm Höhe erreichen. Die bis 30 cm langen, silberigen Federfahnen werden nur in frisch-feuchten, bei der Sorte 'Silberfeder' in trocken-frischen, sandig-humosen Böden gebildet. Sie eignen sich auch für Uferpflanzungen befestigter Teiche und Bäche, vertragen jedoch keine stauende Winternässe.

Miscanthus sinensis var. purpurascens

Diese Varietät zeichnet sich durch purpurn behaarte Spelzen aus. Die rötliche Herbstfärbung hält leider nur kurze Zeit an. Allgemein liegt der Blütenansatz so spät, daß sie vor dem ersten Frost nicht mehr zur Entfaltung kommen. Im Winter Schutz durch Abdecken mit Laub.

Empfehlenswerte Miscanthus-Sorten

'Altweibersommer', locker überhängendes Laub. Blüht im September – Oktober und wird bis 250 cm hoch.
'Augustfeder', sicher blühend ab Mitte August. Wird 100 bis 120 cm hoch.
'Blütenwunder', eine Auslese sicher blühender Formen, von September bis Dezember. Höhe 120 bis 200 cm.
'Blütenzauber', Höhe 180 cm, federige Blütenstände rötlich gefärbt.
'Condensatus', jährlich im September – Oktober blühend und mit überhängender Belaubung. Ähren violettbraun, glänzend, stark gewellt, dicht überhängende Horste, 200 cm hoch mit breiten Blättern.
'Ferner Osten', frühblühend, halbhoch.
'Flamingo', hängender und lockerer Wuchs mit roten Halmen und schöner Herbstfärbung.
'Goldfeder', Blätter mit gelben Längsstreifen. Wird 180 cm hoch und blüht im September – Oktober.
'Goliath', Höhe 200/300 cm, wie ein rotblühender *M. floridulus*. Blüte Ende September.
'Gracillimus,', Eulalia-Gras, Feinhalm-Miscanthus, Blüte im September – Oktober. Silbergraue, federige Rispen, selten blühend. Blätter im Winter bronzefarben bis rehbraun, sehr schmal, überhängend, mit weißem Mittelstreifen; Horst dichtbu-

schig 150 bis 180 cm hoch, im Alter Gartenteil prägend.
'Graziella', verbesserte Auslese von 'Gracillimus'. Zuverlässig und frühblühend, 100/175 cm hoch. Blüten über dem Laub stehend, silberweiß, groß und locker. Schöne Herbstfärbung.
'Große Fontäne', breit ausladender Wuchs, 170 bis 250 cm hoch. Die großen, roten Blütenstände erscheinen Ende September.
'Herkules', sicher im September – Oktober blühend mit purpurrotem Laub und 120 cm Höhe.
'Juli', blüht ab Mitte Juli silbrig-weiß über breiten Blättern, 180 bis 200 cm hoch, sehr schöne Sorte.
'Kaskade', reichblütig, anfangs rosa, später heller getönte, senkrecht herabhängende, lange Blütenstände. Wird 110/190 cm hoch.
'Kleine Fontäne', eine niedrige (90 bis 170 cm), frühe Sorte mit silbrig-rosa Blüten, die sich ab Ende Juli entfalten und bis zum Spätherbst nachblühen.
'Kleine Silberspinne', wie 'Silberspinne', jedoch nur 50/100 cm hoch.
'Krater', wie 'Kleine Silberspinne', jedoch später blühend.
'Malepartus', schöne und robuste Sorte mit silbrig-roten Rispen. Ungewöhnlich lange blühend, deutlich über dem Laub stehend, mittelfrüh (August – September). Rotstielig und straußenfederartige, gekräuselte Samenstände im Winter.
'Morning Light', zierlicher 'Gracillimus'-Typ mit sehr schmalen Blättern und silbrigen Blütenständen im Juli – August. Wird 80 bis 120 cm hoch.
'Nippon', niedriger, frühblühender (August – September), braunblättriger 'Gracillimus'-Typ mit kupferfarbener Herbstfärbung. Wird 150/180 cm hoch.
'Poseidon', üppigster Wuchs mit hellgrünen sehr breiten Blättern und großen Blüten.
'Pünktchen', kleiner (80 bis 120 cm) 'Zebrinus'-Typ mit quergestreiften Blättern und silbrig-rosa Blüten.
'Rotsilber', Ende August mit silbrig-roten Blüten, deutlich über den silbrig gestreiften Blättern stehend. Von unten nach oben dicht belaubt, 100 bis 150 cm hoch. Sehr gute Sorte, reichblühend.

'Silberfeder', silberweiße Blütenfahnen, von August bis September jährlich sicher blühend, fächerförmig, Blätter schmal, lang überhängend mit silberner Rinne. Nicht auf nassen Standorten. Liebt warme und durchlässige Böden. Wird 200 bis 220 cm hoch, Entwicklung zum großen, blühfähigen Horst dauert etwas länger.

'Silberpfeil', wie 'Condensatus', jedoch schwächer im Wuchs. Horste fallen nicht auseinander. Blätter weißbunt mit starker Laubwirkung.

'Silberspinne', auffallend schmalblättriger 'Gracillimus'-Typ. Besonders schöne bizarre Blüten, reichblütig im September. Höhe 100 bis 150 cm.

'Silberturm', straffer Wuchs, fällt nicht auseinander. Höhe 200 bis 300 cm.

'Sioux', sehr niedrig, nur etwa 60 cm hoch, mit auffallend kräftiger Herbstfärbung.

'Sirene', hoch wachsende Auslese (150 bis 250 cm) aus 'Gracillimus' mit großen, rosaroten Blütenständen von August bis Oktober. Sehr standfest und reichblütig hoch über dem Laub mit überhängenden Blättern.

'Strictus', Stachelschweingras, blüht nur bei günstiger Witterung (feucht-warm), Blüten gewellt, im September – Oktober. Blätter steif aufrecht mit gelblichen Querstreifen (auffällig), etwa 120 bis 150 cm hoch, starkwachsend, winterhart, lange Lebensdauer, auch in exponierter Lage.

'Undine', blüht Ende September mit lockeren, rosa Blüten, grazil, jedoch 200 bis 240 cm hoch.

'Variegatus', weißbuntes Chinaschilf, silbergraue federige Rispen im September – Oktober; gelb-silberweiß längsgestreifte, überhängende Blätter, 120 bis 150 cm hoch, seltener blühend, sonst wie 'Strictus'.

'Zebrinus', Zebragras, silbergraue federige Rispen im September – Oktober, Blätter gelblich quergestreift und überhängend, Höhe 120 bis 180 cm, empfindlicher als die anderen Sorten, braucht etwas Winterschutz.

Von einer Herbstpflanzung des Chinaschilfs ist abzuraten. Der beste Zeitpunkt ist April – Mai. In den ersten Jahren nach der Pflanzung erhält der *Miscanthus* im Herbst eine Laubaufschüttung.

Ältere Horste brauchen nicht mehr abgedeckt zu werden; nur in schneelosen und sehr rauhen Lagen benötigen sie auch einen Winterschutz. Ende März, kurz vor dem Austrieb, werden mit der Entfernung des Laubes die Halme handbreit über der Erde abgeschnitten. Was die Düngung anbelangt, sind sie für einen Kranz aus halbverrottetem Stalldung oder eine Handvoll Mehrnährstoffdünger pro Quadratmeter immer dankbar.

Molinia caerulea ssp. arundinacea, Riesenpfeifengras (syn. *M. altissima, M. caerulea* var. *litoralis*)

Das breite Sortiment des heimischen Riesenpfeifengrases hat in Wuchs und Blütezeit sehr unterschiedliche Eigenschaften. Je nach Habitus gibt es viele Verwendungsmöglichkeiten: in Einzelstellung oder in mehr oder weniger großen Gruppen als ornamentales Gras. Mit seinem schmalen Wuchs paßt dieses Gras gut zwischen Gehölze. Vor allem die schöne Herbstfärbung und das Goldgelb im Winter sind von einer auffallenden Wirkung. Aus den 50 cm hohen Blatthorsten erheben sich im September – Oktober bis zu 220 cm hohe Blütenstände wie grazile Helmbüsche.

'Bergfreund', graugrünes Laub und lockere Ähren. Blütenhöhe 180 cm, Blütezeit August bis Oktober.

'Fontäne', zahlreiche Ähren mit goldbrauner Herbstfarbe, überhängende Blütenrispen und schmale Blätter, 60 bis 180 cm hoch. Blütezeit August bis Oktober.

'Karl Foerster', besonders hochwüchsige Sorte, bis 200 cm, Blattbreite 5 mm. Ungewöhnlich lange Blütezeit und gute Herbstfärbung.

'Transparent', Blütenstände goldgelb und fein gegliedert mit bis zu 65 cm langen Rispen, etwa 180 cm hoch. Braucht wärmeren Boden als die anderen Sorten. Goldgelbe Herbstfärbung.

'Windspiel', schön verzweigte Rispen (Trockensträuße!), von August bis Oktober. Goldgelbe Herbstfärbung. Bis 240 cm hoch; standfest und sehr geschlossen wachsend.

'Zuneigung', dekorative Sorte, Höhe 120 cm, Blütezeit August – September.

Vom Herbstlicht verzaubert: Kissenastern und die Rutenhirse bestimmen das Bild. Panicum virgatum 'Rehbraun' lockert jedes Staudenbeet auf. Wo andere Gräser Schwierigkeiten bekommen, ist das nährstoffreiche Beet der richtige Platz für die staudigen Hirsegräser.

Diese Sorten gedeihen auf fast allen Böden verschiedenster Feuchtigkeitsgrade, nur nicht in sehr trockenen oder in sehr nassen Böden. Die Sorte 'Transparent' sollte man auf etwas trockeneren und durchlässigen Böden pflanzen. Rückschnitt der im Winter oberirdisch absterbenden Halme und Blätter erfolgt im Frühjahr.

Panicum virgatum, Rutenhirse

Die staudige Rutenhirse ist im mittleren und östlichen Amerika beheimatet. Sie fügt sich sehr gut in unsere Prachtstaudenbeete ein. Mit Vorliebe setzen wir das straff aufrecht wachsende *P. virgatum* 'Strictum' zwischen großflächig gepflanzte Stauden. Seine 180 cm hohen Rispenäste zeigen eine gute Standfestigkeit zwischen den feuchtigkeitsbedürftigen Rauh- und Glattblattastern. Blütezeit August – September mit hellbrauner Herbstfärbung.

'Hänse Herms' ('Rotstrahlbusch') wird nur 80 cm hoch und zeigt eine intensiv braunrote Spätsommerfärbung.

'Rehbraun' oder 'Rotbraun', die Kupferhirse, bis 100 cm hoch, hat schon im Austrieb braungrüne Blätter, die sich im Herbst feurig rotbraun verfärben. Blütezeit von Juli bis September. Vielseitig mit Beetstauden verwendbar. Liebt sonnige und bodenfeuchte Standorte.

Die Rutenhirse und ihre Sorten sind von einer bewundernswerten Ausdauer. Sie können jahrelang unverpflanzt im Garten stehen ohne zu wuchern. Die staudigen Hirsengräser entwickeln sich gut in warmen Lagen und nährstoffreichen Böden. Ihre höchste Schönheit erreichen sie erst im Hochsommer. Zwischen den elegant geschnittenen Blättern erscheinen von Juli bis September lockere Blütenähren. Wie bei allen Gräsern sollte man mit dem Rückschnitt, dem Ein- und Umpflanzen bis zum Frühjahr warten.

Spartina pectinata, Süßwasserseilgras
(syn. *S. michauxiana*)

Das nordamerikanische Süßwasserseilgras liebt es, im Sumpf zu stehen. In jedem feuchten Boden erreichen die Blütenstände von *S. pectinata* 150 cm Höhe. Leider kann sich dabei eine Staudenrabatte in ein »Schilfbeet« mit über 100 cm langen Blättern verwandeln. Wer verhindern will, daß das Süßwasserseilgras Nachbarpflanzen überwuchert und sich unterirdisch allzu stark ausbreitet, muß die Beete mit senkrechten Platten im Boden begrenzen.

Am schönsten wirkt das elegant überhängende Goldleistengras, *S. pectinata* 'Aureomarginata'. Mit seinen gelbgerandeten Blättern kann es den Charakter einer ganzen Staudenrabatte bestimmen. Fest eingewurzelt, weil im Frühjahr gepflanzt, erträgt es jeden kalten Winter. Zwischen

den gelbgesäumten Blättern erscheinen von Juli bis September auf 150 cm hohen Halmen schmucklose Ähren. Bei Rauhreif und Schnee sind sie im Winter von ornamentaler Wirkung. Die Halme und Blätter werden deshalb erst im Frühjahr zurückgeschnitten.

Bambus-Arten

Die Bambusgräser haben äußerlich manches gemeinsam mit Bäumen und Sträuchern. Ihr gehölzartiges Gerüst erlaubt es etlichen Arten, im Weinbauklima die stattliche Höhe von 5 m zu erreichen. Im Gegensatz zu den Staudengräsern sind bei den Bambusarten die Blüten für uns ohne Bedeutung. Eine generative Phase ist unerwünscht, denn jede Blüte würde die Pflanze bis zum Absterben schwächen.

Dank ihrer immergrünen Belaubung eignen sich die Bambusse für Stauden- und Gehölzpflanzungen, sie spielen in Gruppen und als Solitärs eine wichtige Rolle in den Gärten. An Teichen und Wasserläufen werden sie immer etwas erhöht in einen sandig-lehmigen Boden gepflanzt und vom wasserüberfluteten Rand ferngehalten. Die Rhizome dürfen nicht im Wasser stehen.

Wenn sich im Winter der Schnee auf die immergrünen Bambusse legt, neigen sich die biegsamen Halme zur Erde. Selbst nach starkem Schneefall, wenn der Wind und das warme Wetter die schlanken Stämme von der Schneelast befreit haben, erheben sie sich unbeschadet. Viel verderblicher ist ein firniger Eisüberzug auf den Blättern und die Wintersonne. Für die Winterhärte sind bei Barfrost eine gute Beschattung durch Reisig oder Schilfmatten und eine Bodendecke aus Fallaub entscheidend.

Grundsätzlich scheint auch eine optimale Düngung die Pflanzen abzuhärten. Im Frühjahr schießen die jungen Triebe wie Spargelpfeifen aus dem Boden. Wasser, helle und warme Plätze führen zu einer frühen Triebbildung und einem guten Triebabschluß. Bei Schößlingen, die im Herbst mit dem Wachstum noch nicht abgeschlossen haben,

Gräser, Blütenstauden und Farngewächse besiedeln Tümpel und Sumpfgärten. Im Querschnitt Flachwasserzonen, freie Wasserflächen und eine Insel.

kommt es zu Schädigungen vom Laubverlust über Erfrieren der oberirdischen Teile bis zum Totalausfall. Bambusse dürfen vor dem Frosteintritt nicht durch Abschneiden von Halmen ausgelichtet werden. Herbstfeuchtigkeit und Frost dringen sonst in die Halme ein und verursachen Wurzelfäule.

Die Ansprüche an den Boden sind relativ gering. Wichtig ist ein guter Wasserabzug und eine gute Nährstoffversorgung in Höhe von 50 bis 150 g pro Quadratmeter. Stickstoffbetonte Mehrnährstoffdünger werden in drei Gaben von April bis Juni verabreicht.

Arundinaria, Rundhalm, Bambusgras

Die Pflanzen der Gattung *Arundinaria* haben ihre Heimat im Himalaja, in Ostasien und Japan. Ihr schilfartiger Wuchs mit Halbstrauch-Charakter ist im unteren Abschnitt durch verholzende Halme gekennzeichnet. An den Knoten treten die Zweige oft gebüschelt auf. Im zweiten Jahr erscheinen Seitentriebe, und im Alter von 20 bis 30 Jahren blühen die Pflanzen. Die Halme sterben nach der Blüte ab. *Arundinaria* findet in Verbindung mit Wasserläufen und Teichanlagen Verwendung.

A. gigantea hat breites, bis 20 cm langes Laub.

A. jaunsarensis bringt schmale und kurze Blätter hervor.

Weitere Arten sind unter den folgenden Gattungsnamen beschrieben:

A. auricoma = Pleioblastus viridistriatus

A. fortunei = Pleioblastus fortunei

A. japonica = Pseudosasa japonica

A. pumila = Pleioblastus chino var. *viridis* f. *pumilus*

A. pygmaeus = Sasaella ramosa

A. tesselata = Thamnocalamus tesselatus

Fargesia (Sinarundinaria), Schirmbambus

Zu den bekanntesten Bambusarten gehören die beiden horstig wachsenden chinesischen *Fargesia murielae* und *F. nitida*. Sie sind in unseren Anlagen und Gärten unter den Namen *Sinarundinaria murielae* und *S. nitida* verbreitet. Bei *Fargesia* erfolgt das Halmwachstum und die Verzweigung nicht im gleichen Jahr. Dadurch reichen auch kühle, kurze Vegetationszeiten für eine Ausbildung stattlicher Pflanzen aus. Diese *Fargesia*-Arten wachsen horstig und breiten sich durch ihre kurzen Ausläufer nur wenig aus.

Fargesia murielae, Immergrüner Schirmbambus (syn. *Sinarundinaria murielae*)

Diese streng horstig wachsende Art aus Westpeking in Mittelchina hat zunächst straff aufrechte Jungtriebe, die sich mit zunehmender Belaubung immer mehr nach unten neigen. Die leicht überhängenden Wedel des Immergrünen Schirmbambus wirken sehr malerisch. Das Goldgrün seines Blattwerkes sitzt an 2 bis 3 m hohen, strohgelben Stämmen. Sie sind in der Jugend hell bereift und verzweigen sich erst ab dem zweiten Jahr. Seine Winterhärte empfiehlt ihn bis −20 °C als zuverlässige Gartenpflanze. Die 7 bis 10 cm langen Blätter ziehen sich bei Frost zusammen. An sonnigen Standorten kann *F. murielae* sehr lange an einem Platz im Garten stehen.

Fargesia nitida, Dunkelgrüner Schirmbambus, Cham-Bambus (syn. *Sinarundinaria nitida, Arundinaria nitida*)

Der 2 bis 4 m hohe Cham-Bambus aus Südhonshu neigt sich unter der Last seines Laubes. Im Herbst fallen die kleinen Blätter zum größten Teil ab. Die jungen Schosse, die im Frühjahr erscheinen, bleiben ein ganzes Jahr blattlos, sind meist purpurfarben und nachher vergrünend. Im ersten Winter zeigen sie zwei gespreizte Laubblätter am Ende der Halme, im zweiten Jahr bis fünf Zweige pro Knoten. Manchmal bilden sich auch zwei Halme aus einem Sproß. Die zierlichen Blätter mit ihrer leichten Behaarung sind bei Trockenheit und Frost eingerollt.

'Eisenach', aufrechter Wuchs, Triebe kaskadenartig überhängend, Höhe 2 bis 4 m. Etwas schmälere Blätter als bei der Art. Auch im Schatten verwendbar.

'Nymphenburg', Halme im oberen Drittel noch stärker überhängend, Blätter lanzettlich. Auch im Schatten verwendbar.

Leider ist der Cham-Bambus nicht so hart wie der Immergrüne Schirmbambus und durch seine flach verlaufenden Wurzeln nicht so trockenresistent. Man wird ihn deshalb in den Halbschatten benachbarter Bäume setzen oder am Ufer – jedoch nicht im Wasser – in der Sonne verwenden.

Indocalamus latifolius, Chinesischer Schattenbambus

In China beheimatet. Wird knapp 70 cm hoch, das Laub 20 cm lang und 5 cm breit. Sehr schattenverträglich, zur Unterpflanzung von Gehölzen geeignet.

'Hopei', 100 bis 200 cm hoch, Blätter 30 cm lang und 5 cm breit. Gute Frosthärte.

'Nanking', bis 150 cm hoch, Blätter überhängend.

Indocalamus tesselatus, Glattblättriger chinesischer Schattenbambus (syn. *Sasa tesselata*)

In China beheimatet. Sehr dünne und herabgebogene Halme und Zweige, Blätter bis 50 cm lang und 7 cm breit, bis 120 cm hoch. Zur Unterpflanzung immergrüner Gehölze geeignet. In warmen Gebieten können die Ausläufer lästig werden. Gute Winterhärte.

Phyllostachys, Unrund

Die chinesischen *Phyllostachys*-Arten weisen auf der ganzen Halmlänge einen sogenannten Sulkus (lat. *sulcus* = kleine Grube, Furche) über jedem Nodium auf. Dieser entsteht durch die Seitenzweige, welche sich während des Halmwachstums abspreizen. Unter den Halmscheiden ist er vorgebildet und drückt die Halme an diesen Stellen ein. Ihre Jungtriebe, welche von Mai bis August erscheinen, wachsen innerhalb von sechs Wochen auf ihre endgültige Länge heran. Die Pflanzen brauchen zur Bildung ihrer maximalen Größe 10 bis 15 Jahre. Ihre Ausläufer, die kaum lästig werden, bringen hohle Halme hervor. Die Blütenbildung ist sehr unregelmäßig und über große Zeitabstände verteilt. Vielfach erschöpfen sich die Pflanzen und sterben ab.

Die immergrünen *Phyllostachys*-Arten lassen sich im Schutz von Mauern verwenden. Unter einem Laubschutz überstehen die Rhizome unbeschadet den Winter. Ein Verlust der Blätter kann ab −17 °C eintreten. Ein- und umgepflanzt wird vor dem Austrieb im Frühjahr mit großen Topfballen.

Phyllostachys aurea, Schirmgriff-Unrund

Horstbildend mit kurzen Ausläufern und straff aufrechtem, 4 bis 10 m hohem Wuchs. Die grünen Halme werden später strohgelb. Das 5 bis 10 cm lange Laub ist feingesägt. Erträgt im kontinentalen Klima bis −18 °C und −23 °C im maritimen Klima. Wertvolle Sicht- und Windschutzpflanze oder Solitär an sonnenwarmen Standorten.

Phyllostachys aureosulcata, Rauher Gelbgruben-Unrund

Aus der chinesischen Provinz Chekiang. Eine der härtesten Arten. Straff aufrechter Wuchs der mattgrünen und rauhen, 5 bis 10 m hohen Halme, die später gelb und oft zickzackförmig gebogen sind. Bildet lange Ausläufer mit einem frühen Austrieb und lockerer Belaubung im Mai. Die dunkelgrünen Blätter sind schmal und 4 bis 12 cm lang. Erträgt als Windschutzpflanze und Solitär bis −30 °C.

Phyllostachys bissettii, Chengtu-Unrund

Aus Sichuan und Chengtu. Besonders winterhart, bis −30 °C. Sehr gut zu verwenden sind die 3 bis 7 m hohen Halme mit ihrer dichten Belaubung als Solitär und in Gruppen. Schwache Ausläuferbildung, jedoch vieltriebig.

Phyllostachys flexuosa, Schmiegsamer Unrund, Zickzackbambus (syn. *Bambusa flexuosa*)

Die Wuchsrichtung der 2 bis 10 m hohen Halme ist bei jeder Verzweigung wechselnd. Die jungen Triebe sind weich überhängend, alte Triebe aufrecht. Zuerst sind sie grün, dann gelb mit immer größer werdenden schwarzen Flecken. Hält als Heckenpflanze bis −20 °C aus.

Phyllostachys nigra (syn. *Bambusa nigra*)

Aus China und Japan mit verschiedenen Kultivaren. Wächst horstig, mit graziös überhängenden Trieben und schöner, dichter Belaubung. Die 1 cm dicken Halme sind anfangs grün, später schwarzpurpurn und in unserem Klima maximal 120 cm hoch. Die glänzend schwarzen Halme ertragen bis −20 °C. Die Sorte 'Boryana', Marmorierter Unrund, wird 4 bis 15 m hoch. Die Halme sind gelb mit braunen Flecken. Wird solitär verwendet.

Phyllostachys propinqua

Aus Kwangsi. Mit ihrer dichtgestellten Verzweigung hat diese Art 3 bis 7 m hohe, leuchtend dunkelgrüne Halme und kaum Ausläufer. Erträgt bis −30 °C als Solitär.

Phyllostachys viridiglaucescens, Grünblauer Unrund

Breitet sich mit langen Ausläufern flächig aus. Die schräg aus dem Boden ragenden Triebe (besonders an jungen Pflanzen) erreichen eine Höhe von 6 bis 10 m. Erträgt bis −30 °C. Dieser Bambus mit seinen weit überhängenden Halmen läßt sich am Gehölzrand, vor Mauerwerk und an Böschungen verwenden.

Phyllostachys viridis, Dicker Unrund, Dicker Bambus

Bildet bei einer Höhe von 7 bis 16 m starke Halme. An warmen Stellen Ausläuferbildung. Erträgt −20 °C. Die Sorte 'Robert Young' ist kleiner als die Art und hat leuchtend goldgelbe Halme mit grünen Streifen, die von einem grünen Ring unterhalb des Knotens ganz oder teilweise das Internodium hinablaufen.

Pleioblastus, Buschbambus

Behält seine Halmscheiden und hat viele Seitenzweige pro Knoten. Bildet zahlreiche lange Rhi-

Phyllostachys viridis, ein Himmelsstürmer, der im Winter einen guten Wurzelschutz erhält. Wo er genügend Platz vorfindet, kann er sich zum Giganten für große Gärten entwickeln. Unter seinen Halmen breitet sich eine bunte Gesellschaft von Stauden aus.

zome, die an nährstoffreichen und feuchten Standorten zur Bodenbefestigung und zum Gehölzunterwuchs Verwendung finden. Die großlaubigen Sorten wollen im Schatten stehen. Die niederen Arten bestocken sich nach einem Rückschnitt. Im Turnus von drei bis vier Jahren können sie abgemäht werden. Bilden dann eine dichte »Bodendecke«.

Pleioblastus chino

Eine formenreiche Art aus Nord- und Mitteljapan (Honshu). In Blattbreite und -färbung variabel, 150 bis 250 cm hoch mit knapp 2 cm breiten und 20 cm langen Blättern. Mehr oder weniger stark wuchernd, in Sonnen- und Halbschattenlagen zu verwenden. Erträgt bis −20 °C.

Pleioblastus chino var. viridis forma pumilus, Matten-Buschbambus (syn. *Arundinaria pumila, Sasa pumila*)

Aus Südjapan, 120 cm hoch und stark wuchernd. Blätter 20 cm lang und 2,5 cm breit. Als Bodendecker zu verwenden. Erträgt bis −20 °C.

Pleioblastus fortunei (syn. *Arundinaria fortunei*)

In Honshu und Kiushu beheimatet. Starke Ausläuferbildung, 40 cm hoch mit kahlen, grünen Halmen. Das 15 cm lange und 1,5 cm breite Laub ist ziemlich gleichmäßig weiß gestreift, im Austrieb oft etwas cremegelb getönt und im Herbst gelb abfallend. Nur bei guter Ernährung und Beschattung wintergrün. Erträgt bis −20 °C. Als weißbunter Bodendecker zur Gehölzunterpflanzung zu verwenden.

Pleioblastus pygmaeus, Dichtbüschel

Die japanische Art erreicht etwa 50 cm Höhe, ist sehr formenreich und von dichtem, leicht wucherndem Wuchs. Das kleine und blaugrüne, zum Teil im Herbst weiß-trocken werdende Laub ist an den Triebenden gehäuft. Erträgt bis −30 °C. Als Bodendecker in Gemeinschaft mit Stauden und Gehölzen, in der Sonne und im Halbschatten zu verwenden.

Pleioblastus pygmaeus var. distichus

Wird 40 cm hoch und ist leicht wuchernd. Die ziemlich derben Blätter erreichen 7 cm Länge und 8 mm Breite. Erträgt bis −20 °C.

Pleioblastus simonii, Simons-Bambus (syn. *Arundinaria simonii, Bambusa simonii*)

Diese südjapanische Art erreicht in Kultur 4 m und wird am Naturstandort fast doppelt so hoch. Die aufrechten Halme sind bis 3 cm dick. Bildet kaum Ausläufer. Die 2 bis 3 cm breiten und bis 25 cm langen Blätter sind strahlig angeordnet.

Verzweigungen an den Triebenden gehäuft. Der Simons-Bambus ist absolut winterhart, erträgt Sonne und Halbschatten.

Pleioblastus simonii var. *heterophyllus,* der Verschiedenblättrige Simons-Bambus, weist fünf verschiedene Blattypen an einem Trieb auf, die sich in Breite und Färbung, weiß, gelb oder gestreift, unterscheiden. Bis 2 m hoch mit Ausläuferbildung.

Als 'Variegatus' wird eine schmalblättrige Sorte mit weißen Streifen bezeichnet.

Pleioblastus viridistriatus (syn. *Arundinaria auricoma*)

Nur in Kultur bekannt. Ausläuferbildend mit 2 m hohen, rötlichen Halmen. Die 3 cm breiten und 20 cm langen Blätter sind beidseitig samtig behaart, gelb mit grünem Streifen und im Laufe des Jahres vergrünend. Eine der schönsten, gelbbunten Bambusarten, sie erträgt bis −20 °C. Im Schatten mit immergrünen und unter hohen Gehölzen zu verwenden.

Pseudosasa japonica, Pfeifenbambus, Breitblattbambus (syn. *Arundinaria japonica, Bambusa metake*)

Als Sichtschutz- und Windschutzhecke gehört der Pfeifenbambus aus Honshu bis Kiushu und Südkorea mit seinen bis 4 m hohen Trieben in wintermilden Gebieten zu den standfesten Arten. Seine Breitblättrigkeit gibt der Pflanze ein exotisches Aussehen. Bei Temperaturen unter −20 °C sind an den oberirdischen Teilen Schäden möglich. Entweder muß man leichten Winterschutz geben, kalte und zugige Pflanzorte meiden oder von vornherein geschützte, schattige Standorte auswählen. In der Regel werden die Halme 200 bis 250 cm hoch. Die straff aufrechten Triebe neigen sich mit zunehmender Verzweigung. Stark ausläuferbildend, jedoch kaum lästig werdend. Nach der Blüte gehen die Pflanzen zugrunde.

Sasa, Zwergbambus

Die *Sasa*-Arten sind Pflanzen ostasiatischer Laubwälder, die sich zur Gehölzunterpflanzung verwenden lassen. Brauchbar sind sie auch als Bodenbefestiger von rutschgefährdeten Hängen. Von *Pseudosasa* unterscheidet sich *Sasa* durch Halmscheiden, die kürzer als die Internodien bleiben.

Sasa kurilensis

Aus Korea, Japan, Sachalin und den Kurilen. Wird bis 100 cm hoch mit kahl und weiß bemehlten Halmen. Das 20 cm lange und 4 cm breite Laub ist handförmig überhängend und spitz auslaufend. Die anfangs dunkelgrünen Blätter beginnen im Herbst am Rand weiß zurückzutrocknen. Erträgt bis −30 °C. Ausläuferbildung erlaubt eine flächige Pflanzung in Sonne bis Halbschatten.

Sasa palmata, Immergrüner Halbrohrbambus (syn. *Bambusa palmata*)

Wird 150 bis 200 cm hoch und ist locker und langsam wachsend. Bildet kurze Ausläufer und grüne Halme, die unterhalb der Knoten weiß bereift sind. Bei der Sorte 'Nebulosa', Palmwedel- oder Waldsasa, sind die Halme braun gefleckt. Das Laub ist bis 30 cm lang und 10 cm breit. Erträgt solitär und in Gruppen zusammen mit Gehölzen an sonnigen und schattigen Standorten Temperaturen bis −30 °C.

Sasa tsuboiana

Die 50 cm hohe *S. tsuboiana* vom südlichen Honshu ist ein Zwergbambus mit locker, horstigem Wuchs und kurzen Ausläufern. Das breit-lanzettliche Laub ist kräftig grün, 25 cm lang und 5 cm breit. Erträgt bis −20 °C.

Sasa veitchii, Silberrand-Waldsasa

Beheimatet in Südwest-Honshu. Bis 150 cm hoch werdend, geringe Ausläuferbildung. Die Blätter sind 25 cm lang, 5 cm breit, lederig-dunkelgrün und im Herbst vom Rand her weiß eintrocknend. Erträgt bis −20 °C. Eignet sich zur Gehölzunterpflanzung im vollen Schatten.

Sasaella

Kennzeichen dieser Bambus-Gattung sind bleibende Halmscheiden und ein Seitenzweig pro Nodium (bisweilen zwei oder drei).

Sasaella glabra (syn. *Sasaella masamuneana, Arundinaria purpurea*)

Die japanische Art erreicht eine Höhe bis 60 cm. Leichte Ausläuferbildung. Die Halme sind auffallend rot mit kräftig grünem Laub, 18 cm lang und 5 cm breit. Erträgt in Sonne und Halbschatten bis −20 °C.

Sasaella ramosa, Sasagebüsch (syn. *Arundinaria pygmaea, Sasa pygmaea, Sasa vagans, Bambusa pygmaea*)

Die stark ausläuferbildende *S. ramosa* von Honshu und Kiushu wird bis 100 cm hoch. Breitet sich rasenartig aus. Die dünnen Halme sind oft verzweigt, die Knoten mit bläulichen Ringen und das Laub 15 cm lang, 2 cm breit und unterseits dicht weiß behaart. Wird in der Winterhärte (−30 °C) von anderen Arten kaum übertroffen. Bietet sich als Bodendecker unter Laubbäumen an.

Sasamorpha borealis

Die in Korea, Ost- und Südjapan beheimatete Art ist gekennzeichnet durch bleibende Halmscheiden und nur einen Seitenzweig pro Nodium. Die knapp 200 cm hohen Halme tragen Blätter von 16 cm Länge und 2 cm Breite mit frühzeitig weiß trocknendem Rand. Erträgt bei Gehölzunterpflanzung im Halb- bis Vollschatten bis −20 °C.

Die Fuchsrote Segge (Carex buchananii) gibt dem Zwergbambus (Sasa tsuboiana) nach hinten einen Halt.
Durch die ungewöhnlichen Farbgegensätze, ihren Anspruch an viel Sonne und nicht zu trockenen Boden passen
sie zu jeder bunten Staudengesellschaft.

Semiarundinaria

Die japanischen *Semiarundinaria* haben hohle
Halme und typische Halmabflachungen, die in der
oberen Halmhälfte deutlich sichtbar sind. Sie haben drei Zweige pro Knoten aufzuweisen, die jedoch im Laufe der Jahre pro Knoten bis auf acht
zunehmen.

Semiarundinaria fastuosa, Japanischer Säulen-bambus (syn. *Arundinaria fastuosa*)

Die südwestjapanische Art hat einen straff aufrechten Wuchs mit nur kurzen Seitenzweigen. Bei
älteren Pflanzen sind die Rhizome stark ausgebildet. Säulenartig bis 8 m hoch, erreicht in unserem
Klima nur selten über 3 m. Die Halme sind im

unteren Drittel rund, im oberen Drittel an den Seiten abgeflacht. Das Laub ist bis 15 cm lang und 2 cm breit, an den Zweigenden gehäuft, die Ränder sind ungleich gezähnt. Diese säulenförmige Art erträgt bis −20 °C.

Shibataea kumasaca

Japanische Art bis 120 cm hoch und nicht wuchernd. Kurze Seitenäste mit quirlig stehenden Blättern. Das Laub ist glänzend dunkelgrün, 10 cm lang, etwa 2,5 cm breit und eiförmig spitz auslaufend. Bei zu hohem pH-Wert, Temperaturen unter −15 °C und an trockenen Standorten

sollte man den Boden mit Laubmulm abdecken, sonst kann es zu Blattschäden kommen.

Sinarundinaria siehe Fargesia

Thamnocalamus tesselatus (syn. *Arundinaria tesselata*)

Südafrikanische Art, 2 bis 4 m hoch mit locker aufrecht stehenden Halmen, nicht wuchernd. Die Halme zeigen ein Farbenspiel von Grün bis Braun, in der Sonne ein leuchtendes Rot. Das blaugrüne Laub wird 12 cm lang. In hausnahen Bereichen erträgt dieser Bambus bis −20 °C.

Farne im Staudengarten

Vor etwa 400 Millionen Jahren entstanden, gehören die Farne zu den ältesten Landpflanzen. Die meisten von ihnen sind ausgestorben. Entwicklungsgeschichtlich stellen sie den Übergang zu den Blütenpflanzen dar. Sie besitzen keine Samen, sondern Sporen.

Ungefähr 90 % der Farne sind Waldpflanzen, die auf der ganzen Welt verbreitet sind. Die meisten Arten fühlen sich im Wanderschatten eingewurzelter Bäume besonders wohl. In Gebieten unter 600 mm Niederschlag wachsen sie oft sehr schlecht. Bei der Wahl ihres Standorts sind viele Faktoren zu berücksichtigen, wie Grundwasserstand, Bodenart, Geländeneigung, Temperaturverhältnisse, Luftfeuchtigkeit und Wind. Der pH-Wert spielt keine so große Rolle, wenn alle Nährstoffe in einem ausgewogenen Verhältnis verfügbar sind.

Farne sind ausgesprochene Humusbewohner, sie vertragen weder schweren Lehmboden noch stauende Nässe. Nicht alle Farne benötigen ständig einen feuchten Boden. Etliche Arten, wie die Mauerfarne, können sogar bei Trockenheit noch gedeihen, aber das sind Ausnahmen. In den weitaus meisten Fällen ist neben einer ausreichenden Humusversorgung auch an eine genügend hohe Boden- und Luftfeuchtigkeit zu denken. Farnstandorte sollten ein durchlässiges Substrat aufweisen. In der Regel wird der Boden mit Rinden- oder Holzkompost und halbverrottetem Laub verbessert. Je heller und sonniger ein Standort ist, um so wichtiger ist eine ständige und gute Wasserversorgung.

Bei der Neuanlage eines Gartens kann sich die Auswahl der Gehölze direkt nach den Farnen richten. Es sollten vor allem tiefwurzelnde Bäume mit einer lichten Krone gepflanzt werden. Dadurch entsteht keine Wurzelkonkurrenz zwischen Baum-

und Krautflora. Verträgliche Staudenbegleiter sind Schattenblümchen *(Majanthemum bifolium)*, Sauerklee *(Oxalis acetosella)* und Waldanemonen *(Anemone nemorosa, A. blanda)*. Von den Gräsern sind *Luzula pilosa* und *L. sylvatica* geeignet. Auch den niederen, Ausläufer treibenden Farnarten ist ein ausreichender Platz einzuräumen. Es ist wichtig, daß das Laub im Herbst nicht entfernt wird. Der Boden für die Farne darf leicht nährstoffhaltig sein.

Bei der Verwendung von Sträuchern ist besonders darauf zu achten, daß keine Arten mit hängenden Zweigen gewählt werden. Dadurch würde die Bodenfreiheit des Unterwuchses stark eingeschränkt. Deshalb scheiden Forsythien und Spiräen aus.

Sehr gut verwenden lassen sich dagegen Frühlingsblüher wie *Hamamelis* und Magnolien. Des weiteren eignen sich *Amelanchier* und *Cornus*, *Viburnum* und immergrüne Gehölze wie *Berberis*, *Cotoneaster*, *Ilex aquifolium* und *Pyracantha*. *Rhododendron* sind für eine Vergesellschaftung mit Farnen wie geschaffen. Man sollte dabei keine allzu dominanten Arten verwenden, sondern die Größenverhältnisse aufeinander abstimmen.

Grundsätzlich eignen sich als Begleiter alle Wald- bzw. Schattenstauden. Sie dürfen die Farne jedoch nicht verdrängen oder mit ihnen in Wurzelkonkurrenz treten. Besonders gute Nachbarn sind Blattpflanzen wie *Hosta* oder *Rodgersia*. Bei ausreichender Wasserversorgung sind einige Arten auch für den Steingarten geeignet. Ebenso kommen ihre dekorativen Wedel an Teichrändern zur Geltung. Von den Gräsern empfehlen sich als gute Farnbegleiter *Deschampsia cespitosa, Festuca gigantea, Molinia caerulea* und ihre Unterarten und Sorten. Von den frühjahrsblühenden Zwiebel- und Knollengewächsen lassen sich *Galanthus nivalis,*

G. elwesii, Leucojum vernum, L. aestivum, Eranthis hyemalis, Chionodoxa luciliae, Crocus und *Muscari* mit Farnen vergesellschaften.

Im Gegensatz zu den Samenpflanzen bilden die Farne zunächst keine tiefgehenden Hauptwurzeln. Teppichbildende Gattungen wie *Thelypteris* und *Polypodium* besitzen ein dünnes, unter der Oberfläche kriechendes Rhizom. Ein Rhizom ist ein verkürzter Sproß, der auch aus der Erde ragen kann. Die Ausläufer treibenden Farne wie *Matteuccia struthiopteris* bilden an ihren unterirdischen Ausläufern »Kindel«. Andere Arten wie der Eichenfarn, *Gymnocarpium dryopteris,* oder der Buchenfarn, *Thelypteris phegopteris,* bauen ein dichtes Rhizomnetz auf. Die Augen beginnen vereinzelt auszutreiben, und die Wedel stehen sehr locker. Bei Arten, die zur Ausläuferbildung neigen, wie *Athyrium filix-femina* oder *Dryopteris filix-mas,* muß bei der Verwendung Rücksicht auf die Nachbarpflanzen genommen werden.

Die verschiedenen Wuchsformen der Farne geben Aufschluß über deren unterschiedliche Standortbedingungen und damit Verwendungsmöglichkeiten. Auch die Wedelformen und ihre Beschaffenheit sind für die Verwendung wichtig. Es gibt bei den verschiedenen Gattungen Arten mit ungeteilten Blättern, einfach, zweifach, dreifach und vierfach gefiederten Blättern (siehe Tabelle). Ihre Farbpalette reicht von Hell- bis Dunkelgrün bis zu buntblättrigen oder rötlichen bis silbergrauen Farbtönen.

Wedelformen	Farnarten (Beispiele)
ungeteilt	*Phyllitis scolopendrium*
fiederteilig	*Blechnum spicant*
einfach gefiedert	*Asplenium trichomanes*
einfach oder doppelt gefiedert	*Osmunda regalis*
zwei- bis dreifach gefiedert	*Athyrium filix-femina*
dreifach gefiedert	*Gymnocarpium dryopteris*
drei- bis vierfach gefiedert	*Dryopteris dilatata*
andere Blattypen	*Adiantum pedatum*

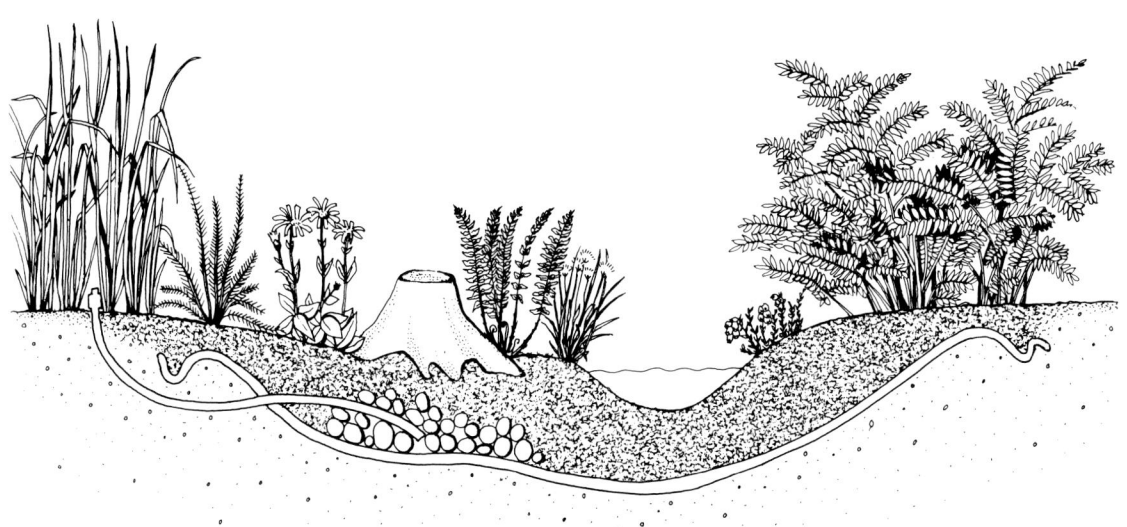

Wenn wie hier der Platz für etwas Ungewöhnliches geschaffen werden kann, sollte man es mit Sumpfstauden und edlen Farnen versuchen. Gewächse, die nasse Füße lieben, sind immer ein besonderer Anziehungspunkt.

Waldstauden und schöne Farne, ein Traum für Liebhaber. Mit dem Pfauenradfarn
(Adiantum pedatum), dem Rippenfarn (Blechnum spicant) und dem Frauenfarn (Athyrium filix-femina)
wird ein Schattengarten natürlich und lebendig.

Adiantum pedatum, Pfauenradfarn

Aus Nordamerika und dem gemäßigten Ostasien.
Bildet 30 bis 50 cm breite, fächerförmige Wedel.
Die Fiedern sind einfach, kurz gestielt und rauten-
förmig. Im Spätsommer verfärben sich die Wedel
hell- bis goldgelb. Das Rhizom ist kurz und flach-
kriechend. Vermehrung durch Sporen oder Teilung. In humusreichen Wäldern bevorzugen sie
Uferbereiche und im lichten Schatten zusammen
mit Schattengräsern oder Zwiebelgewächsen einen frischen und humosen Boden.

**Asplenium trichomanes, Braunstieliger Streifen-
farn**

In den gemäßigten und kalten Zonen der ganzen
Welt beheimatet. Die Blätter sind einfach gefie-

dert, die Wedel 5 bis 20 cm lang; sie entspringen
einem dicken Rhizom, das meist sehr viele Wedel
treibt. Erst im Spätwinter fallen die Fiederblättchen von den Stielen ab. Vermehrung durch Sporen oder Teilung. Läßt sich an feucht-schattigen
Mauern, Felsen, Hängen und Baumstümpfen der
absonnigen Stein- und Troggärten ansiedeln.

Athyrium filix-femina, Frauenfarn

In den arktischen und gemäßigten Zonen der
nördlichen Halbkugel und im südlichen Teil von
Südamerika beheimatet. Die Wedel sind 100 bis

Der Wurmfarn (Dryopteris filix-mas) ist
die richtige Pflanze für die schattigen Seiten des
Gartens. Rustikaler Holzzaun und Remise,
passend zur ländlichen Umgebung.

150 cm hoch, zwei- bis dreifach gefiedert, hellgrün, etwa 35 bis 40 cm breit und sommergrün. Das Rhizom ist kurz und ebenfalls mit Spreuschuppen besetzt. Vermehrung durch Sporen oder Teilung. Der Frauenfarn kommt bei uns am häufigsten in Wäldern, an Wegrändern, Bächen, Gräben und Mulden im lichten Schatten vor. Im Garten wird er einzeln oder in Gruppen verwendet.

Blechnum spicant, Rippenfarn

Dieser Farn (siehe Farbbild Seite 286) kommt in der nördlichen gemäßigten Zone vor. Er besitzt sowohl sterile als auch fertile Wedel, die unterschiedlich gestaltet sind. Die sterilen Wedel sind wintergrün, 25 bis 40 cm lang, 4 cm breit und einfach gefiedert, lederartig und dunkelgrün. Die fertilen Wedel entwickeln sich etwas später, sind schmaler, bis 75 cm hoch und trocknen nach der Sporenreife ein. Vermehrung durch Sporen oder Teilung der Rhizomausläufer. In feuchten Wäldern bevorzugt der Farn Grabenböschungen und Bachläufe und den Rohhumus unter Fichten. Er wächst vor allem gut an sehr schattigen und feuchten Stellen. Der Rippenfarn benötigt ein saures Substrat, deshalb sollte man den Boden mit Fichtenstreu und Rindenkompost anreichern.

Dryopteris affinis, Goldschuppenfarn

In Westeuropa, im Mittelmeergebiet und in den Tropen beheimatet. Der Goldschuppenfarn sieht dem Wurmfarn sehr ähnlich, allerdings mit festeren, lederigen, aufrechtstehenden Wedeln. Sie bleiben bis in den Winter grün. Die trichterbildenden Wedel erreichen eine Höhe von 90 bis 130 cm und sind im Austrieb leuchtend goldbraun, was ihnen den Namen Goldschuppenfarn eingetragen hat. Läßt sich mit Blütenstauden vergesellschaften, liebt den Wanderschatten.

Dryopteris filix-mas, Wurmfarn

Weltweit verbreitet. Der Wurmfarn (siehe Farbbild Seite 287) besitzt sowohl sterile als auch fertile, bis 140 cm hohe Wedel. Die sterilen Wedel sind wintergrün, während die fertilen Wedel im Spätherbst absterben. Der Wurmfarn hat sehr viele Sorten hervorgebracht. Die Vermehrung erfolgt durch Sporen und bei älteren Pflanzen auch durch Teilung. Auf nährstoff- und humusreichen Schattenflächen läßt sich *Dryopteris filix-mas* sehr gut verwenden. Bei ausreichender Feuchte ist auch eine Vergesellschaftung mit Stauden in sonniger Lage möglich.

Matteuccia struthiopteris, Straußfarn, Trichterfarn

Von Europa bis nach Skandinavien, in Rußland, im östlichen Asien und in China beheimatet. Die Art besitzt 80 bis 100 cm lange sterile und etwa halb so lange fertile Wedel. Die fertilen Wedel überdauern den Winter. Die sterilen Wedel sind dunkelgrün, einfach gefiedert, tief fiederschnittig und bilden einen Trichter. Die Vermehrung erfolgt durch Sporen, Ausläufer und Rhizomschnittlinge. Die Blätter vergilben bei trockenem Stand sehr früh im Herbst. *M. struthiopteris* kommt vor allem an Bächen und Flußläufen auf tiefgründigen Schwemmböden zur Anpflanzung. Es darf jedoch keine Staunässe herrschen. Der Straußfarn hat einen starken Ausbreitungsdrang. Auf kleinen Flächen kann er leicht lästig werden.

Onoclea sensibilis, Perlfarn

Im westlichen Nordamerika, in Japan, der Mandschurei, Ostsibirien und im Amurgebiet beheimatet. Die sommergrünen sterilen Wedel werden 50 bis 90 cm hoch. Die fertilen wintergrünen Wedel erscheinen erst im Sommer, sind 20 bis 50 cm hoch und mit perlschnurartig aufgereihten braunen Sporenkapseln besetzt. Die weitkriechenden Rhizome verzweigen sich sehr schnell. Der Perlfarn läßt sich durch Sporen, Ausläufer und Schnittlinge vermehren. Er verbreitet sich auf feuchten Wiesen und in Walddickichten als Bodendecker. Wegen des wuchernden Charakters von *O. sensibilis* (siehe Farbbild Seite 290) ist in

Gärten Vorsicht geboten. Die Art eignet sich hervorragend für größere Anlagen und zum Begrünen von feuchten und schattigen Standorten, auf denen sie sich durch ihre Rhizome ausbreiten und üppige Laubteppiche bilden kann.

Osmunda regalis, Königsfarn

In der nördlichen und südlichen gemäßigten Zone beheimatet. Beim Königsfarn ist das obere Drittel der ersten Wedel fertil, sie werden nach der Sporenreife, Anfang Juni, braun. Die Wedel erreichen eine Höhe von 75 bis 200 cm und zeigen im Herbst eine intensive goldgelbe Färbung. Der Königsfarn wächst gern in feuchten und sauren Böden, er bevorzugt den lichten Schatten und läßt sich solitär und in Gruppen verwenden. Er steht unter Naturschutz.

Phyllitis scolopendrium, Hirschzunge

In Europa, Kleinasien, in Japan, Nordafrika, auf den Atlantischen Inseln und im östlichen Nordamerika beheimatet. Die 30 bis 60 cm langen und 4 bis 6 cm breiten Blätter sind wintergrün, ganzrandig, ungeteilt, zungenförmig und glänzend grün. Es gibt zahlreiche Sorten mit gewellten oder gekräuselten Blättern, die sich durch Blattstecklinge und Teilung vermehren lassen. Bei der Hirschzunge handelt es sich um eine ausgesprochene Schattenpflanze. Sie kommt bevorzugt in steinigen Bergwäldern, an feuchten Felsen und Mauern, in Höhlen oder Brunnenschächten vor. Als kalkverträgliche Pflanze ist sie einer der wichtigsten Freilandfarne. Sie wird an schattigen Standorten bei ausreichender Feuchtigkeit sehr gern verwendet. Die Hirschzunge gehört zu den geschützten Pflanzen.

Polypodium vulgare, Tüpfelfarn

In Deutschland weit verbreitete wintergrüne Art (s. Farbbild Seite 291) mit 20 bis 30 cm langen Wedeln, die in Gewässernähe 40 bis 60 cm Länge erreichen. Die dunkelgrünen, ledrigen Blätter sind einfach gefiedert, das Rhizom ist kriechend. Läßt sich durch Sporen und Teilung der Rhizome vermehren. Der Tüpfelfarn ist sehr anpassungsfähig. Er wächst sowohl im tiefen Schatten als auch an halbschattigen Standorten mit kalkarmem Boden. Als Bodenbedecker verwendet, überwächst der Tüpfelfarn gerne Findlinge, läßt sich im Steingarten ansiedeln und erträgt unter tief wurzelnden Gehölzen die Konkurrenz von Bäumen und Sträuchern.

Polystichum aculeatum, Glanzschildfarn

Kommt von den Gebirgswäldern der Tropen und der gemäßigten Zonen. Der wintergrüne Farn hat 80 cm lange, glänzend grüne Wedel, die zwei- bis dreifach gefiedert sind. Ausgewachsene Glanzschildfarne können einen Durchmesser bis zu 120 cm erreichen. Entsprechend ihrem natürlichen Vorkommen an steinigen Abhängen und Geröllfluren ist der Glanzschildfarn sehr gut für den Steingarten geeignet. Er gedeiht in humosem Gartenboden und läßt sich auch mit *Rhododendron* und Gräsern, Blütenstauden und Zwiebelgewächsen vergesellschaften.

Polystichum setiferum, Weicher Schildfarn

In den gemäßigten Zonen und in den Tropen beheimatet. Die 75 bis 100 cm langen und 15 bis 30 cm breiten Wedel bilden Trichter bis zu 120 cm Durchmesser. An günstigen Standorten bleiben sie wintergrün. Die Wedelstiele sind dicht mit braunen Spreuschuppen und im Blattbereich mit Spreuhaaren besetzt. Den Weichen Schildfarn kann man einzeln oder in Gruppen verwenden. In unseren Anlagen ist er als Begleiter hochwachsender Stauden empfehlenswert. Für die Gartenkultur haben die *P. setiferum*-Sorten (siehe Farbbild Seite 290) eine große Bedeutung.

P. setiferum 'Proliferum', Schmaler Filigranfarn, hat wintergrüne Wedel, die dreifach gefiedert sind. Die Wedel stehen flach gebogen von der Pflanze ab, so daß der Farn einen Durchmesser bis

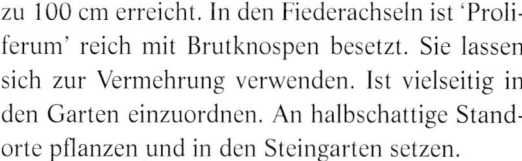

Der Perlfarn (Onoclea sensibilis) mit seiner Wucherkraft ist im grünen Garten durch nichts zu ersetzen.

Polystichum setiferum 'Proliferum Herrenhausen' ist in den Fiederachseln reich mit Brutknospen besetzt.

zu 100 cm erreicht. In den Fiederachseln ist 'Proliferum' reich mit Brutknospen besetzt. Sie lassen sich zur Vermehrung verwenden. Ist vielseitig in den Garten einzuordnen. An halbschattige Standorte pflanzen und in den Steingarten setzen.

P. setiferum 'Proliferum Plumosum Densum', Flaum-Feder-Filigranfarn, hat mehrfach gefiederte Wedel, die so flach gestellt sind, daß der Farn einen Durchmesser von 70 bis 90 cm erreicht. Mit seinen wintergrünen Blättern wird er im Halbschatten mit *Rhododendron* verwendet. Bildet ebenfalls Brutknopsen.

P. setiferum 'Proliferum Dahlem' ist eine wüchsige Sorte mit wintergrünen, bis 100 cm langen, überhängenden Wedeln, die im unteren Bereich Brutknospen tragen.

Vermehrung durch Sporen

Die generative Vermehrung erfordert viel Erfahrung und bleibt in der Regel dem Profigärtner überlassen. Deshalb beschränken wir uns hier auf wenige Hinweise.

Die Sporenbehälter, welche Sporen enthalten, sitzen grundsätzlich auf der Unterseite der Farnwedel. Die Sporen sind in Sporenbehältern, sogenannten Sporangien, zusammengefaßt, und mehrere Sporangien bilden die Sori.

Die Sporangien kommen an besonders ausgebildeten, fertilen Blättern oder auch auf der Unterseite der Wedel in Häufchen, Streifen oder am Blattrand vor. Sie reifen im Hoch- oder im Spätsommer und entlassen an trockenen Tagen die Sporen als feinen, braunen Staub, der leicht vom Wind verweht wird.

Ob auf größeren Findlingen oder auf Mauerkronen, auf Baumstubben oder in breiten Gesteinsfugen, in feuchten Felsnischen oder in der Moos- und Humusschicht, der Tüpfelfarn (Polypodium vulgare) findet überall ein schattiges Plätzchen.

Für die Vermehrung werden die sporentragenden Wedel abgenommen, wenn die Sporangien kurz vor dem Aufplatzen stehen. Die Sporangien der einzelnen Farnarten sind verschieden gefärbt. Auch der Reifezeitpunkt ist unterschiedlich und muß bei der Ernte berücksichtigt werden (siehe Tabelle Seite 292).

Die abgeschnittenen Wedel kommen in Papiertüten, Papierbeutel oder werden in Zeitungspapier gewickelt, wo sie nachreifen. Die reifen Sporen fallen aus den Sporangien heraus oder sie werden durch leichtes Schütteln entleert. Durch Absieben wird die Spreu entfernt. Die Sporen sind verschieden lange haltbar. Von *Osmunda regalis* behalten

Farnarten	Reifezeit der Sporen
Adiantum pedatum	August
Asplenium trichoma-nes	Juli bis September
Athyrium filix-femina	Juli bis August
Blechnum spicant	Juli bis August
Dryopteris affinis	August bis Oktober
Dryopteris filix-mas	Juli bis August
Matteuccia struthiopte-ris	November bis Januar
Onoclea sensibilis	Herbst bis Januar
Osmunda regalis	Anfang Juni
Phyllitis scolopendrium	Juli bis Oktober
Polypodium vulgare	Winter
Polystichum aculeatum	Ende Juli bis Oktober
Polystichum setiferum	Juli bis August

sie nur drei bis zehn Tage ihre Keimfähigkeit. Je frischer die Sporen sind, desto besser ist das Keimergebnis.

Die Sporen werden mit einem feinen Teesieb in Schalen ausgesät. Als Substrat eignet sich ein nährstoffarmes bis -freies Torfkultursubstrat oder reiner Weißtorf. Es sollte bei einem pH-Wert von 5,5 bis 6 schwach sauer reagieren. Die Aussaatgefäße werden 3 cm hoch mit dem Substrat gefüllt, das gegebenenfalls auch aus einem sterilen Torf-Sand-Gemisch 1,5:1 bestehen kann. Für die Anzucht ist Hygiene das oberste Gebot. Die größten Feinde der Sporenaussaaten sind Algen und Moose sowie pilzliche Schaderreger. Nicht nur die Gefäße, auch die Substrate müsen vor ihrer Verwendung desinfiziert werden.

Sofort nach der Aussaat werden die Schalen oder Töpfe mit Glasscheiben abgedeckt und bei etwa 20 °C aufgestellt. Die Helligkeit sollte etwa den Verhältnissen in einem lichten Laubwald entsprechen. Die relative Luftfeuchtigkeit muß sehr hoch liegen, und eine gleichmäßige Feuchte des Substrates ist unbedingt erforderlich.

Bei der Sporenkeimung zeigt sich ein smaragdgrüner Schimmer auf der Oberfläche der Aussaatgefäße. Nach 30 bis 80 Tagen beginnen sich die

Vorkeime zu bilden. Es sollte vermieden werden, daß die Schalen von oben gegossen werden. Am günstigsten ist es, wenn man die Saatgefäße in einen Untersatz mit Wasser stellt. Die kleinen blattartigen Gebilde von 0,5 bis 1 cm Größe, die flach dem Substrat aufliegen, sehen einem Lebermoos sehr ähnlich. Nach zwei bis drei Wochen wird vereinzelt. Man nimmt sie mit einem zugespitzten Streichholz vorsichtig auf und pikiert sie in eine mit der gleichen Substratmischung gefüllte Schale. Sowie die jungen Pflänzchen zu erkennen sind, wird wieder pikiert. Überwintert wird im Gewächshaus. Im Frühling kommen sie dann am besten in einen Frühbeetkasten. Die Farnjungpflanzen beginnen sich langsam in Sproß und Wurzel auszudifferenzieren. Wenn sie eine ausreichende Größe erreicht haben, wird getopft. Als Kultursubstrat wird eine humose Erdmischung benutzt. Die gesamte Anzuchtdauer schwankt zwischen einer und zwei Vegetationsperioden.

Vermehrung durch Teilung

Der beste Zeitpunkt für die Teilung ist das Frühjahr, vor oder bei beginnendem Austrieb. Es ist zweckmäßig, die Pflanzen auszugraben bzw. auszutopfen und die Erde etwas zu entfernen, um die Wurzeln freizulegen. Je nach Wuchstyp erfolgt die Teilung durch Abtrennung der »Kindel«. Man wartet, bis sich die Nebenkronen von der Mutterpflanze trennen lassen. Farne mit kriechenden Rhizomen sind einfacher zu teilen als die trichterbildenden Arten. Die Mutterpflanzen werden mit Hilfe eines scharfen Messers vorsichtig in etwa gleich große Stücke zerlegt. Es ist darauf zu achten, daß die Wurzeln möglichst wenig beschädigt werden, damit die Teilstücke bzw. Jungpflanzen gut anwachsen können.

Vermehrung durch Rhizomschnittlinge

Rhizomschnittlinge eignen sich vor allem bei Arten mit rasenartigem Wuchs wie *Matteuccia struthiopteris* und *M. pensylvanica*, *Onoclea sensibilis*, *Pteridium aquilinum* und *Thelypteris phegop-*

teris. Ihre Ausläufer kriechen bis über 1 m flach im Boden entlang, an deren Enden sich junge Farnpflanzen entwickeln. Sie lassen sich mühelos von der Mutterpflanze abtrennen, gleich wieder pflanzen oder eintopfen. Im Herbst abgenommene und eingeschlagene Ausläufer können im Winter in etwa 15 cm lange Stücke zerteilt und in Kisten gesteckt werden. Als Substrat dient ein Gemisch aus fünf Teilen Torfkultursubstrat und einem Teil Sand. Die Rhizomschnittlinge werden schräg eingelegt, wobei oben und unten nicht verwechselt werden darf.

Vermehrung durch Blattstielgrundstecklinge

Die Hirschzunge, *Phyllitis scolopendrium,* wird überwiegend durch Blattstielgrundstecklinge vermehrt. Diese Vermehrungsart wendet man vor allem bei der sterilen Sorte 'Crispa' an. Aber auch für sporenbildende *Phyllitis*-Sorten ist die Vermehrung durch Blattstielgrundstecklinge von Bedeutung, weil die aus Sporen gezogenen Jungpflanzen nur wenig echt fallen und stark variieren.

Diese Vermehrungsart kann das ganze Jahr über durchgeführt werden. Am besten eignet sich der Herbst. Von gesunden und kräftigen Mutterpflanzen wird der Ballen ausgeschüttelt und ausgewaschen. Man nimmt die Blattstengel ganz unten am alten Stamm ab, einschließlich der voll entwickelten diesjährigen Blätter, denen die Blattfläche und -stiele auf die Größe der übrigen Stecklinge abgeschnitten werden. Am Blattstielgrund befindet sich meristematisches Gewebe, aus denen sich neue Wedel bilden. Die Wurzelreste werden entfernt und die Blattgrundstecklinge in Kisten gestreut, nach der Wurzelbildung pikiert oder bis

1 cm tief senkrecht in eine humose Erde gesteckt und bei 14 bis 16 °C aufgestellt und leicht schattiert. Nach 6 bis 12 Wochen treiben die Blattstengel bei guter Bodenwärme unten durch und bringen meist mehrere Jungpflanzen hervor.

Vermehrung durch Brutknospen

Einige Farne können durch Brutknospen vermehrt werden, die sich auf der Wedelunterseite an der Ansatzstelle der Fiedern bilden. Dazu zählen *Cystopteris bulbifera* und von *Polystichum setiferum* z. B. die Sorten 'Proliferum', 'Proliferum Dahlem' und 'Proliferum Plumosum Densum'. Es gibt für uns zwei Wege, aus den etwa erbsengroßen und grünen Brutknospen Farne heranzuziehen:

1. Die Wedel bleiben mit den Fiederknospen an der Mutterpflanze. Sie werden auf der Erde mit Drahtklammern festgehakt. Nach dem Wurzeln schneidet man sie vor den ersten Nachtfrösten ab und pikiert die jungen Pflanzen. Bei einer Temperatur von 18 bis 20 °C werden sie überwintert.
2. Die Wedel werden Ende September abgeschnitten und zum Bewurzeln in Kisten gelegt. Die abgeschnittenen Farnwedel werden flach auf gefüllte Saatkisten festgehakt. Bei gutem Bodenkontakt kommen die Brutknospen zum Austrieb. Die Substratmischung besteht aus vier Teilen Torfkultursubstrat und einem Teil Sand. An den Fiederblättchen beginnen sich Wurzeln zu bilden, und bald treiben die Brutknospen entlang der Mittelrippe dichte Blattrosetten. Wenn nach 10 bis 14 Wochen die Wedel zu verrotten beginnen, lassen sich die jungen Farne von der Mittelrippe abnehmen und eintopfen.

Stauden im Steingarten

In unseren Steingärten sind nicht nur Pflanzen der Alpen vertreten. Heimatgebiete der Steingartenstauden sind auch der Apennin und die Pyrenäen, erstrecken sich von den Karpaten über den Kaukasus bis zum Himalaja; selbst aus den nordamerikanischen Rocky Mountains, den Hochgebirgen Australiens und Neuseelands sowie aus der Bergwelt des hohen Nordens stammen viele Steinpflanzen. Darüber hinaus lassen sich in den Steingärten Gewächse aus dem heißen Süden, Steppenpflanzen Asiens und aus den amerikanischen Prärien ansiedeln. Unsere Steingärten beherbergen nur in seltenen Fällen reine Hochgebirgsarten. Meist setzt sich der Pflanzenbestand aus Kulturformen zusammen, die durch die Züchtung den Bedingungen des Gartens angepaßt sind.

Wer von seinen Bergfahrten Steingewächse für seinen Garten mitbringt, handelt nicht nur gegen die Natur- und Artenschutzgesetze, er wird auch eine große Enttäuschung erleben. Denn der Natur entnommene Pflanzen aus dem rauhen und sonnigen Bergklima gedeihen im Flachland nicht, in der Regel gehen sie schon nach kurzer Zeit ein. Das »Mitgehenlassen« lohnt sich also so oder so nicht. Der Bezug aus der Staudengärtnerei bietet dagegen die Gewißheit, daß man einwandfreie, für die Gartenkultur geeignete Steingartenpflanzen erhält, und man kommt auch nicht mit dem Naturschutz in Konflikt.

Die Pflanzenwelt der Berge trägt die Merkmale einer Dauergesellschaft. Wie uns die Vorbilder in der Natur zeigen, wachsen kleinere Steingewächse immer in Gruppen zusammen. Meisterhaft bepflanzte Steingärten zeigen ein ausgewogenes Verhältnis zwischen Pflanze und Stein. Je kleiner die Anlage, desto differenzierter kann das ausgewählte Pflanzenmaterial sein. Die wüchsigen Arten und Hybriden werden so verwendet, daß die »Zwerge« nicht mit ihnen konkurrieren müssen. Des weiteren ist die Blütenfarbe und die Blütezeit zu berücksichtigen. Wärmebedürftige Pflanzen können an Steine angelehnt werden, und große Steinflächen lassen sich durch ein Pflanzenkleid einfassen. Viele Felsbesiedler besitzen die Fähigkeit, mit ihren Wurzeln in die feinsten Öffnungen einzudringen. Ihre kleinen Polster nisten in Gesteinsspalten und quellen aus den Fugen. Mit ihren Trieben umgürten sie Felsblöcke, hängen ihre blütenreichen Schleppen nach unten und überziehen mit ihren Ausläufern das Geröll. Schwieriger ist die Gestaltung eines Naturausschnittes oder eine Verwendung nach geographischen Gesichtspunkten mit Gruppen der Alpen, Pyrenäen, des Kaukasus oder des Himalajas. Es lassen sich auch Pflanzen mit weißem oder bräunlichem Haarkleid, Sukkulenten und Xerophyten zusammenbringen.

Steinaufbau

Das Alpinum, wie es uns in botanischen Gärten begegnet, ist in gedrängter Form eine möglichst getreue Nachbildung der Natur. Seine Einordnung in eine Gartenanlage und sein Aufbau ist ein schwieriges und zugleich kostspieliges Unterfangen. Der Gartenbesitzer ist damit in der Regel überfordert. Ihm kommt es auch mehr auf die Schmuckwirkung der Pflanzen an, die in einem

Wer die Pflanzenwelt der Berge in der Natur erlebt hat, möchte auf seinen Steingarten daheim und vor allem auf die polsterbildende Gebirgsflora nicht verzichten: In den Fugen Gäste aus aller Welt, Polster zwischen Steinen – nur für geduldige Gärtner.

botanischen Alpinum mit seinem dominierenden Gesteinsaufbau nicht immer gegeben ist. Er möchte eine attraktive Steinanlage in natürlicher oder in architektonischer Form mit vielen schönen, lebhaft blühenden Steingartenpflanzen besitzen. Wichtig ist in jedem Fall die Verwendung einheitlichen Steinmaterials.

Natürliche Anlagen. Für die Pflanzengesellschaften basischer Böden verwendet man Kalksteine, Muschelkalk, Kalktuffe, Travertin oder Kalkknollensteine. Auf Kalktuff und in seinen Aushöhlungen lassen sich viele der kleinen Steingartenpflanzen ansiedeln. Ein härterer Kalktuff ist der dauerhafte Travertin mit seinen schönen warmen Ockertönen. Häufig werden Tuff- und Kalkknollensteine verwendet. Bei den Tuffsteinen ist die Oberfläche weich. Falls keine Vertiefungen vorhanden sind, kann man verhältnismäßig leicht mit Hammer und Meißel oder einer Bohrmaschine kleine Pflanzlöcher schaffen. Der saugfähige Stein speichert das Wasser und gibt die überschüssige Feuchtigkeit nach unten wieder ab. Die poröse Oberfläche verdunstet so viel Wasser, daß die Pflanzen immer mit Luftfeuchtigkeit umgeben sind. Bei nächtlicher Taubildung speichert er die Feuchtigkeit, die im Laufe des Tages wieder an die Umluft abgegeben wird. Der Kalkknollenstein bildet im Gegensatz zum Tuffstein eine feste, kompakte Gesteinsmasse. Seine Oberfläche ist durch Verwitterung unregelmäßig geformt, mit Vertiefungen und durch den ganzen Stein gehenden Löchern versehen.

Der Lavatuff hat eine neutrale Reaktion. Für Pflanzengesellschaften neutraler Böden lassen sich auch Schiefer und Sandstein verwenden. Während Granit und Gneis den Urgesteinspflanzen vorbehalten bleibt.

Viele Gartenbesitzer türmen die Steine wie Hochgebirgszacken auf. Das ist falsch, weil unnatürlich. In der Natur liegen die Steine stets auf ihrer »faulen Seite«. Man bettet Findlinge oder größere Steine an hängigen Stellen so, daß sie kuppenartig aus der Erde herausragen. Durch Zusammenfügen von Gesteinsbrocken lassen sich Felsspalten und senkrechte Felsfugen bilden. Unter

Wer die Welt der Berge liebt, den begeistert auch ein solcher Hohlweg mit blühenden Pflanzengästen aus aller Welt.

dem Steinmaterial bleibt das Substrat kühler und feuchter, die Oberfläche erwärmt sich schnell und speichert Wärme. Durch ein nachträgliches Absplitten (»Mulchen«) der Oberfläche mit Gesteinsgrus bleibt die darunterliegende Erde locker, und ein Verschlämmen der Substratoberfläche wird verhindert. Die Splittschicht erwärmt sich schnell und gibt die Wärme langsam wieder ab. Im Schatten und Halbschatten von Steingärten bietet es sich förmlich an, bizarre Wurzelstücke in die Pflanzung einzubauen, oder einige alte Baumstubben zu verwenden.

Architektonische Anlagen werden »trocken«, das heißt ohne jegliches Bindemittel (Mörtel), aus Steinen zu Trockenmauern aufgebaut. Man verwendet sie bevorzugt dort, wo man ein leicht hängiges Gelände abstufen möchte. Bei Erdböschungen über 1 m Höhe setzt man die Mauern in kleineren Terrassen ab.

Als Baumaterial werden regelmäßig behauene Natursteine im Verband aufgesetzt. Es darf also nicht Stoßfuge auf Stoßfuge kommen. Ein Stein muß sich immer auf zwei andere stützen. Beim Aufsetzen der Mauer müssen zur Aufnahme der Pflanzen genügend Spalten und Fugen entstehen. Zur Ableitung des Sickerwassers wird die Erde für die Hinterfüllung mit Splitt, Steinbrocken oder Schlacke vermischt. Ein Füllen des Fundamentgrabens mit Steinschlag oder grobem Kies, eine leichte Neigung zum Hang und einige längere Mauersteine, die tief in die Hinterfüllung reichen, geben der Trockenmauer Festigkeit und Halt.

Für Gärten, die keine Höhenunterschiede aufzuweisen haben, bietet sich als kleinräumige Lösung das Steinbeet an. Von zwei Seiten wird eine Mauer wallartig 30 bis 70 cm hochgezogen. Eine 10 cm hohe Schutt-, Stein- oder Schlackenschicht sorgt für die Dränage. Darüber kommt das vorbereitete Erdgemisch. Das Steinbeet gibt die Möglichkeit, kissenhafte Stauden und kleine Gräser auf die Krone und zu beiden Seiten der Mauer zu plazieren.

Miniatursteingarten. Das kleine Motiv einer Wald- oder Heidelandschaft läßt sich in jedem alten Steintrog, in ausgehöhlten Baumwurzeln, flachen Kisten oder Tonschalen unterbringen. Für einen Troggarten können auch geeignete Steine in der passenden Größe und Form ausgemeißelt wer-den. An der tiefsten Stelle des Troges darf ein Abflußloch nicht fehlen. Schon mit wenigen Pflanzenzwergen und einigen passenden Steinen läßt sich eine entzückende Miniaturlandschaft gestalten. Für die Troggärten finden Alpenpflanzenzwerge aus der Gruppe der kalkverkrusteten Silberrosetten-Steinbreche und der Stengellosen Enziane, der Nelken-, Primeln- und Glockenblumen-Zwerge, das Hungerblümchen, das Edelweiß und die Spinnweb-Hauswurz Verwendung. Diese Steinbesiedler sind sehr dankbar für die Lichtfülle auf der Süd- und Südwestseite des offenen Balkons oder eines Fensters, der Terrasse, von Treppenwangen und Gartenhöfen.

Im Schatten lassen sich mit Farnen, den Alpenglöckchen, niedrigen Primeln, zwergigen *Rhododendron* und anderen Erikagewächsen Vegetationsbilder von Quellmooren, Wald- und Heidelandschaften gestalten. Diese Pflanzengesellschaften lieben die feuchte Kühle vor der Nordseite eines Hauses und den Schatten von Bäumen und Sträuchern. Mit Hilfe von Laub- oder Nadelstreu, Rindenkompost und Heideerde, Sumpfmoos und morschen Holzstückchen entstehen in dieser Miniaturlandschaft entzückende kleine Naturausschnitte, an denen man sich ständig erfreuen kann.

In den blühenden Mauern und Wänden der Steinbeete gedeiht eine aparte Alpenpflanzengesellschaft.

Kulturansprüche der Pflanzen

Wenn die Jungpflanzen in Töpfen geliefert werden, kann man vom Frühjahr bis zum Herbst pflanzen. Bei Steingewächsen ohne Wurzelballen ist im September und im März – April die beste Gewähr für ein gutes Anwachsen gegeben. Bei Frühjahrspflanzungen haben sie den Sommer noch vor sich und können einwachsen. Nur Stauden mit feuchten Topfballen sollten gesetzt werden. Beim Pflanzen wird die umgebende Erde kräftig angedrückt. In den Spalten dürfen dabei keine Hohlräume zurückbleiben. Die Erde soll sich überall den Wurzeln anschmiegen. In engen oder steilen Spalten werden die Pflanzballen mit Steinchen so verkeilt, daß sie nicht herausfallen oder beim Gießen herausgespült werden.

Substrate und Erdgemische

Die Beziehung zwischen dem Boden, den Steinen und ihren Besiedlern erfordert unsere größte Aufmerksamkeit. Die eine Pflanze braucht den Kalk, die andere sucht den sauren Humus. Viele Steingewächse reagieren bei nicht zusagenden Bodenverhältnissen durch vorzeitiges Absterben. Aus Kompost-, Rasen- oder Gartenerde, Sand und Rindenkompost läßt sich für jeden Felsengarten ein brauchbares Erdgemisch zusammenstellen. Die bedürfnislosen Felsspalten- und Geröllhaldenbesiedler erhalten mehr Sand und weniger Rindenkompost, während die montanen Wiesenpflanzen einen höheren Erdanteil verlangen. Viele Steinbesiedler können nur gedeihen, wenn die störende Nässe abfließen kann. Feuchtigkeitsempfindliche Pflanzen erhalten zusätzlich Steinsplitter oder Schlacke unter das Erdgemisch.

Auf gewisse Urgesteinspflanzen wirkt Kalk wie Gift. Arnika, Frühlingsanemonen und Bartglockenblumen, Gletschernelken, Herbstenzian, Silberfahnen-Steinbrech und Spinnweb-Hauswurz sind so empfindlich, daß ein wiederholtes Gießen mit kalkhaltigem Wasser zu Schwachwüchsigkeit, Vergilben und Absterben führt. Den Kalkfliehern geben wir einen entsprechend höheren Rinden-

kompostanteil, während Edelweiß und Aurikeln, Küchenschellen, viele Nelken und Steinbrecharten die Bodensäure fliehen. Wenn ihrem Erdgemisch kein Kalk oder Bauschutt von altem Gemäuer beigefügt wird, »vergrünen« die Pflanzen, werden blühfaul und kurzlebig.

Viele Arten verhalten sich indifferent. Solange die Konkurrenz benachbarter Pflanzen ausgeschaltet ist, spielt für sie der Kalkgehalt keine so große Rolle. Alle Pflanzen alkalischer Böden fordern gut durchlüftete Substrate. Das heißt, die Bodenreaktion kann sowohl leicht über pH 7 ansteigen als auch absinken. Unter solchen Voraussetzungen können Hochgebirgspflanzen neutraler, saurer oder kalkhaltiger Böden im selben Standardgemisch stehen. In Substraten wie Kompost, Land- oder Rasenerde, Rindenkompost oder Lauberde und Sand oder Schlacke finden die Steingartenpflanzen optimale Wachstumsbedingungen. Nach dem Motto locker – luftig – humos setzt sich ein Standardgemisch wie folgt zusammen: $\frac{1}{3}$ grober Quarzsand (0,5 bis 2,0 mm) oder Lava-Naturschlacke (0 bis 16 mm), $\frac{1}{3}$ nährstoffarme Kompost- oder Landerde und $\frac{1}{3}$ Rindenkompost oder Lauberde.

Düngung

Für viele Hochgebirgspflanzen sind unsere Winter zu kurz. Sie erschöpfen sich sehr leicht in unseren langen Sommern. Deshalb erhalten sie beim Humusieren im Herbst einen Düngevorschuß für das nächste Jahr. Beim Zusammenstellen der Erdgemische werden kalibetonte Mehrnährstoffdünger in Höhe von 0,1 % (1 kg auf 1 m^3 Erde) unter das Substrat gemischt. Nach dem Einmischen des Düngers wird das Substratgemisch etwa in 1 cm Stärke zwischen die Hochgebirgspflanzen und unter die Pflanzenpolster gestreut. Bei der geringsten Verschiebung des Nährstoffverhältnisses zugunsten von Stickstoff wird der Wuchs zu üppig, die Blüten verlieren an Leuchtkraft und werden langstielig.

Keine Abneigung gegen Stickstoff besteht bei den nitrophilen Arten, die in der Umgebung von

Raritäten von den Höhen des Himalaja, die zwischen Steinen und Baumwurzeln anzutreffen sind: die gelbe Primula sikkimensis und die mattenbildende Androsace sarmentosa.

Almhütten auf überdüngtem Boden (Läger) wachsen. Auch bei der Hochstaudenflur, die in der Regel im humusreichen Boden der Hangfüße und Hangmulden vorkommt, wird zur Deckung des Stickstoffbedarfs mit halbverrottetem Rinderdung oder organischen Handelsdüngern, wie Blutmehl, Hornspänen, Guano oder organisch-mineralischen

Mehrnährstoffdüngern gearbeitet. Mit Beginn der Vegetationsperiode gibt man auf 1 m² 100 bis 150 g. Derart hohe Nährstoffmengen lieben z. B. *Aconitum napellus* (Eisenhut), *Adenostyles glabra* (Alpendost), *Allium victorialis* (Allermannsharnisch), *Anemone narcissiflora* (Berghähnlein), *Gentiana asclepiadea, G. lutea, G. pannonica, G.*

purpurea, Geranium sylvaticum, Iris graminea, Ranunculus platanifolius, Thalictrum aquilegifolium (Amstelraute) und *Veratrum album* (Weißer Germer).

Gießen und Sprühen

An trocken-heißen Tagen fühlen sich die Steingartenpflanzen besonders wohl, wenn ihnen die heimatliche Nebelfeuchtigkeit durch Sprühen mit Wasser ersetzt wird. In den Polstern hält sich der nächtliche Tau und die Regenfeuchtigkeit. Ein wirksamer Verdunstungsschutz ist das Haarkleid vieler Steingartenpflanzen, wie beim Edelweiß. Die *Sedum*- und *Sempervivum*-Arten speichern in ihren Fettblättern Wasser und Nährstoffe. Meist genügt in den Abendstunden ein leichtes Überbrausen. Dadurch wird eine Feuchtigkeitszufuhr ohne Durchnässung des Bodens erreicht.

Winterschutz

Die Pflanzen der Hochgebirge sind vielfach einem schroffen Wechsel von Warm und Kalt ausgesetzt. Der Übergang der Jahreszeiten vollzieht sich sehr schnell. Nach einem sehr langen Winter folgt nach der Schneeschmelze, Ende Juni, ein kurzer Sommer von zwei bis drei Monaten. Der Vegetationszeit folgt eine lange Winterruhe mit einer dicken Schneedecke, die den Pflanzen Schutz vor Kälte und Feuchigkeit gibt. Im Tiefland findet ein wiederholtes Gefrieren und Wiederauftauen mit Winternässe statt. Die meisten im Tiefland gezogenen Hochgebirgspflanzen erfrieren nicht, sondern faulen oder erwachen in warmen Wintern so früh zu neuem Leben, daß sie von den Spätfrösten geschädigt werden.

Um die immergrünen Polsterpflanzen in einem gefrorenen Boden vor Trockenschäden zu bewahren, kommt man nicht umhin, sie durch Auflagen von Fichtenzweigen vor der Wintersonne zu schützen. Viele Arten sind aber imstande, extreme Temperatur- und Lichtunterschiede, Nässe und Trockenheit zu ertragen. Die meisten beginnen im Herbst zu ruhen. Hochgebirgspflanzen, die eingezogen sind und mit ihren Wurzelstöcken, Zwiebeln oder Knollen im Boden überwintern, benötigen keinen Winterschutz. Pflanzen mit großen und immergrünen Blattflächen sowie Gewächse, die im Herbst sehr spät mit dem Wachstum abschließen, sind der Frostgefahr stärker ausgesetzt. Bei außergewöhnlich warmer und feuchter Witterung beginnen Primeln und etliche Lungenkräuter ein zweites Mal auszutreiben und im November zu blühen.

Die Winterruhe läßt sich durch Trockenhalten und Schutz vor starken Regengüssen erhalten. Meist genügt die Auflage von Glasscheiben, ein Plexiglasschutz oder das Überspannen mit Folie. Bei einer gut funktionierenden Dränage kann unter Umständen auf einen Winterschutz verzichtet werden. In einem mit Sand, Schlacke, Ziegelgrus oder feinem Splitt durchsetzten Boden wird das Wasser rasch abgeleitet.

Die Winterkälte ist auch für die Fortpflanzung von Hochgebirgspflanzen unentbehrlich. Oft säen sich Enzianarten und Primeln selbst aus und überwintern in einem keimauslösenden Temperaturbereich zwischen 0 und 5 °C Wärme unter einer Schneedecke. Nach schneereichen Wintern sollte man im Frühjahr auf Sämlinge achten. Bei zahlreichen Arten stellen wir fest, daß die Keimung erst nach mehreren Monaten oder Jahren stattfindet. Wo dieser keimauslösende Kühlprozeß im Freiland nicht zu erreichen ist, lassen sich mit dem Kühlschrank gute Resultate erzielen. Dabei ist es die feuchte Kühle, die bei angequollenem Samen nach sechs bis acht Wochen eine keimauslösende Wirkung zeigt.

Steinpflanzen für die Sonne

Von Gärtnerhand erprobt, stehen für den sonnigen Felsengarten zahlreiche Steingewächse zur Verfügung. Aus der Vielfalt der Alpenpflanzen können wir prächtige Sonnenblüher auswählen. Neben den Rosettenbildnern ist es die Fülle der Polsterpflanzen, die im Steingarten eine besondere Vorliebe genießen. Mit der folgenden Pflanzenauswahl lassen sich die Südhänge des Felsengartens, heiße Böschungsbeete und sonnige Trockenmauern abwechslungsreich bepflanzen. Es gibt noch sehr viel mehr Möglichkeiten, für die im Rahmen dieses Buches jedoch kein Raum ist. Spezielle Bücher zum Thema sind z. B. »Der Steingarten« von Wilhelm Schacht und »Schöne Steingärten« von Hermann Fuchs.

Alyssum saxatile, Felsensteinkraut
Brassicaceae (Cruciferae)

Das Felsensteinkraut breitet sich über breitgelagerte Steingartenflächen aus. Seine blütenreichen Triebe hängen über Felsen und wachsen aus den Mauerfugen senkrechter Wände. Ende April entfaltet das Felsensteinkraut zitronengelbe Blüten. Bei nur allmählich zunehmender Wärme hält der Frühjahrsflor vier bis sechs Wochen. Das Gelb steht sehr schön neben Blaukissen, zartem Polsterphlox und dem festlichen Weiß der Gänsekresse oder der Schleifenblume.

Androsace sarmentosa, Mannsschild
Primulaceae

Im Mai läßt der Mannsschild seine rosig schimmernden »Primelblütchen« sehen. Ein locker-humoser Boden erleichtert ihm das Wachstum. Mit langen Ausläufern überzieht er das Geröll, umgürtet Steine und besiedelt ganze Alpengartenpartien.

Arabis, Gänsekresse
Brassicaceae (Cruciferae)

Die Gänsekresse schüttet im frühen Frühjahr ihren üppigen weißen Blütenreichtum aus. Wo sie ihre Teppiche entfaltet, muß auf schwachwüchsige Nachbarn geachtet werden. Ihre blütenreichen Schleppen hängen über Trockenmauern, umkleiden Steine und bedecken kahle Bodenflächen. Schneearme Winter können an den immergrünen Blättern Trockenschäden verursachen oder bei Staunässe Fäulnis nach sich ziehen. Das aktuelle Sortiment läßt keine Wünsche offen:

A. caucasica 'Schneehaube', weiß, einfach, reichblühend, 10 cm hohe Polster.
A. caucasica 'Schneeball', weiß, einfach, 15 cm hoch, samenvermehrbar, reichblühend, kompakte, gesunde Blattpolster.
A. caucasica 'Plena', weiß, gefüllt, starkwachsend, blüht später als die einfachen Sorten.
A. caucasica 'Variegata', weiß, Blüten treten hinter den gelb gescheckten Blättern zurück.
Mit der rosablühenden *A. aubrietioides* gekreuzt, sind zahlreiche Farbsorten entstanden:
A. × arendsii 'Rosabella', rosa, nicht sehr gleichmäßig blühend, bald verblassend.
A. × arendsii 'Hedi', rosa, reichblühend, niederer Wuchs, etwas frostgefährdet.
A. × arendsii 'Rosenquarz', lachsrosa, schwachwachsend, nur 5 cm hoch, leicht verblassend und anfällig gegen Wintertrockenheit.
A. × arendsii 'Rubin', karminrot, 10 cm hohe Polster, reich- und langblühend.
A. × arendsii 'Compinkie', hellrosa, samenvermehrbar, ungleichmäßiger Wuchs.
A. × arendsii 'La Fraîcheur', dunkelrosa, samenvermehrbar, leicht blaustichig, kräftig rosafarbige Blüten.

Armeria, Grasnelke
Plumbaginaceae

Im Frühjahr leuchten auf den Blattpolstern von *A. maritima* und *A. juniperifolia* kleine Blütenköpfchen auf. Ihre Blätter sind ähnlich wie die von Gräsern geformt. Im Felsengarten, auf den Kronen von Steinbeeten und Trockenmauern bildet die Strandnelke, *A. maritima*, mit ihrem graugrünen Blattwerk einen 10 bis 15 cm hohen »Rasen«. Die Pflanze, die selbst trockene Standorte nicht scheut, kommt in jedem durchlässigen Gartenboden weiter. In der Frühjahrswärme entfalten sich die rosa Blütenstände. Durch die Züchtung haben sie in der weißen 'Alba' und der leuchtend rosaroten 'Düsseldorfer Stolz' verschiedene Abwandlungen erfahren. Die 5 cm hohe Zwerggrasnelke, *A. juniperifolia*, gelangt nur im kargen Boden zur Vollendung. Ihre Wurzeln dringen in die feinsten Spalten und Fugen des Felsengartens ein. Die Wärme lockt im Mai aus den zwergigen Blattpolstern zartrosa und weiße Blüten hervor.

Aster alpinus, Alpenaster
Asteraceae (Compositae)

Im Frühsommer ist Gelegenheit, die violetten Strahlenblüten der Alpenaster zu erleben. Die Farbigkeit ihrer Blüten läßt sich durch die Nachbarschaft mit Steinnelken steigern. Ihre Polster sprühen in Weiß ('Albus'), Rosa ('Liebe'), Blau ('Ideal') und Violett ('Dunkle Schöne'). Für diese Sorten spielt die Wahl des Bodens keine große Rolle. Sie lassen sich auf Mauerbrüstungen und an felsigen Hängen zusammen mit dem Hornveilchen, Zwergiris-Arten und dem Edelweiß ansiedeln.

Aubrieta-Hybriden, Blaukissen
Brassicaceae (Cruciferae)

Sie überziehen mit ihren Polstern im Frühjahr kahle Bodenflächen und senkrechte Trockenmauern. Mit dem goldgelben Felsensteinkraut, der weißen Gänsekresse und den herrlichen Teppichphloxen feiern sie im April – Mai wahre Farbenfeste.

'Blue Emperor', blauviolett.
'Bressingham Pink', rosa.
'Clio', veilchenblau, Blüten groß.
'Dr. Mules', dunkelviolett.
'Neuling', hell lavendelblau, starkwüchsig.
'Rosenteppich', dunkel karminrosa.
'Schloß Eckberg', blauviolett.
'Tauricola', blau, dichte Polster.
'Vesuv', karminrot.

Samenvermehrbare Sorten:
'Campbelli', blau, großblumig.
'Cascade Rot', karminrot, großblumig.
'Graeca', hellblau, kleinblumig.
'Hendersonii', violett, großblumig.
'Heterosis Novalis Blau', mittelblau, doppelte Blütengröße.

'Leichtlinii', karminrosa.
'Royal Blue', blauviolett, großblumig.
'Royal Red', karminrot, großblumig.
'Whitewell Gem', dunkelpurpurn.
In einem nährstoffreichen Gartenboden blühen die Blaukissen-Teppiche noch üppiger als im kargen Steingartenboden. Wenn ihr Blühen nachläßt, sind leichte Düngergaben, ein Umsetzen oder ein Teilen der Pflanzen unerläßlich. Die Aubrietien können durch Teilung von Februar bis März, durch Aussaat der samenvermehrbaren Sorten und durch Rosettenstecklinge vermehrt werden.

Campanula, Glockenblume
Campanulaceae

Mit den kleinen Glockenblumen lassen sich kahle Geröll- und Bodenflächen in ein buntes Steingartenbild verwandeln. Ihre Wurzeln dringen in die feinsten Felsspalten ein und fassen auf der Trockenmauer Fuß. Mit Ausläufern überziehen die Dalmatiner Glockenblume, *C. portenschlagiana*, die Hängepolster-Glockenblume, *C. poscharskyana*, und die Zwerg-Glockenblume *C. cochleariifolia*, die Erde. Sie schlüpfen unter Steinen und zwischen kleinen Spalten hindurch. Sie wachsen aus Gesteinsfugen und überwuchern felsige Abhänge. Die Natur hat *C. poscharskyana* mit unzähligen Samen ausgestattet. Durch Umherstreuen bedecken sie oft größere Flächen als erwünscht. Ganz dicht gedrängt schweben von Ende Juni bis August die hellblauen Glöckchen von *C. cochleariifolia* über den Platz. Ihre Kleinheit ist auch für den Miniatursteingarten wie geschaffen. Die violetten Blütenglöckchen von *C. poscharskyana* breiten von Ende Mai bis Anfang August und im September – Oktober ihr Festkleid aus. Als Einfassungspflanze kann man *C. portenschlagiana* freien Lauf lassen. Ihr Wachstum ist in einem nahrhaften Humusboden kaum zu bremsen. In den Gärtnereien entstand eine große Zahl von weißen, hell- und dunkelblauen Formen, deren Wachstum etwas gemäßigter ist. Die blauen Sternenglocken von *C. carpatica* heben sich von Juni bis September sehr schön gegen den weißen Hintergrund von

Ob Steinanlage oder Alpinum, die Anmut von Campanula cochleariifolia steht dem Garten gut. Kleine Blüten und zierlicher Wuchs sind der neue Trend für Pflanzen der Natursteinmauern und Felsspalten. Immer wieder ein Erlebnis: die rasigen Blattrosetten der Zwergglockenblumen.

Kalkfelsen ab. Der warme Glanz des Sommers läßt im Juni – Juli *C. carpatica* var. *turbinata* aufleuchten. Ihre violettblauen Schalenblumen sind in der Verfeinerung der Formen nicht zurückgeblieben. Wenn ihre Wurzeln einen kalkhaltigen Boden vorfinden, breiten sie sich über den ganzen Steingarten aus.

Cerastium, Hornkraut
Caryophyllaceae

Die Polster von *C. biebersteinii* und *C. tomentosum* hängen mit ihren grau- und silberweißen Schleppen über Mauern und bedecken kahle Böschungsbeete. In weiträumigen Anlagen gibt es genügend Flächen, die einen solchen zusammenhängenden Pflanzenteppich vertragen. Von allen Steingartenpflanzen ist *C. bieberssteinii* der stärkste Wachser. Über seinem Blattpolster erscheinen schon im Mai reihenweise Blüten, die über den grauweißen Trieben prächtig hervortreten. Auf großen Flächen kann man ihm freien Lauf lassen. Wir sollten es deshalb, im Gegensatz zu *C. tomentosum* in gebührendem Abstand von kleinen Steinbesiedlern halten. Die silberglänzenden *C. tomentosum*-Teppiche lassen im Mai – Juni die weißen Blüten kaum hervortreten. Im blühenden und im nichtblühenden Zustand setzen ihre Polster schöne Farbkontraste zu den blauen Glockenblumen und den teppichbildenden *Veronica*-Arten, dem rosablühenden Polsterseifenkraut, kleinen Blutberberitzen und Zwergmispeln.

Dianthus, Nelke
Caryophyllaceae

Die grünen Nelkenpolster breiten sich mit ihren farbigen Blumen über besonnte Böschungen und kahle Bodenflächen aus. Sie nisten in den Steinspalten senkrechter Wände und bilden auf Mauerbrüstungen einen kurzen »Rasen«. Die Pfingstnelke, *D. gratianopolitanus,* läßt ihre hellroten, fein gesägten Blütenkronen schon vor Pfingsten (Name!) über den Felsen prangen. Von Juni bis September folgt die Heidenelke, *D. deltoides,* mit ihren kleinen, dunkelrosa Blüten. Die Steinnelke, *D. sylvestris,* gibt uns im Frühsommer Gelegenheit, ihre großen, zart duftenden Blüten zu erleben. Im Juli – August bewundern wir die Eleganz der fleischroten Alpennelke, *D. alpinus.* Leider ist sie nicht sehr gartenwillig, kein Dauergewächs. Nur durch fortlaufende Samenaussaat kann ihr Bestand gesichert werden. Die Blüten der Pfingstnelke, der Heidenelke und der Steinnelke sind ebenfalls fruchtbar. Mit Hilfe ihrer Samen gewinnen sie ständig an Boden. Auf großen Flächen kann man ihnen freien Lauf lassen. Aus den Pfingstnelken und den Heidenelken sind einige Sorten hervorgegangen. Besonders schön für den Steingarten sind Züchtungen mit weißen, hell-

und dunkelroten Blütenkronen. Die grünen Nelkenpolster haben sich weitgehend den Bodenverhältnissen des Steingartens angepaßt. Ihre Kultur bereitet deshalb in einem kalkhaltigen, sandigen Lehmboden keine Schwierigkeiten. Die starkwachsenden Nelken müssen nur in gebührendem Abstand von kleinen Steinbesiedlern gehalten werden. Die meisten Arten werden durch Aussaat, die Sorten durch Stecklinge vermehrt.

Dryas, Silberwurz
Rosaceae

D. octopetala und die starkwüchsige *D.* × *suendermannii* breiten sich wie ein Teppich über den Steingarten aus. Ihre niederliegenden Triebe widerstehen dem Schneegewicht ihrer Bergheimat. Sie schlüpfen zwischen Steinen und Spalten hindurch, hängen sich über Mauern und Wände, umspinnen Felsbrocken und überziehen den Boden mit einem dichten Strauchspalier. Sie verstehen es, mit ihren dunkelgrünen Blättern die Sonnenwärme auszunützen. Auf geröll- und schotterreichen Böden sind sie genügsame Dauergewächse. Sie ertragen weder stauende Nässe noch den Schatten benachbarter Bäume. Wenn die Silberwurz im Mai ihren großen weißen Flor entfaltet, beherrscht sie den Steingarten für kurze Zeit. Bereits nach einigen Wochen läßt sie ihre Blütenblätter fallen. Dem Maiflor folgen silbrig behaarte Samenschöpfe, die einen ganzen Sommer wie weiße Perücken über den Pflanzen stehen.

Gentiana, Enzian
Gentianaceae

Viele Staudengärtnereien bieten Enziane für den Alpengarten an. Ihre Polster sind nicht nur wüchsig, sie blühen auch sehr üppig. Zu den schönsten Blumen der Alpenwelt gehört die sehr variable Sippe der Stengellosen Enziane, *G. acaulis.* Im Steingarten werden sie an bodenfeuchten Plätzen angesiedelt. Sehr wüchsig zeigen sie sich in einer sandig-lehmigen Rasenerde, wobei die Kalkfrage eine untergeordnete Rolle spielt. Sie fliehen nur eine starke Bodensäure und die gleißenden Sonnenstrahlen. Die Stengellosen Enziane bereiten sich schon im Spätherbst auf den Frühling vor. Noch vor Beginn des Sommers leuchten im tiefen Blau *G. angustifolia* und *G. dinarica*. Ihre Blüten erscheinen im Mai–Juni. *G. septemfida* var. *lagodechiana* stammt aus dem Ostkaukasus, wo sie an den Südhängen feucht-felsiger Plätze wächst. Im Garten liebt sie kalkhaltige, lehmig-humose, auch steinige, durchlässige Böden in voller Sonne. Sie ist gut zu verwenden in Stein- und Naturgärten. Auch als Schnittblume ist sie sehr haltbar. Wertvolle Sorten sind 'Doeringiana' und 'Hascombensis'. Die bekannte *G. septemfida* var. *lagodechiana* zeichnet sich durch eine leichte Kultur aus. Sie hat bis 30 cm lange, niederliegende Stengel, die sich an der Spitze aufrichten und in den oberen Blattachseln und an der Spitze im August–September einzeln stehende Blüten tragen. Sie läßt sich durch Aussaat vermehren. Recht ähnlich in der Kultur sind *G. cruciata* und ihre Unterart *phlogifolia*. Der Kreuzenzian hat rosettige Grundblätter und wird 20 bis 40 cm hoch. Seine keulenförmig-glockigen, dunkelblauen Blüten erscheinen von Juli bis September.

Herbstblühende Enziane

In den endlosen Gebirgstälern, auf den Hochweiden und Geröllhalden Tibets, Nepals und Yünnans, die von 4000 m Höhe bis zur Vegetationsgrenze reichen, gibt es einen unbeschreiblichen Reichtum an Enzianen. Im Steingarten sollten wir auf das unvergleichliche Blau dieser Herbstenziane nicht verzichten.

Der Boden muß in der Regel mit Rindenkompost, Laub- oder Moorerde verbessert werden. Wenn das Substrat weder neutral noch leicht sauer ist, müssen wir einen kalkfreien Pflanzstoff auf die Beete bringen. Es gibt wenige Pflanzen, die so empfindlich auf Kalk reagieren. Die geringste Alkalität im Boden oder im Wasser führt sofort zum Gelbwerden der Blätter. Schwere und kalkhaltige Böden müssen wir verbessern, indem wir die Beete 20 bis 30 cm über das vorhandene Ni

veau auffüllen. Wenn wir sie auf eine Unterlage aus Folie bringen oder auf der Kuppe eines Hügels aufbauen, kann das Kalkwasser von unten und von den Seiten nicht zufließen. Erhöhte Pflanzstellen lassen sich mit Baumstämmen oder kalkfreiem Gestein einfassen.

Im Frühjahr ist die beste Zeit, Herbstenziane einzukaufen oder durch Teilung zu vermehren und auf die vorbereiteten Beete zu pflanzen. Wer vergessen hat, Pflanzen zu bestellen, kann Enziane mit guten Topfballen den ganzen Sommer bis zur Blüte pflanzen. Herbstenziane schätzen einen kühlen und feuchten Boden, die Sonne und während der heißen Mittagsstunden etwas Schatten. Vom Austrieb im Frühjahr bis zur Blüte im Herbst erhalten sie pro Woche eine sehr schwache Nährsalzgabe in Höhe von ¼ g je Liter Wasser.

Gentiana sinoornata und ihre Hybriden

Von September bis zum Frost zeigt *G. sinoornata* das klare, weithin strahlende Königsblau ihrer trichterförmigen Blüten, die außen fünf purpurblaue Streifen auf grünlichgelbem Untergrund aufweisen. Die von ihr abstammende weiße *G. sinoornata* var. *alba* blüht etwa drei Wochen früher und ist großblumiger.

G. sinoornata sollte nie länger als zwei bis drei Jahre unverjüngt auf den Beeten stehen. Wenn die Pflanzen im April–Mai ihre grünen Spitzen zeigen, nimmt man sie heraus, schüttelt die Erde aus und teilt die Pflanzen. Dabei fällt eine Menge von Wurzelstücken an, von denen man immer drei oder vier als Wurzelschnittlinge in kleine Anzuchttöpfe legt. In einem gut vorbereiteten Beet bilden dann die verjüngten Pflanzen üppig grüne Matten, die sich im Herbst in einen tiefblauen Blütenteppich verwandeln.

Ein verhältnismäßig früher Blüter ist *G.* × *macaulayi*. Sie gehört zu den ersten, besten und leichtwachsenden Hybriden, entstanden aus *G. sinoornata* × *G. farreri*. Vom Typ her erinnert sie an *G. farreri*, das Wachstum ist etwas kräftiger, und die großen Blüten zeigen ein tiefes Blau mit weißem Schlund.

Gentiana farreri und ihre Hybriden

Der Wellensittich-Enzian ist ab Ende August bis zu den Herbstfrösten ein unermüdlicher Blüher mit türkisblauen Trompeten, die innen weißlich und außen mit dunkelbraunen und cremegelben Längsstreifen versehen sind. Leider ist *G. farreri* nicht so robust und schnellwachsend wie *G. sinoornata*. Um genügend Pflanzen zu erhalten, wird geteilt. Die niederliegenden, dünnen Triebe wurzeln häufig schon auf dem Substrat.

Wie bei *G. sinoornata* gibt es auch einen weißblühenden Wellensittich-Enzian mit der Sortenbezeichnung 'Alba'. Eine großartige Hybride ist die Standardsorte 'Inverleith', die 1952 im Botanischen Garten Edinburgh aus einer Kreuzung zwischen *G. farreri* und *G. veitchiorum* entstanden ist. Die Blüten sind groß und von einem tiefen Blau. 'Inverleith' beginnt im August zu blühen, wobei die etwas stumpfe Farbe gegen Herbst eine glänzendere und intensivere Färbung annimmt. Von den Inverleith-Sämlingen und aus Kreuzungen mit *G. veitchiorum* ist ein Heer von Sorten entstanden.

Gentiana veitchiorum und ihre Hybriden

Wer ein tiefes, dunkles Blau sucht: *G. veitchiorum* kann diesen Wunsch erfüllen. Sie ist wüchsiger als die meisten Herbstenziane, hat verhältnismäßig breite Blätter, und jeder Stengel trägt eine königsblaue Blüte mit dunklen Streifen. Einige Hybriden von *G. veitchiorum* × *G. sinoornata* zeigen Blüten mit einem noch tieferen Blau.

Gentiana ornata und ihre Hybriden

Beinahe 60 Jahre früher als *G. sinoornata* wurde die sehr ähnliche *G. ornata* in Nepal entdeckt. Ihre trichterförmigen, königsblauen Blüten mit purpurblauen Streifen erscheinen auf den rasenartigen Pflanzen im August–September. Sie ist selten in

So schön wie der Bergwanderer Gentiana dinarica von den Kalkgebirgen Südwestjugoslawiens, Albaniens und der Abruzzen in Erinnerung hat, so schön blühen sie auch im Steingarten.

Sonnenröschen zwischen Steinen. Viele attraktive Helianthemum-Sorten stehen zur Wahl. In sehr stark geneigtem Gelände schaffen Trockenmauern die notwendigen Pflanzstellen für ihre hybriden Formen.

Kultur und kaum im Handel. An ihrer Stelle bieten sich die Farreri-Ornata-Hybriden an.

Helianthemum-Hybriden, Sonnenröschen
Cistaceae

Die *Helianthemum*-Hybriden bilden herrliche Blütenteppiche. Den ganzen Sommer sprühen sie nur so vom Sonnengold und Weiß, Rosa und Rot der Blüten. Sie lieben es nicht, im Halbschatten von Bäumen, Sträuchern und Mauern zu stehen. Dagegen gelangen sie im sonnigen Steingarten zur Vollendung. Die Pflanzen vertragen nur keine stauende Nässe, nährstoffreiche und schwere Erden. Keine Steinanlage ist vollkommen ohne das reiche Farbenspiel der Sonnenröschen. Von Ende Mai bis Anfang August, bei den gefüllten Sorten bis Anfang Oktober, halten die Sonnenröschen einen unerschöpflichen Blütenvorrat bereit. Wenn der erste Flor vorüber ist, schneidet man die Pflanzen kräftig zurück. Sie treiben dann wieder aus und blühen den ganzen Sommer.

Iberis, Schleifenblume
Brassicaceae (Cruciferae)

Wenn im Mai die Schleifenblume, *I. sempervirens,* im Steingarten blüht, verschwinden die immergrünen Blätter unter einem weißen Schleier. Die wüchsigen Sorten 'Climax', 'Findel', 'Schneeflocke' und ihren Abkömmling 'Elfenreigen' pflanzt man bevorzugt auf größere Steingarten- und Trockenmauerflächen, während die zierlichen 'Zwergschneeflocke' und 'Nana' sowie das Felsenschneekissen, *I. saxatilis,* kleineren Steinbeeten vorbehalten sind. Fügt man zum Weiß der Schleifenblumen einige Blaukissen, das Gelb des Felsensteinkrauts und das Orangerot von Nelkenwurz-Arten, dann erhält man ein einzigartiges Farbgemisch. Die Schleifenblume und ihre kleinere Schwester, das Felsenschneekissen, gedeihen in jeder wasserdurchlässigen Erde.

Leontopodium, Edelweiß
Asteraceae (Compositae)

Das Alpenedelweiß, *L. alpinum,* seine asiatischen Verwandten und das dauerblühende *L. × lindavicum* sind bezaubernde Steingewächse. Im Alpengarten bereitet die Kultur der Edelweißarten keine großen Schwierigkeiten. Wenn im Juni die ersten Blüten dem felsigen Erdreich entsprießen, zeigen sie den silberweißen Filz des Blütenkleides. Er ermöglicht dem Edelweiß, lange Trockenzeiten zu ertragen. Die Pflanzen nisten in Gesteinsfugen und wachsen auf kargem Rasenboden. Die Erde muß nur humusarm und kalkreich sein. Wenn diese Ansprüche nicht beachtet werden, verlieren die Sterne von *L. alpinum* das schöne Weiß schneller als ihre asiatischen Verwandten. Den ohnehin nährstoffarmen Sandboden vermischen wir deshalb mit Kalkschutt. Im sonnigen Felsengarten ist dann sicher ein silberweißer Filzbesatz auf den Blütensternen zu erwarten.

Oenothera missouriensis, Missouri-Nachtkerze
Onagraceae

In den Abendstunden leuchtet das zarte Gold der Missouri-Nachtkerze. Wenn andere Pflanzen die Blüten schließen, entfaltet sie ihre Kelche. Das Öffnen der Knospen vollzieht sich so rasch, daß man ihrem Aufblühen zusehen kann. Leider sind die großen, schwefelgelben Blüten schnell vergänglich, aber jeden Abend entfalten sich neue Knospen. An alten Exemplaren sind in manchen Nächten 30 bis 40 Blüten gleichzeitig geöffnet. In sonnig-trockenen Steingartenpartien ist von Juni bis September mit einer Dauerblüte zu rechnen. Die Missouri-Nachtkerze liebt es, ihre Stengel über den Boden zu breiten.

Phlox subulata, Moosphlox
Polemoniaceae

Wo der Polsterphlox seine Felsenteppiche webt, herrscht ein Überfluß an Farben. Die Pflanzen schmiegen sich ganz dem Boden an. Im Laufe der Jahre werden die Steingartenpartien breit überlagert. Die niederliegenden Polster lassen sich auf den Kronen von Trockenmauern, in Steinspalten und an senkrechten Wänden ansiedeln. Der Polsterphlox liebt einen sandig-durchlässigen Boden. Von März bis Mai läßt er ganze Hänge aufleuchten. Aus dem Polsterphlox sind farbenprächtige Sorten hervorgegangen: rosa und rosarot 'Sensation' und 'Atropurpurea', purpurrot 'Temiskaming' und 'Moerheimii', weiß 'Maischnee' und 'Nivalis' und schieferblau 'G. F. Wilson'. Diese Kulturformen dominieren im Steingarten. Durch die Nachbarschaft verschiedenfarbiger Sorten, des goldgelben Felsensteinkrauts, der weißen Gänsekresse und der Schleifenblume lassen sich reizvolle Farbwirkungen erzielen.

Primula auricula, Alpenaurikel
Primulaceae

Im sonnigen Felsengarten sind die Bergaurikeln vielseitig verwendbar. Sie lieben es, senkrechte

Wände und steile Abhänge zu besiedeln und fliehen die gleißenden Sonnenstrahlen. Aus fleischig-lederigen Blattrosetten erheben sich von März bis Mai goldgelbe Blütenkelche mit einem wundersamen Duft von Harz und Weihrauch. Die Blumenstiele und Blütenkelche zeigen einen weißen Belag wie mit Mehl bepudert. Die Aurikel verträgt weder den sauren Humus noch den tiefen Schatten. In jedem mittelschweren bis schweren Kalkboden sind sie langlebig, blühfreudig und wüchsig. Sie läßt sich leicht durch Aussaat vermehren.

Pulsatilla vulgaris, Küchenschelle
Ranunculaceae

Kurz nach der Schneeschmelze erwachen die Küchenschellen. Ihre Blumen sind durch wollige Knospen vor den eisigen Winden geschützt. Wenn im März – April die kalten Winterfröste vorüber sind, öffnen die Küchenschellen ihre dunkel- bis hellvioletten Glockenblüten. Man weiß nicht, ob man die Art oder ihre vielfarbigen Formen bevorzugen soll. Jede größere Staudengärtnerei hält schöne Sorten wie die lachsrosa 'Mrs. van der Elst', die tiefrote 'Röde Klockke' und in weiß 'Weißer Schwan' bereit. Die fiederigen Früchte der Küchenschelle stehen im Frühsommer wie zerzauste Perücken auf ihren Stielen. Die Pflanzen lieben einen leicht kalkhaltigen und nicht zu feuchten Humusboden. Am besten sagen ihnen bodenwarme Plätze im Steingarten zu. Wenn man die Küchenschelle verpflanzt, müssen ihre pfahlartigen Wurzeln vorsichtig ausgegraben und mit einem möglichst großen Erdballen gesetzt werden. Nach der Schneeschmelze verpflanzt, blühen sie schon im Frühjahr nächsten Jahres. Aussaat im Juli oder August gleich nach der Samenernte.

Sagina subulata, Sternmoos
Caryophyllaceae

Das Sternmoos überspinnt mit seinen Polstern ganze Steingartenpartien. Wo es seine Teppiche webt, werden im Laufe von Jahren Abhänge erklommen und breit überlagert. Das Sternmoos ist nicht nur für den Steingarten geeignet. Es wächst zwischen Trittplatten und als Rasenersatzpflanze bis an die Stämme schattenspendender Gehölze heran. Besonders begehrt ist es auf den Vorgartenbeeten und zur Grabbepflanzung. Das Sternmoos nimmt mit jedem Boden vorlieb, wenn er etwas sandig und nicht zu trocken ist. Im Juli – August leuchten seine kleinen Blütensterne auf. Die Vermehrung ist durch Teilung und durch Aussaat im Juni möglich.

Saxifraga, Steinbrech
Saxifragaceae

Von den sonnenliebenden Silberrosetten-Steinbrechen sind *S. paniculata* und *S. longifolia* die schönsten Vertreter. Die Rosettenteppiche von *S. paniculata* nisten in Gesteinsfugen und breiten sich in kalkschotterigem Boden aus. Ihre Blattrosetten zeigen eine perlmutterartige Zähnelung aus Kalk, der durch Drüsen ausgeschieden wird. Diese kalkverkrusteten Silberrosetten-Steinbreche haben ein ganzes Sortiment zwergiger Formen für den Miniatursteingarten hervorgebracht. *S. longifolia* eignet sich für senkrechte Trockenmauern. Ihre weiß bereiften Blattrosetten breiten sich auf der glatten Felsenfläche aus. Die gesammelte Sonnenwärme lockt ganze Blütensträuße hervor. Bei *S. paniculata* sind die cremefarbenen Blütchen mit winzigen, himbeerroten Punkten versehen. *S. longifolia* steckt sich im Juli 50 cm hohe Blütenpyramiden auf. Nach der Blüte sterben die Rosetten aller Silberrosetten-Steinbreche ab. Während *S. paniculata* lange vor der Blüte ihre Nachkommenschaft familienartig um sich versammelt hat, stirbt *S. longifolia* ab, ohne Tochterrosetten gebildet zu haben. Wer einige Jahre Geduld hat, erhält nach der Aussaat von Samen wieder blühfähige Pflanzen. Die Nachzucht gelingt ohne große Mühe, wenn man die Sämlinge in bodenfeuchte, nach Osten gerichtete Trockenmauerfugen pflanzt. Der Silberrosetten-Steinbrech läßt sich auch vegetativ durch Teilung von April bis Juni und durch Rosettenstecklinge von Juli bis Oktober vermehren.

Alles in Rot: Ton-in-Ton-Pflanzung mit Teppichsedum. Klein, bescheiden, aber wirkungsvoll:
Sedum spurium 'Fuldaglut' wird zum idealen Partner von Gräsern und der Atlaszeder. Blüht wie ein kleines
Feuerwerk von Juli bis August.

Sedum, Fetthenne

Crassulaceae

Zahllose *Sedum*-Arten fristen auf rauhem und nacktem Gestein ihr Leben. Die fleischigen Blätter lassen eine Besiedlung sandig-trockener Plätze zu. Das braune Laub von *S. album* 'Murale', *S. kam-* *tschaticum* var. *middendorffianum, S. spathulifo-* *lium* 'Purpureum', *S. spurium* 'Purpurteppich' und *S. telephium* ssp. *purpureum* ist von unbegrenzter Schmuckwirkung. Die blaugrün gefärbten *S. anacampseros, S. dasyphyllum, S. sieboldii* und *S. reflexum* erwecken den Eindruck, als habe man die ganzen Pflanzen durch Kupfersulfat gezogen. Die verhältnismäßig späte Blütezeit der *Sedum*-Arten macht sich im Steingarten angenehm bemerkbar. Aus den kleinen, raupenähnlichen Blatt-Trieben des Mauerpfeffers, *S. acre,* erheben sich gelbe Blütensträuße. Besonders bemerkenswert sind der purpurrote Flor von *S. anacampseros,* der rosenrote Flor von *S. spurium* und die weißblühenden *S. album* und *S. hispanicum.* Neben der Samenvermehrung spielt die vegetative Fortpflanzung eine große Rolle. Häufig genügt es, von alten Trieben fingerlange Stücke zu schneiden und ins Erdreich zu stecken. *S. dasyphyllum* breitet sich durch abfallende Blättchen und Triebe aus.

Sempervivum, Hauswurz
Crassulaceae

Die Hauswurz-Arten überspinnen sandig-steinige Böden, wachsen aus Mauerfugen und füllen Ritzen und Spalten. Sie fürchten weder Trockenheit noch Hitze und Kälte. Um die Mutterpflanzen versammeln sich ganze Familien von Kindeln. In dieser erdrückenden Enge kommt es in den Sommerwochen zu einer plötzlichen Blütenbildung. Mit der Fruchtreife sterben die Pflanzen ab. Die Hauswurz-Arten haben jedoch lange zuvor ihr Weiterbestehen durch junge Rosetten gesichert. Zu den schönsten Vertretern gehört die Spinnweb-Hauswurz, *S. arachnoideum,* mit ihren Abkömmlingen. Ihre fleischigen Rosettenblätter werden durch ein schneeweißes Haarnetz vor den gleißenden Sonnenstrahlen geschützt. Die Varietät *tomentosum* ist so wollig-zottig, als hätte man die ganze Pflanze durch ein Spinnennetz gezogen. Aus der Sippe der Spinnweb-Hauswurz sind einige wundervolle Sorten mit silbern durchsponnenen Rosetten-Sternen hervorgegangen. Viele Mauerkronen, alte Stroh-, Schindel- und Ziegeldächer werden von der Dachwurz, *S. tectorum,* besiedelt. In dem Glauben, daß sie die Blitzgefahr bannen, wurden sie als Donnerwurz schon vor Generationen auf diese luftigen Höhen gebracht. Als äußerst genügsame Dauergewächse halten sie ohne Düngung, Gießen und Verpflanzen aus. Nur die Vögel sorgen für eine gelegentliche Nährstoffzufuhr. Ganze Böschungen,

Leuchtend weinroter Blütentraum im Steinbeet: Veronica spicata 'Heidekind', eine besonders niedrige Gartenzüchtung von 20 cm Höhe.

Steinmauern und Felsen werden von der Dachwurz und ihren ungezählten Formen erklommen und breit überlagert. Der sehr feine Samen keimt nicht immer sehr gleichmäßig, doch problemlos. Zur Vermehrung von *Sempervivum* sind auch die Kindel – je nach Sorte etwa fingernagelgroß – geeignet.

Veronica spicata
Scrophulariaceae

Die *Veronica*-Arten sind von strenger Schönheit. Ihr Blau bemerken wir bereits im Frühsommer bei der Grauen Kerzenveronika, *V. spicata* ssp. *incana,* die im Juni – Juli ihre Ährentrauben öffnet. Etwas länger, von Juli bis September leuchtet die Kerzenveronika, *V. spicata,* auf den Hängen des Steingartens. Ihre Farbe spielt ins Fliederblau. Von ihr gibt es verschiedenfarbige Sorten: weiß

'Alba', rosa 'Minuet' und 'Rosea', tiefblau 'Romi-
ley Purple'. Die blühenden *Veronica*-Horste geben
dem Steingarten einen herrlichen Schmuck. Selbst
im verblühten Zustand macht *V. spicata* ssp. *incana* mit ihren silbern schimmernden Blättern einen vornehmen Eindruck. Sie legt im Winter ihr
Blätterkleid nicht ab. Die Kerzenveronika fürchten weder Trockenheit noch Sonne. Vermehrung
durch Teilung und Stecklinge, auch durch Aussaat.

Steinpflanzen für den Schatten

Unter den Steingewächsen sind auch prächtige
Schattenblüher zu finden. Viele Gebirgspflanzen
lassen sich zur Besiedlung feuchter und kühler Fel-
sengärten verwenden, und auch unter lichtkronigen Bäumen wird von diesen Schattenpflanzen immer mehr Gebrauch gemacht.

Campanula garganica
Campanulaceae

Wenn in den ersten Maiwochen die Steinpolsterglocke ihre Knospen entfaltet, leuchten über den
grünen Blattpolstern blaue Blütensterne auf. Sie
hängen mit ihren Pflanzentuffs an senkrechten
Mauern, breiten sich zwischen Steinen und auf
steilen Böschungsbeeten aus. Ihre Wurzeln dringen in die feinsten Spalten und Gesteinsfugen ein.
Die Steinpolsterglocke schmiegt sich eng an den
Boden. Sie neigt nicht zur Ausläuferbildung. Dafür sind die Blüten sehr fruchtbar. Beachtenswert
und schön ist die grau behaarte 'Hirsuta' sowie die
groß- und dunkelblütigere 'Erinus Major'. Breitet
sich durch Selbstaussaat aus. Vegetative Vermehrung durch grundständige Stecklinge.

Dianthus, Nelke
Caryophyllaceae

Von Juni bis September leuchtet die Prachtnelke,
D. superbus, im Steingarten auf. Den rosa Blüten
entströmt ein süßer Duft. Die Kronblätter sind un-

glaublich fein geschnitten. Diese wundersame
Pflanze liebt das Wasser, deshalb entwickelt sich
die Prachtnelke am besten an Uferpartien, wo sich
ihre Wurzeln in der feuchten Erde ausbreiten können. Im Juli und im August schmückt sich die
Gletschernelke, *D. glacialis,* mit leuchtend rosaroten Blüten. Sie ist eine ausgesprochene Hochgebirgspflanze, die im Garten besonderer Pflege
bedarf. Zwischen stark wachsenden Alpenpflanzen würden die kleinen Nelkenpolster ersticken.
Sie hat eine Vorliebe für kalkfreie, sandige Lehmböden. Vermehrung durch Teilung, Kopfstecklinge und Aussaat.

Primula × pubescens, Gartenaurikel
Primulaceae

Die Gartenaurikeln haben schon im späten Mittel-
alter Eingang in unsere Gärten gefunden. Sie entstanden aus einer Verbindung der gelben Bergaurikel mit der roten *P. hirsuta.* Wenn die Gartenaurikel erneut mit einer älteren Art gekreuzt wird,
entstehen Sorten mit weißen, gelben, roten und
braunen Samttönen. Diese Formen sind wider-
standsfähiger als die Bergaurikeln.

Die Kultur der Gartenaurikeln bereitet keine
große Mühe. Wenn man ihnen etwas Halbschatten
gibt, gedeihen sie in jedem Felsengarten gut. In
bezug auf die Erde verhalten sie sich indifferent,
wobei eine gewisse Vorliebe für feuchte, steinig-
humose Böden besteht. Die Wild- und Gartenaurikeln bilden im Laufe der Jahre Strünke, die
unschön aussehen und unter dem Frost leiden.
»Hochbeinige« Aurikeln werden mit Erde ange-
häufelt oder umgepflanzt. Nur so lassen sich alt
gewordene Pflanzen erhalten. Dabei ist darauf zu
achten, daß die Pflanzen bis an die Ansatzstellen
der Blätter in die Erde kommen. Das Umpflanzen
erfolgt am besten nach der Blüte im August.

Die Seealpen-Primel, *P. marginata,* ist an den
gezähnten, rahmgelb bestäubten Blatträndern
leicht zu erkennen. Es gibt im Frühling kaum etwas Schöneres, als die flieder-lila Blüten mit ihrem
silberweißen Schlundring. Die Seealpen-Primel
liebt es, senkrechte Felswände zu besiedeln. Die

Pflanze ist nicht kalkempfindlich. Am besten gedeiht sie in einer humosen Erde. Gärtner nahmen sich der Seealpen-Primeln an. Durch Kreuzungen mit der Bergaurikel *(P. auricula),* der bunten Wildaurikel *(P. arctotis)* und anderen nahe verwandten Arten entstanden einige sehr wüchsige Formen mit vielfarbigen Blüten.

Die Teppichprimel, *P. juliae,* blüht im Frühjahr so stark, daß ihre Blattpolster unter einem dunkelroten Blumenteppich verschwinden. Die Neigung zur Polsterbildung ermöglicht den Pflanzen eine rasche Verbreitung. Kriechend überziehen sie den absonnigen Steingarten und weben große Pflanzenpolster. In einem kalkhaltigen Lehmboden hält die Teppichprimel Generationen aus. Um ihre Blühkraft zu erhalten, streut man im Winter etwas Kompost über die Pflanzen. Es schadet durchaus nichts, wenn die Erde mit Dünger vermischt wird. Aus der Teppichprimel sind durch Kreuzungen die farbenprächtigen *Primula*-Juliae-Hybriden entstanden. Die Neigung zur Polsterbildung, Ausdauer und Reichblütigkeit ist unter ihren Sorten sehr verbreitet. Wenn sie vor direkter Sonnenbestrahlung, vor Trockenheit und Nährstoffmangel geschützt werden, ist von Februar bis Mai ein ununterbrochener Frühjahrsflor zu erwarten. Ihre Blüten sind wie mit weißem, rosarotem, hell- und dunkelrotem Samt überzogen. Durch die Anpflanzung verschiedener Sorten lassen sich gute Farbwirkungen erzielen. Diese Garten-Teppichprimeln wirken schön in einer Gemeinschaft mit Zwiebelgewächsen.

Die Rosenprimel, *P. rosea,* vom Himalaja bevorzugt einen feucht-lehmigen Humusboden in unmittelbarer Wassernähe. Ihre Blütenstiele tragen im März – April bis zu zwölf korallenrote Einzelblüten. Weitere, zur selben Zeit blühende Himalaja-Primeln sind die Ball- oder Kugelprimeln, *P. denticulata.* Sie entwickeln ihren hell- bis dunkellila, rosalila und zuweilen auch weißen Vorfrühlingsflor in dichten, kugeligen Köpfchen. Wenn sie in einer lehmigen Rasenerde stehen, halten sie jahrelang im Steingarten, auf Steinbeeten und an Uferstreifen aus. An kleinen Wasserläufen wachsen die Japanischen Kandelaber-Primeln, *P. japo-*

nica, zu kräftigen Pflanzen heran. In einem feuchten, lehmig-humosen Boden reihen sich auf überlangen Blütenschäften Blüten an Blüten. Mit ihren weißen, fleisch- und rosafarbenen Formen lassen sich großartige Farbeffekte erzielen.

Saxifraga, Steinbrech
Saxifragaceae

Der Silberfahnen-Steinbrech, *S. cotyledon,* ist eine herrliche Pflanze. Sein weißer Flor schwebt wie Silberfahnen über den Blattrosetten. Die reich verzweigten Blütenpyramiden erreichen einen halben Meter Länge. Bei der Variante *pyramidalis* wachsen die Rispen bis zu 75 cm aus den Blattrosetten heraus. Feuchte und kühle Steingartenpartien sind die Lieblingsorte des Silberfahnen-Steinbrechs. Er meidet die gleißenden Sonnenstrahlen und den Kalk. Seine Wurzeln entziehen dem sauren Humusboden immer noch so viel Kalk, daß der eigene Bedarf übertroffen wird. An den Blatträndern befinden sich Grübchen, die den überschüssigen Kalk wie Perlmutt absondern. Wenn die Silberfahnen verblüht sind, geht die Pflanze ein. Sie hat jedoch lange vor der Blüte ihr Weiterbestehen durch junge Rosetten gesichert.

Der Moos-Steinbrech, *S. hypnoides,* ist ebenfalls ein wundervoller Steingartenbesiedler. Mit seinen dichtrasigen Rosetten bildet er kleine Matten, die Steine und kahle Bodenflächen überwachsen. Vom Spätherbst bis Ende März hebt sich die besonders schöne Variante *egemmulosa* durch eine intensiv bronzerote Färbung von ihrer Umgebung ab. Der Frühjahrsflor der weißen Blüten erstreckt sich vom Mai bis tief in den Juni. Selbst im verblühten Zustand macht der Moos-Steinbrech einen vornehmen Eindruck. In den Mauerfugen und Steinspalten des Schattengartens bildet er frischgrüne Matten, die zeitweilig auch die volle Sonne ertragen ohne »auszubrennen«.

Auf den Steingartenbeeten sind die Züchtungen des Moos-Steinbrechs – sie werden unter dem Namen *Saxifraga*-Arendsii-Hybriden geführt – willige Blüher. Ihre Verwendung ist nicht nur auf den Steingarten beschränkt. Sie weben ihre Blütentep-

piche auf den Trockenmauer- und Vorgartenbeeten. Die moosartigen Steinbrech-Sorten zeigen im
Halbschatten und in bodenfeuchten Sonnenlagen
die schönste Entwicklung. Sie bilden breite Pflanzenpolster, aus denen im Frühjahr ungezählte Blüten sprießen. Bis tief in den Juni dauert der Flor.
Ein wahres Blütenwunder ist die weiße Sorte
'Schneeteppich'. Die Sorten 'Carnival', 'Blütenteppich', 'Rosenschaum' und 'Purpurteppich' breiten sich rosa schimmernd über den Steingarten
aus. 'Riedels Farbenkissen' und 'Triumph' quellen
wie Feuer über die Steine, und die Blüten der Sorte
'Schwefelblüte' spiegeln die Strahlen der Sonne.

Der Rundblättrige Steinbrech, *S. rotundifolia*,
hat eine Vorliebe für Wasserläufe. Er nimmt mit
jedem Boden vorlieb, sofern er feucht ist. Es versteht sich von selbst, daß er als schattenliebende
Pflanze ohne einen Sonnenschutz nicht aus-
kommt. Man pflanzt den Rundblättrigen Steinbrech in den kühlen Schatten des Alpengartens.

Kurz nach Ostern schmücken sich die dunkelgrünen Pflanzenhorste mit 30 cm langen Blütenrispen. Der weiße Flor breitet sich wie ein Schleier
über den Schattengarten aus. Vermehrung durch
Aussaat und Teilung.

Soldanella montana, Bergtroddelblume
Primulaceae

Das violettblaue Alpenglöckchen ist wie von
Künstlerhand geschaffen. Jede Blütenkrone ist bis
zur Mitte in zahlreiche Fransen zerteilt. Die Blüte
folgt unmittelbar auf die Krokuszeit, im Mai. Man
muß sich schon bis zur Erde neigen, wenn man die
zierlich fein geschnittenen Alpenglöckchen bewundern will. Anmutig schweben sie über dem
Gestein, nisten in Felsfugen und wachsen zwischen *Ramonda*, Almrausch und Kleinfarnen. Ihre
Wurzeln bevorzugen einen kalkfreien Boden aus
Fichtennadelerde und Laubhumus.

Frühlingsgesellschaft in Weinrot und
Gelb. Natursteinmauern und
Felsspalten schaffen die Aufenthalts-
bereiche für den Roten Steinbrech
(Saxifraga oppositifolia) und den
Athos-Steinbrech (Saxifraga sancta
ssp. pseudosancta). Die Steinfugen
sind mit Leben erfüllt. Aus ihnen
quellen die sattgrünen Blattpolster,
und die Leuchtkraft der Blüten steht
im Kontrast zu ihren Gebirgspflan-
zennachbarn. Ein kleines, aber
gelungenes Beispiel für die Kombi-
nation von Natursteinen und auf-
fallend gefärbten Blüten, die sich zu
einer poesievollen kleinen Welt zu-
sammengefunden haben.

Stauden im Sumpf- und Wassergarten

Der Wassergarten mit seinen besonderen technischen und ökologischen Erfordernissen und mit seiner eigenständigen Pflanzen- und Tierwelt ist ein Thema für sich. Im Rahmen dieses Buches kann davon nur ein bescheidener Ausschnitt unter Betonung der wichtigsten Stauden gebracht werden. Dem weiter interessierten Gartenfreund sei die einschlägige Literatur empfohlen, z. B. »Der Wassergarten« von Karl Wachter und »Teiche und Tümpel im Garten« von Lothar Seegers.

Botanische Besonderheiten

Entwicklungsgeschichtlich sind die Sumpf- und Wassergewächse aus Landpflanzen hervorgegangen. Sie besitzen vielfach ein Durchlüftungsgewebe (Aerenchym). Große Interzellularräume, welche die Pflanzengewebe durchziehen, dienen zur Überwindung der Sauerstoffarmut in den wassergesättigten Substraten und zur Erleichterung der Gasdiffusion in der Pflanze. Durch die blattoberseits sitzenden Spaltöffnungen der Schwimmblätter gelangt die Außenluft durch das Aerenchym in die unterirdischen Pflanzenteile. Die Luft sorgt außerdem für den Auftrieb der Pflanze und macht ein Festigungsgewebe überflüssig.

Die Sumpfpflanzen befinden sich nur mit ihren Wurzeln und untersten Sproßteilen im Wasser. Sie wachsen auf feuchtem bis nassem Boden und überstehen eine zeitweilige Überflutung. Sie können dabei auch Unterwasserformen mit Verschiedenblättrigkeit (Heterophyllie) ausbilden. Dabei zeigen sie deutliche Unterschiede zwischen Wasser-, Schwimm- und Luftblättern, die sich in linealische Wasserblätter, in Schwimm- und Luftblätter gliedern.

Sumpfpflanzen mit Luftblättern	Wassertiefe (cm)
Acorus calamus	0–20
Alisma plantago-aquatica	0–30
Butomus umbellatus	0–20
Calla palustris	0– 5
Caltha palustris	0–10
Gratiola officinalis	0– 5
Hippuris vulgaris	0–40
Hydrocotyle vulgaris	0– 3
Iris kaempferi, I. laevigata, I. pseudacorus, I. sibririca	0–20
Menyanthes trifoliata	0–30
Parnassia palustris	0– 2
Potentilla palustris	0– 5
Ranunculus lingua	10–30
Sagittaria sagittifolia	20–50
Scirpus lacustris ssp. *tabernaemontani*	10–40
Scutellaria galericulata	0– 2
Thelypteris palustris	0– 5
Veronica beccabunga	5–20
Viola palustris	0– 1

Wurzelnde Wasserpflanzen mit Schwimmblättern	Wassertiefe (cm)
Hydrocharis morsus-ranae	10– 20
Nuphar lutea	50–300
Nymphaea alba	30–200
Nymphoides peltata	20– 30
Potamogeton natans	30– 60
Trapa natans	20– 30

Schwimmpflanzen, die bei Absinken des Wassers im Bodengrund wurzeln	Wassertiefe (cm)
Azolla filiculoides u. a.	20–40
Salvinia natans	20–40
Stratiotes aloides	30–50

Amphibische Wasserpflanzen	Wassertiefe (cm)
Lythrum salicaria	0–100
Polygonum amphibium	0–100
Ranunculus aquatilis	30– 60
Scirpus (Schoenoplectus) lacustris	20–500
Sparganium emersum u. a.	0– 60

Ein Bindeglied zwischen den Sumpf- und Wasserpflanzen sind die amphibischen Wasserpflanzen. Sie leben in ihrer »Wasserform« untergetaucht (submers) und wurzeln auf feuchtem Boden. In der Tiefe kommt es zur Ausbildung bandförmiger Unterwasserblätter. In ihrer »Landform« zeigen sie völlig andere Blattgestalten.

Die völlig untergetaucht lebenden Vertreter überstehen ein starkes Absinken des Wasserstandes kaum. Um starken Strömungen standzuhalten, entwickelten viele Arten kräftige Wurzeln, mit denen sie sich im Boden verankern.

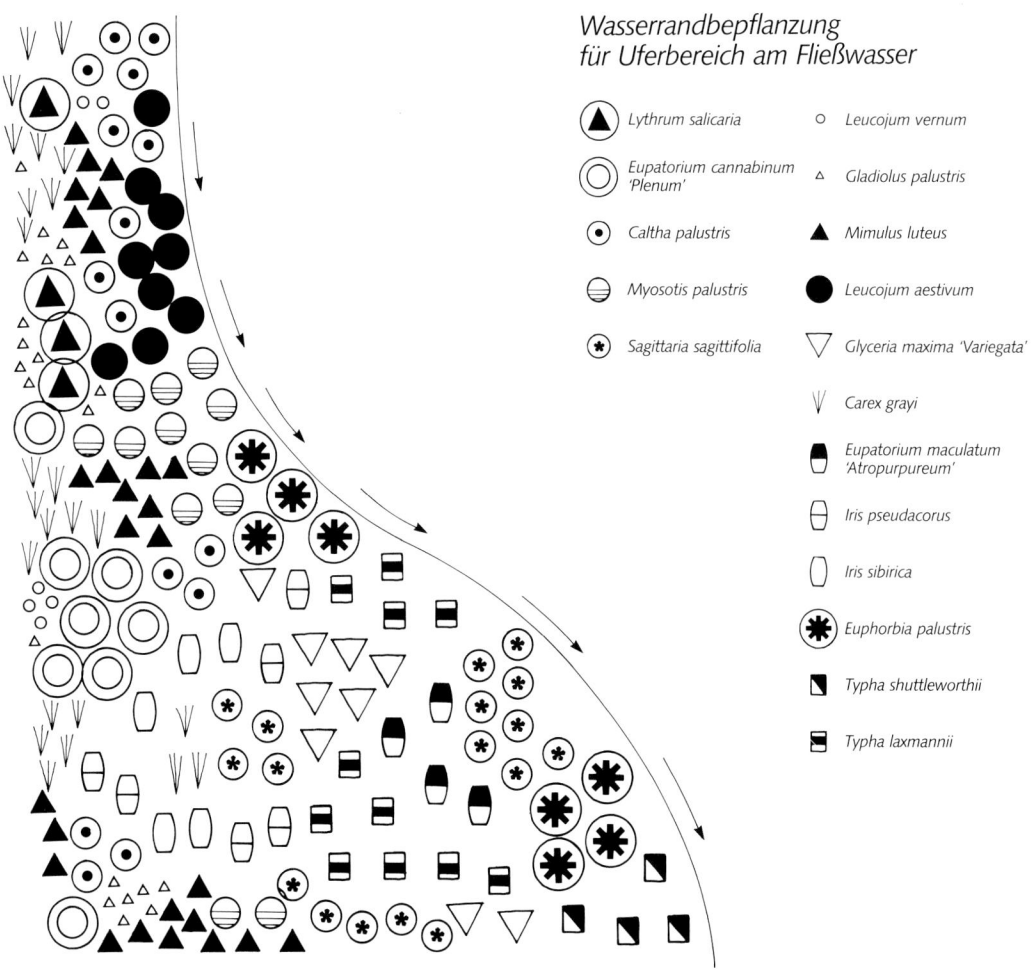

Wasserrandbepflanzung für Uferbereich am Fließwasser

- ▲ *Lythrum salicaria*
- ◎ *Eupatorium cannabinum 'Plenum'*
- ⊙ *Caltha palustris*
- ⊖ *Myosotis palustris*
- ✷ *Sagittaria sagittifolia*
- ○ *Leucojum vernum*
- △ *Gladiolus palustris*
- ▲ *Mimulus luteus*
- ● *Leucojum aestivum*
- ▽ *Glyceria maxima 'Variegata'*
- Ⅴ *Carex grayi*
- ◗ *Eupatorium maculatum 'Atropurpureum'*
- ◖ *Iris pseudacorus*
- ◗ *Iris sibirica*
- ✳ *Euphorbia palustris*
- ◣ *Typha shuttleworthii*
- ◪ *Typha laxmannii*

Sumpfpflanzen mit Wildcharakter säumen großzügig die Uferzonen. Breite Bänder von Gräsern und Rohrkolben rücken den Weiher in den Mittelpunkt und schaffen einen Übergang zu den hohen Bäumen und großen Rasenflächen.

Untergetauchte Wasserpflanzen, wurzelnd	Wassertiefe (cm)
Elodea canadensis	30–50
Hottonia palustris	20–40
Myriophyllum spicatum	30–50
Potamogeton crispus u. a.	40

Untergetauchte Wasserpflanzen, wurzellos	Wassertiefe (cm)
Ceratophyllum subersum, C. demersum	30–50
Utricularia vulgaris	30–50

Die untergetauchten (submersen) Pflanzenteile sind meist zart, zerbrechlich, stark gefiedert oder bandförmig schmal. Die hauchdünnen Zellwände ihrer Epidermis und die sehr zarte Kutikula ermöglichen einen ungehinderten Gas-, Wasser- und Salzaustausch. Echte Wasserblätter haben keine Spaltöffnungen. Häufig besitzen sie sogenannte Hydropoten (drüsenartige Ausstülpungen der Epidermis), mit denen sie mineralische Nährstoffe wie Nitrate oder Phosphate in Verdünnungen bis 1:100 000 000 aus dem Wasser aufnehmen. Da alle untergetauchten Teile der Wasserpflanzen in der Lage sind, Kohlendioxid, Sauerstoff und Nährstoffe unmittelbar aus dem Wasser zu absorbieren, sind ihre Primärwurzeln häufig nur schwach entwickelt. Vielfach werden sie durch sproßbürtige Wurzeln ersetzt, wobei Wurzelhaare fehlen.

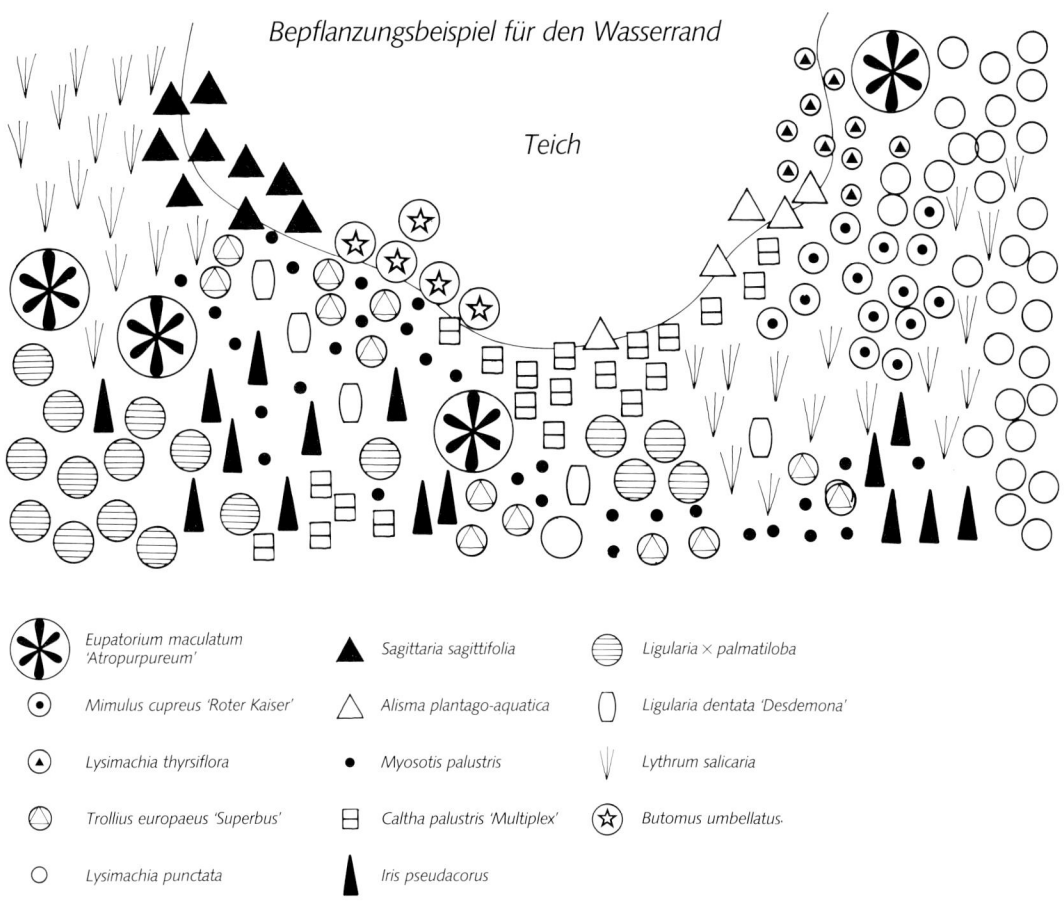

Bepflanzungsbeispiel für den Wasserrand

Teich

✳ Eupatorium maculatum 'Atropurpureum'	▲ Sagittaria sagittifolia	⊖ Ligularia × palmatiloba
⊙ Mimulus cupreus 'Roter Kaiser'	△ Alisma plantago-aquatica	▯ Ligularia dentata 'Desdemona'
⊛ Lysimachia thyrsiflora	● Myosotis palustris	ψ Lythrum salicaria
◌ Trollius europaeus 'Superbus'	⊟ Caltha palustris 'Multiplex'	☆ Butomus umbellatus.
○ Lysimachia punctata	◣ Iris pseudacorus	

Lebensbereiche und Kulturansprüche der Pflanzen

Bei der Verwendung von Sumpf- und Wasserpflanzen wird schwerpunktmäßig zwischen Arten für den Hausgarten, größere Teichanlagen oder für Rekultivierungsmaßnahmen unterschieden. Eine wesentliche Rolle spielt der Nährstoffgehalt des Bodens und die Wasserhärte. Der Lebensbereich Wasser läßt sich nicht scharf abgrenzen. Wir kennen etliche Arten, die vom Sumpf- oder Flachwasserrand her bis in größere Tiefen vordringen, wie z. B. der Tannenwedel *(Hippuris vulgaris)* oder die Seebinse *(Scirpus lacustris)*. Manche Stauden sind für kleine oder mittelgroße Teiche, stark wuchernde eher für landschaftliche Pflanzungen geeignet.

Die Pflanzen werden entweder in Behältern gehalten oder in den natürlichen Grund gepflanzt. Seerosen in Weidekörbe zu pflanzen, ist aus Gründen der geringen Haltbarkeit der Ruten nicht empfehlenswert. Dagegen empfehlen sich Kartoffelkörbe aus Kunststoff als Pflanzgefäße. Auch in kleinen Holzkisten, Blecheimern oder ähnlichen Gefäßen können Seerosen monatelang stehen.

Lage des Teiches

Die Sumpf- und Wasserpflanzen lieben viel Sonne und Wärme. Deshalb dürfen keine hohen Bäume oder Gebäude die Wasserfläche gänzlich beschatten. Gehölze sollten wegen des Laubfalls und ihres Wurzeldrucks grundsätzlich nicht in unmittelbarer Teichnähe stehen. Bei der Anlage von Wasser-

Bepflanzungsbeispiel für den Lebensbereich Wasser

Nymphaea-Hybride 'Pöstlingberg'	○ *Veronica beccabunga*	▽ *Pontederia cordata*
Butomus umbellatus	● *Myosotis palustris*	*Acorus calamus*
◎ *Typha angustifolia*	△ *Sparganium erectum*	*Hippuris vulgaris*

flächen ist darauf zu achten, daß die Ufer zum Betrachter nicht mit hohen Pflanzen besetzt werden.

Wenn die Teiche gegen Nordwesten, Norden und Osten eine Windschutzpflanzung erhalten, blühen die Seerosen reicher, länger und schöner. Eine Wasserfläche in windgeschützter Lage bis 1 m Tiefe erwärmt sich in normalen Sommern schneller als bei tiefem Wasserstand. Becken von 50 cm Tiefe und 80 cm Durchmesser sind ausreichend für eine Seerose. Schon bei einer Wassertiefe von 40 cm kann der Frost die Wurzelstöcke nicht mehr erreichen. Wenn man sie nicht in die Erde eingräbt, muß man das Wasser im Spätherbst ablassen und die Rhizome trocken überwintern. In und um die Becken kommt Laub, damit der Frost nicht an die Wurzelstöcke gelangt. Containerpflanzen können auch frostfrei, kühl und feucht im Keller überwintern. Bei einem Seerosenbecken von 2×2 m bleibt nicht mehr viel Platz für Sumpf- und Wasserpflanzen übrig. In der Regel wird man darauf achten, daß nur ein Drittel der Teichoberfläche mit Seerosen bedeckt ist.

Ufergestaltung

Der Boden an den Ufern natürlicher Gewässer weist eine hohe Feuchte auf. Er kann zeitweilig auch unter Wasser stehen. Der Teichrand läßt sich mit Stauden der feuchten Freiflächen wie *Poly-*

gonum bistorta 'Superbum', Wasserschwertlilien, Pfeilkraut oder Sumpfvergißmeinnicht bepflanzen. Es lassen sich auch Kiesufer anlegen. Sie werden 10 bis 15 cm unter dem Wasserspiegel ausgehoben. Der Uferstreifen sollte in mindestens 60 cm Breite angelegt werden. Wenn er breiter ist, hat man bessere Gestaltungsmöglichkeiten. Dabei kann mit großen Findlingen, die aus dem Wasser herausragen, dem Ufer mehr Natürlichkeit gegeben werden. Schilfrohre, Seggen, Binsen, Simsen, Wollgräser und Rohrkolben sind für die Bepflanzung von Teichrändern vortrefflich geeignet.

Erde und Düngung

Das Substrat ist für viele Sumpf- und Wasserpflanzen ebenso wichtig wie die Wasserqualität. Am besten geeignet sind Ackerboden, Garten- und Rasenerde sowie gut verrotteter Kompost. Die Erde sollte man aber nicht aus Gräben und Teichen, aus Flüssen oder Seen beschaffen, weil damit leicht Wildkräuter, Krankheiten und Fischparasiten eingeschleppt werden.

Lehmige Böden sind ideal. Lauberde oder Rindenkompost kann man einer solchen Erde bis zu 25 % beimischen. Falls lehmiger Ackerboden nicht zur Verfügung steht, kann normale Gartenerde, Rasen- oder Walderde verwendet werden. Der Lehmerdeanteil sollte bei anspruchsvollen Arten nicht unter 50 % sinken. Die meisten Pflanzen gedeihen in einer lehmig-humosen, nährstoffreichen Erde.

Viele Riedgräser und das Wollgras lieben einen sauren Rohhumusboden. Wenn keine Spezialerde für die Sumpfbeete vorhanden ist, kann sie selbst hergestellt werden. Sie besteht in der Regel aus Rindenkompost und Gartenerde im Verhältnis 1:2.

Bei einer Teichneuanlage werden unter nährstoffarme Erden verrotteter Stalldung, Hornspäne oder ein mineralischer Langzeitdünger gemischt. Auf 10 l Erde gibt man 25 bis 50 g eines Mehrnährstoffdüngers und etwa 20 g Hornspäne. Bei Verwendung eines Langzeitdüngers ist darauf zu achten, daß er spurenelementhaltig ist.

Nährstoffarme Böden lassen sich auch mit Stallmist aufdüngen. Ein bewährter Sumpf- und Wasserpflanzendünger ist halb verrotteter (nicht frischer!) Kuhmist. Er wird in einem Verhältnis von einem Teil zu drei Teilen Erde verwendet.

Für flachwurzelnde Pflanzen genügt eine Erdtiefe von etwa 30 cm. Der Ausbreitungsdrang rhizombildender Arten läßt sich durch geeignete Behälter eindämmen. Nach dem Setzen aller wurzelnden Sumpf- und Wasserpflanzen deckt man die gesamte Pflanzfläche mit Sand oder Feinkies ab. Dadurch wird ein Aufschwimmen der Erde verhindert. In große, trockengelegte Teiche kann man eine Vorratsdüngung einbringen. Pro Quadratmeter verabreicht man etwa 100 g. Der Dünger wird über den Teichboden ausgestreut und vor dem Einlassen des Wassers in den Boden eingearbeitet.

Wasserqualität

Wasser aus Bächen, Brunnen oder Weihern sollte einer Analyse unterzogen werden. Leitungswasser besitzt normalerweise einen optimalen pH-Wert um 7. Bei gechlortem Leitungswasser entweicht nach einigen Tagen das pflanzenschädliche Chlor. Für die Sumpf- und Wasserpflanzen ist eine Gesamthärte von maximal 8 bis 12 °dH anzustreben. Eine teilweise Enthärtung des Wassers läßt sich durch Zusatz von Oxalsäure erreichen. Man rechnet mit 22,5 g Oxalsäure je Kubikmeter Wasser zur Herabsetzung um 1 °dH. Dabei fällt Kalziumoxalat aus und bildet einen Bodensatz. Bei Verwendung von konzentrierter Schwefelsäure werden 10 ml/m^3 Wasser verabreicht. Dabei vermindert sich die temporäre Härte um 1 °dH. Es bildet sich ein Niederschlag von Kalziumsulfat. Auch mit Torfextrakten erhält man angesäuertes Wasser. Ein Ballen norddeutscher Weißtorf auf 1 m^3 Wasser enthärtet um 15 bis 20 °dH. Kalkhaltiges Wasser läßt sich auch mit schadstofffreiem Regenwasser verschneiden.

Nach dem Bepflanzen wird der Teich gefüllt. Damit keine Erde aufwirbelt, legt man das Schlauchende an der tiefsten Stelle der Pflanzung auf eine doppelte ausgeklappte Zeitung.

Algen

Bis sich ein biologisches Gleichgewicht eingependelt hat, vergeht einige Zeit. Starkes Auftreten von Fadenalgen ist ein Zeichen von Nährstoffüberschuß im Wasser. Das kann durch Überdüngung oder durch die anfallenden Exkremente der Fische bedingt sein. Die wirksamste Maßnahme gegen die störenden Algen ist, das Überangebot an Nährstoffen zu reduzieren. Dazu gehört, die Wasserpflanzenerde nicht zu überdüngen, starken Fischbesatz zu reduzieren bzw. die Fische nicht zu überfüttern und Wasserpflanzen zu verwenden, die Algen gar nicht erst aufkommen lassen. Eine gute wasserreinigende Kraft haben die Laichkräuter (*Potamogeton*-Arten), der Wasserhahnenfuß *(Ranunculus aquatilis)*, die Hornkräuter *(Ceratophyllum)* oder die Wasserpest *(Elodea canadensis)*. Wasserwechsel hilft nicht. Das biologische Gleichgewicht muß sonst jedesmal neu aufgebaut werden. Wenn die Algenbildung nach einigen Monaten nicht nachläßt, kann das Wasser mit Torf, Oxalsäure oder Schwefelsäure teilweise enthärtet werden. Die Algen entwickeln sich in einem sauren Milieu sehr schlecht. Zwischen pH 6,9 und pH 5 nehmen die Pflanzen keinen Schaden. Wenn es Probleme mit Wasserlinsen gibt, die bei niederen pH-Werten ein optimales Wachstum zeigen, kann mit Düngekalk Abhilfe geschaffen werden. Mit steigender Wassertemperatur nimmt das Sauerstoffaufnahmevermögen des Wassers ab, und es kommt in kleinen Becken zu akutem Sauerstoffmangel. Wenn sich im Wasser größere Mengen an organischem Material befinden, wird zum Abbau von Fisch- und Vogelexkrementen, abgestorbenem Laub und Dünger zusätzlich Sauerstoff verbraucht. Vom Schlamm aus Sümpfen oder aus dem Grund alter Teiche werden oft Gase frei, die sich verhängnisvoll auf die Teichfische auswirken.

Nachdüngung

Bei nährstoffbedürftigen Pflanzen wird beim Auftreten deutlicher Mangelsymptome nachgedüngt. Wenn es an Pflanzennahrung fehlt, entwickeln sich die Blüten und das Laub nur spärlich, sie bleiben klein und sind blaß. Mangel zeigt sich auch in Kümmerwuchs und in einer auffallenden Häufung von gelben Blättern. Unter Umständen müssen die Pflanzen aufgenommen, geteilt und Substrat nachgefüllt werden. Den Dünger direkt ins Wasser zu geben, ist unbedingt zu vermeiden. Dadurch würde das Algenwachstum stark gefördert.

Alle Wasserpflanzen sind schwer zu ernähren. Normalerweise spricht man hier von »Füttern«. Bis Ende Juli läßt sich das Wachstum durch zusätzliche Düngergaben unterstützen. Alle vier Wochen werden kleine Papiertütchen mit einem Blumendünger gefüllt und nahe an den Wurzeln in die Erde gedrückt. Man kann den Dünger auch in feuchte Lehmklumpen einkneten, zu Kugeln formen, trocknen und anschließend im Wurzelbereich der Pflanzen in den Boden bringen. Dadurch wird eine langsam fließende Nährstoffversorgung erreicht. Nährsalze in Tablettenform sind leicht zu handhaben, oder es wird ein gehäufter Teelöffel eines Mehrnährstoffdüngers in ein Leintuch gewickelt und in den weichen Bodengrund gedrückt.

Winterschutz

Bei einer Wassertiefe von mindestens 40 cm kann der Frost die Wurzelstöcke der Seerosen nicht erreichen. Es gibt unter ihnen aber auch Formen, die aus einer geringen Tiefe hervorwachsen. Jedes Gefrieren der Rhizome hat unweigerlich den Eistod zur Folge. Wenn Seerosen in sehr flachen Becken stehen, läßt man im Spätherbst das Wasser ab und füllt sie mit Laub oder Stroh auf. Seerosen in Körben, Kübeln oder Töpfen können auch herausgenommen und in den Keller (3 bis 6 °C) gebracht werden. Sie werden dort von Zeit zu Zeit durchgesehen, die abgestorbenen Blätter entfernt und die Erde gelegentlich angefeuchtet.

Damit flache Teiche im Winter nicht bis zum Bodengrund einfrieren, wartet man, bis sich eine tragende Eisdecke gebildet hat. Durch ein vorsichtig geöffnetes Loch wird so viel Wasser abgesaugt, daß unter dem Eis ein Zwischenraum von 10 bis 15 cm entsteht. Durch die gute Isolationswirkung

des Luftpolsters wird sich kaum eine zweite Eisdecke bilden und das Wasser bis auf den Grund
einfrieren.

Arten und Sorten

Acorus, Kalmus
Araceae

A. calamus ist eine bei uns heimisch gewordene
Staude mit kriechendem Rhizom und wird 60 bis
120 cm hoch. Der Blütenstand ist ein bis 8 cm
langer Kolben, der aber nicht jedes Jahr erscheint.
Blütezeit von Juni bis Juli. Kann mit *Iris pseudacorus* verwechselt werden. Ein Kalmusblatt, zwischen den Fingern zerrieben, fällt durch seinen zi-
tronenähnlichen Geruch auf. Bei der Sorte 'Variegatus' sind die schwertförmigen Blätter weiß-grün
gestreift. Der Kalmus ist in der Flachwasserzone
eines Teiches an seinem richtigen Platz.

 A. gramineus, der Graskalmus, stammt aus Japan, China, Thailand und Indonesien. Wächst sowohl im Sumpf als auch an trockenen Standorten.
Mit seinen grundständigen Blättern bildet er 15 bis
40 cm hohe Büsche. Die Blüten erscheinen im Juni
– Juli in gelbgrünen Kolben. Kommt bei uns nicht
zum Fruchten. Sorten: 'Argenteostriatus', weißlich gestreifte Blätter, 'Aureovariegatus', gelb gestreifte Blätter. Geeignet für kleinere bis kleinste
Wasserbecken im Freiland, in der bodenfeuchten
Randzone von Teichen von 2 bis 10 cm Tiefe.
Meist völlig winterhart, nur die buntlaubigen Formen sind empfindlicher und sollten frostfrei überwintert werden.

Alisma, Froschlöffel
Alismataceae

A. lanceolatum wächst bei einer Wassertiefe von
10 bis 20 cm. Blattbreite 5 cm, Blattlänge 20 bis
25 cm. *A. plantago-aquatica* hat eine knollige
Grundachse. Unterste Blätter langflutend, linealisch, die übrigen eiförmig bis lanzettlich zugespitzt. Wird 20 bis 90 cm hoch. Die Blüten er-

Lieblich anzusehen, die rötlichweißen Blüten der
Schwanenblume (Butomus umbellatus). Je flacher
das Wasser, desto größer der Reichtum an Blüten.

scheinen von Juni bis August an langen, schlanken
Stielen, weiß oder rötlich. Die *Alisma*-Arten säen
sich in der Flachwasserzone selbst aus.

Butomus umbellatus, Schwanenblume
Butomaceae

Staude mit grundständigen Blättern, linealisch,
unten dreikantig, selten flutend. Wird 50 bis
150 cm hoch. Der Blütenstand ist doldig, die rötlichweißen, dunkler geaderten Blüten erscheinen
von Juni bis August. 'Schneewittchen' ist eine
weißblühende Sorte. Wassertiefe 0 bis 20 cm.

Calla palustris, Schlangenwurz, Drachenwurz
Araceae

Staude mit kriechender Grundachse, wird 10 bis 30 cm hoch. Der Blütenstand, der von Mai bis Juli erscheint, ist 6 bis 7 cm lang, außen mit grünlich, innen mit weiß gefärbtem Hüllblatt und 2 bis 3 cm langen Ähren. Im Herbst rote Beerenfrüchte. Giftig! In der Flachwasserzone vermehrt sich die Art durch Ausläufer.

Caltha palustris, Sumpfdotterblume
Ranunculaceae

15 bis 30 cm hohe Staude. Die dottergelben Blüten erscheinen von März bis Mai, Durchmesser bis 5 cm. Die Sumpfdotterblume wächst in den Uferzonen von Bächen und Teichen. Die gefüllte Sorte 'Multiplex' läßt sich wegen ihrer Sterilität nur vegetativ vermehren. *C. palustris* und ihre Sorte 'Alba' werden durch Aussaat vermehrt.

Ceratophyllum demersum, Rauhes Hornblatt
Ceratophyllaceae

Untergetauchte wurzellose Wasserpflanze mit quirlig angeordneten, brüchigen Blättern. Besitzt eingeschlechtige Blüten, untergetaucht mit einfacher grüner Blütenhülle. Das Hornkraut besiedelt tiefe Becken. Im Herbst werden dickfleischige Winterknospen gebildet, während die übrigen Teile absterben. Aus den Winterknospen, die zu Boden sinken und dort überwintern, entwickeln sich im Frühjahr neue Pflanzen.

Cyperus longus, Langes Zypergras
Cyperaceae

Staude mit weit kriechendem Wurzelstock, 50 bis 120 cm hoch. Der Blütenstand, der von Mai bis Oktober erscheint, ist 6- bis 10strahlig, Ährchen in Gruppen zu 3 bis 12. Wird bevorzugt solitär in der Flachwasserzone eines Teiches gepflanzt. Von dem Wurzelstock lassen sich bei Bedarf Stücke für neue Pflanzen abtrennen.

Eleocharis, Sumpfried
Cyperaceae

Die unterirdischen und weit kriechenden, fadendünnen Ausläufer befähigen *E. acicularis,* die Nadelsimse, sich in der Uferzone zu halten und mit der Form *submersa* ausgedehnte Unterwasserrasen zu bilden. Die Halme sind 10 bis 20 cm lang, borstig dünn und unbeblättert. Von Juni bis Oktober blühen sie mit länglich-eiförmigen, etwa 4 mm langen Endähren.

E. palustris, die Sumpfbinse, ist eine Staude mit langem, unterirdisch-kriechendem Wurzelstock, 15 bis 50 cm hoch. Die Blütenährchen, die von Mai bis August erscheinen, sind länglich-eiförmig bis lanzettlich, 20- bis 70blütig. Sie stehen an Ufern und breiten sich durch Ausläufer aus.

Elodea canadensis, Wasserpest
Hydrocharitaceae

Staude mit flutendem Stengel. Blätter zu dreien in einem Quirl. Blüten zweihäusig oder zweigeschlechtig, aus einer zweilappigen Hülle hervorbrechend. Männliche Blüten in Europa nicht beobachtet. Weibliche Blüten mit fadenförmigem Halsteil die Oberfläche des Wassers erreichend. Blüht weißlich von Mai bis August. Die Pflanzen wachsen untergetaucht in tiefen Becken. In unseren Breiten nur weibliche Pflanzen.

Eriophorum, Wollgras
Cyperaceae

E. angustifolium, das 20 bis 50 cm hohe, langsam und lockerrasig wachsende Schmalblättrige Wollgras ist wintergrün. Der Wurzelstock bildet 5 bis 20 cm lange Ausläufer, die bis 50 cm tief in die Erde eindringen. Die schmalen, graugrünen, rinnig gekielten, 2 bis 6 mm breiten Blätter sind grundständig. 3 bis 8 überhängende, 10 bis 20 mm lange, silbrig-wollige Ährchen bilden Blüten- und Fruchtstände. Blütezeit März – Mai, Fruchtreife Mai – Juni. Die ersten Blüten sind erst nach drei Jahren zu erwarten. Vorher wird nur eine Rosette aus Grundblättern gebildet, die in späteren Jahren vor der Blüte welken. Als Lichtpflanze für nasse, nährstoffarme und mäßig saure Torfböden in größeren Moortümpeln zu verwenden!

E. latifolium, das Breitblättrige oder Moor-Wollgras, ist eine Staude ohne Ausläufer, 20 bis 50 cm hoch. Besitzt 4 bis 12 Ährchen. Vor dem Aufblühen aufrecht, später herabgebogen. Blüht von April bis Juni. Die Pflanzen wachsen in den Uferbereichen.

E. vaginatum, das Scheidige Wollgras, ist ausläuferlos mit langsamem Wuchs; bildet dichte, vielhalmige Grasbulten. Höhe im Laub etwa 30 cm, zur Blüte bis 70 cm. Die runden, stumpfgrünen und grundständigen Blätter entwickeln sich ein Jahr vor der Blüte. Die einköpfigen Blütenähren stehen aufrecht über aufgeblasenen Blattscheiden. Die Blütenstände werden schon im Herbst des Vorjahres gebildet, erscheinen ab April bis Mai. Die frei über dem Laub schwebenden Fruchtstände sind auffallende Erscheinungen. Passen in Moorgärten und lieben saure Standorte.

Eupatorium, Wasserdost
Asteraceae (Compositae)

E. cannabinum 'Plenum' ist eine Staude mit knotigem Wurzelstock, 50 bis 150 cm hoch. Blüten in Köpfchen 4- bis 6blütig in zusammengesetzten Doldentrauben, rötlich, blüht von Juli bis September.

E. maculatum 'Atropurpureum', ein Klon mit weinroten Blüten und auffallend purpurrot gefleckten Stengeln, wird auf nährstoffreichen Böden und an feuchten Plätzen bis 2 m hoch. Blüten von Juli bis September in flachen Doldentrauben.

Diese *Eupatorium*-Sorten verlangen einen feuchten bis sumpfigen Boden, wachsen aber auch noch in einem normalen Gartenboden. Solitär verwendet, vertragen sie Sonne und Halbschatten, können an den Ufern still dahinfließender Gewässer und als Leitstauden auf jeder Rabatte mit einem humusreichen, kalkhaltigen Boden stehen. Dabei können bis zu drei Pflanzen pro Quadratmeter Verwendung finden. Vermehrt wird durch

Teilung, Stecklinge oder Aussaat. Der Samen ist jederzeit keimbereit, fällt jedoch nicht sortenecht.

Euphorbia palustris, Sumpfwolfsmilch
Euphorbiaceae

Staude mit weit kriechenden Ausläufern. Im Herbst sind Stengel und Laubblätter rot überlaufen. Erreicht 50 bis 150 cm Höhe. Blütenstand doldig, im Mai–Juni. Liebt wechselnasse Böden.

Glyceria maxima, Großes Süßgras, Wasserschwaden
Poaceae (Gramineae)

Hellgrünes Ufergras mit 2 cm breiten, linealischen Blättern und bräunlich ausgebreiteten Rispen, bis 45 cm lang. Blütezeit Juli – August. Wird bis 2,5 m hoch. Nicht ganz standfest, wuchert. Bei der Sorte 'Variegata' sind die Blätter im Austrieb rötlich, später gelb-weiß und grün gestreift mit grünen Blatträndern. Das Gras wird im Laub etwa 40 cm, in Blüte etwa 100 cm hoch. Verträgt auch Trokkenheit, ist aber nicht ganz standfest und ebenfalls stark wuchernd. Wächst in normalem Gartenboden oder steht in der Flachwasserzone der Teiche und breitet sich durch Ausläufer aus.

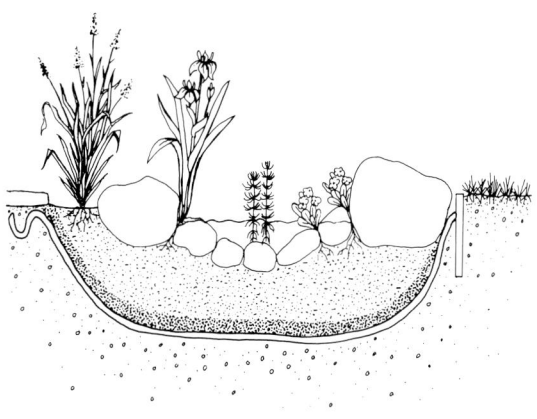

Sumpfpflanzen, Steine und Wasser, eine gelungene Kombination für die Ufer künstlicher Bachläufe.

Stars am Teich: Caltha polypetala 'Tydermanns Variety' und Iris pseudacorus 'Variegatus', eine gelungene Kombination.

Hippuris vulgaris, Tannenwedel
Hippuridaceae

Staude mit kriechendem Rhizom. Laubblätter 6- bis 12quirlig angeordnet. Blüten auf die Luftsprosse beschränkt, blattwinkelständig, klein, grün. Blühen von Mai bis August. *Hippuris* wird in der Flachwasserzone der Teiche ausgepflanzt. Entwickelt sich in kalkhaltigem Wasser üppig.

Hydrocharis morsus-ranae, Froschbiß
Hydrocharitaceae

Seerosenblattartig schwimmende Staude. Die Schwimmblattrosetten sind durch dünne Ausläufer miteinander verkettet. Die Blüten sind einhäusig, männliche Blüten weiß, an der Basis gelb, weibliche kleiner, weiß, am Grunde gelb. Blühen von Mai bis August. Sie gedeihen in jedem nicht zu kalkhaltigen Wasser. Der Froschbiß vermehrt sich durch Ausläufer, an denen sich Rosettenpflanzen bilden. Bei niedrigem Wasserstand dringen die Wurzeln in den Boden ein. Es entwickeln sich dann besonders kräftige Exemplare. Im Herbst entstehen an Ausläuferspitzen eiförmige Winterknospen, die beim Zerfall der Pflanzen auf den Grund sinken. Im Frühjahr, bei ansteigenden Temperaturen, entwickeln sich daraus neue Blattrosetten, die an die Wasseroberfläche steigen.

Iris, Schwertlilie
Iridaceae

I. ensata (syn. *I. kaempferi*), die Japanische Sumpfschwertlilie, ist in Japan, der Mandschurei und Korea beheimatet. Wird 60 bis 100 cm hoch. Die Blätter sind frischgrün und werden etwa 2 bis 3 cm breit. Die Blüten stehen immer über dem Laub. Der Dom ist wesentlich kleiner als die Hängeblätter. Die Hauptblütezeit liegt im Juli. Das Laub stirbt im Herbst ab. *I. ensata* ist keine ausgesprochene Wasserpflanze. Am Naturstandort wird sie nur zur Triebzeit überflutet. Sie ist kalkfeindlich und liebt sauren Boden. Die Pflanzen dürfen nur vom Frühjahr bis nach der Blüte feucht stehen. Danach sind sie trockener zu halten. Die besten Pflanztermine sind April und September – Oktober. Rhizome etwa 5 cm tief pflanzen.

I. pseudacorus, die Gelbe Schwertlilie, hat linealisch-schwertförmige Laubblätter, wird 50 bis 100 cm hoch und bildet von Mai bis Juni hellgelbe Blüten, Mitte dunkelgelb mit purpurbraunem Adernetz. Während die Iris-Sorten vegetativ zu vermehren sind, um eine Aufspaltung und damit den Verlust von Sorteneigenschaften zu verhindern, kann *I. pseudacorus* auch ausgesät werden. Wassertiefe 0 bis 20 cm.

I. sibirica, die Sibirische Schwertlilie, bildet dichte Rasen; Laubblätter grasartig, 30 bis 60 cm hoch, 1- bis 3blütig, blauviolett, wohlriechend. Blüht von Mai bis Juni. Sie gehört zu den bartlosen Iris mit kräftigen und festen Rhizomen, die dichte Horste bilden. *I. sibirica* kann am Rand von Gewässern verwendet werden.

Die besten Gestaltungsideen findet man in der freien Natur. Am Gehölzsaum, unter hohen alten Bäumen, zeigt sich der Sommer von seiner stillen Seite. In Ufernähe sind die aufrecht wachsenden Sumpfpflanzen zu Hause. Wo Wasser und Land zusammentreffen, blüht die Sibirische Schwertlilie (Iris sibirica).

Juncus effusus, Flatterbinse
Juncaceae

Der Wurzelstock bildet dichtrasige und kompakte Horste. Wird im Laub 70 cm, in Blüte bis 120 cm hoch. Halme grasgrün, glänzend, rund und blattlos. Das Laub ist rund, stengelartig und sommergrün. Blühende Halme im Juli – August. Blütenstände locker und im oberen Drittel der Halme sitzend. Wird als Lichtpflanze auf sicker- und staunassen, nährstoffreichen, mäßig sauren Lehm- und Torfböden verwendet. Die Sorte 'Spiralis' (Korkenzieherbinse, Spiralbinse) hat dunkelgrüne, bis 30 cm hohe gedrehte Blätter. Nur mit kleinen Nachbarn an nassen Standorten bis 5 cm Wassertiefe vergesellschaften.

Leersia oryzoides, Wilder Reis, Reisquecke
Poaceae (Gramineae)

Bildet mit 10 bis 20 cm langen Ausläufern lockere Rasen von 50 bis 80 cm Höhe, Halme aufrecht oder knickig aufsteigend. Das Laub ist 6 bis 10 mm breit, gelbgrün und scharfrandig. Die Blütenrispen sind locker aufgebaut mit geschlingelten Ästchen, fest in der Blattscheide sitzend. Von August bis Oktober nur in ganz warmen Jahren blühend. Ist wärme- und stickstoffliebend. Findet im Uferbereich bis 10 cm Wassertiefe Verwendung.

Lysichiton, Scheinkalla
Araceae

L. americanus und *L. camtschatcensis* kommen in einer Wassertiefe bis 10 cm vor und bevorzugen tiefgründige, humusreiche Böden. Sie blühen von April bis Juni. Die Blütenscheiden mit 10 bis 15 cm langen Kolben erscheinen vor den Blättern. Die Gelbe Scheinkalla *(L. americanus)* und die Weiße Scheinkalla *(L. camtschatcensis)* gehören in die Flachwasserzone eines Teiches. Im Winter werden die Pflanzen zum Schutz gegen Barfröste mit Laub oder Reisig abgedeckt.

Lysimachia, Felberich
Primulaceae

L. nummularia, das Pfennigkraut, ist eine niederliegende Staude, an den untersten Knoten wurzelnd. Laubblätter kreisrund, Stengel 10 bis 50 cm lang. Blüten einzeln, blattachselständig, sattgelb. Blüht von Mai bis Juli. Die Pflanzen wachsen in der Uferregion der Teiche und bilden lange, niederliegende Triebe, die zum Teil an den Nodien wurzeln.

   L. thyrsiflora, der Straußgelbweiderich, bildet unterirdische Ausläufer und wird 30 bis 65 cm hoch. Blüten 6zählig in stehenden Trauben, goldgelb. Blüht von Mai bis Juli. *L. thyrsiflora* gehört in

die Flachwasserzone. Wenn die Ausläufer genügend lang sind, können sie zur Vermehrung abgetrennt werden.

Lythrum salicaria, Blutweiderich
Lythraceae

Die Staude wird 80 bis 150 cm hoch. Blüten in den Achseln von Hochblättern, bläulich purpurrot. Blüht von Juni bis September. Empfehlenswert sind auch die Sorten 'Robert', 'Feuerkerze' und 'Stichflamme' sowie von *L. virgatum* 'Rose Queen'. Wassertiefe 0 bis 20 cm.

Mentha aquatica, Wasserminze, Bachminze
Lamiaceae (Labiatae)

Staude mit unterirdischen, im Wasser auch oberirdischen Ausläufern. Wird 20 bis 80 cm hoch und ist aromatisch riechend. Blüten in halbkugeligen Scheinquirlen, lebhaft hellviolett, lila, fleischfarben oder weiß. Blüht von Juli bis Oktober. Die Wasserminze wächst in der Uferzone der Teiche und vermehrt sich durch Ausläufer.

Menyanthes trifoliata, Bitterklee, Fieberklee
Menyanthaceae

Staude mit kriechendem Wurzelstock, der in einen aufsteigenden Stengel übergeht. Wird 15 bis 25 cm hoch. Blüten in einer gedrungen-kegelförmigen Traube, zwitterig, Krone etwas fleischig, weiß mit rosafarbenen Anflügen. Blüht im Mai – Juni. Die Pflanzen breiten sich in der Flachwasserzone mit ihren kriechendem Rhizomen aus.

Mimulus, Gauklerblume
Scrophulariaceae

M. cupreus ist eine 15 bis 25 cm hohe Staude aus Chile mit polsterartigem Wuchs. Blüht von Juli bis September, anfangs kupferrot, später goldgelb verbleichend. Die Sorte 'Roter Kaiser' wird 5 bis 20 cm hoch und ist leuchtend rot; Selbstaussaat häufig. Wächst in den bodenfeuchten Randzonen und im Sumpf. Nicht immer frosthart, deshalb Winterschutz aus Reisig. Meist Trockenschäden, also im Herbst gut wässern.

M. luteus blüht von Juni bis September, wird 20 bis 25 cm hoch und hat leuchtend gelbe Blüten. Beim Rückschnitt im Herbst erscheint eine zweite Blüte. Die Pflanze samt sich sehr stark aus. Sie stellt keine besonderen Ansprüche an den Boden. Die Gauklerblume wächst an den Rändern der Teiche und vermehrt sich dort durch Selbstaussaat.

M. ringens blüht im Juni – Juli, blauviolett, wird 60 bis 80 cm hoch. Die Art kann ständig im Flachwasserbereich stehen und bildet im Herbst Überwinterungssprosse aus.

Myosotis palustris, Sumpfvergißmeinnicht
Boraginaceae

Die 20 bis 30 cm hohe Staude bildet Blüten in traubenförmigen Wickeln, anfangs rosa, dann himmelblau. Blüht von Mai bis Oktober. Die Pflanzen wachsen im Sumpfbereich. Dabei wurzeln die niederliegenden Triebe an den Nodien.

Myriophyllum, Tausendblatt
Gunneraceae (Haloragaceae)

M. alterniflorum lebt untergetaucht und im Wasser flutend. Blattquirle 3- oder 4zählig, 10 bis 80 cm lang. Blütenähren von Juli bis September in den Achseln von Tragblättern, gelblich.

M. spicatum, meist untergetaucht und im Wasser flutend, bildet meist 4zählige Blattquirle. Wird 20 bis 180 cm lang. Die Blütenähren, die von Juni bis September erscheinen, sind vielblütig, rosa. Die Pflanzen wachsen in der Tiefwasserzone zusammen mit Seerosen. Im Winter geht ihr Wachstum zurück; sie bleiben in Vegetation, bilden jedoch keine Winterknospen.

M. verticillatum, meist untergetaucht und im Wasser flutend, wird 20 bis 200 cm lang. Blattquirle 5- bis 6zählig, dicht beblättert. Blüten erscheinen von Juni bis September in den Achseln der Blätter, rötlich. Die Pflanzen bleiben im Winter nicht in Vegetation. Im Herbst werden Winterknospen gebildet, die am Teichgrund überwintern und sich im Frühjahr zu neuen Pflanzen entwickeln.

Nuphar, Teichrose
Nymphaeaceae

N. lutea, die Gelbe Teichrose oder Mummel, ist eine Schwimmblattpflanze mit langem und dickem Rhizom. Die gelben Blüten erscheinen von Juni bis September. Die Mummeln lieben bis 3 m tiefes, kaltes Wasser. Im Juli – August kann man sie mit Hilfe abgetrennter Rhizomstücke vermehren.

Die Blüten der Kleinen Teichrose, *N. pumila*, sind gelb, kleiner und nicht so leuchtend wie die von *N. lutea*. Sie erscheinen von Juni bis September. Blühen bei 50 bis 150 cm im leicht bewegten und kühlen Wasser. Im seichten und ruhigen Wasser heben sie ihre herzförmigen Blätter über den Wasserspiegel. Vermehrung am besten durch Abtrennen der Rhizomteile.

Nymphaea, Seerose
Nymphaeaceae

Unsere Weiße Seerose, *Nymphaea alba*, wächst an ihrem Naturstandort aus 3 m Wassertiefe empor. In Kultur genügen ihr Becken von 60 bis 120 cm Tiefe. Die heimische Wildart mit ihren duftenden Blüten ist Ausgangspunkt vieler Züchtungen. Sie setzt sehr willig Samen an. Die Weiße Seerose braucht größere Gewässer und steht unter Naturschutz.

Der französische Gärtner und Nymphaea-Züchter Joseph (Bory) Latour-Marliac (1830 bis 1911) kreuzte die gelbe *Nymphaea mexicana* aus Florida mit der schwedischen roten Seerose *Nymphaea alba* 'Rubra'. Durch weitere Hybridisierungen mit *N. candida*, *N. tetragona*, *N. tuberosa* und *N. odorata* und Rückkreuzungen sind die ersten farbigen winterharten Seerosen entstanden. Obwohl Marliac behauptete, er habe als Ausgangspunkt seiner roten Farbe die tropische *N. rubra* aus Indien als

Lysimachia nummularia ist als Uferpflanze geeignet.

Kreuzungspartner verwendet, kam eine erfolgreiche Verbindung von tropischen und winterharten Seerosen nie zustande. Seine Züchtungen gewannen eine weltweite Bedeutung.

Die Züchtungen werden nicht nur nach der Blütenfarbe eingeteilt, sondern auch nach der Wuchskraft. Es gibt Sorten mit riesenhaftem Wuchs, starke Wachser, mittelstark wachsende Seerosen und schwach wachsende Sorten. Die Umweltbedingungen und die Pflege haben einen wesentlichen Einfluß auf das Wachstum. Enttäuschend für viele Teichbesitzer ist, daß die zu stark wachsenden Seerosen in kurzer Zeit die Wasserfläche bedecken. Deswegen ist den Sorten, die sich für kleine Teiche eignen, mehr Augenmerk zu schenken.

Die Seerosen können in Tiefen von über 1 m leben. Es ist jedoch sinnvoller, die Becken nicht tiefer als 50 bis 60 cm anzulegen. Junge Pflanzen können zunächst in einer Tiefe von 25 bis 30 cm stehen. Der Wasserstand wird dann langsam ange-

Sorten	Blütenfarbe	Wasser-tiefe (cm)	Bemerkungen
'Charles de Meurville'	weinrot	60–100	nur für große Becken
'Escarboucle'	rubinrot	30– 60	wuchert nicht
'Froebelii'	karminrot	20– 40	blüht auch im kühlen Wasser
'Gloriosa'	rot	30– 60	Echtheit wird angezweifelt
'Helvola'	kanariengelb	10– 20	wärmebedürftig
'Hermine'	weiß	30– 60	frühblühend
'James Brydon'	kirschrot	30– 60	reichblütig
'Laydekeri Lilacea'	lilarosa	20– 40	Halbzwergseerose
'Laydekeri Purpurata'	rot	20– 40	für kleinere Becken
'Marilacea Albida'	reinweiß	30– 60	wüchsig
'Marilacea Chromatella'	gelb	30– 60	frostgefährdet
'Marilacea Rosea'	zartrosa	60–100	schattenverträglich
'Masaniello'	rot	60–100	kein seichtes Wasser
'Pöstlingberg'	weiß	60–100	wächst stark
'Princess Elizabeth'	hellrosa	20– 40	wärmebedürftig
'René Gérard'	karminrosa	30– 60	reichblühend u. dankbar
'Richardsonii'	reinweiß	30– 60	reichblühend
'Rosennymphe'	hellrosa	30– 60	duftet
'Sulphurea'	schwefelgelb	30– 60	wärmebedürftig

Die Seerosen-Hybride 'James Brydon', eine Königin des Wassers. Von ihren kirschroten Blüten wird der Teich bestimmt. Eine Farbharmonie von fast unwirklicher Schönheit. Der Schatten der Seerosenblätter hält das Wasser kühl und bremst das Algenwachstum.

hoben. Zwischen den Pflanzen kann der Abstand 70 bis 80 cm betragen. Es ist auch gut möglich, Seerosen in einem Kübel oder Faß zu halten.

Die Seerosenkultur ist sehr leicht, und die Ansprüche der zahlreichen Sorten unterscheiden sich nicht von der Pflege unserer heimischen Weißen Seerose. *N. alba* und die Marliac-Sorten besitzen einen kräftigen Wurzelstock, der senkrecht gepflanzt wird. Seerosen mit einem kriechenden Rhi-

zom, wie *N. odorata, N. tuberosa* und zahlreiche Sorten kommen waagrecht oder schräg in den Boden.

Die Seerosen setzen sehr früh mit dem Wachstum ein. Die Pflanzzeit beginnt schon Anfang April und dauert bis Mitte Mai. Zu tiefe Wassertemperaturen verhindern das Anwachsen, und die Pflanzen leiden unter Blühfaulheit. Es ist nicht nur die Zusammensetzung des Bodens wichtig, sondern auch die Menge des verfügbaren Erdbodens. Wo kein Bodengrund in einem Teich oder Wasserbecken vorhanden ist, hat man die Wahl, mindestens 30 cm Wasserpflanzen-Erde aufzubringen, das Pflanzsubstrat in Behälter zu füllen oder eine Pflanzmulde von 15 bis 20 cm Tiefe für die Seerosen anzulegen. Generell benötigen die »Miniaturen« weniger Erde. Grober Sand wird nur verwendet, um die Oberfläche des Bodens zu bedecken und dadurch eine Trübung des Wassers durch Fische bzw. durch Wasserbewegung zu vermeiden.

Es ist darauf zu achten, daß die Blätter mit ihrer Oberfläche auf der Wasserfläche aufliegen. Je wärmer das Wasser ist, um so schneller wachsen die Seerosen an. Da sich die Rhizome knapp unter der Bodenoberfläche ausbreiten, wird entsprechend flach bzw. schräg liegend gesetzt. Die Wurzelbildung erfolgt direkt unterhalb der Blattstiele, deshalb nicht zu tief einpflanzen. Frisch getopfte Seerosen sollten möglichst schnell ins Wasser gestellt werden. Sie benötigen einen warmen, sonnigen Standort und reagieren sehr empfindlich auf große Temperaturschwankungen und stark bewegtes Wasser.

Das Blatt schwimmt flach auf der Wasseroberfläche. Die Blütenstengel sind hohl und tragen 10 bis 25 cm große Blüten. Sie öffnen sich am Tag; bei Nacht oder trübem Wetter sind sie geschlossen. Bleibt eine Blüte am Abend offen, so ist sie verblüht. In der Regel blühen Seerosen drei bis vier Tage. Die Früchte der Seerosen sind walnußgroß und enthalten bräunliche Samen. Samen setzen jedoch nur die Wildarten an. Die Hybriden sind vielfach unfruchtbar.

Nymphoides peltata, Seekanne
Menyanthaceae

Staude mit lang kriechender Grundachse, Laubblätter fast kreisrund, schwimmend. Blüte in einer Doldenrispe, Krone tief geteilt, goldgelb. Blüht von Juli bis September. Die Seekanne wächst in der Tiefwasserzone und bildet dünne, lange Rhizome, die im Wasser fluten. Bei Bedarf werden die Ausläufer abgetrennt.

Phalaris arundinacea, Rohrglanzgras
Poaceae (Gramineae)

Das 1 bis 2½ m hohe Rohrglanzgras breitet sich üppig wuchernd durch bis zu 2 m lange Rhizome aus. Halme 4 bis 6 mm dick und an den unteren Knoten wurzelnd. Das schilfähnliche, 10 bis 30 cm lange Laub ist bis 2 cm breit. Blüten im Juni–Juli in ährenförmigen, 10 bis 20 cm langen Rispen. Läßt sich an wechselnassen Stellen verwenden. Bei Dürre verbräunt das Laub. Treibt nach einem Rückschnitt wieder frischgrün durch. Nur die nicht so stark wachsenden, buntlaubigen Sorten verwenden.

Phragmites australis, Schilfrohr
Poaceae (Gramineae)

Staude mit unterirdischen Ausläufern und steif aufrechten Halmen. Wird 1 bis 4 m hoch. Blütenrispe 20 bis 40 cm lang, dunkelbräunlich violett. Blüht von Juli bis September. Nicht wintergrün. Früh im April austreibend. Die Blattspreiten fallen im Herbst ab, nur die Halme bleiben den Winter über stehen. Die Pflanzen ertragen eine Wassertiefe bis zu 1 m. Das Schilfrohr eignet sich nicht für Folienteiche, weil die Gefahr besteht, daß die harten Ausläufer die Folie durchwachsen. Bildet Schutzzonen für Tiere, ist abwasserklärend und dabei unduldsam gegen andere Pflanzen.

'Aurea', goldgelb belaubter Findling aus oberbayerischen Mooren.

'Pseudodonax', Riesenform, kann an feuchten und warmen Standorten bis 8 m hoch werden. Gut für größere Feuchtgebiete.

'Striatopictus', weiß- bis gelbbuntes, längsgestreiftes Laub. Schwächerer Wuchs und weniger effektvoll. Höhe bis 150 cm.

'Variegatus', wertvolle, kleinwüchsige Sorte. Im Austrieb leuchtend goldgelb, längsgestreifte Blätter. Zur Blütezeit verblaßt die Farbe allmählich. Für kleinere Wasserbecken.

Wird im Frühjahr durch Teilung vermehrt. Es lassen sich auch Stecklinge schneiden oder Jungtriebe unter der Erdoberfläche abstechen.

Polygonum amphibium, Wasserknöterich
Polygonaceae

Wasserpflanze mit schwimmenden, länglich-lanzettlichen Blättern und rosa Blütenähren. Pflanzen, die in der Flachwasserzone eines Teiches ausgepflanzt sind, bilden Ausläufer.

Pontederia cordata, Hechtkraut
Pontederiaceae

50 bis 60 cm hohe Sumpfstaude aus Nord- und Mittelamerika mit kriechendem Rhizom und grundständiger Blattrosette. Die hellviolettblauen Blüten erscheinen von Juni bis September in bis zu 10 cm langen Ähren. Liebt sehr nährstoffreichen Boden in Sonne bis Halbschatten. Im Sumpfgarten, in flachen Wasserbecken und Teichrändern bis 30 cm Tiefe als Solitär sehr beliebt. Benötigt in kalten Wintern Laubschutz oder bei Teichüberwinterung einen Wasserstand von über 25 cm.

Potamogeton, Laichkraut
Potamogetonaceae

P. crispus lebt untergetaucht; Blätter lanzettlich bis lineal-lanzettlich, wellig krausig. Blütenähren erscheinen von Juni bis August. Wächst in einem tiefen Becken bei 30 bis 400 cm Wassertiefe. An den Trieben werden im Herbst Winterknospen ausgebildet. Sie bestehen aus einem kurzen Stiel, der mit dickfleischigen Blättern bedeckt ist. Sie sinken zu Boden und wachsen im Frühjahr zu neuen Pflanzen heran.

   P. densus besitzt eine lang kriechende Grundachse. Blätter alle untergetaucht, nach der Spitze verschmälert. Wird bis zu 30 cm lang. Blütenähren, die von Juni bis August erscheinen, kurz gestielt. Läßt sich in 20 bis 100 cm Wassertiefe ansiedeln.

   P. lucens lebt untergetaucht; Blätter sehr groß, lebhaft glänzend grün, lanzettlich, am Rande oft gewellt. Pflanze 3 bis 4 m lang. Blütenähren erscheinen von Juni bis August. Die Pflanzen lassen sich in einem tiefen Becken bis 6 m ansiedeln.

   P. natans ist eine Art mit lang kriechender Grundachse. Schwimmblätter lederig, oval, untergetauchte Blätter binsenartig. Blütenähren erscheinen von Mai bis August, reichlich blühend. Das Schwimmende Laichkraut kommt in einer Tiefe von 50 bis 300 cm vor. Es bildet kriechende Rhizome mit oft knollenartigen Verdickungen.

   P. nodosus wird 1 bis 2 m lang. Schwimmblätter oval bis länglich-lanzettlich, untergetauchte Blätter schmal-lanzettlich. Die Blütenähren, die von Juni bis September erscheinen, sind kastanienbraun und glänzend. Das Flutende Laichkraut wächst untergetaucht in Ried- und Abzuggräben.

   P. pectinatus ist reich verästelt, Blätter schmal-linealisch, Pflanze bis 2 m lang. Ährenstiel fadenförmig, Ähre locker. Blüht von Juni bis August. Die Pflanze wächst auf dem Grunde eines Beckens bei 20 bis 350 cm Tiefe.

Potentilla palustris, Blutauge
Rosaceae

Syn. *Comarum palustre*. Blütezeit von Mai bis Juli. Blüten wie Kelch dunkelrot, Blätter blaugrün mit 5 bis 7 Fiederblättchen. 10 bis 40 cm hohe Pflanze mit kriechenden Wurzelstöcken in mäßig saurem Torf-Schlammboden. Wächst in der Flachwasserzone der Teiche, bildet Ausläufer.

Ranunculus lingua, Zungen-Hahnenfuß
Ranunculaceae

Bis 80 cm lange Ausläufer treibend. Wird 60 bis 120 cm hoch und ist giftig. Blüten goldgelb. Nektar wird am Grund der Kronblätter (Honigblätter) abgesondert. Blüht von Juni bis August. Für Teichufer und große 10 bis 30 cm tiefe Wasserbecken.

Sagittaria, Pfeilkraut
Alismataceae

S. graminea ist eine 60 bis 70 cm hohe, Ausläufer treibende Sumpfpflanze mit kirschgroßen, bräunlichen Knollen. Untergetauchte Blätter bandförmig, 5 bis 25 cm lang. Über der Wasserfläche

Bunte Gräser, effektvoll kombiniert, sind immer ein auffallender Blickpunkt. Rund um den Teich gruppiert sich im Wechsel mit Blattschmuckstauden das gelbbunte Schilfrohr Phragmites australis 'Striatopictus'. Wo es wachsen soll, braucht es viel Nässe. Seine Verwendungsmöglichkeit im Wassergarten ist fast grenzenlos.

wachsende Blätter langgestielt, linealisch, Blüten im Juni bis August, weiß. Die nordamerikanische Art ist in Sümpfen, Tümpeln und Wasserlöchern verbreitet. Schnellwüchsig, für den Sumpfgarten, die Uferregionen und die Flachwasserzonen. Ab 30 cm Wassertiefe entwickeln sich nur noch untergetauchte Blätter. Im flachen Wasser ist *S. grami-*

nea frostgefährdet. Entweder Wasserstand erhöhen oder Winterschutz mit Laub oder Reisig geben.

S. sagittifolia ist eine Staude mit grundständigen Blättern, länglich oder lanzettlich, bis 10 cm lange Pfeillappen. Die unteren Blätter sind flutend, riemenförmig. Die Pflanze wird 20 bis 100 cm hoch.

Fast wie in der Natur: Frühlingsimpressionen mit Wiesenknöterich (Polygonum bistorta) und Trollblume (Trollius europaeus). Über eine Feuchtwiese zieht sich ein Blütenband von seltener Schönheit. Eine Mischung aus Früh- und Dauerblühern, die den ganzen Sommer über Abwechslung bieten.

Blüten eingeschlechtig, die unteren weiblich, die oberen männlich. Weiß, am Grunde mit purpurrotem Fleck. Blühen von Juni bis August. Die Pflanzen der Flachwasserzone bilden im Herbst an der Spitze der Ausläufer haselnußgroße Knollen (Vermehrung). Außerdem lassen sich die Pflanzen teilen oder die Ausläufer zur Vermehrung abtrennen.

Scirpus (Schoenoplectus), Simse
Cyperaceae

S. lacustris, die See- oder Teichbinse, ist eine Staude mit kriechendem Wurzelstock, 1 bis 2 m hoch. Halme rund und peitschenartig überhängend. Traubiger Blütenstand mit zahlreichen Ährchen. Blüht von Juni bis August. Verträgt bis 5 m Wassertiefe und besitzt eine hohe Wasserreinigungskraft. Wegen des starken Ausbreitungsdranges nur für größere Teiche geeignet.

Die Sorte 'Albescens' wird nur 1 m hoch und hat weißgrüne Längsstreifen. Verwendung bis 40 cm Wassertiefe.

S. lacustris ssp. *tabernaemontani* 'Zebrinus', die Zebrabinse, wächst bei einer Wassertiefe von 10 bis 40 cm und blüht von Juni bis August. Erreicht eine Höhe von 120 cm, Blätter gelbweiß quer gestreift. Sollte möglichst windgeschützt stehen. Die Pflanzen knicken sehr leicht an den weißen Ringen der Triebe. Es muß deshalb besonders vorsichtig mit ihnen umgegangen werden. Vergrünen oft im Sommer.

Sparganium erectum, Aufrechter Igelkolben
Sparganiaceae

Staude mit kriechendem Wurzelstock, 30 bis 50 cm hoch. Blütenstand ästig-rispig. Fruchtköpfchen mit Schnäbeln. Blüht von Juni bis August. Alle Igelkolben vermehren sich stark durch Ausläufer. Verwendung in Feuchtgebieten bei 0 bis 30 cm Wassertiefe.

Stratiotes aloides, Wasseraloe, Krebsschere
Hydrocharitaceae

Staude mit trichterförmiger Rosette, stachelig gesägt, Ausläufer treibend, meist unmittelbar unter der Wasseroberfläche schwebend. Blüten zweihäusig, weiß. Die freischwimmende Pflanze überdauert den Winter am Bodengrund. Vermehrt sich durch Ausläufer und Winterknospen.

Trapa natans, Wassernuß
Trapaceae

Einjährige, wurzelnde Wasserpflanze mit Mosaik bildenden Schwimmblättern. Blüten einzeln in den Achseln der Schwimmblätter, weiß. Blütezeit Juni bis September. Kommt in stehenden und langsam fließenden Gewässern vor. Die Samen (Stein-

früchte) werden roh oder geröstet gegessen. In einem humusreichen, kalkarmen Boden und in voller Sonne eine ansehnliche Schwimmpflanze für größere Wasserbecken.

Typha, Rohrkolben
Typhaceae

T. angustifolia mit unterirdischen Ausläufern wird 1 bis 2 m hoch. Blütenstengel 140 bis 180 cm hoch. Männliche und weibliche Kolbenabschnitte 12 bis 20 cm lang. Dazwischen Abstand von 1 bis 4 cm. Blütezeit Juni – Juli. Wassertiefe bis 40 cm.

T. latifolia mit unterirdischen Ausläufern wird 1 bis 2 m hoch. Blütenstengel 100 bis 250 cm hoch. Weiblicher Kolbenabschnitt 10 bis 15 cm lang. Abstand zum männlichen Kolbenabschnitt fehlend, ausnahmsweise bis 3 cm lang. Männlicher Kolbenabschnitt 12 bis 16 cm. Blüht im Juni – Juli. Wuchert stark. Wassertiefe 10 bis 20 cm.

T. laxmannii, eine zierliche Sumpfstaude, hat 80 bis 130 cm hohe Blütenstengel. Weiblicher Kolbenabschnitt 3 bis 5 cm lang. Abstand zum männlichen Kolbenabschnitt 2 bis 4 cm. Männlicher Kolbenabschnitt 8 bis 10 cm lang. Blütezeit Juni – Juli. Wuchernd. Wassertiefe 0 bis 20 cm.

T. minima, eine zierliche Staude mit unterirdischen Ausläufern, wird 30 bis 70 cm hoch. Blütenstengel 15 bis 90 cm hoch. Weiblicher Kolbenabschnitt 2 bis 3 cm lang. Abstand zum männlichen Kolbenabschnitt 0 bis 2 cm. Männlicher Kolbenabschnitt 2,5 bis 4,5 cm. Blüht im Mai – Juni. Für kleinste Wasserbecken bis 10 cm Wassertiefe.

T. shuttleworthii hat unterirdische Ausläufer und wird 80 bis 150 cm hoch. Blütenstengel 90 bis 130 cm hoch. Weiblicher Kolbenabschnitt 9 bis 11 cm. Abstand zum männlichen Kolbenabschnitt fehlend. Männlicher Kolbenabschnitt 4 bis 6 cm lang. Blüht im Juni – Juli. Wassertiefe bis 40 cm.

Veronica beccabunga, Bachbunge
Scrophulariaceae

Staude mit unterirdischen oder oberirdischen Ausläufern, 20 bis 60 cm hoch. Floreszenz 15- bis

20blütig, sattblau bis dunkelviolett. Blüht von Mai bis September. Die Pflanze wächst in der Uferzone der Teiche, ihre niederliegenden Triebe bilden an den Nodien Wurzeln. Kann im fließenden Wasser und auch untergetaucht leben.

Vermehrt wird durch Stecklinge über die ganze Vegetationsperiode verteilt. Jeweils drei Stecklinge kommen in einen 8er-Topf, wo sie schnell wurzeln. Auch Teilen der Pflanzen ist möglich.

Zizania, Wildreis
Poacea (Gramineae)

Z. aquatica wächst streng aufrecht, 100 bis 120 cm hoch. Die Halme sind breit zugespitzt. Bei uns selten blühend. Bei 10 bis 30 cm Wasserstand in größeren Feuchtgebieten zu verwenden.

Z. caduciflora wird bis 150 cm hoch. Schwertförmige, breite, leicht überhängende Blätter mit schöner Herbstfärbung. Bildet von Juni bis Oktober auffallend große Rispen. Auf dauernassem Boden bis 20 cm Wassertiefe zu verwenden.

Solitärstauden

Aruncus dioicus, Waldgeißbart
Rosaceae

Schattenliebende Waldstaude, die von Europa bis Ostsibirien und Nordamerika auf nährstoffreichen Böden vorkommt. Der bis 2 m hohe *A. dioicus* (syn. *A. sylvestris*) blüht im Juni – Juli und bringt über seinen mehrfach gefiederten Blättern 50 cm lange Rispen zur Entfaltung. Die Art ist zweihäusig. Der weibliche Flor ist leicht cremegelb. Blumenrispen mit männlichen Blüten sind locker im Aufbau und reinweiß; sie erblühen etwas später als die weiblichen Pflanzen und halten in einer etwas feuchten und humosen Erde auch in der Sonne aus. Die mächtigen Staudenhorste gehören zu den dauerhaftesten Gartenpflanzen, die sich mit Astilben vergesellschaften lassen. Sie wachsen im Schattenbereich von Mauern und Bäumen und an Bachläufen und Teichen.

Frisches Saatgut, von Oktober bis April ausgesät, keimt schnell. Auch Teilung ist möglich.

Crambe cordifolia, Meerkohl
Brassicaceae (Cruciferae)

Eine Großstaude aus dem Kaukasus, dem Iran und Afghanistan von 1½ bis 2 m Höhe. Die weißen Blüten erscheinen im Juni in großen, endständigen Rispen. Mit ihren bemerkenswert stattlichen Blättern passen sie solitär in den Rasen; ihre weißen Blütenstände heben sich gut von dunklen Koniferenschirmen und Staudengruppen ab. Von dieser stark dominierenden Art pflanzt man in der Regel nur ein Exemplar pro Quadratmeter, wobei ein tiefgründiger, nährstoffreicher und etwas kalkhaltiger Gartenboden bevorzugt wird.

Aussaat ist möglich, aber langwierig. Besser vermehrt man durch Rhizomschnittlinge.

Cynara, Artischocke
Asteraceae (Compositae)

Die südeuropäische Artischocke, *C. scolymus*, nimmt unter den Disteln eine Sonderstellung ein. Der fleischige Boden und die unteren Teile der Hüllblätter sind eßbar. Als Feingemüse wird sie im Mittelmeerraum wegen ihres leicht bitteren Geschmacks hoch geschätzt. Die Gemüseartischocke, Kardone oder Cardy, *C. cardunculus*, wird als Distelgemüse, ähnlich wie Bleichsellerie, gezogen. Die faustgroßen Blütenköpfe der Artischocken bilden einen fleischigen Boden, von dem aus sich zahlreiche Blütenhüllblätter dachziegelartig übereinander legen. Schon die Botaniker der Antike haben die blaublühende Artischocken als wilde Disteln beschrieben.

Die Artischocke *(C. scolymus)* entbehrt dorniger, distelartiger Blätter, während sich die Cardy *(C. cardunculus)* durch stachelige Blattabschnitte und Blütenhüllblätter auszeichnet.

C. cardunculus und *C. scolymus* lassen sich mit anderen Stauden kaum vergemeinschaften. Sie bevorzugen es, in Hausnähe gepflanzt zu werden. Wenn man Wert auf viele Blütenstände legt, sind eine humose Erde, viel Wasser und reichlich Dünger erforderlich. Es ist auch auf eine reiche Verzweigung der Pflanzen zu achten.

Gunnera, Mammutblatt
Gunneraceae (Haloragaceae)

Gunnera sind hervorragende Raumbildner. An ihren überdimensionalen Blättern erkennt man sie als ein typisches Produkt subtropischer Vegetation. Angesichts ihrer faszinierenden Größe steht sie so im Mittelpunkt, daß sie in Form und Größe von keiner winterharten Freilandstaude überboten

Imposanter Blickpunkt: die zarten Schleier von Crambe cordifolia. Blühender Meerkohl wirkt in einer zurückhaltenden Umgebung am besten. Als dekorativer Mittelpunkt wächst er genauso stattlich im Garten eines Pflanzenliebhabers heran.

wird. Die etwa 50 *Gunnera*-Arten sind vorrangig in der südlichen Hemisphäre von Malaysia über die Salomon-Inseln und Tasmanien bis Neuseeland, Hawaii, Mexiko, Südamerika und Südafrika verteilt.

G. tinctoria, die fälschlich auch unter den Namen *G. chilensis* und *G. scabra* läuft, hält in unse-

rem Klima nicht aus. Sie stammt aus den feuchten Wäldern Südchiles. Selbst unter den günstigsten Bedingungen läßt sie sich im Freien nicht verwenden. Was uns unter dem Namen *G. tinctoria, G. chilensis* und *G. scabra* in den Gärten begegnet, ist ausschließlich *G. manicata.* Diese Art unterscheidet sich in der Größe und in ihrer Wüchsigkeit von

G. tinctoria. Die südbrasilianischen Standorte von *G. manicata* weisen ein Jahresmittel von 15 °C und mitunter sehr tiefe Frostgrade auf. Bei der zweihäusigen *G. tinctoria* sind die männlichen und weiblichen Blüten auf verschiedene Pflanzen verteilt, während *G. manicata* Zwitterblüten besitzt. Aufgrund dieser Blütenverhältnisse lassen sich die Arten einwandfrei bestimmen.

Selbst unter günstigen Bedingungen wird *G. tinctoria* maximal 1,5 m hoch. Dabei sind die Blätter meist breiter als lang und an 12 bis 15 Einschnitten bis zu einem Drittel der Spreite tief handförmig, spitz gelappt. Die 1 bis 1,5 m breiten Blätter sind ledrig hart, sehr rauh und runzelig, oben dunkelgrün, unten weißlich mit rosenroten Blattrippen und Adern. Sowohl die grundständigen Blattstiele als auch die Mittelrippen sind mit Stacheln besetzt.

G. manicata ist in allen Teilen größer. Sie erreicht bei optimaler Kultur mit ihren grundständigen, dicken Blattstielen Übermannshöhe. Die ledrigen Spreiten sind nierenförmiger als bei *G. tinctoria,* bis 2 m im Durchmesser und weniger tief gelappt. Das Adernetzwerk und die gelblichgrünen Blattstiele sind mit etwas weicheren Stacheln besetzt. *G. manicata* entwickelt Blätter von 5 bis 6 m Umfang auf über 2 m hohen Stielen. Wenn es auf die riesigen Mammutblätter regnet, sammelt sich das Wasser in der Mitte und wird nach innen abgeleitet. Da überrascht es nicht, daß ein ausgewachsener »Gunnera-Wald« auf 10 Quadratmetern an heißen Sommertagen etwa 300 Liter Wasser verdunstet. Es ist unbedingt darauf zu achten, daß für einen ständigen Wassernachschub gesorgt wird. Bei einem starken Welken des Laubes zeigen die *Gunnera* unansehnliche Blattrandschädigungen. Am Wasser ist deshalb der ideale Standort. Als Bachbegleiter und an Teichufern ist eine kontinuierliche Wasserversorgung gesichert. Dieser enorme Bedarf läßt sich auch über Rieselschläuche decken.

Die *Gunnera* brauchen Raum und werden deshalb bevorzugt auf Rasenflächen angesiedelt. Ihre ornamentalen Blattflächen sind so beherrschend und einzigartig, daß sie in einem zu kleinen Garten fehl am Platz sind. Sie lassen sich zusammen mit Bambus und Trauerweiden, Ligularien, *Rheum*- und *Petasites*-Arten verwenden.

Nach den ersten Nachtfrösten schneidet man die Blattstiele am Grunde des Bodens ab. Gegen das Eindringen der Kälte wird der Kopf der Pflanze einen halben Meter hoch mit Stalldung, Laub oder Stroh bedeckt. Damit die Herbstwinde das Fallaub nicht davonwehen, werden die *Gunnera*-Blätter darübergelegt. Vorsichtige Gärtner errichten über dem Wurzelstock ein kleines »Holzhaus«, das mit trockenem Laub ausgefüllt wird oder eine Laub- oder Strohauflage bekommt.

Im Frühjahr schieben sich die jungen Blätter durch den Winterschutz. Nach einem zu frühen Abdecken kann es passieren, daß die ersten Blattknospen erfrieren. Nach dem Entfernen des Stalldung- oder Laubschutzes halten wir vorsichtshalber noch alte Tücher zum Schutz der zarten Austriebe bereit. Neben den Blättern sind die Blüten schon in einer Winterknospe vorgebildet. Sie erheben sich von einem dicken, kriechenden Rhizom, das dicht in braune, papierartige Schuppen gekleidet ist. Der kegelförmige, aufrechte Blütenstand von *G. manicata* erreicht 1 m Länge.

Die Erde ist die erste Voraussetzung für ein gutes Pflanzenwachstum. Die Pflanzgrube sollte man sehr geräumig in 1×2 m Fläche und 0,5 bis 1 m Tiefe ausheben. Das Substrat setzt sich aus ½ Ackerboden und ½ Rindenkompost oder ⅓ Ackerboden, ⅓ gut verrottetem Kuhdung und ⅓ Rindenkompost zusammen. Bei sehr hohem Humusanteil besteht die Gefahr, daß die Erde in sich zusammenfällt. Jeder Luftabschluß durch starkes Überdecken der Rhizome führt zu Kümmerwuchs. Allenfalls eine dünne Stalldungauflage wird ertragen. Um eine spätere Bodenanfüllung zu vermeiden, sind Hügelpflanzungen angebracht.

Bis sich die Blätter zu ihrer vollen Größe (2 bis 3 m²) entfaltet haben, benötigen die *Gunnera* sechs bis acht Wochen. Ohne ein starkes Nährstoffangebot bleiben sie in ihrer Entwicklung zurück. 200 g/m² eines Langzeitdüngers im April – Mai um die Pflanzen aufgestreut, liefern bis Ende Juli laufend Nährstoffe nach.

Auf der Blattunterseite gibt ein Sprossenwerk aus stark hervortretenden Rippen und kräftigen Querverstrebungen den Blättern eine solche Festigkeit, daß die Wasserlast jedes heftigen Platzregens ertragen wird. Selbst kleinere Hagelkörner haben nicht die Kraft, das lederige Laub zu beschädigen. Lediglich Spätfröste, Trockenheit und Nährstoffmangel äußern sich in Form von Verkrüppelungen und Wachstumsstockungen, Blattrandschädigungen, Spitzen- und Blattdürre.

Heracleum, Bärenklau, Herkulesstaude
Apiaceae (Umbelliferae)

Die Herkulesstauden sind Blickfänger von wahrhaft gigantischen Ausmaßen. Zwischen den ornamentalen, stark zerschlitzten Blättern des südwestasiatischen *H. mantegazzianum* erheben sich im Juli – August 3 m hohe Blütenstiele mit großen Dolden. Das nordamerikanische *H. lanatum* ist eine 1,5 bis 2,5 m hohe Staude. Es blüht im Juni – Juli zusammen mit dem bis 3 m hohen *H. stevenii.* Nach der Samenreife sterben die zwei- bis dreijährigen *H. mantegazzianum* und *H. stevenii* ab. Wenn die Samenstände vor der Reife nicht abgeschnitten werden, keimen im folgenden Jahr überall im Garten junge Pflanzen. Einjährige Sämlinge lassen sich noch gut umsetzen. Dagegen ist ein zweijähriger Bärenklau mit seinen rübenartigen, sehr tiefen Wurzeln nicht mehr zu verpflanzen.

Im Garten lassen sich mit dem Bärenklau außergewöhnliche Effekte erzielen. Solitär und in Gruppen, vor dichten Gehölzen und in Verbindung mit Grünflächen bilden sie herrliche Blickpunkte.

In Reichweite von Kinderspielplätzen sollte kein *Heracleum* gepflanzt werden. Bei Berührung mit nackten Beinen, Armen oder entblößtem Oberkörper können die Drüsenhaare der Stengel und Blattstiele einen nesselartigen, blasigen Hautausschlag hervorrufen.

Am blühwilligsten ist der Bärenklau in der vollen Sonne. Die Pflanzen lieben einen kalkhaltigen, sandigen Lehmboden. Sie begnügen sich auch mit einer leichten Erde, wenn ihnen durch viel Gießen und Düngen nachgeholfen wird.

Inula magnifica, Riesenalant
Asteraceae (Compositae)

Eine sehr eindrucksvolle Art aus dem Kaukasus. Sie wird bis 2 m hoch und bringt im Juli – August 15 cm breite, gelbe Blumen mit orangefarbener Scheibe zur Entfaltung. Die Art bewährt sich in der Nähe der übermannshohen *Rudbeckia nitida*-Sorte 'Herbstsonne', im Hintergrund einer Prachtstaudenrabatte, vor einer Mauer oder am Zaun.

Von *I. magnifica,* deren Blätter bis zu 1 m lang werden, sollte man nicht mehr als drei Stück pro Quadratmeter setzen. Wenn sie im August verblüht, beginnen auch die Blätter zu vergilben. Der Riesenalant sollte deshalb nach dem Flor stark zurückgeschnitten werden. Für den Aufbau dieser mächtigen Pflanzen wird im Garten mit Humusnahrung, viel Dünger und häufigem Wässern nachgeholfen.

Ligularia, Ligularie
Asteraceae (Compositae)

Die etwa 80 *Ligularia*-Arten sind zumeist hohe, ornamentale Stauden mit einem auffälligen gelb- bis orangefarbenen Flor. Ihre ungeheure Blütenfülle lockt viele Insekten, vor allem Schmetterlinge an. Auffallend stark werden *L. dentata* 'Desdemona' und *L. × hessei* beflogen.

Als prachtvolle Solitärstauden mit einer Blütenhöhe bis 2,5 m und einem großen Laubwerk passen sie zusammen mit Trollblumen, Blutweiderich, *Iris sibirica,* Geißbart und Chinaschilf, Astilben und Silberkerzen in die Nähe des Wassers. Die volle Sonne vertragen sie nur bei genügender Bodenfeuchtigkeit. Trotzdem ist es nicht zu vermeiden, daß ihre Blätter an sehr heißen Hochsommertagen schlappen. In feucht-humosen bis anmoorigen oder lehmigen Böden lassen sich in Verbindung mit Wasser *L. dentata, L. sachalinensis, L. stenocephala* und *L. × palmatiloba* verwenden. Sie werden ziemlich groß und können solitär oder in größeren Gruppen an einem See oder an Bachläufe gepflanzt werden. Vor einer Gehölz-

*Der ornamentale Bärenklau (Heracleum mantegazzianum) zählt zu den dekorativsten Solitärstauden.
Er stammt aus Südwestasien. Die Pflanzen säen sich immer wieder aus, und die wuchsfreudigen Sämlinge
erscheinen bald überall im Garten. In Grünanlagen bilden die Herkulesstauden eine kraftvolle
Pflanzenkomposition mit dem Riesen-Chinaschilf.*

kulisse kommen ihre leuchtend gelben Rispen und
Trauben gut zur Wirkung. *L. dentata* 'Desdemona' und 'Othello', *L.* × *palmatiloba* und
L. jaluensis pflanzt man am besten vor einen dichten Hintergrund. In sehr heißen Sommern sind
rotlaubige Sorten wie 'Desdemona' mit rötlicher
Blattunterseite oder 'Othello' mit einem braun-
roten Austrieb bei Trockenheit besonders gefährdet. Benachbarte Gehölze können bei mangelnder
Bodenfeuchtigkeit durch Entzug des Wassers an
den Ligularien Blattschäden und verkrüppelte Blüten verursachen.

Als Solitärstauden ergeben *L. hodgsonii* und *L.
trichocephala* in einem frisch-feuchten Boden und
an einem Brunnen, Wassertrog oder an einer Vo-
geltränke ein formvollendetes Bild. Auf trockenen
Böden können Riesensolitärstauden wie *L.* × *hessei* und ihre Sorte 'Gregynog Gold' oder *L.* × *palmatiloba* schnell welken und müssen gewässert
werden. *L. sibirica*, *L. przewalskii* und ihre Sorte
'The Rocket' lassen sich nicht nur am Wasser verwenden. Da sie auch noch an trockenen Standorten und in frischen Böden gedeihen, finden sie
auch auf den Staudenrabatten einen Platz. Zwerg-

Blühende Riesen, die im Sommer viel Aufsehen erregen. Ein eigenwilliges, aber ausdrucksstarkes Paar: Ligularia przewalskii und Veronica longifolia 'Blauriesin'. Die mit Ligularien und Ehrenpreis bepflanzte Rabatte vermittelt zwischen den Grüntönen und dem Gelb und Blau der Blüten.

hafte Arten wie *L. kaialpina*, empfehlen sich für kleine Gartenanlagen. Andere beanspruchen viel Raum und sind nur in größeren Anlagen als Solitärstauden oder in Gruppen verwendbar. *L. veitchiana, L. wilsoniana* und *L. macrophylla* wirken vor allem durch ihre großen Blätter sehr wuchtig. *L. fischeri* und *L. intermedia* beeindrucken durch ihre kräftigen Blütenstengel. Mit knollenförmigen Wurzeln breitet sich *L. tangutica* aus. Ihr Platzbedarf ist so groß, daß man ihr nur im naturnahen Garten freien Lauf läßt, wo sie sich ungehindert ausbreiten kann.

Viele Ligularien ziehen Schnecken geradezu magisch an. Sie lassen bei starkem Befall von jungen *L. dentata, L. × hessei, L. japonica* und ihren Sorten außer den Blattadern nicht viel übrig. Einen wirksamen Schutz bietet ein großflächiges Abdecken des Erdreiches rund um die anfälligen Ligularien mit grobem Sand, Lavaschlacke oder Kiefernadeln. Von den Schnecken einigermaßen gemieden werden *L. przewalskii* und ihre Sorte 'The Rocket', *L. fischeri* und viele Arten mit traubigen Blütenständen. Ein Befall mit Blattläusen ist auch möglich, aber eher erträglich.

Arten und Sorten Heimat	Blattform Pflanzenhöhe	Blütenstand Blütenhöhe	Blütenfarbe	Blütezeit (Juli – Sept.)
L. dentata *(L. clivorum)* Japan, W- u. M-China	nierenförmig 70 cm	rispig 150 cm	goldgelb	mittelfrüh
L. dentata 'Desdemona'	nierenförmig, Rückseite purpurn, gekerbt 60 cm	rispig 110 cm	orangegelb	spät
L. dentata 'Orange Queen'	nierenförmig 80 cm	rispig 120 cm	goldgelb	spät
L. dentata 'Othello'	nierenförmig, rotgrün, Rückseite purpurn 60 cm	rispig 100 cm	orange	mittelspät
L. dentata 'Moorblut'	nierenförmig, rotgrün, Rückseite purpurn 60 cm	rispig 90 cm	orange	spät
L. dentata 'Sommergold'	nierenförmig 40 cm	rispig 80 cm	goldgelb	spät
L. dentata 'Subcrenata'	nierenförmig 40 cm	rispig 140 cm	goldgelb	mittel
L. fischeri O-Asien	herzförmig 70 cm	traubig 150 cm	gelb	mittel
L. × hessei *(L. dentata ×* *L. wilsoniana)*	rundlich, herzförmig, feingesägt 100 cm	rispen- traubig 180 cm	goldgelb	mittel
L. × hessei 'Gregynog Gold'	rundlich, herzförmig, feingesägt 80 cm	rispen- traubig 180 cm	goldgelb	mittelspät
L. hodgsonii O-Asien	nierenförmig 50 cm	dolden- traubig 80 cm	orangegelb	mittel

Arten und Sorten Heimat	Blattform Pflanzenhöhe	Blütenstand Blütenhöhe	Blütenfarbe	Blütezeit (Juli – Sept.)
L. intermedia O-Asien	nierenförmig 60 cm	traubig 100 cm	gelb	früh
L. jaluensis China, Korea	länglich-herzförmig 80 cm	traubig 250 cm	gelb	mittel
L. japonica Japan, Korea, O-China, Taiwan	tiefgelappt 100 cm	rispig 180 cm	gelb	mittel
L. kaialpina Japan	herzförmig 50 cm	kompakt traubig 90 cm	gelb	früh
L. macrophylla Zentralasien	länglich-eiförmig 100 cm	traubig 180 cm	leuchtend gelb	mittel
L. × palmatiloba (*L. dentata × L. japonica*)	tiefgelappt, breit 100 cm	rispen-traubig 160 cm	gelb	mittelfrüh
L. przewalskii N-China, Mongolei	fingerförmig gelappt	ährig 120 cm	hellgelb	früh
L. przewalskii 'The Rocket'	fingerförmig gelappt 60 cm	ährig 160 cm	hellgelb	früh
L. × przecephala (*L. przewalskii × L. stenocephala*)	dreieckig, tiefgelappt 60 cm	ährig-traubig 150 cm	hellgelb	mittelfrüh
L. × przecephala 'Gigant'	dreieckig, tiefgelappt 60 cm	traubig 170 cm	hellgelb	früh
L. sachalinensis Sachalin	herzförmig 100 cm	traubig 100 cm	sattgelb	mittel
L. sibirica Europa bis Japan	herz- bis pfeilförmig 60 cm	traubig 100 cm	leuchtend gelb	mittel
L. stenocephala N-China, Japan	dreieckig, grob gesägt 80 cm	traubig 150 cm	hellgelb	mittel

Arten und Sorten Heimat	Blattform Pflanzenhöhe	Blütenstand Blütenhöhe	Blütenfarbe	Blütezeit (Juli – Sept.)
L. stenocephala 'Globosa'	fast dreieckig, grob gesägt 50 cm	rispen- traubig 120 cm	gelb	mittel
L. tangutica N-China	fingerteilig bis fieder- schnittig 70 cm	rispig 150 cm	hellgelb	mittel
L. trichocephala UdSSR	herzförmig- dreieckig 60 cm	kurze Blü- tentrauben 140 cm	gelb	früh
L. veitchiana W-China	dreieckig- herzförmig sehr groß, stark gezähnt 80 cm	rispen- traubig 180 cm	goldgelb	spät
L. wilsoniana Mittelchina	nieren- bis herzförmig, feingezähnt 100 cm	traubig 180 cm	gelb	mittelspät

Macleaya, Federmohn

Papaveraceae

Der 2 bis 3 m hohe Federmohn ist eine stattliche Staude. Über dem feigenblättrigen Laub entfalten sie im Juli – August sehr große, lockere Rispen.

M. cordata, der Weiße Federmohn, zeigt eine cremeweiße Blütenfarbe. In China und Japan beheimatet, neigt er nur wenig zur Rhizombildung. Diese dekorative Riesenstaude hat schöne, oben blaugrüne, unten silbrige Blätter.

M. microcarpa aus Nord-Schansi und Kansu (Provinzen in China) zeigt eine kupfrig-beige Blütenfarbe, ein starkes Rhizomwachstum und oberseits graugrüne, unterseits grauweiße Blätter.

Ihre Triebe stehen so dicht, daß das Laubwerk ein undurchsichtiges Blätterdach bildet. Mit diesen stark wüchsigen Federmohn-Arten lassen sich ganze Gartenteile, Mauern und Kompostlager-plätze verdecken. Mit Rauh- und Glattblattastern, Staudensonnenblumen und dem Chinaschilf ergeben sie ein prachtvolles Bild. Die Staudenrabatten lassen sich mit *Macleaya*-Gruppen von 1 bis 3 Pflanzen pro Quadratmeter nach hinten abschließen, oder der Federmohn wird in Verbindung mit Parkrosen gepflanzt.

Macleaya will jahrelang ungestört im Garten stehen. Empfindliche Nachbarn duldet sie nicht. Die Wurzelausbreitung ist so stark, daß mit der Zeit alle schwachen Stauden der Umgebung erdrückt werden. Unerwünschtes Wuchern läßt sich durch Eingraben von Zementplatten oder Pflanzung in Kübeln stoppen. Der Federmohn kann in der Sonne und im Halbschatten stehen. Wenn wir ihn nicht in die Schranken weisen und viele und sehr hohe Triebe erwarten, darf der Boden nicht zu trocken sein und muß reichlich mit stickstoff-betonten Mehrnährstoffdüngern versorgt werden.

Die Weiße Pestwurz (Petasites albus) darf in einem naturnahen Garten nicht fehlen. Sie ist ideal als Blüten- und Blattpflanze in Kombination mit der Sumpfdotterblume (Caltha palustris) und der Finger-Zahnwurz (Dentaria pentaphyllos).

Onopordum, Eselsdistel
Asteraceae (Compositae)

O. acanthium (Europa, Vorderasien bis Japan), *O. bracteatum* (Südbalkan, Ägäis und Kleinasien) und *O. tauricum* (Südosteuropa) gehören zu den zweijährigen Pflanzen und erreichen 1 bis 2 m Höhe. Charakteristisch sind ihre weißfilzig behaarten Blätter und rötlichen Distelblüten.

Die kurzlebigen Eselsdisteln, die im Frühjahr keimen und im Herbst des zweiten oder dritten Jahres bereits wieder absterben, finden in einem gut gedüngten Gartenboden optimale Standortbedingungen. *O. acanthium, O. bracteatum* und *O. tauricum* sind ebenso gigantische wie bizarre Gewächse, die zu ihrem Schutz dolchartige, nadelbewehrte Sprosse mit herablaufenden Blättern bilden. Sie benötigen relativ hohe Stickstoffmengen, um als Solitärs in Haus- und Naturgärten ihre volle Wirkung zu entfalten.

Petasites, Pestwurz
Asteraceae (Compositae)

Der wohlklingende Name *Petasites* stammt von dem griechischen *petasos* = breitkrempiger Regenhut. Die grundständigen Blattspreiten erscheinen bei allen 20 *Petasites*-Arten wie ein aufgespannter Schirm. Ob sie an den Ufern von Bächen, am sandigen Meeresstrand oder im Kalkschutt wachsen, wir erkennen die Pestwurz leicht an ihren frühen Blüten. In Form und Farbe gibt es dennoch viele Unterschiede. Die Blüten verwandeln sich im Sommer in regelmäßig gebaute, flugtüchtige Haarkronen. Ihre kriechenden Wurzelstücke breiten sich stark aus.

Als Gartenpflanzen besitzen *Petasites* keinen guten Ruf. Man betrachtet sie als Wildkraut und lästige Wucherer. Es waren allenfalls verstreute Einzelgänger, die in eng begrenzte Enklaven verbannt wurden. Wer aber für *P. fragrans, P. hybridus* und *P. japonicus* den rechten Blick hat, kann ihnen an Bach- und Teichufern, im Halbschatten und an sumpfigen Stellen ein ungestörtes Ausleben erlauben. Das Erdreich muß immer genügend feucht und etwas lehmig sein. Wenn sie auch den durchnäßten Untergrund und die Nachbarschaft von Bachläufen lieben, im Garten begnügen sie sich als Blattschmuckstauden mit jedem gut bewässerten Beet. In trockener Erde tauchen sie lieber in das Halbdunkel des Baumschattens. Hier gefällt ihnen die Nachbarschaft vom Schildblatt *(Darmera peltata)*, von *Hosta-* und *Ligularia*-Arten. Das Weidevieh verschmäht die Pestwurz wegen ihres unangenehmen herben Geschmacks. Die Schnecken haben dagegen einen erstaunlich guten Magen. Mit ihrem Rand- und Lochfraß machen sie das Laub mit der Zeit unansehnlich. Beim Einziehen der Blätter verlieren die *Petasites* aber im August ohnehin an Schönheit.

Man kann kein altes Kräuterbuch aufschlagen, ohne der Roten Pestwurz, *P. hybridus,* zu begegnen. An den Ufern von Bächen und Flüssen ist sie

über ganz Europa, Nord- und Westasien verbreitet. Noch vor den Blättern, von März bis Mai, erscheinen ihre rötlichvioletten Blütenköpfe. Ihr grundständiges Laub wird leicht mit dem Huflattich *(Tussilago farfara)* verwechselt. An beschatteten Stellen und in Wassernähe erreichen die Blätter einen Durchmesser bis zu 1 m; diese stehen auf ½ bis ¾ m hohen Stielen. Ihre Beharrlichkeit, im Garten auszudauern, kann zur Plage werden. Wenn sie sich in einem feuchten und lockeren Boden mit ihren kriechenden Rhizomen zu sehr verbreitet hat, können wir sie nur noch mit großer Mühe aus dem Garten verbannen. Dieses zähe Überleben verdankt sie ihrem doppelten Fortpflanzungssystem der Samen- und Rhizombildung.

Von *P. japonicus* hat man die Vorfahren aus Ostasien in unsere Gärten gebracht. Wenn sich seine Schuppenblätter im März – April zu »Sternen« formen, wachsen die kugeligen Blütenstände zu einer länglichen Doldentraube mit milchweißen Körbchen aus. Beim Zusammenwirken von Wärme, Feuchtigkeit und einer Portion Dünger entwickeln sich seine Blätter in einer Üppigkeit, wie sie uns sonst fast nur in tropischen Wald- und Sumpflandschaften begegnet. Die Japanische Pestwurz ist widerstandsfähig, bescheiden und im kühl-feuchten Lehmboden ungeheuer vermehrungswillig. Durch unterirdische Ausläufer ist der Boden bald so verfilzt, daß kein Konkurrent die Kraft findet, neben *P. japonicus* zu bestehen.

Die Varietät *giganteus* kann so reichlich Nährstoffe aufnehmen und in ihren Blättern verarbeiten, daß diese erstaunliche Ausmaße erreichen. Sie werden mannshoch und entfalten am Ende ihrer 5 cm dicken Blattstiele Schirme von 1 m Durchmesser.

P. fragrans, der »Winterheliotrop«, hat von Dezember bis März seine hohe Zeit. Vor dem Austrieb riesiger »Huflattichblätter« beginnen die rosaweißen, nach Vanille duftenden Körbchenblütenstände zu sprießen. Häufig erscheinen sie so früh, daß sie noch von einer sanften Neuschneedecke eingehüllt werden. Wenn sie in warmen und geschützten Lagen steht, läßt sich diese nordafrikanische Pestwurz in jedem Garten verwenden. Wo der Winter eine Samenbildung verhindert, suchen sie sich durch ihre kriechenden Wurzelstöcke auszubreiten. Dabei können die unterirdischen Ausläufer lästig werden.

Um *P. spurius* (syn. *P. tomentosus*) zu verstehen, muß man sein heimatliches Vorkommen an den sandigen Meeresstränden im nördlichen Europa, in Südpolen, Mittel- und Südrußland kennen. Dank seiner tiefgreifenden Wurzeln läßt er sich auf einem recht sandigen Boden ansiedeln. Mit seinem seitlich kriechenden Wurzelstock führt er an den Wegrändern ein unbekümmertes Dasein. Die 20 bis 30 cm hohen, fünfeckigen Blätter erscheinen nach den schmutzigweißen bis hellgelben Blüten im Mai.

Bildquellen

Johannes Apel, Baden-Baden: Seite 186, 202 links, 207, 225, 303, 310, 327.

Andreas Bärtels, Waake: Seite 279.

Ellen Fischer, Unterentersbach: Seite 1, 175.

Anneliese Hoppe, Grafing: Seite 37, 45, 64, 89, 318.

Fritz Köhlein, Bindlach: Seite 51, 109, 113, 144, 179, 220, 232, 295, 326, 342, 343.

Irene Lehmann, Kippenheim: Seite 7, 122, 183, 187, 255, 266.

Eberhard Morell, Dreieich: Seite 11, 14, 16, 21, 25, 92, 93, 97, 117, 137, 141, 154 rechts, 155, 191, 221, 224, 291, 347.

Erich Pasche jun., Velbert: Seite 125 unten, 229.

Hans Reinhard, Heiligkreuzsteinach-Eiterbach: Seite 13, 32, 57, 77, 80, 128, 147, 166, 170, 213, 237, 287, 306, 307, 323.

Dieter Schacht, München: Seite 299.

Erwin Schmidt, Wetzlar: Seite 2, 163, 286, 314.

Heinz Schrempp, Breisach: Seite 243.

Sebastian Seidl, München: Seite 10, 15, 40, 69, 105, 121, 125 oben, 127, 132, 151, 154 links, 158, 162, 202 rechts, 209, 212, 236, 240, 246, 250, 254, 271, 274, 290 (2), 330, 331, 335, 339.

Daan Smit, Haarlem/NL: Seite 194, 198, 216, 259, 282, 311, 334.

Gretl Stölzle, Kempten: Seite 72.

Register

Mit Sternchen * versehene Seitenzahlen verweisen auf Farbbilder.